低盐环境下凡纳滨对虾的生理状态和营养调控

李二超　陈立侨　著

海洋出版社

2018年·北京

图书在版编目（CIP）数据

低盐环境下凡纳滨对虾的生理状态和营养调控/李二超，陈立侨著．—北京：海洋出版社，2018.6

ISBN 978-7-5210-0130-3

Ⅰ.①低… Ⅱ.①李… ②陈… Ⅲ.①南美白对虾-对虾养殖 Ⅳ.①S968.22

中国版本图书馆 CIP 数据核字（2018）第 132919 号

责任编辑：程净净　项　翔

责任印制：赵麟苏

海洋出版社　出版发行

http：//www.oceanpress.com.cn

北京市海淀区大慧寺路 8 号　邮编：100081

北京文昌阁彩色印刷有限公司印刷　　新华书店总经销

2018 年 6 月第 1 版　2018 年 6 月第 1 次印刷

开本：787mm×1092mm　1/16　印张：16.25

字数：350 千字　定价：88.00 元

发行部：62132549　邮购部：68038093　总编室：62114335

前　言

凡纳滨对虾，旧称南美白对虾，是全球养殖规模和产量均居第一的经济甲壳动物。2016年，凡纳滨对虾的全球产量已超过360×10^4 t。与此同时，凡纳滨对虾作为中国第一养殖对虾，其2016年的产量达160×10^4 t。无论从养殖产量还是养殖规模的角度来说，凡纳滨对虾养殖都已经是中国虾蟹类养殖的支柱产业，其发展的速度和质量直接影响中国水产养殖业，尤其是虾蟹养殖业的健康发展。因此，以凡纳滨对虾为对象的研究一直受到学术界和业界的高度关注。凡纳滨对虾是海水物种，但对盐度的耐受范围非常广。基于这一生物学特性，凡纳滨对虾内陆低盐度养殖已经成为虾蟹养殖的一大热点，同时由于海洋资源的有限性以及全国养殖业全面发展的需求，该品种内陆低盐度养殖已占据中国对虾养殖产业的半壁江山，年产量约占中国该对虾总产量的一半。然而，随着凡纳滨对虾内陆低盐度养殖规模的不断扩大，各种问题日渐凸显，例如低盐度下对虾生长速度慢、成活率低、抗逆和抗病力差等，极大地限制了该产业的健康与可持续发展。日益扩大的淡化养殖规模，迫切要求我们对低盐度下凡纳滨对虾的营养需求和调控以及能量代谢进行研究。近年来，若干学者围绕低盐度下凡纳滨对虾的营养生理开展了大量的研究，取得了丰硕的成果。迄今，国内外虽有数本有关凡纳滨对虾养殖方面的书籍，但尚没有一本详尽描述低盐度下凡纳滨对虾养殖的专著。因此，亟须总结以往工作，便于有的放矢地深入开展相关研究，使我国凡纳滨对虾淡化养殖产业及相关研究向更好更深入的方向发展。

本书是根据著者课题组历经十余年持续系统的研究，在取得大量原创性成果的基础上，综合国内外相关文献撰写而成的技术书籍。全书在概述凡纳滨对虾养殖生物学及产业发展现状的基础上，系统论述了低盐度对凡纳滨对虾的生理影响，分章节介绍了饲料中蛋白质、氨基酸、脂肪、脂肪酸、糖、维生素和矿物质等营养素对低盐度下凡纳滨对虾的生理功能及相应的最新研究进展。此外，本书还从对虾“肝、肠健康”方面介绍了影响机体健康的研究现状，介绍了提高低盐度下凡纳滨对虾性能的营养学调控手段。该书着眼于低盐度下凡纳滨对虾养殖产业中的突出问题，章节结构清晰，系统性和可读性较强，希望能够成为科学研究者、大专院校学生、养殖用户的参考书籍。

本书中第一章、第六章和第十章主要由陈立侨执笔撰写；其余章节由李二超撰写完成。课题组王晓丹、徐畅、陈科、戚常乐、刘艳、索艳彤、苏玉洁、董扬帆、李会峰、周利、韩凤禄等多名研究生在本书编写过程中给予了热情的协助。本书的正式出版，还部分得益于海南大学科研启动费［KYQD（ZR）1736］的支持，在此一并表示衷心的感谢。

本书在写作期间，新的研究成果不断涌现，著者尽可能地将相关文献收入书中，但不足之处在所难免。同时，由于个人能力和认知的限制，在一些基础理论阐述和应用技术建议上，也可能存在不足之处，恳请广大读者批评指正，以便今后逐步完善。

最后，我要感谢我的家人长期以来对我工作的大力支持。

李二超

2018 年 3 月

目 录

第一章 凡纳滨对虾的养殖生物学及内陆低盐度养殖现状 …………………………… (1)

第一节 凡纳滨对虾养殖生物学概述 …………………………………………… (1)
第二节 凡纳滨对虾内陆低盐度养殖现状、问题及解决策略 …………………… (6)

第二章 低盐度下凡纳滨对虾的生理状态 …………………………………… (11)

第一节 凡纳滨对虾的渗透压调节策略 ……………………………………… (11)
第二节 盐度对凡纳滨对虾蜕壳和生长的影响 ……………………………… (20)
第三节 低盐度下凡纳滨对虾的能量代谢 …………………………………… (25)
第四节 低盐度对凡纳滨对虾机体健康的影响 ……………………………… (38)
第五节 低盐度对凡纳滨对虾品质的影响 …………………………………… (43)

第三章 低盐度下凡纳滨对虾的蛋白质营养 ………………………………… (55)

第一节 蛋白质的分类、组成和生理功能 ……………………………………… (55)
第二节 不同盐度下凡纳滨对虾对蛋白质和氨基酸的需要 ………………… (57)

第四章 低盐度下凡纳滨对虾脂肪营养 ……………………………………… (71)

第一节 脂肪的生理功能 ……………………………………………………… (71)
第二节 脂类的消化吸收和代谢利用 ………………………………………… (73)
第三节 凡纳滨对虾在低盐度下的脂肪营养研究 …………………………… (78)
第四节 低盐度下凡纳滨对虾的特殊脂类代谢 ……………………………… (83)

第五章 低盐度下凡纳滨对虾的糖营养 ……………………………………… (93)

第一节 糖的种类和生理功能概述 …………………………………………… (93)
第二节 甲壳动物糖代谢过程和调控的概述 ………………………………… (95)
第三节 低盐度下凡纳滨对虾饲料中糖营养的研究 ………………………… (100)

第六章　低盐度下凡纳滨对虾的矿物质营养 ……………………………… (113)

第一节　矿物质元素的种类和生理功能 ……………………………… (113)
第二节　凡纳滨对虾对矿物质元素的需要量研究 ……………………… (114)

第七章　低盐度下凡纳滨对虾对饲料中维生素的需求 ………………… (129)

第一节　维生素的种类和生理功能概述 ……………………………… (129)
第二节　常见甲壳动物饲料中维生素的需要量 ………………………… (132)
第三节　低盐度下凡纳滨对虾对饲料中维生素的需要量 ……………… (138)
第四节　影响凡纳滨对虾维生素需要量的因素 ………………………… (142)

第八章　凡纳滨对虾肝胰腺健康的影响因素及营养调控 ……………… (153)

第一节　虾蟹类肝胰腺功能和结构组成 ……………………………… (153)
第二节　影响虾蟹类肝胰腺健康的因素及调控策略 …………………… (161)

第九章　凡纳滨对虾肠道健康的影响因素及营养调控 ………………… (180)

第一节　凡纳滨对虾肠道组织学结构及其功能概述 …………………… (180)
第二节　对虾肠道免疫系统构成和肠道健康重要性 …………………… (184)
第三节　凡纳滨对虾肠道菌群组成、影响因素及其营养调控 ………… (189)
第四节　虾蟹类围食膜结构与功能概述 ……………………………… (206)

第十章　提高低盐度下凡纳滨对虾性能的营养学手段 ………………… (224)

第一节　饲料营养对水产动物生理状态的重要调控作用 ……………… (224)
第二节　缓解低盐度对凡纳滨对虾应激效应的营养调控研究 ………… (225)
第三节　饲料中常用功能性物质 ……………………………………… (230)

附图 …………………………………………………………………… (245)

第一章　凡纳滨对虾的养殖生物学及内陆低盐度养殖现状

第一节　凡纳滨对虾养殖生物学概述

一、概述

凡纳滨对虾（*Litopenaeus vannamei*），旧称南美白对虾，国内也有人译之为白脚虾、万氏对虾或白脚对虾，隶属于节肢动物门、甲壳纲、十足目、游泳亚目、对虾科、滨对虾属。凡纳滨对虾原产于美洲太平洋沿岸水域，主要集中在秘鲁北部至墨西哥桑诺拉一带，尤以厄瓜多尔沿岸分布最为密集。1988 年由中国科学院海洋研究所的张伟权教授从美国夏威夷引进我国后，于 1994 年获得小批量育苗的成功，1999 年成功培育出 SPF（Specific-pathogen-free，指不携带特定病原体）凡纳滨对虾虾苗，实现了育苗生产的工厂化。由于凡纳滨对虾具有个体大、头胸甲较小、出肉率高、生长快、抗病力和抗逆性强、繁殖期长、耐低盐度和高密度养殖、人工养殖周期短、便于活虾运输等优点，其规模化健康养殖的开展将我国一度萧条的对虾产业推向了繁盛。目前，凡纳滨对虾作为世界第一养殖虾类，全球年产量达 360×10^4 t，占对虾总产量的 70% 以上。我国养殖凡纳滨对虾的年产量已经超过 160×10^4 t，超过养殖对虾总产量的 80%，是我国水产养殖的支柱型产业，同时也是我国水产品出口的第一大品种，是渔民增收的重要途径。

二、形态特征

1. 外部形态特征

凡纳滨对虾呈梭形（图 1. 1），左右两侧略扁，身体修长，成体最长可达 24 cm，与中国明对虾（*Fenneropenaeus chinensis*）的外形极其相似。身披一层几丁质外壳，略透明；体色呈青蓝色或浅青灰色，且可以随环境的变化而变化，体壁下面的色素细胞扩大，体色变深，色素细胞缩小，则体色变浅；虾体主要色素是由胡萝卜素与蛋白质共同作用结合形成，在遇高温或与无机酸、酒精相遇时，蛋白质沉淀，虾红素和虾青素析出；全身甲壳不具斑纹。

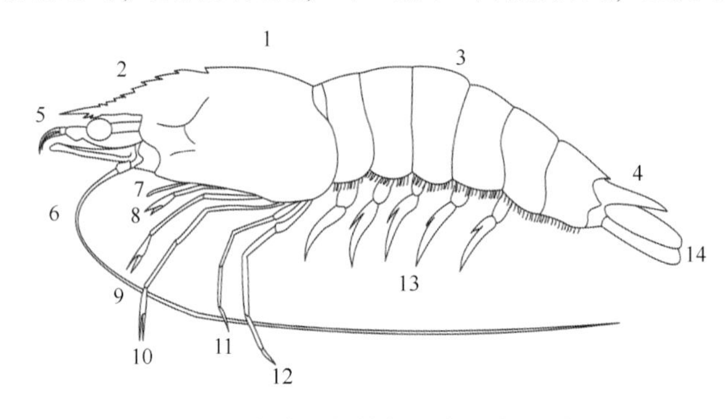

图 1.1　凡纳滨对虾外部形态（何祝清绘）

1. 头胸甲；2. 额角；3. 腹部；4. 尾节；5. 第一触角；6. 第二触角；7. 第三颚足；8. 第一步足；9. 第二步足；10. 第三步足；11. 第四步足；12. 第五步足；13. 腹肢；14. 尾肢

凡纳滨对虾的身体分为头胸部和腹部两部分，头胸部短，与腹部的长度之比为 1∶3。头胸部由一个完整而坚硬的头胸甲所包被，额角侧沟短，上下缘具有齿状突起，两侧生有一对可自由活动的眼柄，眼柄末端着生复眼，能够感受周围环境光线的变化并形成各种影像，头胸甲下方包裹着心脏、胃、肝胰腺和鳃等多个脏器，口位于头胸部的腹面。凡纳滨对虾腹部发达，由 7 个体节组成，体节从头至尾依次变小，前 5 节较短，第 6 节较长，末端的尾节形成尖锐的棱锥形，且具有中央沟。整个腹部均外披硬壳，在各个体节之间有膜质的关节，腹部可以自由屈伸运动。

凡纳滨对虾共有 20 个体节，除了尾节外，每一体节均具有一对附肢，各个附肢的位置和形状均与其功能密切相关。头部具有 5 对附肢，第一附肢称为小触角，第二附肢为大触角，第三附肢为大颚，第四附肢和第五附肢分别称为第一小颚和第二小颚。胸部具有 8 对附肢，包括 3 对颚足及 5 对步足，能够辅助呼吸、摄食及爬行。腹部具有 6 对附肢，为游泳足，是凡纳滨对虾的主要游泳器官。雌雄个体的第一、第二附肢具有一定的差异。第六附肢宽大，与尾节合称尾扇。

2. 内部结构

凡纳滨对虾内部器官与其他对虾类似，可以归纳为肌肉系统、循环系统、消化系统、呼吸系统、排泄系统、生殖系统、神经系统、内分泌系统和甲壳（体壁）。凡纳滨对虾的肌肉主要是横纹肌，肌纤维集合形成强有力的肌肉束，主要集中于虾体腹部，也是其主要食用部位；腹部肌肉有力而迅速地收缩和舒张能够支持虾体有力地弹跳，从而躲避敌害。凡纳滨对虾具有开管式循环系统，由心脏、血管、血窦和血液组成。消化系统由消化腺和消化道两部分构成（图 1.2），肝胰腺是对虾的主要消化腺，主要功能是分泌各种消化酶，进行消化、吸收和营养物质的储存。凡纳滨对虾主要依靠鳃进行呼吸，其位于头胸甲侧甲和体壁构成的鳃腔中，具有较大的表面积，更有利于气体的交换，供给生命活动。大触角腺基部的触角腺是凡纳滨对虾主要的排泄器官，由囊状腺体、膀胱和排泄管组成，虾体主要的代谢废物以氨的形式由此排出，除此之外，触角腺还具有一定的渗透压调节和离子平衡的能力。凡纳滨对虾为雌雄异体，雌性生殖系统包括一对卵巢、输卵管和纳精囊，生殖孔位于第三步足基部，纳精囊属于开放型纳精囊；雄性生殖系统包括一对精囊、输精管和精荚囊，生殖孔开口于第五对步足基部。凡纳滨对虾的内分泌系统由神经内分泌系统和非神经内分泌系统两部分组成，内分泌系统分泌的各种激素调控着对虾的生长、性腺成熟、呼吸、渗透压调节、繁殖活动等重要的生理机能。对虾的体壁最外层是由几丁质、蛋白复合物和钙盐等形成的甲壳，保护和支撑着整个身体，在对虾生长蜕壳时，旧的甲壳被吸收，软化而最终蜕去，由上皮细胞分泌的几丁质逐渐硬化形成新的甲壳。

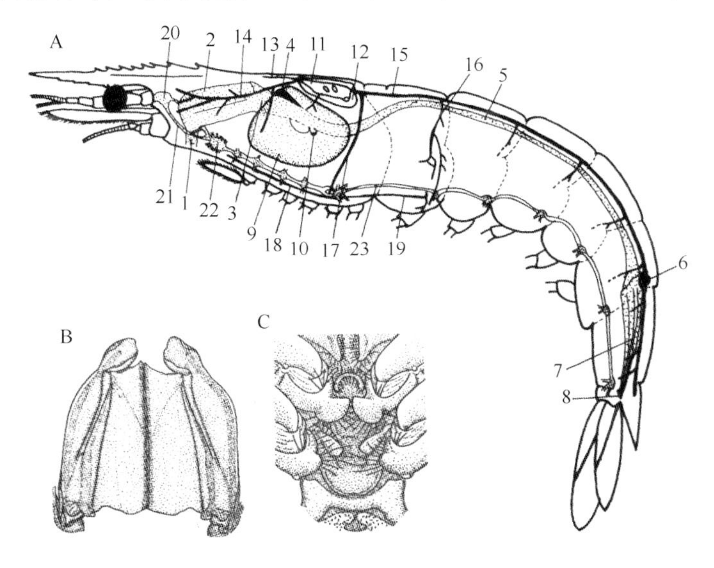

图 1.2 凡纳滨对虾解剖侧面观（A：示消化、循环和神经系统）和雄（B）、雌（C）性交接器

1. 食道；2. 贲门胃；3. 幽门胃；4. 中肠道盲囊；5. 中肠；6 中肠后盲囊；7. 后肠；8. 肛门；9. 肝胰腺；10. 肝孔；11. 心室；12. 围心腔；13. 中央动脉；14. 前侧动脉；15. 腹背动脉；16. 体节动脉；17. 胸动脉；18. 胸下动脉；19. 腹下动脉；20. 脑神经节；21. 围食道神经环；22. 食道下神经节；23. 腹神经链

资料来源：王克行，2008

三、生态习性

1. 食性

凡纳滨对虾的食性为杂食性。在自然水域中，凡纳滨对虾主要栖息于泥质海底，幼体

营浮游生活，常常集中在饵料生物丰富的河口附近海区和海岸潟湖软泥底质的浅海中，以微藻、浮游动物和水中的悬浮颗粒为食，发育至虾苗或仔虾阶段的个体也会摄食部分微藻和浮游动物，生长至成虾阶段后食物组成较为多样，主要以蠕虫、小型贝类、小型甲壳类、多毛类和桡足类等水生动物为食，同时还会摄入部分藻类和有机碎屑等。

凡纳滨对虾的摄食具有节律性，夜间进食比白天多，但在全人工养殖过程中，由于池塘水体中不存在敌害生物，且白天光合作用强，水体溶氧充足，可能会改变对虾的摄食节律。在正常生长的情况下，凡纳滨对虾日均摄食量约占体重的5%，在性成熟期间，尤其是卵巢和精巢发育的中期和后期，摄食量可达到正常生长时期的3~5倍（王兴强等，2004）。

2. 水温

凡纳滨对虾对水温变化的适应能力较强，相比之下，对高温的适应能力要强于对低温的适应能力。对虾对高、低温度忍耐的极限分别为43.5℃和4℃，在18~35℃水温范围内可正常摄食和生长，在24~33℃水温范围内具有良好的摄食并能快速生长，且随水温的升高，对虾的摄食、耗氧和生长都有所增加（Villarreal et al.，1994）。30~33℃是凡纳滨对虾摄食和生长的最适温度，可达到峰值。当水温低于18℃时，对虾会停止摄食，长期处于15℃以下的水体中会导致对虾昏迷，水温低于9℃时导致对虾死亡。水温高于33℃时，对虾抗病力下降，食欲减退或停止摄食（陈昌生等，2001）。但是，不同大小或不同环境下的凡纳滨对虾对温度的容忍能力会有所差异，一般个体较小的幼虾对水温变化的适应能力相对较弱。

3. 盐度

凡纳滨对虾是典型的广盐性虾类，具有很强的盐度适应能力，可以适应的盐度范围为0.5~50。凡纳滨对虾体液的等渗点接近718 mOsm/kg，对应水体盐度约为25（Castille and Lawrence，1981）。但是由于苗种的来源和大小的区别，众多研究人员对其最适生长盐度意见不一，综合大量研究发现，水体盐度在15~25范围时对虾可获得较适的存活和生长，当水体盐度低于5时，对虾的存活和生长都会受到负面影响，同时还会伴随抗胁迫能力下降、尾部肌肉抽搐、昏迷或无方向性的旋转等行为的出现（Davis et al.，2002）。在淡化养殖的过程中，放养虾苗的水体必须经过渐进式的淡化处理，在低盐水体中养成的对虾口味品质略有下降，一般在收虾前1~2周会逐渐提高水体盐度来提升口感和肌肉品质。

4. pH值

养殖池塘水体的pH值的变化与诸多因素有关，如微藻数量、光照强度、溶氧度及氨氮含量等，因此pH值的变化往往也是养殖水体理化反应和物种运动状况的综合反映。凡纳滨对虾偏好弱碱性的水体，在 pH 值为 7.5～8.5 的范围内生长较为合适。当水体 pH 值低于 7 时，会影响凡纳滨对虾正常的蜕壳，生长和活动也会受到限制，当水体 pH 值过高，水中氨氮的毒性便会大大增加，对对虾的生长十分不利，因此实时检测水体 pH 值的变化对健康养殖十分重要（Wang et al.，2009；Pante，1990）。

5. 溶解氧

水体中的溶解氧含量是影响水生生物存活和生长至关重要的因素之一，更是封闭式循环水养殖系统中的重要因子。在天然或养殖池塘水体中，溶解氧会随气候、温度、盐度、有机体的腐败程度和生物的呼吸代谢程度的变化而变化。当池塘中对虾放养密度过大时，水色变浓，透明度降低，水体的溶解氧含量也会产生变化（Wyban and Lee，1987）。封闭式养殖系统中，随着养殖时间的延长，对虾体型增大，水中残饵、粪便等物质氧化分解耗氧量也逐渐增加，水体溶氧含量会显著降低（Williams and Davis，1996）。当水体溶氧低于 2 mg/L 时，凡纳滨对虾的生长会受到明显的抑制，其缺氧窒息点在 0.5～1.53 mg/L。对虾个体越大，呼吸含氧量增加，耐低氧能力越差，在对虾蜕壳期间，对水体溶氧的需求还会有所增加，且长期低氧状态会使凡纳滨对虾死亡率升高，甲壳变软，残食现象严重。当水体溶氧升高时，凡纳滨对虾的饲料转化效率和消化酶活力都会增加，从而保证其存活（段妍等，2013）。

养殖水体中微藻的丰富度对溶解氧的含量有显著的影响。当天气晴好、阳光充足时，水体中微藻的光合作用产生的氧气含量会远超过动物体呼吸作用的耗氧量，能够保证对虾生长；若在连续阴雨天或夜间，微藻光合作用效率降低，水中动物大量消耗氧气，溶解氧含量大幅下降，威胁对虾的存活，尤其是养殖后期。在低密度养殖水体中，建议溶氧在 4 mg/L以上，而在高密度养殖水体中，建议溶解氧含量不低于 5 mg/L，以保证对虾的存活和生长（Mcgraw and Teichert-coddington，2001；杨逸萍等，1999）。

四、繁殖和发育

凡纳滨对虾雌雄个体的第一、第二附肢存在一定的差别。雄性个体的第一附肢内侧特化形成雄性交接器，在与雌性个体进行交配时，交接器用于传递精荚，第二附肢内侧另有小型的附属肢节，用于辅助交配；雌性个体的第一附肢内肢变小，以便于交配。凡纳滨对虾具有开放型的纳精囊，交配行为通常发生在性腺成熟的雌虾产卵前的 4～12 h，交配行为是在雌虾硬壳状态下完成的，交配后，精荚能够依靠自身的黏附性贴在雌虾第 4～5 对步足之间，交配后的雌虾排卵时，精荚内的精子释放，在水中完成受精作用。自然海域中，12 个月以上、头胸甲长度 40 mm 左右的对虾便会出现抱卵现象，且凡纳滨对虾的繁殖期长，在主要分布区域，常年可见抱卵亲虾。池塘养殖条件下的凡纳滨对虾的卵巢不易成熟，但我国工厂化的育苗技术已经较为完善，苗种的批量化生产有力地推动了我国凡纳滨对虾养殖产业的快速发展（王广军，2000）。

凡纳滨对虾的生长发育可分为受精卵、无节幼体、溞状幼体、糠虾幼体、仔虾、幼虾和成虾 7 个阶段，仔虾、幼虾和成虾均属于对虾的养成阶段，此前的阶段均属于幼体发育阶段（图 1.3）。无节幼体（nauplius）分为 6 期（NⅠ～NⅥ），每期蜕皮一次，躯体不分节，有 3 对附肢，无完整口器，因此不能够摄食，依靠自身的卵黄维持生命活动，经过 2 d即可变态至溞状幼体。溞状幼体（zoea）分为 3 期（ZⅠ～ZⅢ），此期趋光性强，躯体开始分节，形成头胸甲、完整的口器和消化器官，开始主动摄食，约每天经历一期，3 d左右变态为糠虾幼体。糠虾（mysis）幼体有 3 期（MⅠ～MⅢ），约每天经历一期，此时的躯体分节更加明显，腹部的附肢开始形成，头重脚轻，常常在水中呈现倒立状态，此时对虾的摄食能力有所增强，可捕食细小的浮游生物，3 d 后，进入到仔虾（juvenile）阶段。仔虾的外部形态和成虾基本相同，以经历的天数进行分期，一般在生长到 PⅤ期时可进行出售、淡化或者强化培育。苗种体长增至 0.8～1 cm 时，即可放入池塘进行虾苗标粗。成虾（adults）的寿命 1～2 年，期间约蜕皮 50 次，蜕壳多发生在夜间，蜕壳前，对虾的活动剧烈，甲壳蓬松，腹部向胸部折叠，反复屈伸，头胸甲翻起，身体从甲壳中蜕出，继续弹动身体将尾部和附肢从旧的甲壳中抽出。刚刚蜕壳的成虾身体防御机能弱，活动能力也弱，此时可通过喂功能饲料，加大充气量或勤换水等方式，尽量使同一塘中的成虾的蜕壳频率一致，减少相互蚕食的发生。

第二节　凡纳滨对虾内陆低盐度养殖现状、问题及解决策略

一、养殖现状

凡纳滨对虾对盐度的适应范围很广，为 0.5～50，因此，凡纳滨对虾的养殖可以打破地域的局限。过去的 20 多年，凡纳滨对虾的养殖区域逐渐从我国东部沿海向内陆扩展，在咸淡水交汇的低盐度河口区、盐碱地、水源充足的江河流域和淡水湖周边进行大面积的养殖，其中以长三角和珠三角地区的养殖为主。除此之外，在安徽、辽宁、河北、广西等地具有一定规模的凡纳滨对虾淡水养殖也正在如火如荼的进行中。养殖规模的不断扩大，使得产量也逐年增加。2000 年，低盐度养殖已在部分地区开展，在养殖管理等均较好的前提下，每公顷最高产量为 2.5×10^4 kg。而我国目前内陆低盐度养殖凡纳滨对虾，每公顷平均产量可达 7.0×10^4 kg，目前的低盐度养殖面积保守估计已达 1.5×10^4 hm^2。近几年，凡纳滨对虾全国的产量达 160×10^4 t，其中海水养殖的产量约为 85×10^4 t，低盐度养殖的产量

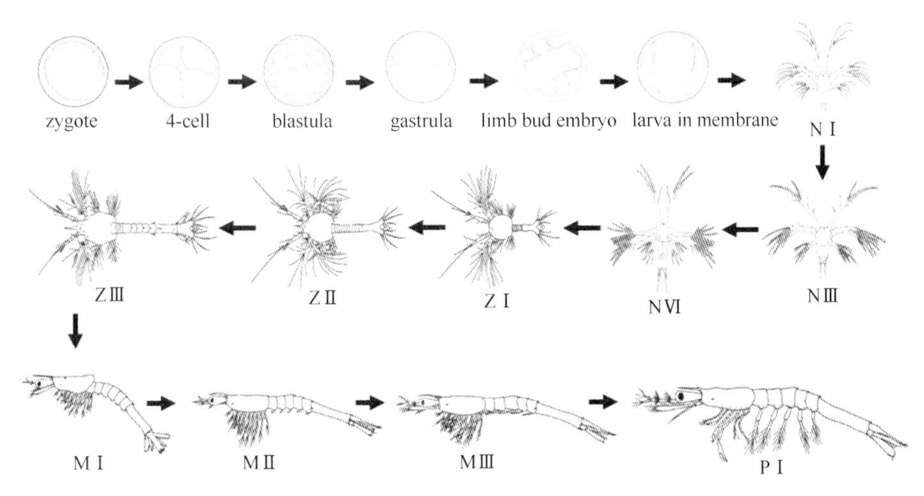

图 1.3　凡纳滨对虾早期胚胎发育过程示意图

zygote：受精卵；4-cell：卵裂期；blastula：囊胚期；gastrula：原肠胚期；limb bud embryo：肢芽幼体期；larva in membrane：膜内幼体期；NⅠ，NⅢ，NⅥ：无节幼体Ⅰ，Ⅲ和Ⅵ期；ZⅠ~ZⅢ：溞状幼体期；MⅠ~MⅢ：糠虾幼体期；PⅠ：仔虾期

资料来源：Wei et al.，2017

约为 75×10^4 t，产值超过 500 亿元。

二、主要问题

巨大的数字背后也隐藏了诸多的问题，虽然低盐度养殖的产量逐年攀升，但亩产量仍然与海水养殖下的亩产量存在不小的差异（Laramore et al.，2010；Ogle et al.，1992）。因此，若能有效地解决低盐度养殖环境下抑制对虾生长的因素，提高低盐度凡纳滨对虾的亩产量，将获得更为可观的产值和经济效益。据统计分析，近年来，低盐度凡纳滨对虾的养殖成功率仅为 2~3 成，如何提高养殖的成功率成为养殖户迫切关注的核心问题。

在初期，由于海水养殖的病害频发以及旅游业的快速发展，低盐度的凡纳滨对虾养殖逐渐兴起。低盐度养殖能够从水源上切断海水中的病原体传染而导致的继发性病毒性疾病，有效地缓解了海水养殖疾病暴发的压力。但随着凡纳滨对虾内陆低盐度养殖面积的不断扩大，新的问题也随之而来。目前，我国 90%以上的城市淡化水源已受到不同程度的污染，而由于低盐度养殖大量地抽取地下水，严重破坏了淡水资源，土壤的蓄水和排水能力均受到严重的影响，造成区域土地生产性能的下降，耕种地面积减少，同时，为了调节盐度所添加的卤水或粗盐也对土壤造成了潜在的破坏，加之养殖技术更新的进程缓慢，造成低盐度养殖向不可持续发展的方向进行。

长时间的低盐度养殖使苗种的退化严重，部分苗种携带病毒导致病害暴发，例如“黑脚偷死”病、肌肉白浊、黑斑病等，这使对虾生长迟滞。越来越多的新型病害的暴发也使得水产药物市场变得混乱，很多不能对症下药，不能及时地解决问题；同时，养殖污水的大量排放使有毒、有害的藻类和细菌大量繁殖，外源污染日益严重。除此之外，由于低盐度水体的金属离子含量少，对虾软壳现象较多，导致抗离水能力差，而对虾表皮钙化速度迟缓，易受到病菌的感染，严重时甚至导致死亡。低盐度或淡水环境的总碱度常常低于白虾对总碱度的需求（70～150 mg/kg），当水体碱度较低时，水质容易变动，pH 值的浮动范围变大，对虾易出现不间断的蜕壳、软壳、蜕壳不遂等情况，导致对虾机体免疫力下降，病原体感染的概率大大增加。适当并合理的肥水有助于提高水体的总碱度。另外，水体肥度的提高在一定程度上能够增加水体的天然饵料生物的丰富度，提高对虾的营养摄入。硬度值是另一个低盐度水体不同于海水的特点，我国绝大多数内陆淡水环境的总硬度均小于 100 mg/L，较低的硬度也会导致对虾出现蜕壳难和软壳的现象，因此，适当地提高水体的硬度不仅仅对有机物的转化、有毒物质毒性的降低具有重要作用，而且对藻类和对虾的生长发育都具有不可或缺的积极作用。

三、解决当前问题的策略

在凡纳滨对虾低盐度养殖过程中，对疾病的控制有诸多关键的环节，对于大部分对虾养殖户来说，虾苗的选择至关重要。为了提高成活率，一般选择体表无污染，体质健康且规格较大的虾苗进行放养。在养殖过程中要以预防为主，时刻关注水体质量的变化，及时关注对虾的生长状态，根据天气和对虾生长阶段对饲料进行调配，进行合理科学的投喂。已有诸多学者证实，进行营养干预能够有效地改善凡纳滨对虾在低盐度环境下的生长及免疫状况，是低盐度养殖凡纳滨对虾的重要调控手段（Li et al.，2015；2008）。合理的饲料调控还能够缓解低盐度养殖带来的凡纳滨对虾口感较差的问题，提高对虾的风味。在养殖模式方面，除了要大面积地推广环境友好型的健康养殖技术和质量保障型的标准化养殖技术，以“养护”模式代替“消杀”模式，合理的采用“轮养”、“混养”和“隔养”等生态高效养殖模式外，我们更要限制养殖规模，尤其是严格禁止内陆提高盐度增加亩产量的行为，并适当地采用微生态制剂进行防控，在技术和管理上多花心思，促进低盐度养殖凡纳滨对虾产业的可持续发展。

在整个低盐度养殖过程中，多种营养元素要通过人工添加才能满足对虾的生长需求，如维生素 C 的添加能够改善对虾机体的免疫力，缓解水体质量不稳定对对虾的负面影响（刘襄河等，2007）。矿物质元素的添加能够有效地缓解对虾软壳现象的出现、提高水体的碱度、维持微生物的丰富度及平衡。因此，定期使用微生态制剂进行全池的泼洒能有效地防止蓝藻的大量繁殖并有效地控制有害指标的负面影响。而提高水体的总硬度在一定程度上相当于提高水体中钙镁离子的总浓度，在养殖条件允许的情况下，适量地注入新水并加入一些生物制剂，可以稳定水体的底质和 pH 值，增强养殖水体的缓冲能力，还能减轻养殖水体中重金属对对虾的毒性效应。水体的氨氮、亚硝酸盐等因素的变化均能导致水环境 pH 值的波动，pH 值是多种指标变化的综合反映，因此，时刻关注水体 pH 值的波动对于成功养殖有重要意义。适当的肥水，控制水体藻类及浮游动物的种类，调节水体的碱度和硬度都能够进一步保证水体 pH 值的稳定（曹煜成等，2007）。因此，在整个养殖的过程中，各种因素的协调和及时合理的处理突发状况对对虾的成功养殖具有至关重要的意义。

对虾的消化系统比包括鱼类在内的脊椎动物的消化系统简单，主要依赖肝胰腺和肠道行使机体营养物质消化、转运、吸收等功能。因此，对虾的肝肠功能比鱼类等高等动物更复杂、更强大。同时，肝胰腺是对虾体内最重要的解毒器官，而肠道因其在机体应对外界病源过程中起到的物理（肠道结构的完整性）、化学（免疫炎症反应）和生物（肠道微生物菌群共生）屏障作用，使其成为对虾机体重要的免疫器官之一。在凡纳滨对虾的养殖过程中，各种常见疾病（如 EMS、白便症等）的发生，在一定程度上均与对虾肝胰腺和肠道健康状态相关。对虾的肝肠健康一旦受到影响，会直接影响对虾机体的整体生理活动。因此，保肝、护肝及维持对虾肠道完整性和菌群平衡，对于对虾的健康养殖具有十分重要的现实意义。

参考文献

曹煜成，李卓佳，杨莺莺，等. 2007. 浮游微藻生态调控技术在对虾养殖应用中的研究进展［J］. 南方水产科学，(3)：70-73.

陈昌生，黄标，叶兆弘，等. 2001. 南美白对虾摄食、生长及存活与温度的关系［J］. 集美大学学报，(6)：296-300.

段妍，张秀梅，张志新. 2013. 溶解氧对凡纳滨对虾生长及消化酶活性的影响［J］. 中国海洋大学学报（自然科学版），43：8-14.

王克行. 2008. 虾蟹类健康养殖原理与技术［M］. 北京：科学出版社.

王广军. 2000. 南美白对虾的生物学特性及繁殖技术［J］. 水产科技情报，27：128-132.

王兴强，马甡，董双林. 2004. 凡纳滨对虾生物学及养殖生态学研究进展［J］. 海洋湖沼通报，(4)：94-100.

杨逸萍，王增焕，孙建，等. 1999. 精养虾池主要水化学因子变化规律和氮的收支［J］. 海洋科学，(1)：15-17.

Castille F L, Lawrence A L. 1981. The effect of salinity on the osmotic sodium and chloride concentrations in the hemolymph of euryhaline shrimp of the genus *Penaeus* [J]. Comparative Biochemistry and Physiology, Part B, 68, 1: 75-80.

Davis D A, Saoud I P, Mcgraw W J, Rouse D. 2002. Considerations for *Litopenaeus vannamei* reared in inland low salinity waters [C]. In: Cruz-Suarez L E, Ricque-Marie D, Tapia-Salazar M, et al. (eds). Advances in Nutrition Acuicola VI. Proceedings of the VI International Symposium on Nutrition Acuicola. 3 to 6 September 2002. Cancun, Quintana Roo, Mexico.

Laramore S, Laramore C R, Scarpa J. 2010. Effect of low salinity on growth and survival of postlarvae and juvenile *Litopenaeus vannamei* [J]. Journal of the World Aquaculture Society, 32: 385-392.

Li E, Chen L, Zeng C, et al. 2008. Comparison of digestive and antioxidant enzymes activities, haemolymph oxyhemocyanin contents and hepatopancreas histology of white shrimp, *Litopenaeus vannamei*, at various salinities [J]. Aquaculture, 274: 80-86.

Li E, Wang X, Chen K, et al. 2015. Physiological change and nutritional requirement of Pacific white shrimp *Litopenaeus vannamei* at low salinity [J]. Reviews in Aquaculture, 7: 1-19.

Mcgraw W, Teichert-coddington D R, Rouse D B, et al. 2001. Higher minimum dissolved oxygen concentrations increase penaeid shrimp yields in earthen ponds [J]. Aquaculture, 199: 311-321.

Ogle J T, Beaugez K, Lotz J M. 1992. Effects of salinity on survival and growth of postlarval *Penaeus vannamei* [J]. Gulf & Caribbean Research, (8): 415-421.

Pante M J R. 1990. Influence of environmental stress on the heritability of molting frequency and growth rate of the Penaeid shrimp, *Penaeus vannamei* [D]. University of Houston-Clear Lake, Houston, TX.

Villarreal H, Hinojosa P, Naranjo J. 1994. Effect of temperature and salinity on the oxygen consumption of laboratory produced *Penaeus vannamei*, postlarvae [J]. Comparative Biochemistry & Physiology Part A, 108: 331-336.

Wang W, Zhou J, Wang P, et al. 2009. Oxidative stress, DNA damage and antioxidant enzyme gene expression in the Pacific white shrimp, *Litopenaeus vannamei* when exposed to acute pH stress [J]. Comparative Biochemistry and Physiology Part C, 150: 428-435.

Wei J, Zhang X, Yu Y, et al. 2014. Comparative transcriptomic characterization of the early development in Pacific white shrimp *Litopenaeus vannamei* [J]. PLoS One, (9): e106201.

Williams A S, Davis D A, Arnold C R. 1996. Density-dependent growth and survival of *Penaeus setiferus* and *Penaeus vannamei* in a semi-closed recirculating system [J]. Journal of the World Aquaculture Society, 27: 107-112.

Wyban J A, Lee C S, Sato V T, et al. 1987. Effect of stocking density on shrimp growth rates in manure-fertilized ponds [J]. Aquaculture, 61: 23-32.

第二章 低盐度下凡纳滨对虾的生理状态

第一节 凡纳滨对虾的渗透压调节策略

有关甲壳动物渗透压调节，在调节器官的形态结构（Lin and Chen，2003）、离子转运调控（Lucu and Devescovi，1999）、血淋巴渗透压调节（Yang et al.，2001）及神经内分泌调节（Morris，2001）等方面已经取得了大量的研究成果。并且大量的研究结果均证明，大部分水生甲壳动物的渗透压调节相关的组织和器官会随着周围水环境的改变而发生一系列的生理学变化，以适应外界环境的变化，尽可能地维持机体正常的生理代谢活动。因此，深入了解这一调节机制不但具有重大的理论研究意义，而且还能为经济类甲壳动物的增养殖技术提供新的指导方向。

近年来，世界范围内的海水养殖、淡水养殖以及半咸水养殖均得到了快速的发展，其中海水品种的淡化养殖已经成为我国及其他一些国家和地区水产养殖的一个重要的发展方向，该养殖方式对于改善内陆水产养殖的产业结构和提高经济效益，都有着重要的意义。迄今为止，尽管凡纳滨对虾内陆低盐度养殖已经得到一定的推广，但是与此有关的应用基础研究还颇为缺乏，尤其是有关水生动物对盐度变化的适应及其渗透压调节机理等方面，尚有大量的工作要做。总结、分析已有的研究资料和结果，可为后续研究凡纳滨对虾人工健康养殖生产提供必要的参考资料。

一、渗透压调节器官和组织

与其他甲壳动物类似，凡纳滨对虾的渗透压调控主要依赖但不限于以下几种器官和组织。

1. 鳃

鳃是甲壳动物渗透调节过程中主要的离子转运器官。甲壳动物的鳃位于背甲两侧形成的鳃室内，鳃室前后及腹面和外界以缝相通，呈枝状。甲壳动物鳃由鳃轴和鳃丝构成。鳃丝是鳃最基本的功能单位，其由角质层、角质层下间隙及鳃上皮组成，构成了甲壳动物离子调节的复合体，其中角质层和离子转运型上皮与甲壳动物渗透压调节功能关系最为密切（Barra et al.，1983）。

甲壳动物鳃的多种功能主要是通过其表面上皮组织来完成。早在20世纪30年代，生理学家通过银染发现鳃上皮是甲壳动物血液或血淋巴离子调节的最主要位置（Koch，1954）。除柱细胞、浸润细胞及噬菌细胞等特殊细胞外，甲壳动物的鳃基本上都由单层上皮组成，其基膜与血淋巴直接接触，黏膜外覆盖了一层几丁质表皮，与外界水体接触。鳃上皮的厚度为1~20 μm。根据上皮层厚度可分为两类：一是鳃区域中1~5 μm的呼吸型上皮，由普通的扁平上皮细胞组成，是气体交换和离子扩散运动最主要的位置；二是厚度在10~20 μm的离子转运型上皮，在离子的补偿运输中起重要作用。这两类上皮可以分布在不同的鳃上或同一鳃的不同部位。离子转运型上皮的质膜内褶形成微绒毛，基底侧质膜也内褶，而且相比之下其更宽、更深。质膜内褶处有大量的线粒体和糖原颗粒，为甲壳动物离子的主动运输提供能量。在其质膜上还有大量与离子运输相关的离子通道和离子转运相关的酶等（周双林等，2001）。鳃上皮外层的角质层是外界环境中的各种离子，尤其是主要渗透因子Na^+、Cl^-的扩散屏障，其通透性与甲壳动物的离子调节能力密切相关。一般情况下，属渗透压随变者的甲壳动物的角质层透性较大，而属于渗透压调节者的甲壳动物的鳃角质层透性较小（温伯格等，1982）。此外，研究还发现，在狭盐性的渗透压随变者中，离子通过角质层水分的运动和非特异性小孔进出，而在渗透压调节者中，对渗透调节相关离子的通透性却依赖于特定的离子通道（Péqueux and Gilles，1988）。

2. 触角腺和小颚腺

甲壳动物触角腺位于第二触角的基部，由一对后肾演变而来，因呈绿色，也称绿腺。对虾幼体的排泄器官是第二小颚内的小颚腺。与其他甲壳动物相似，凡纳滨对虾的触角腺为排泄器官，主要作用是调节机体渗透压和离子平衡，由端囊、腺体、排泄管和排泄孔组成。端囊位于腺体内端，是残余的体腔。血液中的代谢废物进入腺体部后，经盘曲的排泄管由排泄孔排出。然而，氨作为蛋白质代谢的终末产物，却由鳃排出。甲壳动物的触角腺被发现得较晚，在20世纪60年代，触角腺仅被认为当环境的渗透压变动时，用于调节体内液体的体积及一些无机离子的浓度（Prosser et al.，1955）。之后的研究表明，重吸收NaCl的能力仅在几种淡水高渗调节甲壳动物中，而在半咸水和海水中的甲壳动物却很少具备这样的生理功能（Mantel and Farmer，1983）。淡水生活的甲壳动物可通过NaCl重吸收产生低渗尿，原因是触角腺的原肾管等可大量重吸收离子来保持体液的离子平衡，以防机体失去大量离子。大多数的海洋甲壳动物采取的方式是随变调节方式，即与周围水体环境保持基本等渗状态，产生等渗尿，此时原肾管中的离子转运酶活性几乎不发生太大变化，基本上也不重吸收离子。广盐性的海洋种类，采取“高渗—低渗”的多重调节方式，即在低渗环境中原肾管大量吸收离子产生低渗尿，在等渗环境中则以等渗方式与环境保持平衡，若在高渗环境，原肾管在大量吸收水分并减少尿液排放量的同时，产生高渗尿以保持体内水分，进而保持机体的渗透平衡。凡纳滨对虾体液的等渗点在718 mOsm/kg左右（Castille and Lawrence，1981），水体盐度约为25。所以内陆低盐养殖条件对于凡纳滨对虾来讲，属低渗条件，对虾触角腺的原肾管可大量吸收离子产生低渗尿，但尚需要通过科学研究进一步确认。

甲壳动物触角腺生理功能是通过一神经丛与触角神经相连来实现的（Charmantier，1982），并受食管下神经节的控制，同时还受到机体激素的调控。目前，一般认为触角腺的生理功能主要受控于脑部和中胸神经节分泌的神经内分泌因子（Ueno and Inoue，1996）。由此可见，内分泌系统在对虾渗透压调节过程中具有十分重要的作用。想要从实质上解决甲壳动物生产过程中所面对的应激（如低盐度胁迫等）问题，就必须从物种本身所具有的生物及生理学特性入手，全面认识甲壳动物缓解环境应激的调节机制，而内分泌系统作为机体重要的第一反应系统，必定在调节机制中发挥至关重要的作用。所以探究内分泌系统应对环境应激的基本调节方式，对于水产动物来讲，是解决实际生产面临的问题、建立合理的养殖方法及高效稳定的养殖模式的重要一环。内分泌系统在脊椎动物中的研究已经较为成熟，且已有的研究表明，当外环境发生变化时，内分泌系统和神经系统可以协同作用于靶细胞、组织及器官，这使得生理调节更为迅速，进而有效地维持机体内环境的稳态，在脊椎动物的生命过程中发挥着至关重要的作用。相对来说，甲壳动物内分泌系统的研究仍处在探索阶段，研究内容较为局限，基础生理知识薄弱，亟须对相关基础内容进行系统和深入探究（蔡生力，1998；范晓锐，2010；Chang and Thiel，2015；Derby and Thiel，2015）。

3. 消化系统中的胃、肠和肝胰腺

甲壳动物胃、肠和肝胰腺是其消化系统中的主要器官，虽然不与外界环境直接接触，但也参与甲壳动物机体的渗透压调节。和其他水生动物一样，水生甲壳动物每天都会通过摄取食物，而获得大量生活环境中的水分，且摄取的数量与它们渗透平衡的保持非常相关。研究发现，甲壳动物肠道中具有典型的盐转运吸收或分泌型上皮细胞，支持肠的部分细胞在离子和水分的转运过程中起着重要作用（Palackal et al.，1984），如卤虫 *Acartia tonsa*（Farmer，1980）和盐水虾 *Artemia salina*（Croghan，1958）的肠道是一个非常活跃的排盐器官，其吸收水分与转运上皮转移 Na^+ 和 Cl^- 有密切的关系。

肝胰腺是甲壳动物十足目动物消化系统的重要组成部分，既能合成和分泌消化酶，又能吸收和消化营养物质，同时也是机体解毒和排毒的最大器官。鉴于对虾肝胰腺所在位置及其功能，其直接参与对虾渗透压调节过程中的离子调节的可能性非常小。但是，研究表明，水生动物在应对外界环境的盐度变化时，为了维持机体渗透压/离子平衡，通常需要消耗20%~50%的总代谢能（Tseng and Hwang，2008；Evans et al.，2005），因此渗透压调

节过程是极度耗能的。能量是动物正常生存的第一法则，也是应对应激反应的第一法则。因此，肝胰腺必须在对虾应对低盐应激及相关的渗透压调节过程中起重要的作用，开展盐度应激条件下的能量动用相关主题的研究，对于完善水生动物渗透压调节的生理学机制及研究机体应对环境胁迫的营养学调控策略具有十分重要的意义。研究发现，相对于处于较适宜的盐度下的对虾，低盐度 3 下凡纳滨对虾肝胰腺肝小体中具有吸收、消化、分泌和排泄功能的分泌细胞（B 细胞）数量增多，同时存储营养物质的 R 细胞数量减少，而高盐度 32 下却表现出 B 细胞体积增大的趋势（Li et al.，2008a），从组织学角度揭示了凡纳滨对虾对不同盐度的适应情况，同时也在一定程度上佐证了能量代谢在应激低盐胁迫中的重要作用。此外，长期处于盐度胁迫条件下，对虾机体会产生大量的氧自由基、免疫力下降等不良生理反应。对虾在应对或缓解这些不良反应过程中，肝胰腺也发挥着重要的作用，如抗氧化相关酶活力升高等（Li et al.，2008a）。

4. 肌肉组织

肌肉组织是机体蛋白质最终的沉淀场所，可以认为是甲壳动物体内最大的氨基酸库，而氨基酸在甲壳动物渗透调节中的作用却又是至关重要的。Lima 等（1997）发现罗氏沼虾在盐度超过 21 时，血淋巴中 Na^+ 和 Cl^- 形成的渗透压要低于血淋巴中的实际渗透压，说明血淋巴中渗透压有一部分来源于非离子成分，而 Spaargaren（1971）也发现非离子成分产生的渗透压占褐虾血淋巴总渗透压的 20%之多。所以，这些非离子成分大部分归结于血淋巴中的游离氨基酸。类似地，Via（1989）发现日本对虾由低盐进入高盐环境后，其血淋巴中游离氨基酸含量上升 55%之多，罗氏沼虾从淡水进入低盐环境中时，血淋巴总游离氨基酸由 0.85 mmol/L 上升到了 2.1 mmol/L（Huong et al.，2001）。

研究发现，脯氨酸、甘氨酸、丙氨酸、牛磺酸和谷氨酸是甲壳动物血淋中对其渗透压调节起重要作用的游离氨基酸，而这些氨基酸往往都来自对虾机体最大的氨基酸库，即肌肉组织（Vincent-Marique and Gilles，1970）。然而，同位素标记实验证明，尽管脯氨酸和丙氨酸在高渗胁迫时都是从头合成，但只有脯氨酸的合成受盐度胁迫的严格调控。因为在盐度恒定时，丙氨酸的合成仍然存在，而脯氨酸的合成却已停止。谷氨酸作为脯氨酸的前体物质，在盐度恒定时也能合成，这一现象暗示，主要调控点位于脯氨酸合成途径中的谷氨酸之后的合成代谢过程中（Burton，1986；Burton，1991）。其中谷氨酸脱氢酶（Glutamate dehydrogenase，GDH），被认为是一种潜在的调控酶，因为 GDH 存在于从谷氨酸到 α 酮戊二酸转化的代谢过程中，且谷氨酸生成丙氨酸的过程中，伴随着丙酮酸盐的氨基转移，而合成脯氨酸。因此，经由 GDH 的谷氨酸产物能引起脯氨酸和丙氨酸合成代谢的增强。在获得凡纳滨对虾 GDH cDNA 全长的基础上，发现 GDH 在其肌肉组织中表达最高，在一定程度上提示了肌肉组织在凡纳滨对虾渗透压调节中的重要作用（Li et al.，2009）。

综合这些研究可以看出，机体的氨基酸在甲壳动物的渗透调节中扮演着十分重要的角色，因此肌肉作为甲壳动物体内最大的氨基酸库，在甲壳动物渗透调节中的作用也不容忽视。

二、凡纳滨对虾的渗透压调节

根据甲壳动物面临外界盐度变化调节自身渗透压的能力，分为渗透压随变者（osmoconformer）和渗透压调节者（osmoregulator）。渗透压随变者缺乏调节自身渗透压的能力，血液或血淋巴中的主要离子和渗透压总是随外界盐度变化而变化，并与外界环境保持一定程度的一致，只能生活在盐度稳定的水环境中；而渗透压调节者具有很强的调节自身血液或血淋巴中离子浓度和渗透压的能力，即当外界盐度变化时，其能主动地调节自身血液或淋巴中离子浓度和渗透压，使其保持在一定的水平（Péqueux，1995）。凡纳滨对虾属于渗透压调节者之一，具有很强的调节自身渗透压的能力和较广的盐度适应范围（0.5~50）（Péqueux，1995；潘爱军等，2006）。

（一）离子转运途径和作用机制

1. 离子转运酶

凡纳滨对虾的离子转运型鳃上皮是进行渗透调节和离子转运的主要场所，Na^+/K^+-ATPase、V-ATPase 、HCO_3^--ATPase 和碳酸酐酶等多种离子转运酶完成离子调控和转运（Morris，2001），其中 Na^+/K^+-ATPase 起主要作用。离子转运酶位于质膜上，调控离子转运的主要方式是通过运输和结合离子通道，如 Na^+/K^+ 交换、Na^+/H^+ 电中性交换、Cl^-/HCO_3^- 电中性交换等。

Na^+/K^+-ATPase 是包括凡纳滨对虾在内的甲壳动物维持机体 Na^+、K^+ 平衡和调节血淋巴渗透压最重要的离子转运酶，该酶大约占总 ATPase 活性的 70%，而 V-ATPase 等其他转运酶的活性约占剩下的 30%（Furriel et al.，2000）。Na^+/K^+-ATPase 通过主动跨膜运输细胞两侧的 Na^+、K^+，将鳃上皮细胞内的 Na^+ 运入血淋巴中，同时将血淋巴内的 K^+ 运入鳃上皮细胞，从而维持细胞内外的离子梯度和膜电位以及机体的 Na^+、K^+ 平衡和血淋巴渗透压的平衡，同时催化 ATP 水解成 ADP 释放能量（Ahearn et al.，1990）。

在盐度变化（从 30 到 5、10、15、20、25、30）3 d 内，各处理组鳃丝 Na^+/K^+-ATPase 活力随着时间的延长逐渐升高，至 3~15 d 时，不同盐度下鳃丝 Na^+/K^+-ATPase 活力趋于稳定，而且盐度越低酶活力越高（图 2.1）（潘鲁青等，2004）。对不同盐度胁迫下的凡纳滨对虾 Na^+/K^+-ATPase 酶活性和基因表达量进行了研究，发现盐度胁迫 3 h 内，凡纳滨对虾体内 Na^+/K^+-ATPase 的表达量没有明显变化，6 h 达到峰值，随后又出现了回落，且随着盐度的降低，表达量增加。类似地，当养殖水体盐度由 12 下降到 0（盐度每天降 1.5，共 8 d）过程中，对虾体内渗透压随着水体盐度的降低而降低，但没有显著差异（图 2.2-A）。渗透压调节关键基因 Na^+/K^+-ATPase mRNA 表达水平和酶活力在水体盐度 12 下降到 9 的过程中显著升高，之后随着水体盐度的下降表达量显著降低，最后再从 6 下降到 0 的过程中趋于平缓（图 2.2-B，C）（唐建洲等，2016）。可见，在盐度降低的短时间内，凡纳滨对虾会通过提高关键基因 Na^+/K^+-ATPase mRNA 表达水平和酶活力来适应盐度变化，之后基因表达和酶活力趋于稳定。

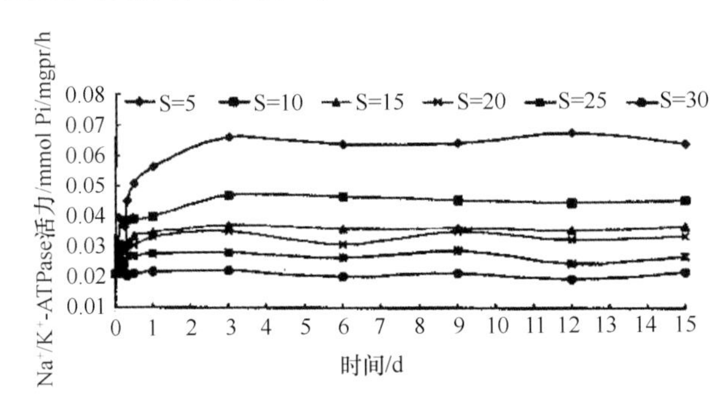

图 2.1 盐度对凡纳滨对虾鳃丝 Na^+/K^+-ATPase 活力的影响

资料来源：潘鲁青等，2004

碳酸酐酶以膜结合或游离的方式广泛分布于甲壳动物的鳃组织中，其主要功能是催化二氧化碳缓慢水化，从而为离子转运中的 Cl^-/HCO_3^- 和 Na^+/H^+ 的电中性交换提供 H^+ 和 HCO_3^-（Wheatly and Henry，1987）。在盐度变化下（从 5 突变至 25）凡纳滨对虾的碳酸酐酶活性研究表明，碳酸酐酶参与了凡纳滨对虾的渗透压调节过程（潘爱军等，2006）。而 V-ATPase 则位于顶部质膜上，该酶主要功能是通过将 H^+ 泵出鳃上皮细胞以产生相应的电势差，从而使得 Na^+ 顺着电势梯度进入鳃上皮细胞中（Morris，2001），最终完成 Na^+/H^+ 电中性交换（Onken and Putzenlechner，1995）。而 HCO_3^--ATPase 同样位于顶部质膜上，该酶通过增加鳃上皮细胞对 Cl^- 的吸收，从而与 HCO_3^- 进行电中性交换（Lee，1982），但仍需进一步研究验证。

2. 渗透压调节策略和离子转运途径

在以往的研究中，主要将甲壳动物适应渗透压胁迫的调节策略归为两大类，即“补偿性过程”（compensatory process）和“限制性过程”（limiting process），且主要在鳃中进行（Rainbow and Black，2001；Péqueux，1995）。

“补偿性过程”主要是依靠将离子进行跨膜运输来抑制由于盐度变化造成的离子被动扩散，从而维持血淋巴渗透压/离子平衡（Funder et al.，1996）。这一过程涉及许多上述

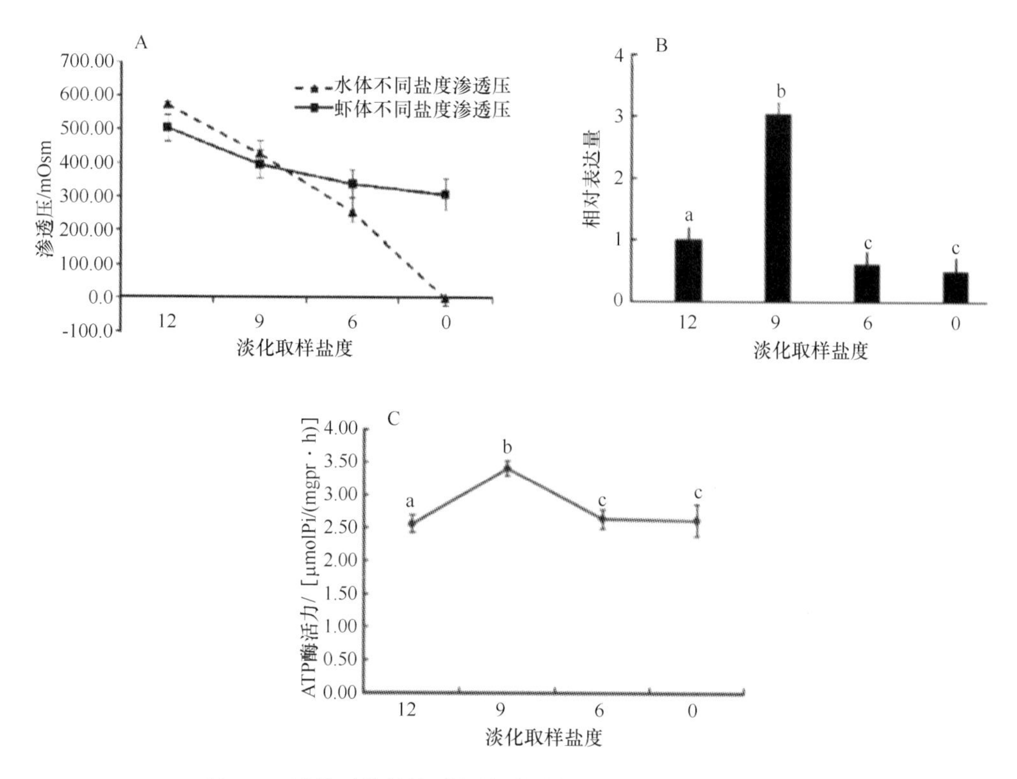

图 2.2　淡化对凡纳滨对虾渗透压和 Na^+/K^+-ATPase 的影响

A. 渗透压；B. Na^+/K^+-ATPase mRNA 表达；C. Na^+/K^+-ATPase 酶活力

资料来源：唐建洲等，2016

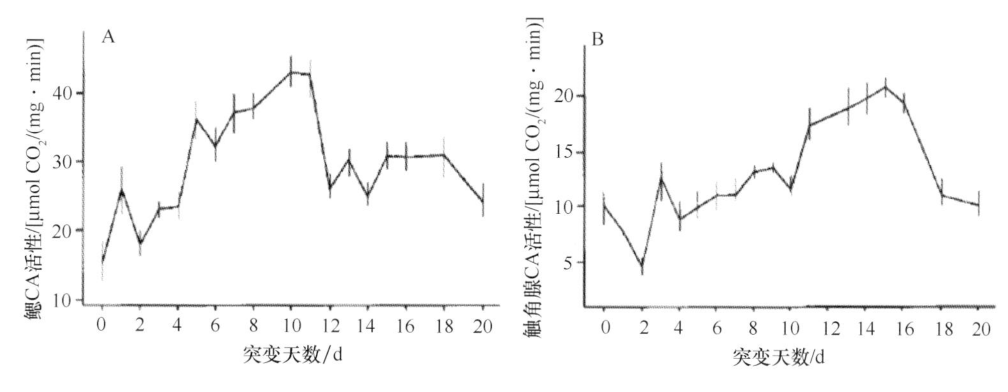

图 2.3　盐度值由 5 突变至 25 后凡纳滨对虾鳃组织（A）和触角腺（B）碳酸酐酶活性的动态变化

资料来源：潘爱军等，2006

离子转运酶，并且仍需要更多的研究来完善。当甲壳动物并没有受到渗透压胁迫时，由于其鳃中的离子转运型上皮不存在离子浓度差，因此跨上皮电势差为 5~50 mV，且始终外正内负（图 2.4）。此时 Na^+和 Cl^-在离子转运型上皮中的是独立运输的，由于上皮细胞膜对

Cl^-的通透性很大，因此Cl^-可以扩散进入；而其对Na^+的通透性很小，故Na^+进出细胞膜主要依赖主动运输来进行。而当环境盐度变化产生离子浓度差时，鳃上皮细胞基底侧质膜的离子转运主要依靠Na^+/K^+泵并由Na^+/K^+-ATPase进行调控，而顶部质膜上的离子转运则以电中性交换为主。基底侧质膜的离子转运在整个离子转运鳃上皮的离子调控中占主导地位，Na^+/K^+泵在离子交换过程中总是会在泵入两个Na^+的同时将3个K^+泵出。K^+通过渗漏途径来保持鳃上皮细胞内外的K^+平衡，该过程可被Ba^{2+}阻断（Onken and Graszynski，1989）。

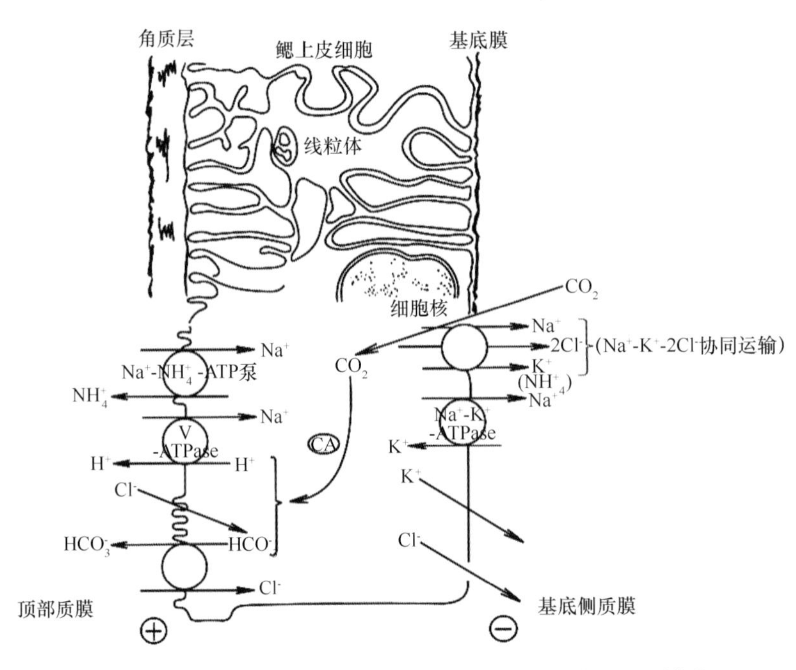

图2.4　中华绒螯蟹离子转运型鳃上皮细胞离子转运途径模式

资料来源：周双林等，2001

由于K^+的渗漏途径以及Na^+/K^+泵的离子转运作用会将K^+泵出，因此会导致在基底侧质膜的内外两侧产生外正内负的电势差，从而使得细胞内Cl^-向血淋巴扩散，这一过程会被二苯氰胂抑制（Onken and Graszynski，1989）。此外，Na^+-K^+-2 Cl^-还能进行协同运输，其中的K^+可被NH_4^+取代，并且该过程受呋喃重苯胺抑制（O’ Grady et al.，1987）。顶部质膜上的离子转运主要包括Na^+/H^+、Cl^-/HCO_3^-和Na^+/NH_4^+等电中性交换。V-ATPase主要负责调控Na^+/H^+的电中性交换（Ahearn et al.，1990），并且Na^+/H^+和Cl^-/HCO_3^-的电中性交换为Cl^-扩散进入血淋巴提供了电势差，并最终与HCO_3^-进行交换生成CO_2排出体外（Onken and Putzenlechner，1995），该过程受到二硫乙酰氨基异硫氰酸二苯乙烯（SITS）的抑制。而Na^+/NH_4^+电中性交换则由Na^+/NH_4^+-ATP泵调控，主要是通过氮的排泄来调节氨的平衡（Varley and Greenaway，1994），但Na^+/NH_4^+交换在全部Na^+的渗入中只占相当小的一部分。

“限制性过程”这一策略通过调整细胞膜的渗透性来维持血淋巴渗透压/离子平衡，这一过程相比于依赖离子转运机制的“补偿性过程”所需要的能量消耗大大减少（Péqueux，1995）。确实，降低鳃的渗透性，或者具有一个较低渗透性的鳃是甲壳动物长期适应多种环境盐度变化的关键调控机制（Rainbow and Black，2001；Péqueux，1995）。绝大多数的甲壳动物都具有这一调节能力（Rainbow and Black，2001；Campbell and Jones，1990；Li et al.，2006）。这一调节机制通常会在短期低盐度胁迫时关闭掉自身的孔膜，而在长期盐度胁迫适应过程中则会通过调节鳃细胞膜的脂肪酸组成来改变其渗透性，从而提高自身盐度的适应能力（Morris et al.，1982）。而在长期适应过程中，鳃细胞膜中的不饱和脂肪酸指数越高（不饱和双键越多），例如 n-3 系的多不饱和脂肪酸，其离子和水的渗透性也就越高（Morris et al.，1982；Porter et al.，1996）。

3. 参与离子转运调控的信号分子

以中华绒螯蟹为研究对象发现，鳃上皮的离子转运受神经内分泌系统的神经递质信号调控，其激活途径为 cAMP-PKA-离子转运酶（Mo et al.，2003）。鳃丝细胞体积随环境盐度的变化而发生变化，激活生物胺合成酶和鸟氨酸脱羧酶产生生物胺，生物胺刺激腺苷酸环化酶使胞内第二信使环状腺苷酸（cAMP）的浓度升高，与蛋白激酶 A（PKA）耦联，通过 PKA 磷酸化激活顶部质膜的 V-ATPase，借助 Cl^-/HCO_3^- 的电中性交换为 Cl^- 的吸收提供动力，激活基底侧质膜的 Cl^- 通道增加 Cl^- 的吸收，同时激活 Na^+/K^+-ATPase，促进 Na^+ 通过基底侧质膜进入血淋巴，最终实现对渗透压平衡的调控。但迄今，尚缺乏以凡纳滨对虾为对象相关主题的研究。

Ca^+ 是维持细胞内离子浓度的关键离子，同时在细胞信号转导途径中起着关键的作用（Clapham，2007）。Ca^{2+}-ATPase 在维持 Ca^{2+} 稳态中起着至关重要的作用（李海英等，2008）。动物细胞中有 3 种 Ca^{2+}-ATPase，即质膜 Ca^{2+}-ATPase、内质网 Ca^{2+}-ATPase 和分泌型 Ca^{2+}-ATPase。其中，内质网 Ca^{2+}-ATPase 主要通过胞质 Ca^{2+} 囊泡螯合机制来调节细胞质中钙离子浓度，有助于调节胞浆 Ca^{2+} 浓度和维持管腔内质网中的 Ca^{2+} 库（Axelsen and Palmgren，1998）。现有的研究表明，Ca^{2+}-ATPase 参与了凡纳滨对虾渗透压的调节。研究凡纳滨对虾 Na^+/K^+-ATPase 和内质网 Ca^{2+}-ATPase 基因的时空表达规律发现，低盐度（0.5）胁迫条件下，鳃丝与肝胰腺中的 Na^+/K^+-ATPase 和内质网 Ca^{2+}-ATPase mRNA 在不同应激时间内其表达量存在显著性差异，且呈现出同一趋势。对比高盐度（40）和低盐度（3）条件下内质网 Ca^{2+}-ATPase 在不同组织中的表达情况，结果显示高盐和低盐条件下内质网 Ca^{2+}-ATPase 的表达量差异显著（杨海朋，2013）。这表明，内质网 Ca^{2+}-ATPase 是凡纳滨对虾应对外界盐度突变的重要调节因子。

（二）血淋巴渗透压调控

渗透压调节者具有适应盐度变化等水生环境因子的能力。甲壳动物主要是通过血淋巴渗透压调控来维持机体正常的生命活动，血淋巴中渗透压效应物如无机离子浓度、自由氨基酸含量等决定了甲壳动物血淋巴渗透压的水平。甲壳动物主要通过调节对水分和无机离子的通透性来改变渗透压效应物含量的浓度。除此之外，血淋巴组成如蛋白质、血糖、脂类和氨等物质代谢水平对渗透压也会产生影响。

1. 离子浓度

血淋巴中渗透压效应物中的主要阳离子的浓度接近于主要阴离子的浓度，它们几乎决定了血淋巴渗透压水平，其中 Na^+ 和 Cl^- 是形成血淋巴渗透压最主要的贡献者，氯化物在甲壳动物的血淋巴渗透压调节中占比达 39.5%～49.6%，而且环境盐度越高，氯化物的调节作用越大（Chen and Chia，1997）。

2. 游离氨基酸

在广盐性甲壳动物体内，组织中离子浓度的调节分为两步过程：首先通过血液的渗透调节，其次通过替代细胞中的有机物质。日本对虾由低盐进入高盐环境后，血淋巴中自由氨基酸含量上升了近 55%（Via，1989）；盐度 10～50 时，凡纳滨对虾和日本对虾体内自由氨基酸随盐度呈线性变化，主要的自由氨基酸为甘氨酸、牛磺酸、精氨酸、脯氨酸和丙氨酸，但主要的渗透压效应物为甘氨酸、脯氨酸和丙氨酸（Via，1986）。罗氏沼虾在淡水和低盐环境中时，血淋巴总自由氨基酸仅有 0.85～1.0 mmol/L，而在高盐度下总自由氨基酸急剧上升到 2.1 mmol/L，其中丙氨酸比在淡水和低盐环境中升高了 6 倍（Huong et al.，2001）。当外界盐度升高时，血淋巴氨基酸含量的增长速度低于血淋巴 Na^+ 和 Cl^- 的增长速度（Huong et al.，2001）。

综合这些研究可以看出，血淋巴渗透压调节短时间内主要依赖于离子的转运调控，同时，机体的氨基酸在甲壳动物的渗透调节中扮演着十分重要的角色。自由氨基酸是甲壳动物渗透压的重要效应物，在低盐度适应过程中，自由氨基酸向鳃细胞外释放，并受蛋白激酶 C 调节，同时自由氨基酸的分解提高。

第二节　盐度对凡纳滨对虾蜕壳和生长的影响

凡纳滨对虾同其他节肢动物一样，体壁自内向外依次为很薄的基膜、单层的上皮细胞和含几丁质的表皮。表皮由上皮细胞分泌而成（图 2.5），覆盖在身体表面，形成具有很强的保护和支持功能的外骨骼。表皮的构造复杂，可概括为表皮由上表皮和原表皮组成。上表皮很薄，覆盖在身体的最外面，仅占表皮厚度的3%或更少，主要是脂蛋白，不含几丁质。原表皮又分外表皮和内表皮，各自由许多片层组成，主要成分是几丁质与蛋白质的合成物。几丁质是一种含氮的多糖类化合物，不溶于水、碱、弱酸及乙醇。血液中的酪氨酸进入表皮，在多酚氧化酶作用下氧化成醌。表皮中的蛋白质分子侧链通过醌的苯环而交互连接，使柔软而具有可溶性的蛋白质转化为坚硬、不可溶的骨蛋白，同时颜色变深，这一过程称蛋白质鞣化作用。同时，由于甲壳动物在原表皮中部沉积了大量钙盐，外壳十分坚硬。

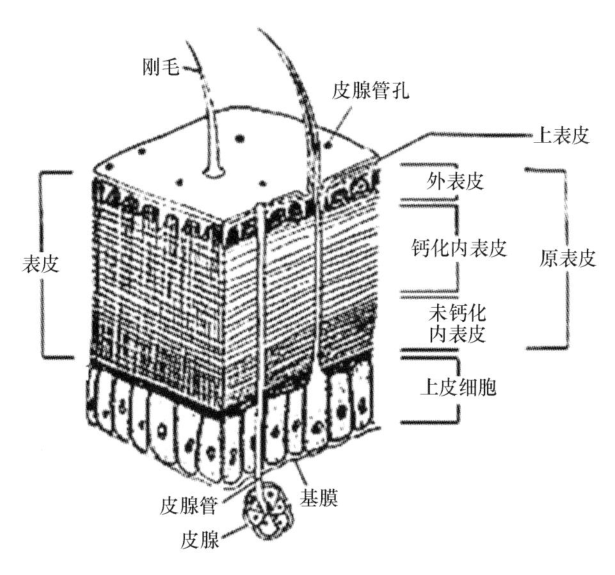

图 2.5　甲壳类体壁结构模式

资料来源：Brusca et al.，2003

蜕壳是包括凡纳滨对虾在内的虾蟹类正常且复杂的生理过程。顺利的蜕皮过程大致可分为五期，即蜕皮后期（A 期）、后续期（B 期）、蜕皮间期（C 期）、蜕皮前期（D 期）和蜕皮期（E 期）。A 期对虾刚自旧壳中蜕出，新壳柔软有弹性，仅存在上表皮和外表皮，开始分泌内表皮，真皮层上皮细胞缩小。此阶段，对虾大量吸水使新壳伸展，快速生长，短时间内不能支持身体，活力弱，且不摄食。B 期对虾表皮开始钙化，新壳快速硬化，可支持身体，内表皮继续分泌，真皮层上层细胞开始静息。对虾开始排出体内多余水分，开始摄食。C 期时间最长。在此期间，表皮钙化和内表皮分泌完成，新壳形成，真皮层上皮静息。凡纳滨对虾 C 期开始大量摄食，主要进行营养积累，其中包括钙的积累，完成组织生长，并为下次蜕壳进行物质准备，如从食物和鱼体中获得钙，正式蜕壳前钙的含量达到最高峰，水分含量降至56%~61%。D 期对虾为蜕皮做形态和生理上的准备，变化最大，可将其细分为几个亚期，但不同文献将 D 期分为亚期的数目稍有不同。凡纳滨对虾的研究人员经常根据对虾尾扇第二内肢的显示变化，精确判断其所处蜕壳时期。Cesar 等（2006）将凡纳滨对虾 D 期进一步分为 4 个亚期，即 D0、D1、D2 和 D3 期。D0 期时，对虾真皮层与表皮层分离，上皮细胞开始增大；D1 期时，对虾真皮层上皮细胞增生，出现贮藏细胞；到 D2 期，对虾旧壳的内表皮开始被吸收，引起血淋巴中钙浓度上升，同时新表皮开始分泌，对虾此时停止摄食；D4 期对虾新外表皮分泌完成，机体开始吸水，准备蜕皮。E 期为蜕皮期，时间为数秒钟或数分钟，期间对虾大量吸水，旧壳破裂，对虾身体从旧壳中蜕出（图 2.6）。

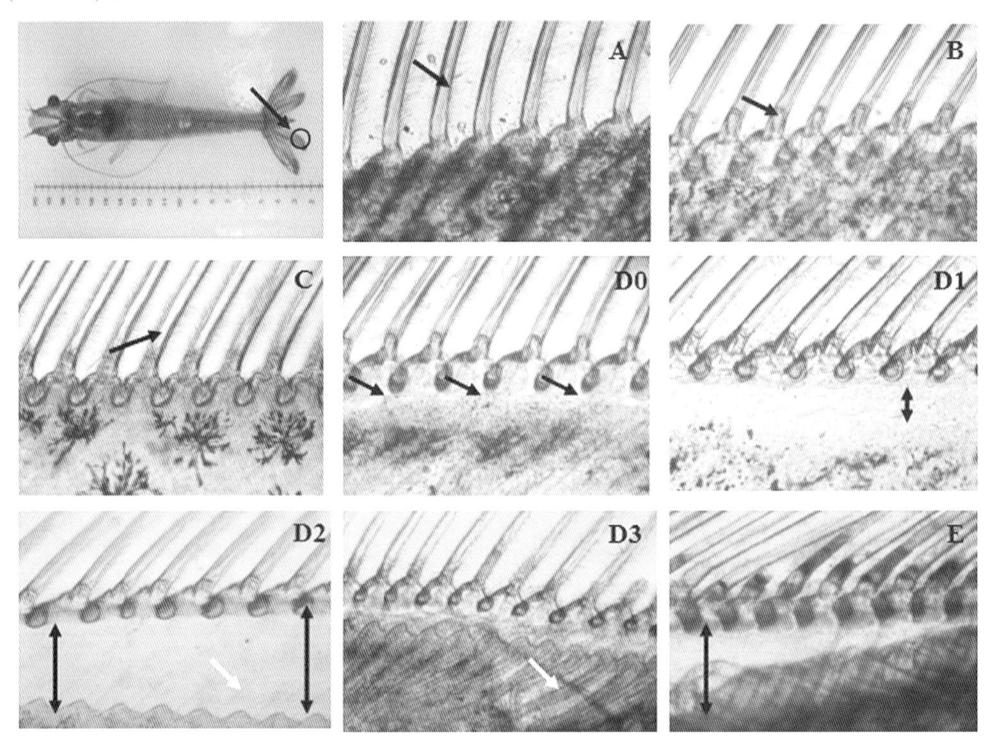

图 2.6　凡纳滨对虾不同蜕壳时期尾扇第二内肢表皮形态学变化过程

左上侧图片中，箭头所指区域为观察刚毛发生所用的尾柄内肢。图 A~E：A 期（蜕皮后期），箭头所指为充满刚毛基质的刚毛内腔；B 期（后续期），箭头所指为刚毛基质收缩并形成短暂的圆锥状；C 期（蜕皮间期），箭头所指为空的刚毛内腔，色素细胞变大；D0 期（蜕皮前期第一个阶段），箭头所指为角质层和表皮开始分离；D1 期（蜕皮前早期），箭头所指为角质层和表皮之间增加的间隙；D2 期（蜕皮前中期），黑色箭头表示角质层和表皮之间的大间隙，白色箭头表示新形成的刚毛细节；D3 期（蜕皮前后期）箭头显示新刚毛完全形成并折叠在老甲壳下；E 期（蜕皮期），旧甲壳脱落，新的甲壳和刚毛显露。图片拍自 3 月龄凡纳滨对虾

资料来源：Cesar et al.，2006

凡纳滨对虾的蜕皮一般在上半夜。幼体阶段在水温 28℃时，30~40 h 蜕一次皮，1~5 g 幼虾 4~6 d 蜕皮一次。而中虾和 15 g 以上成虾两次蜕皮间隔为 15~20 d。刚蜕皮的虾

虚弱无力，不摄食。通常，1~3 g的幼虾大约只需数小时新皮即会变硬，而大虾则可能需要1~2 d。与其他甲壳动物类似，凡纳滨对虾的生长是通过蜕壳来完成的，体长体重的增长呈阶梯式变化（图2. 7）。此外，申玉春等（2012）实验采用5×3因子设计，盐度梯度设置为6、12、18、24、30五个水平，饲料蛋白水平梯度设置为30%、36%、42%三个水平，研究了盐度和饲料蛋白水平对凡纳滨对虾蜕壳和生长的影响（表2. 1）。结果发现，对虾蜕壳相对增重率呈现出随盐度上升而降低的变化趋势，以盐度为6时蜕壳相对增重率为最高。盐度和饲料蛋白水平及其交互作用对实验对虾蜕壳相对增重率影响差异显著（$P<0.05$），对虾的特定生长率随盐度升高而上升。此外，对虾的蜕壳频率随盐度的增加而显著增加（$P<0.05$），盐度18时蜕壳频率达到最高值，之后随盐度的升高蜕壳频率下降，但差异不显著。对虾每次蜕壳后表皮钙化需要大量的钙质。可见，盐度是影响凡纳滨对虾蜕壳和生长的重要因素。

表2. 1　盐度和饲料蛋白水平对凡纳滨对虾蜕壳和生长的影响

盐度	饲料	存活率/%	蜕壳频率/%	蜕壳间期/d	蜕壳体质量相对增重率/%	蜕壳体长相对增长率/%
6	A	83. 33±1. 67^{a}	90. 00±2. 89^{a}	27. 84±1. 08^{d}	200. 61±9. 30^{c}	63. 62±4. 5^{ef}
	B	88. 33±7. 64^{abc}	95. 00±5. 00^{a}	28. 18±2. 81^{d}	189. 83±7. 33^{bc}	55. 78±5. 7^{cde}
	C	86. 67±4. 41^{ab}	85. 00±2. 89^{a}	30. 73±2. 45^{d}	256. 20±17. 66^{d}	69. 25±5. 14^{f}
12	A	88. 33±4. 41^{abc}	125. 00±5. 00^{b}	21. 25±1. 25^{abc}	171. 23±8. 44^{bc}	53. 92±0. 23^{cde}
	B	93. 33±1. 67^{bcd}	175. 00±8. 66^{ef}	16. 10±1. 04^{a}	121. 89±1. 64^{a}	35. 99±2. 91^{a}
	C	91. 67±4. 41^{abcd}	130. 00±5. 77^{bc}	21. 20±1. 09^{abc}	204. 22±18. 70^{c}	57. 76±4. 22^{de}
18	A	93. 33±1. 67^{bcd}	155. 00±5. 77^{cdef}	18. 09±0. 42^{abc}	169. 70±4. 21^{bc}	47. 51±1. 17^{abcd}
	B	96. 67±1. 67^{cd}	180. 00±8. 66^{f}	16. 16±0. 57^{a}	156. 28±5. 57^{abc}	45. 42±2. 14^{abc}
	C	95. 00±0. 00^{bcd}	170. 00±12. 58^{def}	16. 94±1. 17^{ab}	164. 50±4. 11^{abc}	41. 92±0. 20^{ab}
24	A	95. 00±2. 89^{bcd}	130. 00±10. 41^{bc}	22. 20±1. 87^{bc}	186. 57±12. 31^{bc}	47. 33±2. 73^{abcd}
	B	96. 67±1. 67^{cd}	130. 00±12. 58^{bc}	22. 73±2. 21^{c}	203. 64±21. 48^{c}	56. 37±4. 95^{def}
	C	96. 67±3. 33^{cd}	145. 00±5. 00^{bcd}	20. 00±0. 00^{abc}	182. 27±5. 46^{bc}	47. 79±1. 68^{bcd}
30	A	96. 67±3. 33^{cd}	140. 00±5. 77^{bc}	20. 79±1. 16^{abc}	174. 55±5. 61^{bc}	49. 60±0. 89^{bcd}
	B	98. 33±1. 37^{d}	170. 00±12. 58^{def}	17. 59±1. 59^{abc}	149. 15±15. 54^{ab}	41. 73±3. 95^{ab}
	C	98. 33±1. 67^{d}	150. 00±16. 07^{bcde}	20. 18±2. 44^{abc}	184. 47±34. 49^{bc}	50. 17±5. 24^{bcd}
方差分析（P值）	盐度	0. 000	0. 000	0. 000	0. 000	0. 000
	饲料	0. 197	0. 002	0. 149	0. 003	0. 019
	盐度×饲料	0. 999	0. 082	0. 364	0. 033	0. 005

注：上述数据为3个平行组的平均值（$n=3$）。同列数据右上角标有不同字母表示差异显著（$P<0.05$），下同。方差分析（P值）为单因素方差分析与双因素方差分析。

资料来源：申玉春等，2012

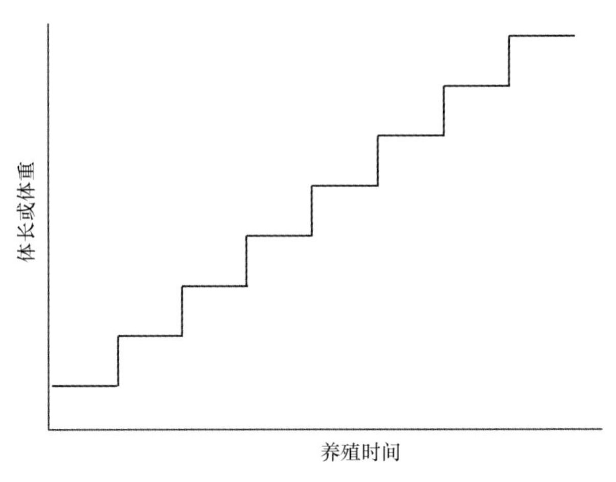

图 2.7 凡纳滨对虾生长的模式

资料来源：王克行，2009

凡纳滨对虾正常的生活史均有出现在海洋及河口环境当中的阶段，对盐度的反应随生理状况变化而变化（Cuzon et al.，2004）。以往有关盐度对凡纳滨对虾生长影响的研究主要集中在最适盐度的探讨，但结果却不尽相同，范围分布在 5~27 之间，不同生长时期凡纳滨对虾最适盐度也不尽相同（表 2.2）。

表 2.2 以往关于凡纳滨对虾最适盐度的研究

初始体重/g	盐度	养殖周期/d	最适盐度	参考文献
后期幼体	2，10，28	180	10，28	Walker et al.（2009）
0.02	3，17，32	50	17	Li et al.（2007）
0.05	0，2，4，30	40	4，30	Laramore et al.（2001）
0.10	0，1，2，3，30	40	30	Laramore et al.（2001）
0.27	0.2，11，21，31	35	21	Yan et al.（2007）
0.35	0，2，4，30	40	30	Laramore et al.（2001）
0.78	0.5，5，10，15，20，25，30，35	45	20	Wang et al.（2006）
1.60	5，15，25，35，49	35	5，15	Bray et al.（1994）
2.26	2，4，8	70	2~8	Samoch et al.（1998）
6.91	5，15，25，35，40	30	5	Zhang et al.（2009）

Huang 等（1983）报道了凡纳滨对虾的最适生长盐度在 20 左右，继其之后，Bartlett 等（1990）和 Ponce-Palafox 等（1997）均发现当环境盐度为 30~45 时，生长速度不会显著降低。此外，Bray 等（1994）的研究却发现，当盐度为 5 和 15 时，对虾的生长速度都优于其他盐度组。但总的来看，一般认为，凡纳滨对虾的最适盐度在 20 左右，基本与凡

纳滨对虾等渗点相应盐度相符。Li 等（2007）在室内养殖条件下进行了凡纳滨对虾在高、中和低盐度下（分别为 3.0、17.0 和 32.0）生长性能和成活率的研究，实验为期 50 d，期间投喂商用饲料，每个盐度设 4 个平行（表 2.3）。结果发现，中盐度条件下凡纳滨对虾增长率显著高于低盐度组，且低盐度组对虾成活率仅为 70% 左右，显著低于其他两处理组。此外，Li 等（2008）研究了饲料蛋白质含量对不同盐度（盐度为 2、22 和 32）下凡纳滨对虾生长和成活的影响，发现盐度为 22 时对虾的生长指标均优于投喂相同蛋白饲料的处理组，这一结果再次印证了凡纳滨对虾生长的最适宜的盐度在 20 左右。

表 2.3 不同盐度驯化 50 d 后凡纳滨对虾生长、体形态学指标和体成分

指标/%	盐度			方差分析
	3.0	17.0	32	（P 值）
增重率	8 787.13±633.83[a]	12 627.46±1 028.24[b]	10 273.71±660.24[ab]	0.015
成活率	75.00±3.68[a]	100.00±0.00[b]	100.00±0.00[b]	0.000
体水分	73.57±0.41[a]	75.01±0.13[b]	76.76±0.06[c]	0.004
粗蛋白质	17.62±0.88[a]	16.78±1.20[a]	16.53±0.68[a]	0.922
粗脂肪	1.40±0.08[a]	0.99±0.05[b]	1.05±0.08[b]	0.010
灰分	3.27±0.19[a]	3.24±0.0.16[a]	3.13±0.15[a]	0.890
肥满度	0.53±0.02[a]	0.56±0.01[a]	0.56±0.02[a]	0.264
肝体指数	4.01±0.29[a]	3.81±0.15[a]	3.80±0.21[a]	0.778

注：同一指标数据上标不同显示显著性差异（$P<0.05$）。

资料来源：Li et al.，2007

第三节 低盐度下凡纳滨对虾的能量代谢

一、呼吸代谢的变化

盐度是影响对虾呼吸代谢和能量收支活动的主要因子之一。当环境盐度低于等渗点时，机体需要摄取足够的盐分，排掉多余的水分，偏离等渗点越远，其渗透调节耗能越多，能量利用效率也越低（Ye et al.，2009；Pillai and Diwan，2002）。内陆淡化养殖水体的盐度通常小于 5，这对于凡纳滨对虾而言绝对是一种胁迫，所以机体需要更多的能量来满足正常的生长和存活。同其他十足目甲壳动物一样，耗氧量是衡量凡纳滨对虾能量代谢的一种重要指标（Bett and Vinatea，2009；Walker et al.，2009；Zhang et al.，2009；Li et al.，2007；Rosas et al.，2001a）。在不同温度（20℃、25℃或 30℃），不同盐度（1、13、

25或37）和不同体重（2 g、6 g或12 g）的三因素交叉实验中，处于盐度1中的6 g和12 g对虾耗氧量较大，表明这两组对虾消耗了较多的能量（Bett and Vinatea，2009）。如图2.8所示，盐度3的凡纳滨对虾仔虾氧气消耗和呼吸熵显著高于盐度17和32的实验组（Li et al.，2007）。类似地，盐度5下的凡纳滨对虾仔虾耗氧率显著高于海水组（Rosas et al.，2001b）。在偏离等渗点的环境下，凡纳滨对虾需要消耗额外的能量应对渗透压调节，与氮排泄相关的指标也会发生一系列相应的变化。盐度25的凡纳滨对虾仔虾氨氮排泄显著低于盐度10和盐度40的实验组（Jiang et al.，2000）。凡纳滨对虾后期幼体通过调整氮代谢（提高排氨率）和提高机体渗透能力（提高用于渗透调节的游离氨基酸含量）去适应盐度突变（从37突变至1.5）。在0.5和5盐度下对虾的呼吸能和排泄能组分显著高于20盐度，而生长能显著低于20盐度。在盐度20~28时中国对虾的能量转换效率最大（张硕和董双林，2002）；凡纳滨对虾在等渗点附近氧氮比（O/N）比率更低，低盐度下O/N远大于等渗点附近（图2.9）（Zhang et al.，2009）。表明等渗点附近的甲壳动物无需消耗更多的能量去适应渗透压的变化，因此能量利用效率较高。凡纳滨对虾能量分配中呼吸能的支出占最大比例，占摄食能的67.73%~69.50%；其次是生长能部分占摄食能的16.32%~18.93%；排粪能、排泄能和蜕壳能是能量支出中较小的部分，分别占摄食能的6.95%~7.61%，5.07%~5.57%和1.15%~1.28%（王兴强等，2006）。为了适应外环境的盐度变化，水生动物需要更多的能量用于盐度适应（Tseng and Hwang，2008）。对于一些鱼类，在机体受到盐度胁迫后，有20%~50%的代谢能量用于渗透压调节，所以用于生长的能量就相应地减少（Foss et al.，2001；Imsland et al.，2001；Laiz-Carrion et al.，2005；Woo and Kelly，1995）。类似地，当甲壳动物受到盐度胁迫时，总能量消耗会升高（Sang and Fotedar，2004；Setiarto et al.，2004），但用于渗透压调节的能量比例并未见报道。

研究发现不同盐度（0.5、5、10、15、20、25、30和35）能显著地影响对虾生长能、呼吸能和排泄能，而对排粪能和蜕壳能的影响不显著。在盐度20下，对虾生长能占摄食能的比例显著高于其他处理组，而在0.5、5和35盐度下，对虾生长能占摄食能的比例显著低于其他处理组。在10、20和25盐度下，对虾呼吸能占摄食能的比例差异不显著，但显著低于0.5、5和35盐度。在10、15和20盐度下，对虾排泄能占摄食能比例显著低于其他处理组。可见，低盐度下凡纳滨对虾会将更多的能量用于呼吸和排泄，导致生长性能下降（王兴强等，2006）。

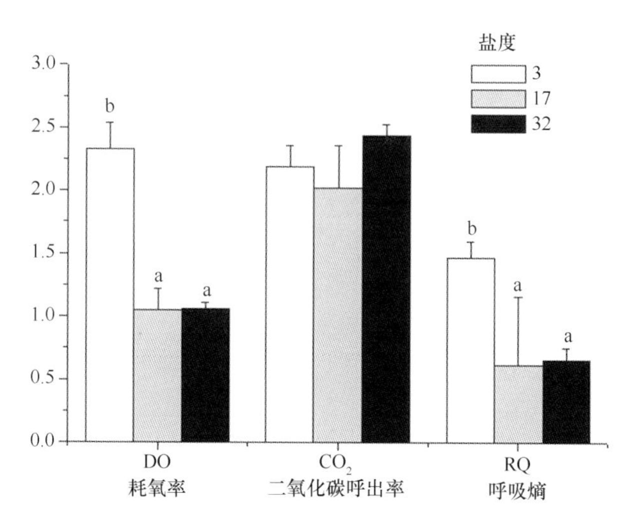

图 2.8　不同盐度下驯化 8 周后凡纳滨对虾的耗氧量［mg/（g・h^{-1}）］、二氧化碳呼出率［mg/（g・h^{-1}）］和呼吸熵

同一盐度下，不同字母表示有显著性差异（$P<0.05$）

资料来源：Li et al.，2007

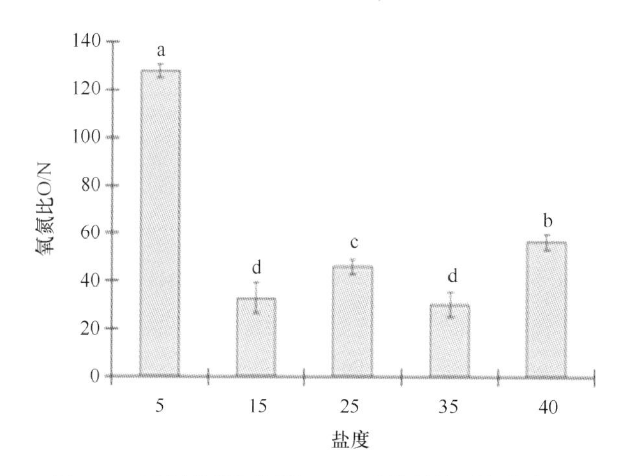

图 2.9　不同盐度下饲养 30 d 后凡纳滨对虾氧氮比

注：柱状图表示平均值，误差线表示平均值的标准差；不同的字母表示差异显著（$P<0.05$）

资料来源：Zhang et al.，2009

二、能量代谢变化的生理适应

1. 消化酶活力和肝胰腺组织学结构

通过比较 3 个不同盐度（分别为 3、17 和 32）下驯养 50 d 后的凡纳滨对虾消化酶活力

和肝腺胰组织学结构的差异发现，盐度 3 对虾组胰蛋白酶活力显著高于其他两个盐度实验组，盐度 17 对虾组总的淀粉酶活力却显著低于盐度 3 对虾组（表 2.4）。各实验组脂肪酶和纤维素酶活力虽无显著性差异，但相比盐度 17 对虾组，两者在高、低盐度下会有一定程度的升高趋势。这表明，在高渗和低渗胁迫条件下，凡纳滨对虾通过提高消化酶活力，提高机体对营养物质的利用，来满足机体的高能量需要（Li et al.，2008）。

相比盐度 17.0 对虾组，低盐度下凡纳滨对虾肝胰腺肝小体中分泌细胞（B 细胞）数量增多，而高盐度下却表现出 B 细胞体积增大的趋势，在一定程度上佐证了对虾消化酶酶活力升高的现象，从组织学角度进一步证实了凡纳滨对虾对不同盐度的适应情况（图 2.10）。与脂肪代谢密切相关的是 R 细胞，该细胞在对虾肝胰腺中存储营养物质，是储存脂类的主要细胞。结合脂肪酶活力的结果，提示脂肪代谢可能在盐度胁迫条件下具有重要的作用。

表 2.4　不同盐度下凡纳滨对虾消化酶活力　　U/mg protein

酶活力	盐度			*P* 值
	3.0	17.0	32.0	
胰蛋白酶	15.30±0.67[b]	12.16±0.95[a]	12.55±0.93[a]	0.047
淀粉酶	3.34±0.24[b]	2.64±0.19[a]	2.77±0.25[a]	0.113
纤维素酶	7.04±0.13	6.79±0.76	7.32±0.31	0.699
脂肪酶	0.057±0.007	0.044±0.004	0.049±0.006	0.403

注：同一行酶活力不同字母上标显示有显著性差异（$P<0.05$）。

资料来源：Li et al.，2008

2. 低盐度下凡纳滨对虾各组织差异表达基因和蛋白质的研究

经典的生理学研究是以某个特定方向或专题开展相关的研究，如机体的生长、抗氧化、免疫及相关的生理学机制。然而，应激生理学研究是一个复杂的过程，涉及动物机体各方面的生理反应，很多生理学反应经常被忽视。现代组学的发展，包括转录组学、代谢组学、蛋白质组学及宏基因组学等，极大地促进了科学研究（包括毒理学和胁迫生理学）的发展，近年来，水生动物应激生理学的研究也得到了充分的认可（Campos et al.，2012；Sanchez et al.，2011）。对转录组进行研究可以有效地理解未知基因的功能，揭示特异基因的调节机制，并为针对不同生理状态的诊断和调节提供资料（Ekblom and Galindo，2011）。转录组测序技术，又称 RNA-seq，是通过将总 RNA 反转录得到总 cDNA（Ekblom and Galindo，2011）。该技术可以用来对不同物种在核苷酸水平的整体转录活动进行检测，发现未知或稀少转录本，以及在 RNA 编辑及基因特异性表达等方面展开相关研究。基于新一代测序技术的 RNA-seq，具有经济、有效、快速、受遗传背景限制低等优势（Chu

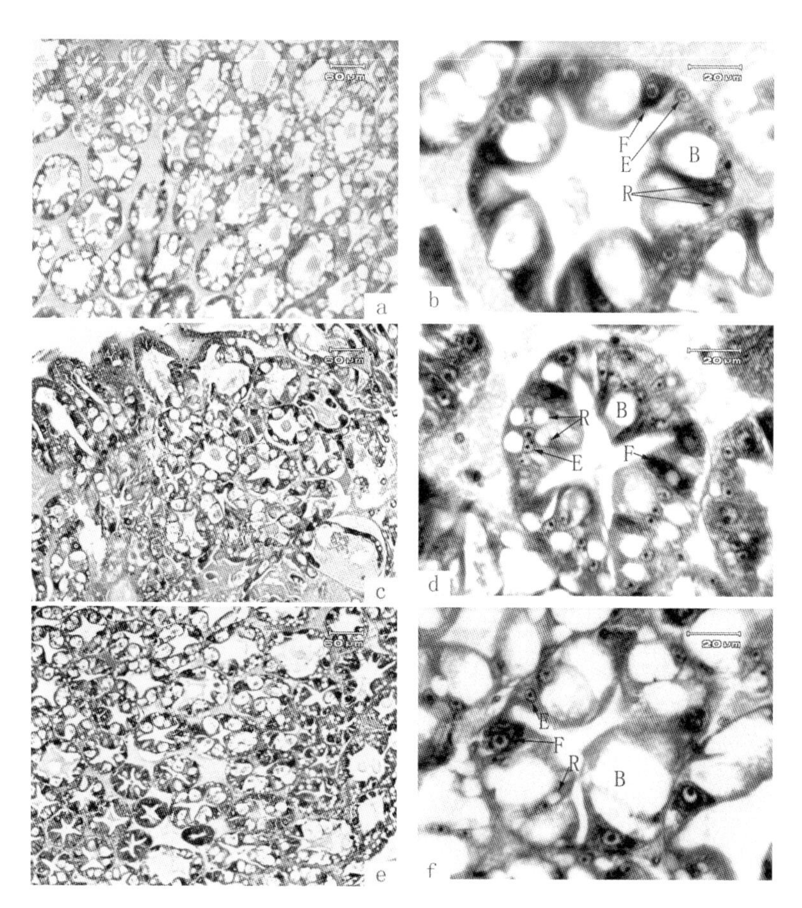

图 2.10　不同盐度下凡纳滨对虾肝胰腺组织学结构

注：a. ×200；b. ×1 000；c. ×200；d. ×1 000；e. ×200；f. ×1 000。

（a，b）3.0 盐度组；（c，d）17.0 盐度组；（e，f）32.0 盐度组

资料来源：Li et al.，2008

and Corey，2012；Qian et al.，2014）。通过 RNA-seq，可构建数据量丰富的表达基因数据库，为进一步的纵向研究提供重要基础和依据（Palstra et al.，2013；Pauli et al.，2012；Qian et al.，2014；Adelman and smith Jr.，1972；Xia et al.，2013；Chen et al.，2015b）。近几年，转录组学研究在水生动物胁迫生理研究中取得了一定的研究进展，对于进一步在转录水平上了解机体应对胁迫的整体性生理反应提供了大量数据上的和思路上的支持。在水生动物热应激或温度胁迫方面，研究者采用新一代转录组测序技术获得了包括斑马鱼（Scott and Johnston，2012）、斑点叉尾鮰（Liu et al.，2013）、虹鳟（Adelman and smith Jr.，1972）及淡水乌贝（Wang et al.，2012）等多种水生动物的温度胁迫敏感基因和代谢通路，为后续的调控研究奠定了扎实的分子基础。相似地，转录测序技术的发展使得研究者对包括亚洲鲈鱼（Chen et al.，2015b）、瓦氏雅罗鱼（Chen et al.，2015b）和中华绒螯

蟹（Li et al.，2014）在内的多种水生动物的渗透压调节机制有了进一步的了解。其中，中华绒螯蟹的转录学研究出自本书著者的研究，基于高通量测序技术（RNA-seq）对盐度胁迫条件下中华绒螯蟹肌肉和鳃中的相关基因和代谢通路进行了分析。与对照组（淡水组）相比，盐度（30）胁迫24 h后，发现鳃组织中共有1 151个基因表达差异显著，肌肉组织中为941个基因。通路分析发现，盐度胁迫条件下，蛋白质泛素化、泛素合成、氧化磷酸化和线粒体损伤等通路在鳃和肌肉的组织中均显著变化。信号通路中，EIF 2信号通路和IGF-1信号通路在鳃和肌肉组织中也显著响应。大部分氨基酸代谢通路均参与中华绒螯蟹渗透压调节过程（Li et al.，2014）。同样地，研究发现在亚硝酸盐胁迫条件下，凡纳滨对虾机体内大量与免疫、解毒及细胞凋亡相关的基因的表达均上调（Guo et al.，2013）。可见，新一代转录测序技术在水产养殖研究中取得了一定的进展。

实验利用新一代的转录组测序技术（RNA-seq），以养殖盐度在20下的凡纳滨对虾为对照，研究了急性盐度3胁迫处理后对虾肌肉和鳃中转录组的变化情况（Wang et al.，2015）。研究共获得了2.82亿条序列，经组装获得10.52万个克隆重叠群，平均长度为984 bp。采用CLC Genomics Workbench软件对实验组和对照组的测序结果进行了比较，结果发现，急性盐度胁迫后，对虾体内的信号转导通路可以对急性盐度改变做出响应（图2.11）。在低盐胁迫下，糖皮质激素受体信号、整合素信号和蛋白激酶A信号通路在渗透压调节过程中发挥重要的作用，它们可以激发后续的离子转运和能量代谢。能量代谢包括蛋白质、糖和脂肪代谢，在渗透压调节过程中发挥至关重要的作用。在盐度胁迫条件下，游离氨基酸是一种重要的胞内渗透效应器，糖可以为机体提供额外的能量，脂肪可以促进离子转运。在胁迫情况下，对虾也可以通过氧化磷酸化获取更多的能量。急性盐度胁迫会提高蛋白质泛素化和泛醌的生物合成，这有利于清除体内蓄积的自由基及代谢废物。渗透压调节是一个复杂的过程，这其中包括许多基因和通路，尽管本研究通过RNA-seq技术发现了一些重要的渗透压调节相关的通路，但是仍有一些基因或通路的功能尚不是很清楚，这些都还需要更多的研究来补充完善。

此外，实验选取初始体重为（1.98 ± 0.28）g的大小均匀、活力相当的凡纳滨对虾，在3种盐度（3、17和30）下用商用饲料饲养8周，测定对虾生长性能、不同组织（鳃、肌肉和肝胰腺）中脂肪酸组成及脂肪代谢过程中的关键酶和生化物质（Chen et al.，2015a）。结果发现，各处理组对虾体成分（粗蛋白、粗脂肪、水分、灰分）无显著性差异。低盐度组（3）的凡纳滨对虾的存活率和增重率都显著低于中、高盐度组（17和30）。此外，低盐度组凡纳滨对虾肝胰脏中亚麻酸（C18：3n-3）和n-3系长链高度不饱和脂肪酸（n-3 long chain highly-unsaturated fatty acid，LC-HUFA）的含量，以及肌肉中EPA（Eicosapentaenoic acid，C20：5n-3）、DHA（Docosahexaenoic acid，C22：6n-3）和n-3 LC-PUFA均显著高于其他组。同时，在各处理组中均检测到脂肪酸合成酶（FAS）、激素敏感脂肪酶（HSL）、脂蛋白酯酶（LPL）、甘油三酯脂肪酶（ATGL）、二酰基甘油酰

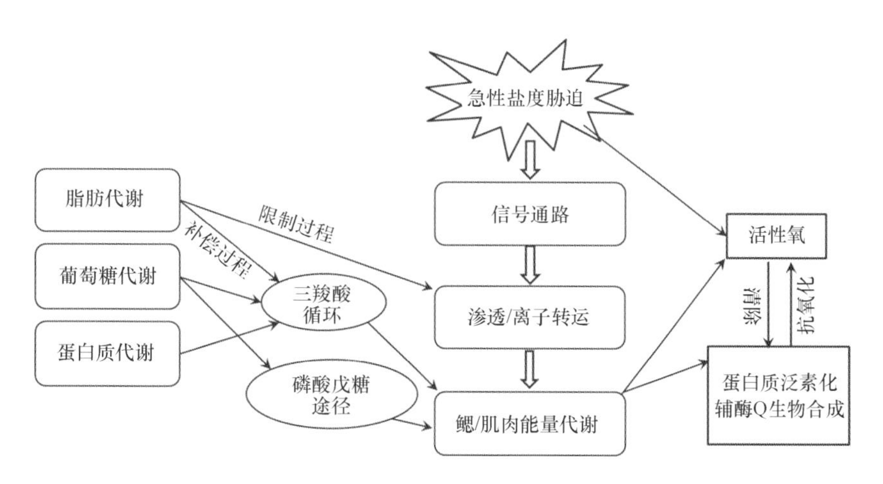

图 2.11　24 h 急性盐度胁迫后凡纳滨对虾肌肉和鳃中转录水平上显著变化的代谢通路总结

资料来源：Wang et al.，2015

基转移酶（DGAT2）、超长链脂肪酸延伸酶（ELOVL6）、Δ5 脂肪酸去饱和酶（Δ5FAD）以及 Δ6 脂肪酸去饱和酶（Δ6FAD）的活力，并且以上脂肪代谢相关酶的活力随着盐度降低均呈现出先降低后升高的趋势，但各组并无显著性差异。凡纳滨对虾在盐度变化时一系列的生理反应总结见图 2.12。

鳃既是渗透压胁迫时的首要响应器官，也是渗透压调节的主要器官（Péqueux，1995）。由于在渗透压调节过程中需要消耗大量的额外能量以维持机体细胞内外的渗透压平衡（Evans et al.，2005；Tseng and Hwang，2008），因此饱和脂肪酸主要是通过 β-氧化提供充足的能量用以维持渗透压的调节（Deering et al.，1997），从而使得鳃中的饱和脂肪酸减少。但是在长期的盐度胁迫过程中，机体需要源源不断的能量供给以满足渗透压调节所需，而肝胰脏是甲壳动物脂肪代谢和脂肪酸合成的主要场所（Böer et al.，2007），因此肝胰腺中的甘油三酯（TAG）的含量、HSL 和 ATGL 的酶活力均提高了，以确保从甘油三酯和甘油二酯水解中获得更多的游离脂肪酸。最终通过脂蛋白将这些游离脂肪酸运输到鳃中以满足渗透压调节的能量需求。

另一方面，凡纳滨对虾机体通过提高亚麻酸和 n-3 长链多不饱和脂肪酸在鳃、肝胰腺和肌肉的含量来应对高/低渗透压胁迫。而在这一长期胁迫过程中，ELOVL6、Δ5FAD 和 Δ6FAD 的酶活力由于受到组织中 n-3 长链多不饱和脂肪酸积累的影响反而降低了（反馈调节）。最终，n-3 系列长链多不饱和脂肪酸通过脂蛋白运输到各个组织中参与渗透压调节，从而缓解盐度胁迫带来的不利影响（Palacios et al.，2004；Martins et al.，2006；Sui et al.，2007）。然而，n-3 长链多不饱和脂肪酸在水生动物渗透压调节机制中的功能和作用仍需进一步的研究和阐明。

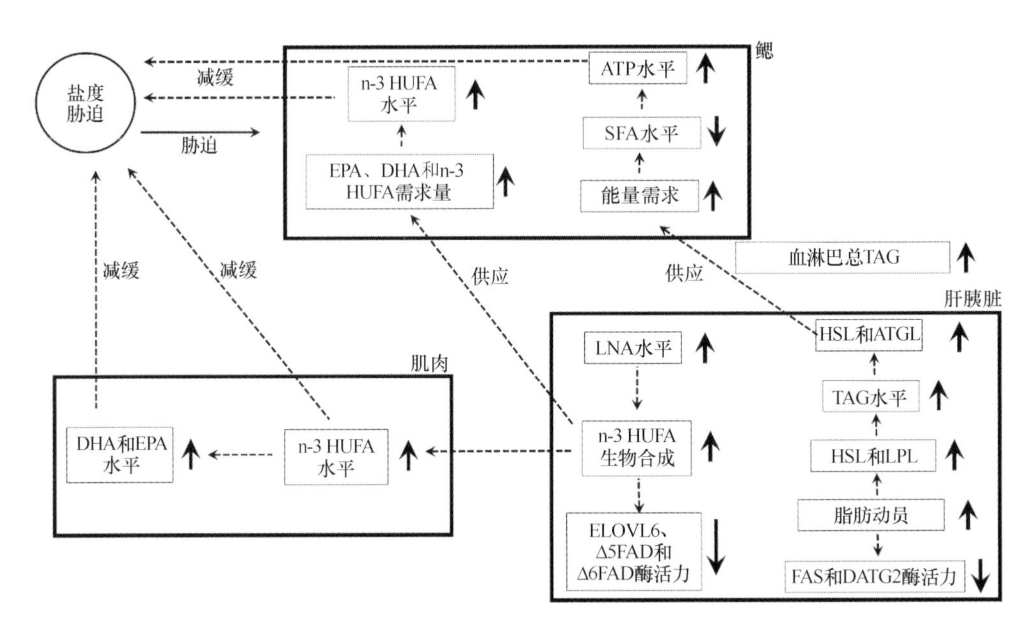

图 2.12　凡纳滨对虾在盐度胁迫时脂肪代谢相关的生理响应

实线框表示组织，虚线箭头表示代谢途径，实线箭头表示变化趋势

资料来源：Chen et al.，2014

肝胰腺是对虾最大的消化器官，其生理学的变化可直接反应机体在营养及能量代谢方面应对盐度应激的策略。因此，在上面的基础上，进一步对不同处理组对虾肝胰腺进行了转录组分析，共获得了 26 034 个基因，其中 855 个基因在低盐度下发生了显著的变化。18 条显著变化的 KEGG 通路中以生理反应为主，主要与脂类代谢相关，包括脂肪酸合成、花生四烯酸代谢、鞘糖脂和黏多糖代谢。脂类或脂肪酸能通过为鳃供应能量或参与细胞膜的构建，从而减轻盐度变化的胁迫，维持机体渗透压平衡。揭示了渗透压调节是一个十分复杂的生理适应过程，并且许多通路都参与调节过程，尤其是脂类代谢有关通路。在低盐度下，凡纳滨对虾受到渗透压胁迫会利用许多渗透压调节机制，而这些机制大多与能量代谢有关，或者是调节细胞膜的渗透性和酶活力来提高渗透压适应能力（图 2.13）。这一研究提供了凡纳滨对虾在渗透压调节过程中的许多有用信息。然而，由于渗透压调节机制的复杂性，有关脂类代谢在渗透压调节机制中的作用仍需要进一步的细化研究和探讨（Chen et al.，2015）。

类似地，通过构建凡纳滨对虾肝胰腺差异表达基因的 cDNA 文库，从分子机理了解长期低盐养殖条件下凡纳滨对虾的生长性能和生理状态的关系（郜卫华等，2013）。长期低盐养殖实验（盐度 2、10 和 30，养殖 56 d）表明，与对照组（盐度 30）相比，盐度 2 处理组血蓝蛋白、几丁质酶、蜕皮类固醇调节蛋白、胰蛋白酶和胰凝乳蛋白酶 1 mRNA 表达量显著下调，分别下降了 50%、31%、91%、25%和 35%；盐度 10 处理组血蓝蛋白、胰蛋

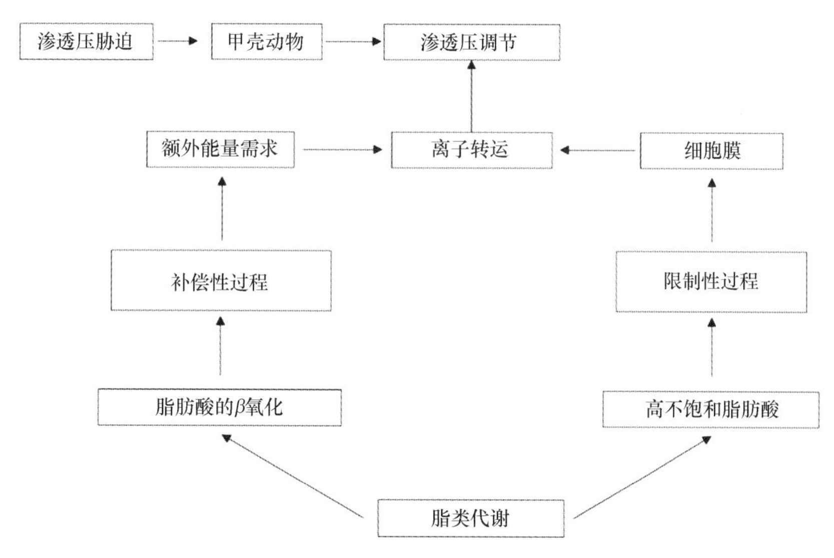

图 2.13　渗透压调节与代谢通路之间的关系

虚线箭头表示间接影响，实线箭头表示直接影响

资料来源：Chen et al.，2014

白酶和胰凝乳蛋白酶 1 mRNA 表达量显著下调，分别下降了 31%、72%和 15%；急性低盐胁迫（盐度从 30 到 2，时间为 24 h）下，几丁质酶和蜕皮类固醇调节蛋白 mRNA 表达量上调 3.07 倍和 2.47 倍。血蓝蛋白除载氧外，还具有酚氧化物酶活性、抗细菌和抗病毒活性、转运金属离子、储存蛋白质、渗透压调节、作为蜕皮激素的载体、参与表皮的固化等作用。胰蛋白酶和胰凝乳蛋白酶是对虾肝胰腺中主要的碱性蛋白水解酶，属于丝氨酸蛋白酶家族，它们不但在消化中起重要的作用，也具有一定的免疫功能。几丁质酶是甲壳动物肝胰腺消化含几丁质食物的一种酶，对甲壳动物的生长发育影响很大，尤其是与甲壳动物的蜕壳生理关系密切。所有这些结果进一步表明，在低渗胁迫下，凡纳滨对虾需要更多的能量和渗透压效应物去应对低盐度环境。

转录组学可以在转录水平上揭示机体应对各种胁迫的反应，但机体相关代谢通路最后是否做出了相关的反应，还需要从蛋白质水平上做进一步的验证，而差异蛋白质组恰恰可以完善相关的工作（Campos et al.，2012；Sanchez et al.，2011）。差异蛋白质组是蛋白组学的主要研究内容之一，可以提示并验证蛋白质组在机体生理过程中的变化，并从理论上推断造成这种代谢变化的原因。近年来，差异蛋白质组学在水生动物胁迫生理学中得到了一定的应用（Campos et al.，2012；Sanchez et al.，2011；Martyniuk et al.，2012；Denslow et al.，2012；Martyniuk et al.，2011）。研究者采用蛋白质组相关技术了解了胁迫因子（盐度、温度和低氧）在蛋白质组层次对欧洲黑鲈（Ky et al.，2007）、缢蛏（张鹭等，2004）、锯缘青蟹（Wang et al.，2007）、鲫鱼（Smith et al.，2009）、虹鳟（Wulff et al.，

2008）等鱼类造成的影响，确定了与相关胁迫密切相关的响应因子，阐述了机体对相关胁迫因子的响应机制。差异蛋白质组学在虾、蟹类中其他方面的应用主要是关于免疫或疾病相关的研究，如斑节对虾感染白斑综合征病毒后蛋白质组学的差异变化（Wu et al.，2007）和凡纳滨对虾蛋白质组学中与免疫相关蛋白质的分析（Robalino et al.，2009）。在甲壳动物胁迫生理学中，该技术应用于研究低氧暴露下草虾体内体蛋白的差异，发现细胞色素 C 氧化酶亚基 2 明显下调，从而抑制线粒体蛋白质的合成，用于储存能量。目前，有关于蛋白质组学在凡纳滨对虾胁迫生理中研究仅限于对冷应激影响的研究（Fan et al.，2013），其他方面（包括各种非生物因子胁迫，如硫化氢）的蛋白质组学研究的报道尚十分有限。因此，我们采用液相色谱-质谱，质谱（LC-MS/MS）联用技术，结合等重同位素多标签相对定量蛋白质组学（iTRAQ）的方法分析了长期低盐度胁迫下凡纳滨对虾肝胰腺蛋白质差异表达的影响（Xu et al.，2016）。PEAKS 程序共识别出 533 组蛋白质，3 盐度相对于 25 盐度，变化倍数高于 1.20 倍或低于 0.83 倍的蛋白质共计 58 组；26 组蛋白质上调，32 组蛋白质下调；其中的 48 组蛋白质在 Uniport 数据库中有明确的注释。通过 KEGG 分析，这 48 组差异表达蛋白质定位于 38 条代谢通路中，按照功能分为能量代谢通路、信号转导通路、免疫和解毒通路，以及脂质和蛋白质的代谢通路。与 25 盐度相比，长期低盐度胁迫使凡纳滨对虾的肝胰腺具有更为活跃的糖代谢、积极响应的解毒反应和免疫抑制以及主动的渗透调节（图 2.14）。结果表明，低盐度下，凡纳滨对虾更易受到病原微生物的侵害并需要更多的能量供应，尤其是通过糖代谢途径；信号转导通路中的 Wnt 通路显著变化，但其在渗透压调节方面的深入机制仍需要进一步的研究。在凡纳滨对虾肝胰腺中进行广泛的差异蛋白质的探讨为广盐性甲壳动物在低盐度下调节机制的深入研究提供了新的思路和视野。

3. 凡纳滨对虾“细胞能量调节器”单磷酸腺苷激活的蛋白激酶的研究

近年来，作为机体能量调节器的代谢通路，单磷酸腺苷激活的蛋白激酶（Adenosine 5′-monophosphate-activated protein kinase，AMPK）代谢得到了广泛的关注。AMPK 被称为“细胞能量调节器”，不仅可以作为细胞水平的能量感受器，还可以通过细胞因子参与调节机体整体的能量消耗和摄入维持细胞能量的供求平衡（Hardie，2008）。到目前为止，绝大部分关于 AMPK 的研究是以高等动物为对象（Hardie，2008；Dasgupta et al.，2012；Han et al.，2013），且已经对其结构与分布（Horie et al.，2008）、活性的调节（Carling，2007）及对物质/能量代谢的调节作用（Horie et al.，2008；Ropelle et al.，2008）等方面进行了较全面的报告，图 2.15 显示了其在多种代谢通路中的重要作用和调控过程。

对高等动物 AMPK 的研究发现，该蛋白是由 α、β 和 γ 3 个亚基组成的异源三聚体，其中 α 为催化亚基，β 和 γ 为调节亚基，且 3 种亚基存在不同的亚型（Hardie，2008）。α 亚基含有的 N 端激酶结构域是催化核心部位，而 C 端结构域则负责与 β 和 γ 亚基结合。β

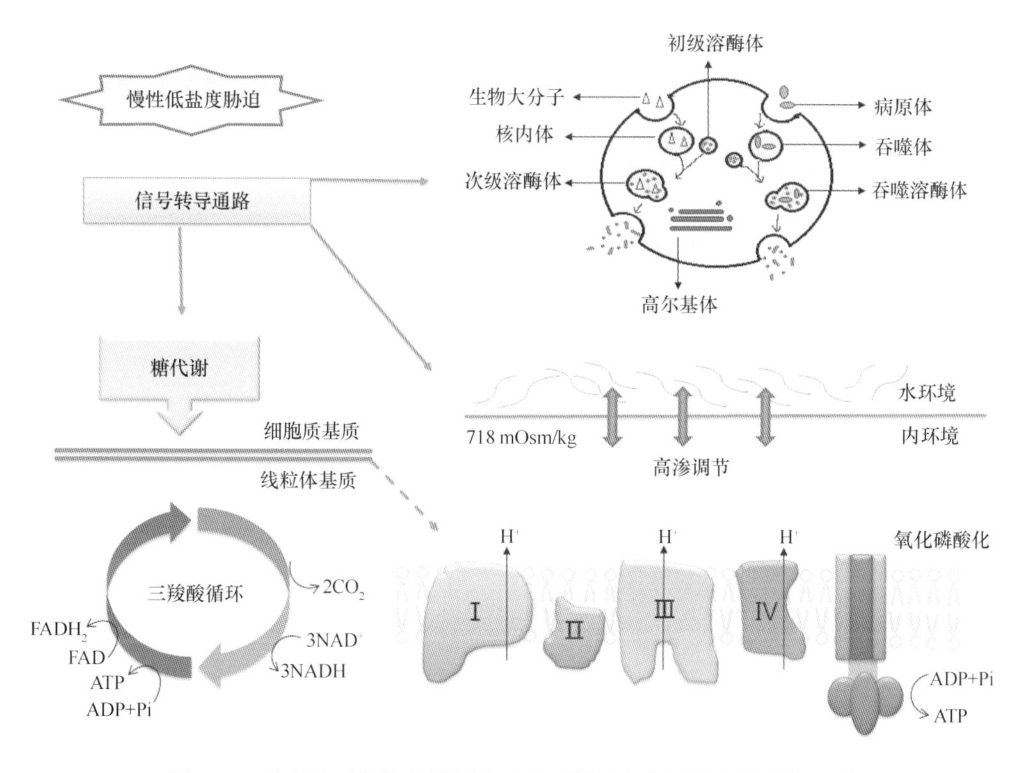

图 2.14 凡纳滨对虾肝胰腺蛋白质水平影响长期低盐度胁迫的机制

资料来源：Xu et al.，2016

亚基 N 端区域的 ASC 结构域为形成稳定有活性的 α、β、γ 复合物所必需的，而 KIS 结构域序列与 N–异淀粉酶结构域序列密切相关，为 β 亚基上的功能性糖原结合结构域。哺乳动物 γ 亚基含有的 4 个串联重复的 CBS 结构域与 AMPK 连接 AMP 有关（Hardie，2008）。

AMPK 通路是受 AMP/ATP 比值调控的，通过开启和关闭 ATP 合成系统来完成机体或细胞能量调节，广泛参与能量代谢相关的信号通路的调控（Dasgupta et al.，2012）。所以任何导致 AMP/ATP 比值升高的因素均可激活 AMPK 通路，包括环境胁迫、氧化应激及机体缺氧缺血等。研究发现，在机体处于胁迫应激、能量消耗、相关的缺氧缺血等应激条件下，机体由于需要消耗大量的能量（ATP）来维持能量平衡，使 AMP/ATP 比值升高，导致消耗 ATP 的路径关闭和 ATP 再生途径开启。而该过程的关闭和开启是由机体 AMPK α 亚基 172 位苏氨酸磷酸化或直接通过而激活 AMPK 来实现的。

AMPK 在高等动物机体和细胞能量代谢中的重要调节作用已经得到了较充分的证明和认可。AMPK 通路被激活后，机体会关闭能量消耗的代谢通路，包括脂肪、胆固醇和蛋白质的合成等（Ropelle et al.，2008；Han et al.，2006），同时能量生成的途径被开启，如脂肪的氧化分解和糖酵解途径等。研究还发现，瘦素和脂联素等肽类激素也可通过调节机体 AMPK 通路来调节能量代谢的平衡。而 AMPK 也可通过影响若干转录因子对机体很多

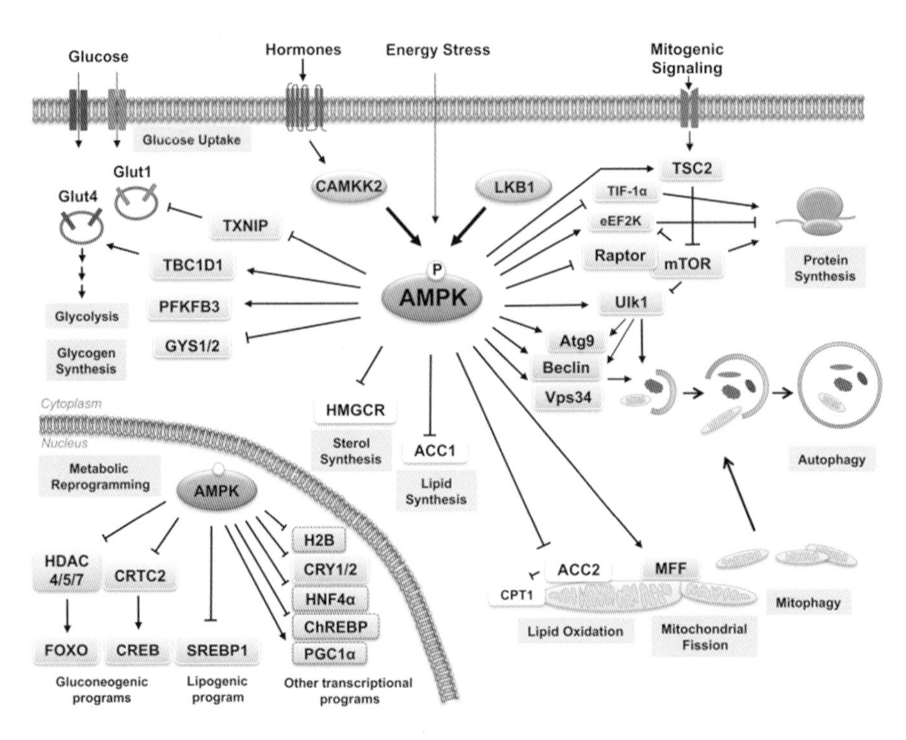

图 2.15　动物细胞中 AMPK 调控机体多种代谢途径的通路

资料来源：Grarcia and Shaw，2017

能量代谢相关的关键酶活力进行调节，常见的转录因子包括碳氢反应元件结合蛋白、甾体调节元件结合蛋白、肝细胞核因子及过氧化物增殖体激活受体等（Mcgee and Hargreaves，2008）。图 2.16 显示了 AMPK 亚基组成、调控 AMPK 的上游因子及其激活后影响的代谢通路。

可见，AMPK 在调控机体胁迫应激条件下的能量代谢中具有十分重要的作用，水生动物 AMPK 的研究已在斑纹黄道蟹（Frederich et al.，2009；O′Rourke et al.，2007；Frederich et al.，2006）、普通滨蟹（Toombs et al.，2011）、虹鳟（Magnoni et al.，2012）和卤虫（Zhu et al.，2007）中展开。研究发现，高温刺激可提高斑纹黄道蟹 AMPK 的活力，且响应先于 HSP70，但温度耐受性低的斑纹黄道蟹 AMPK 活力反而低（Frederich et al.，2009；O′Rourke et al.，2007；Frederich et al.，2006）。然而，普通滨蟹抗逆性与其 AMPK 活力呈现正相关（Toombs et al.，2011）。水生动物 *AMPK* 基因的研究仅见于旧金山湾卤虫的报道，研究发现了 α 亚基基因的两个亚型（Afr-AMPKalpha1 和 Afr-AMPKalpha2），且发现温度应激使 *Afr-AMPKalpha*1 基因表达降低，且 *Afr-AMPKalpha*1 基因表达量与时间和温度高低没有一定的相关性（Zhu et al.，2007）。研究还发现，饥饿条件下 *Afr-AMPKalpha*1 基因表达量显著下降，9 d 后其表达量无法被检测。高渗胁迫下，*Afr-AMPKalpha*1 基因表达先下降，后随着时间的延长，其表达量又开始上升。*Afr-AMPKalpha*2

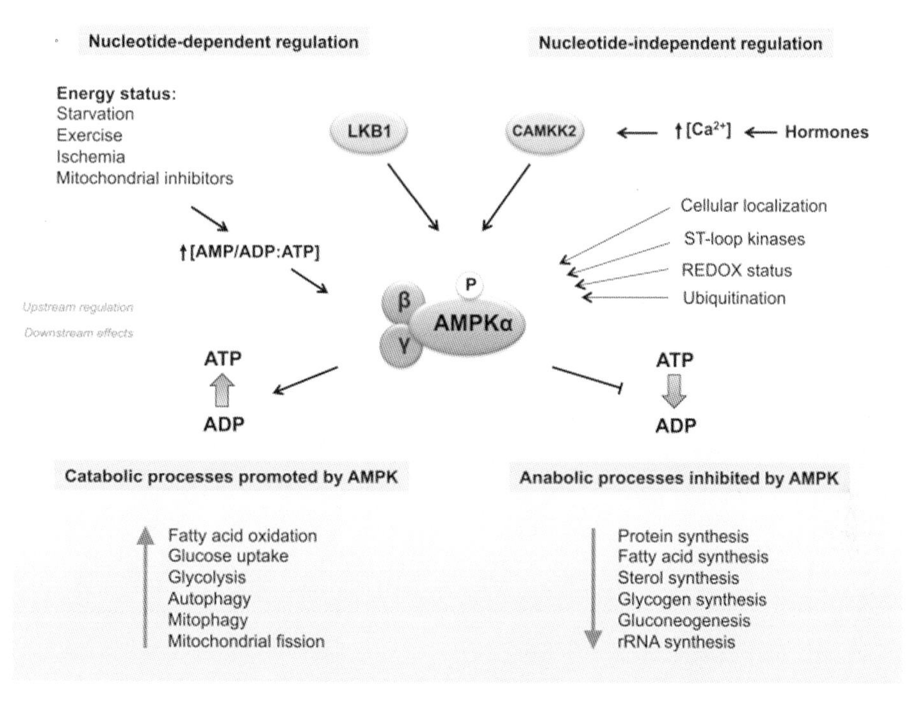

图 2.16　AMPK 亚基组成、调控 AMPK 的上游因子及其激活后影响的代谢通路

资料来源：Grarcia and Shaw，2017

的表达量非常低，在该研究中没有被检测出。对于鱼类 AMPK 的研究，发现 AMPK 活性的升高可以促进虹鳟对糖的摄入和利用（Magnoni et al.，2012）。

目前，关于凡纳滨对虾 AMPK 的研究报道较少。我们克隆凡纳滨对虾 AMPK 的 3 个亚基（α、β 和 γ）的基因全长，通过基因序列比对发现 3 个蛋白亚基的功能域与其他动物有着高度的相似性。3 个亚基在肌肉和鳃中的基因表达水平比眼柄和肝胰腺中更高。低盐度（盐度 3）胁迫 6 h 后，与对照组（盐度 20）相比，肝胰腺和肌肉中的 AMPK-α 和 AMPK-β 的 mRNA 表达水平上调。低盐度（盐度 3）胁迫 8 周后，与对照组（盐度 30）相比，肝胰腺 AMPK-α 和 AMPK-β 的 mRNA 表达水平显著上升。但是，与对照组相比，低盐度胁迫下，肌肉中只有 AMPK-γ 的 mRNA 表达水平显著上调。6 h 低盐度胁迫后，肌肉和肝胰腺中的 AMPK 数量增加，但是经过长期适应后，肌肉和肝胰腺中的 AMPK 没有差异（图 2.17）。由于 AMPK 不同亚基的功能存在差异，所以 AMPK 的蛋白质和 mRNA 的调节模式稍有不同（Xu et al.，2016）。可见，在低盐度胁迫下，AMPK 的 3 个亚基可通过转录和蛋白质水平调控额外的能量消耗。但迄今为止，有关包括凡纳滨对虾在内的甲壳动物学 AMPK 的研究还甚少，尚需要对响应外界环境变化及营养物质供给方面进行大量的研究。

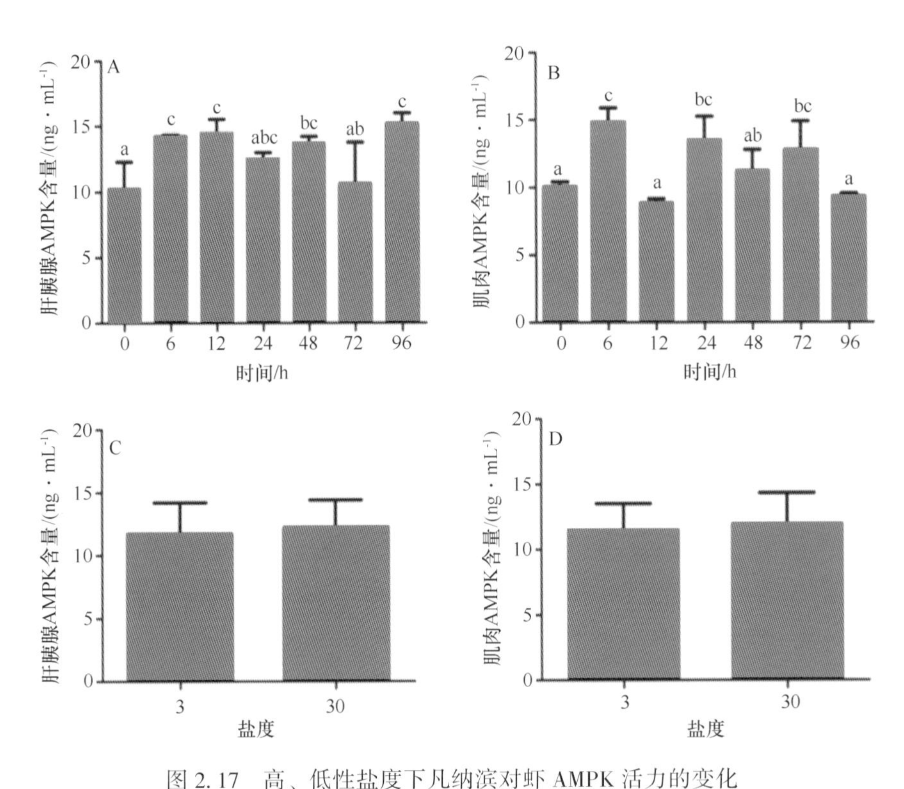

图 2.17　高、低性盐度下凡纳滨对虾 AMPK 活力的变化

资料来源：Xu et al.，2017

第四节　低盐度对凡纳滨对虾机体健康的影响

凡纳滨对虾机体的健康，包括正常的生长成活、抗逆性、免疫应答和抗病力，甚至生殖性能，也是其健康养殖中的重要一环，必须受到特别关注。

一、抗逆性能的改变

以盐度对凡纳滨对虾抗逆性能影响为主题的研究，已有关于氨氮（Lin and Chen，2001）、亚硝酸盐（Lin and Chen，2003b）、镍（Leonard et al.，2011；Li et al.，2008b）和农药（Wang et al.，2013）等方面的报道（表 2.4）。总的来看，随着盐度的降低，凡纳滨对虾的抗逆性能会显著变弱。为了探究盐度对对虾抗胁迫能力的影响，分别在盐度 15、25 和 35 下对凡纳滨对虾进行氨氮和亚硝酸盐胁迫（Lin and Chen，2001），发现对虾对亚硝酸盐和氨氮的敏感性随着盐度的降低而增加。此外，我们探究了 3 种盐度下（3、17 和 32）氨氮胁迫对对虾的影响，结果发现在盐度 3 下，对虾对氨氮胁迫最为敏感，此时的 96 h-LC_{50}是 9.33 mg/L，显著低于报道的 24.39 mg/L（盐度 15）和 35.4 mg/L（盐度 25）（Lin and Chen，2001）（表 2.5），同时也发现凡纳滨对虾对环境中氨氮的耐受力随盐度的降低而显著变弱（图 2.18）。类似地，我们在关于两种常见农药对凡纳滨对虾的影响的研究中，比较了盐度 5 和 20 下氯氰菊酯和乙酰甲胺磷在不同时间段（24 h、48 h、72 h和 96 h）的 LC_{50}值，结果显示，在盐度 5 下，对虾对这两种农药的毒性作用更为敏感（Wang et al.，2013）（图 2.19）。

表 2.5　盐度对凡纳滨对虾抗胁迫能力影响的研究

有毒物质	对虾大小	盐度	96 h-LC_{50}	参考资料
氨氮	0.69 g	3	9.33 mg/L	Li et al.，2007c
氨氮	22 mm	15	24.39 mg/L	Lin and Chen，2001
氨氮		25	35.4 mg/L	
氨氮		35	39.54 mg/L	
亚硝酸盐	56 mm	15	76.5 mg/L	Lin and Chen，2003b
亚硝酸盐		25	178.3 mg/L	
亚硝酸盐		35	321.7 mg/L	
硼	0.046 g	3	25.05 mg/L	Li et al.，2008b
硼		20	80.06 mg/L	
镍	0.2~2 g	5	41 μmol/L	Leonard et al.，2011
镍		25	363 μmol/L	
高效氯氰菊酯	4.54 g	5	0.17 μg/L	Wang et al.，2013
		20	0.383 μg/L	
乙酰甲胺磷		5	18.247 mg/L	
		20	27.337 mg/L	

二、机体免疫应答和抗病能力

盐度也是影响对虾免疫防御的重要环境因子。许多种对虾在最适盐度时一般接近等渗点，不需要消耗太多的能量保持体内的环境稳定，基础代谢低，能量转换效率最高。盐度突变后，对虾需要进行渗透调节达到一个新的渗透平衡状态。若盐度突变幅度超出对虾的渗透调节能力就会导致对虾死亡。尽管凡纳滨对虾可以适应一定范围的盐度变化，但极低盐度对对虾而言仍是一种环境胁迫，尤其在免疫应答和抗病能力方面。

把饲养在盐度 35 下的凡纳滨对虾分别转移到 25、20 或 15 盐度环境 1~6 h 后，发现对虾的透明细胞、颗粒细胞、血细胞、酚氧化酶及超氧化物歧化酶活力明显下降，表明凡纳滨对虾免疫力明显下降（Li et al.，2011）。在溶藻弧菌和低盐度双重因子胁迫下，这些

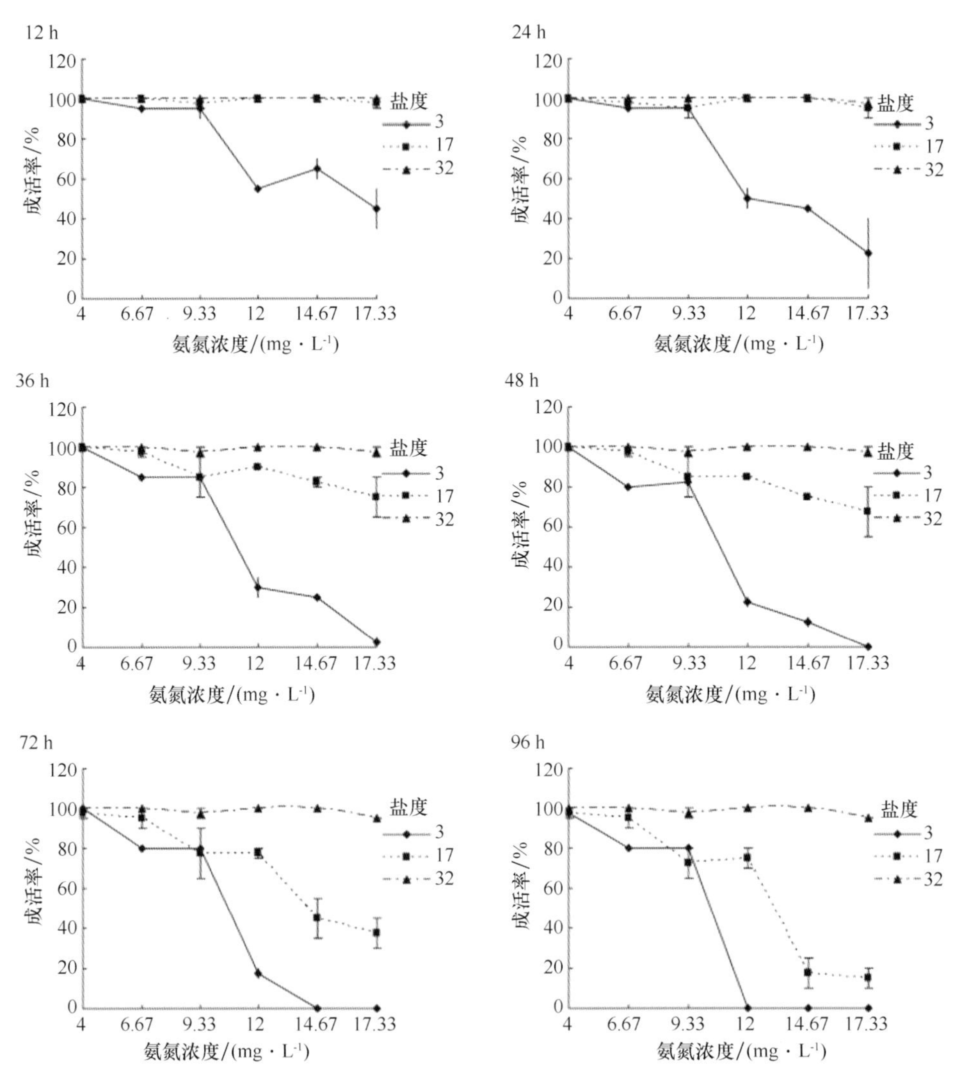

图 2.18 不同盐度下凡纳滨对虾对水体氨氮耐受性的研究

资料来源：Li et al.，2007

免疫指标下降得更为明显。经过 24 周的养殖（盐度为 2.5、5、15、25 或 35），2.5 和 5 盐度组对虾的透明细胞、颗粒细胞、超氧化物歧化酶、溶菌酶和酚氧化酶活力等指标都有明显的下降（Lin et al.，2012b）。类似地，在 2.5 或 5 盐度下饲养的对虾会减少透明细胞、颗粒细胞和呼吸爆发，并降低超氧化物酶、溶菌酶和酚氧化酶的活性。此外，抑制性消减杂交技术被应用于研究长期（56 d）盐度胁迫（盐度为 2 和 30）下凡纳滨对虾肝胰腺的基因表达差异（Gao et al.，2012）。在此研究中，发现 11 个与免疫相关的蛋白质和酶的编码基因，包括血蓝蛋白、蜕皮激素调节蛋白、C 型凝集素 1、组织蛋白酶 L、几丁质酶、组织蛋白酶 C、锌蛋白酶 mpc1、胰蛋白酶、胰蛋白酶基因 2、胰凝乳蛋白酶 1 和溶菌酶。

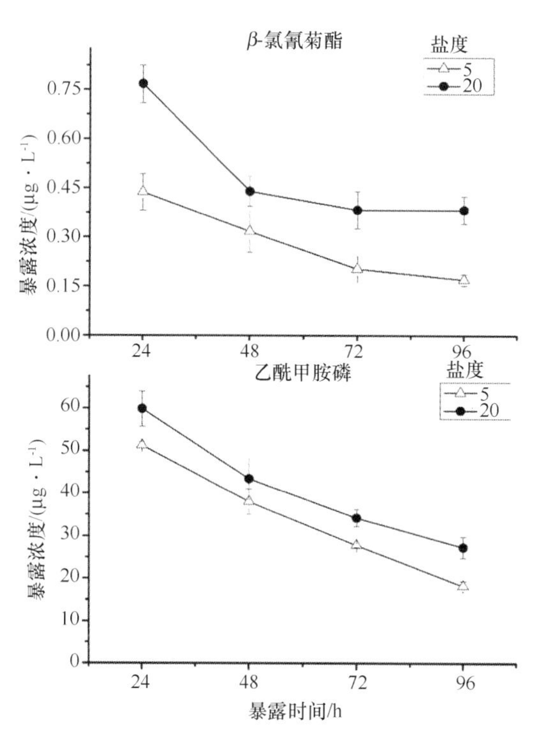

图 2.19　盐度 5 和 20 下两种常见农药对凡纳滨对虾半致死浓度

资料来源：Wang et al.，2013

定量 RT-PCR 证实，5 个差异表达基因血蓝蛋白、几丁质酶、蜕皮激素调节蛋白、胰蛋白酶和胰凝乳蛋白酶 1 分别降低 2 倍、1.45 倍、11.11 倍、1.33 倍和 1.54 倍。与之相对应，凡纳滨对虾在低盐度（5～10）下有更低的血细胞总数和溶菌作用（Shen et al.，2007）。凡纳滨对虾在 3 盐度下肌肉和肝胰腺中的超氧化物歧化酶和过氧化氢酶活性高于 17 盐度下，这表明低盐度会刺激自由基的产生。凡纳滨对虾通过增加超氧化物歧化酶和过氧化氢酶活性来清除自由基以维持机体健康（Li et al.，2008a）。因此，可以推论低盐度暴露下的对虾有更低的免疫力而且会降低对多种病原的抵抗力。

为评估环境盐度对凡纳滨对虾对溶藻弧菌敏感性的影响，设计如下实验：在盐度 25 条件下向凡纳滨对虾注射溶藻弧菌，然后分别将对虾放入盐度为 5、15、25（对照组）和 35 的水中（Wang and Chen，2005）。在 24～96 h 后，溶藻弧菌注射后的对虾在盐度 5 和 15 下的死亡率显著高于 25 和 35 盐度组，而且 5 盐度下的对虾死亡率最高。与之相似，研究不同盐度对凡纳滨对虾感染黄头病病毒和死亡率的影响（Navarro-Nava et al.，2011），发现盐度 5 或盐度 40 极端条件下显著影响感染对虾的成活率。分别在盐度 5、15、28、34 和 54 条件下，评估感染白斑综合征病毒的凡纳滨对虾的生理响应，结果表明，在极端盐度条件下（5 或 54），凡纳滨对虾对病毒的敏感性增加。在接近凡纳滨对虾等渗点的 15 或 28 盐度下，感染病毒后的对虾有更高的成活率（Ramos-Carreno et al.，2014）。在另一项研究中，溶藻弧菌和白斑综合征病毒感染后的对虾暴露在盐度 2.5、5、15、25 和 35 下 24 周，然后将它们放入各自的盐度下恢复（Lin et al.，2012a），结果表明，在盐度 2.5 和 5 条件下，对虾 96~144 h 的累积死亡率显著高于 15、25 和 35 盐度下。以上的研究表明，低盐度（<5）能降低凡纳滨对虾对溶藻弧菌、黄头病毒和白斑综合征病毒的抵抗力。

然而，肝胰腺坏死细菌（NHPB）在测试的所有盐度（10、20、30 和 40）下均能传播，且 NHPB 的传播速率在 20 或 30 盐度下比盐度 10 条件下更快。但是，NHPB 在低于 5 盐度下的传播速率并未测试（Vincent and Lotz，2007）。与之类似的实验，先让凡纳滨对虾分别适应 35、25、15、5、2 的盐度环境，然后用白斑综合征病毒感染对虾，结果发现，在盐度 15 条件下对虾的感染情况更为严重（Carbajalsánchez et al.，2008），这个结果与 Ramos-Carreno（2014）和 Lin（2012）等的研究结果不同。造成这种相反结果的原因可能是白斑综合征病毒的来源或特性的不同，但需要进一步研究确定。

三、生殖机能

盐度也直接与凡纳滨对虾的生殖密切相关。研究表明，凡纳滨对虾在较低盐度下性腺仍能发育。在盐度 5 的条件下雄虾精荚能够发育且产生具有一定活力的精子（袁路和蔡生力，2006）。

利用低盐度养殖的凡纳滨对虾培育亲虾，使用池水盐度为 2~3 的低盐淡水养殖的凡纳滨对虾雌虾分别在 5 个盐度梯度（1、8、15、23、30）条件下培育，均观察到成熟发育的卵巢。盐度 1 组雌虾成熟比例仅 10%，且全部死亡；盐度 8 和 15 条件下发育成熟的雌虾达 70%，可正常产卵，但产出的卵子受精率较低，不能孵出无节幼体；盐度 23 和 30 条件下发育成熟的雌虾超过 76%，可正常产卵、孵化，但孵化率较低；各盐度梯度下，凡纳滨对虾雄虾精巢都能正常发育成熟，但盐度 30 和 23 实验组的雄虾精巢发育速度明显快于盐度 15 和 8 的实验组，随着盐度的降低，精荚发育成熟所需要的时间明显延长。组织切片观察结果显示，各盐度条件下发育成熟的雌虾卵巢结构没有明显的差别（杜学芳等，2013）（图 2.20）。该实验中发现，盐度对性腺发育的影响主要表现在对性腺发育速度的影响，包括卵黄物质的积累以及精荚发育过程等。虽然低盐度下，雌虾和雄虾的性腺都能够发育成熟，但受精率和孵化率却远远低于正常水平。盐度影响凡纳滨对虾亲虾对脂肪酸、游离氨基酸的吸收、组成与分布，而这些营养物质是性腺发育过程中的关键物质。可见，低盐度下凡纳滨对虾的营养物质利用情况严重影响了其生殖能力。

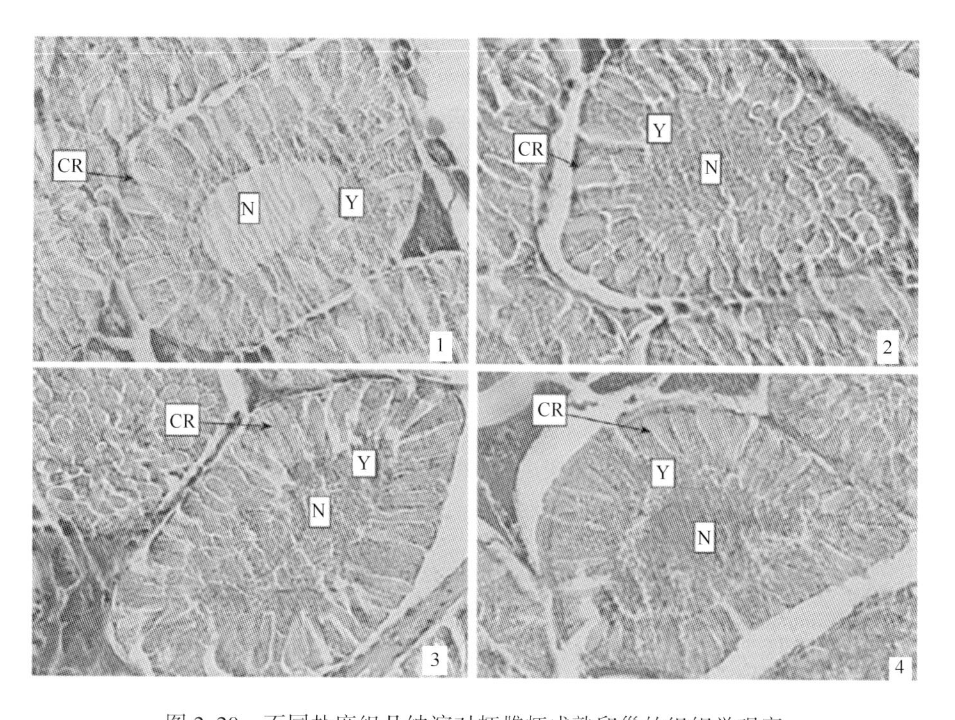

图 2.20　不同盐度组凡纳滨对虾雌虾成熟卵巢的组织学观察

1. 盐度 8 组的雌虾卵巢切片（×320）；2. 盐度 15 组的雌虾卵巢切片（×320）；3. 盐度 23 组的雌虾卵巢切片（×320）；4. 盐度 30 组的雌虾卵巢切片（×320）；CR. 皮质棒；N. 细胞核；Y. 卵黄颗粒

资料来源：杜学芳等，2013

第五节　低盐度对凡纳滨对虾品质的影响

盐度也会影响凡纳滨对虾肌肉营养成分。不同盐度养殖的凡纳滨对虾含肉率及肌肉营养成分是否存在显著差异，目前的研究结果不尽相同。有的研究结果认为，盐度对凡纳滨对虾体组成造成的影响不明显，决定虾肉鲜味的游离氨基酸二者相当（陈琴等，2001；俞冰博等，2014）；在不同盐度养殖的虾体游离氨基酸中，必需氨基酸、半必需氨基酸、非必需氨基酸，以及鲜味氨基酸都没有显著差异（$P<0.05$）且随着时间的推移也没有显著变化（屈锐，2012）。但也有研究指出，在蛋白质、灰分、鲜味氨基酸和虾味氨基酸含量上，海水养殖对虾高于同一规格的淡水养殖对虾（文国樑等，2007），淡水养殖的对虾肌肉必需氨基酸含量上升，而不饱和脂肪酸含量略微下降（程开敏等，2006），盐度对凡纳滨对虾的体蛋白和灰分没有显著影响，但是体水分会随盐度升高而增加，粗脂肪会随着盐度升高而减少（Li et al.，2007）。

研究发现，虾体水分与盐度呈显著的负相关（图 2.21A），蛋白质与盐度有显著的线性关系，含量随着盐度升高而增加，趋势明显（图 2.21B）。不同盐度下凡纳滨对虾肌肉氨基酸组成含量如表2.6所示，必需氨基酸含量、非必需氨基酸及氨基酸总量均随着盐度递增呈现出增加趋势。丙氨酸、谷氨酸、脯氨酸、丝氨酸、天门冬氨酸等鲜味氨基酸的含量也随着盐度递增呈现出增加趋势（图2.21C）（Kai et al.，2004）。

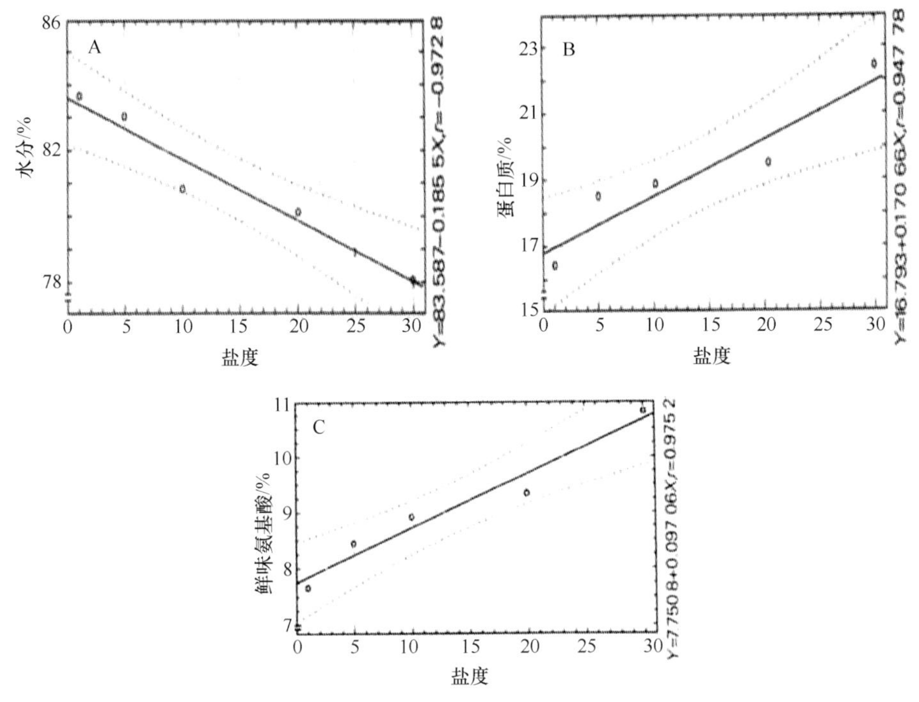

图2.21 盐度对凡纳滨对虾生化成分的影响

A：盐度与凡纳滨对虾体水分的关系；B：盐度与凡纳滨对虾体蛋白的关系；

C：盐度与凡纳滨对虾体鲜味氨基酸的关系

资料来源：Kai et al.，2004

表2.6 不同盐度下凡纳滨对虾肌肉氨基酸的含量 %

盐度	30	20	10	5	1
亮氨酸 Leu	1.63	1.35	1.30	1.32	1.16
缬氨酸 Val	1.12	0.89	0.91	0.90	0.75
苏氨酸 Thr	0.89	0.75	0.74	0.72	0.65
苯丙氨酸 Phe	1.12	0.85	0.93	0.89	0.75
赖氨酸 Lys	1.51	1.33	1.29	1.23	1.15
蛋氨酸 Met	0.71	0.55	0.57	0.58	0.47
异亮氨酸 Ile	1.30	1.00	0.81	1.06	0.89
精氨酸 Arg	1.69	1.48	1.47	1.38	1.26
组氨酸 His	0.50	0.40	0.41	0.40	0.36
必需氨基酸总量 EAA	10.47	8.60	8.43	8.48	7.44

续表

盐度	30	20	10	5	1
甘氨酸* Gly	1.46	1.17	1.06	1.10	0.99
丙氨酸* Ala	1.50	1.34	1.29	1.24	1.12
谷氨酸* Glu	3.23	2.79	2.69	2.59	2.34
天门冬氨酸* Asp	2.13	1.80	1.81	1.71	1.54
脯氨酸* Pro	1.63	1.53	1.40	1.12	1.04
丝氨酸* Ser	0.86	0.70	0.68	0.68	0.63
胱胺酸 Cys	0.42	0.24	0.30	0.29	0.22
酪氨酸 Tyr	0.92	0.75	0.74	0.72	0.63
非必需氨基酸总量	14.34	12.2	11.84	11.41	10.13
鲜味氨基酸	10.81	9.33	8.92	8.44	7.66
氨基酸总量	22.62	18.92	18.39	17.93	15.95

注：* 为鲜味氨基酸。

综合现有研究结果，盐度对凡纳滨对虾肌肉品质的影响没有一致结论。决定肌肉风味的鲜味氨基酸变化在不同的研究中有不同报道，这些差异可能是研究者使用的养殖环境、虾苗家系、测量方法、饲料营养等因素的不同而造成的，尚需进一步研究。

参考文献

蔡生力. 1998. 甲壳动物内分泌学研究与展望［J］. 水产学报，154-161.

陈琴，陈晓汉，谢达祥，等. 2001. 不同盐度养殖的南美白对虾含肉率及其肌肉营养成分［J］. 海洋科学，25：16-18.

程开敏，胡超群，刘艳妮，等. 2006. 海水和淡化养殖凡纳滨对虾的组织成分比较研究［J］. 热带海洋学报，25：34-39.

杜学芳，孔杰，罗坤，等. 2013. 利用低盐度养殖的凡纳滨对虾培育亲虾初探［J］. 中国水产科学，(5)：982-989.

范晓锐. 2010. 甲壳动物眼柄神经内分泌系统研究概述［J］. 天津水产，(1)：11-18.

郜卫华，谭北平，麦康森，等. 2013. 长期低渗胁迫诱导凡纳滨对虾肝胰腺差异表达基因的研究［J］. 中国海洋大学学报（自然科学版），43：43-50.

李海英，赵娟，李海生. 2008. Na^+，K^+-ATP 酶和 Ca^{2+}，Mg^{2+}-ATP 酶活性影响因素的研究进展［J］. 现代中西医结合杂志，17：1 449-1 450.

潘爱军，来琦芳，王慧，等. 2006. 盐度突变对凡纳滨对虾组织碳酸酐酶活性的影响［J］. 上海海洋大学学报，15：47-51.

潘鲁青，刘志，姜令绪. 2004. 盐度、pH 变化对凡纳滨对虾鳃丝 Na^+-K^+-ATPase 活力的影响［J］. 中国海洋大学学报（自然科学版），34：787-790.
屈锐. 2012. 凡纳滨对虾育苗和养成水质的变化以及盐度对肌肉品质的影响［D］. 上海：上海海洋大学.
申玉春，陈作洲，刘丽，等. 2012. 盐度和营养对凡纳滨对虾蜕壳和生长的影响［J］. 水产学报，36：290-299.
唐建洲，刘臻，汪星磊，等. 2016. 淡化对南美白对虾存活率、渗透压和 Na^+/K^+-ATP 酶活力的影响［J］. 淡水渔业，46：82-86.
王兴强，曹梅，马甡，等. 2006. 盐度对凡纳滨对虾存活、生长和能量收支的影响［J］. 渔业科学进展，27：8-13.
王克行. 1997. 虾蟹类增养殖学［M］. 北京：中国农业出版社.
温伯格，等. 1982. 海洋动物环境生理学（宋天复译）［M］. 北京：农业出版社，110-117.
文国樑，李卓佳，林黑着，等. 2007. 规格与盐度对凡纳滨对虾肌肉营养成分的影响［J］. 南方水产科学，(3)：31-34.
杨海朋. 2013. 凡纳滨对虾家系的盐度耐受性状研究［D］. 北京：中国科学院大学.
俞冰博，查广才，林丹銮，等. 2014. 不同盐度养殖条件对凡纳滨对虾品质特性的影响［J］. 食品工业.
袁路，蔡生力. 2006. 温度、盐度对凡纳滨对虾精荚再生和精子质量的影响［J］. 水产学报，30：63-68.
张鹭，陈寅山，彭宣宪. 2004. 低盐压力下缢蛏血淋巴蛋白的比较蛋白质组学研究［J］. 吉林农业大学学报，26：272-274.
张硕，董双林. 2002. 饵料和盐度对中国对虾幼虾能量收支的影响［J］. 大连海洋大学学报，17：227-233.
周双林，姜乃澄，卢建平，等. 2001. 甲壳动物渗透压调节的研究进展Ⅰ. 鳃的结构与功能及其影响因子［J］. 海洋学研究，19：45-52.
Adelman I R, smith Jr. L L. 1972. Toxicity of hydrogen sulfide to goldfish (*Carassius auratus*) as influenced by temperature, oxygen and bioassay techniques [J]. Journal of the Fisheries Research Board of Canada, 29: 1 309-1 317.
Ahearn G A, Franco P, Clay L P. 1990. Electrogenic 2 $Na^+/1$ H^+ exchange in crustanceans [J]. The Journal of Membrane Biology, 116: 215-226.
Axelsen K B, Palmgren M G. 1998. Evolution of substrate specificities in the P-type ATPase superfamily [J]. Journal of Molecular Evolution, 46: 84-101.
Böer M, Graeve M, Kattner G. 2007. Exceptional long-term starvation ability and sites of lipid storage of the Arctic pteropod *Clione limacina* [J]. Polar biology, 30: 571-580.
Barra J A, Pequeux A, Humbert W. 1983. A morphological study on gills of a crab acclimated to fresh water [J]. Tissue & Cell, 15: 583.
Bartlett P, Bonilla P, Quiros L, et al. 1990. Effects of high salinity on the survival and growth of juvenile *Penaeus vannamei*, *P. stylirostris*, and *P. monodon* [C]. In: Abstracts, World Aquaculture, *National Research Council*, *Ottawa*, *Ontario*, *Canada*, 90: 121/CP6.
Bett C, Vinatea L. 2009. Combined Effect of Body Weight, Temperature and Salinity on Shrimp *Litopenaeus vannamei* Oxygen Consumption Rate [J]. Brazilian Journal of Oceanography, 57: 305-314.

Bray W A, Lawrence A L, Leung-Trujillo J R. 1994. The effect of salinity on growth and survival of *Penaeus vannamei, with observations on the interaction of IHHN virus and salinity* [J]. *Aquaculture*, 122: 133-146.

Brusca R C, Brusca G J. 2003. The Invertebrates [M]. 2nd ed. Sunderland: Sinauer Associates Inc.

Burton R S. 1986. Incorporation of ^{14}C-bicarbonate into the free amino acid pool during hyperosmotic stress in an intertidal copepod [J]. Journal of Experimental Zoology Part A, 238: 55-61.

Burton R S. 1991. Regulation of proline synthesis during osmotic stress in the copepod *Tigriopus californicus* [J]. Journal of Experimental Zoology, 259: 166-173.

Campbell P J, Jones M. 1990. Water permeability of *Palaemon longirostris* and other euryhaline caridean prawns [J]. Journal of Experimental Biology, 150: 145-158.

Campos A, Tedesco S, Vasconcelos V, et al. 2012. Proteomic research in bivalves towards the identification of molecular markers of aquatic pollution [J]. Journal of Proteomics, 75: 4 346-4 359.

Carbajalsánchez I S, Castrolongoria R, Grijalvachon J M. 2008. Experimental white spot syndrome virus challenge of juvenile *Litopenaeus vannamei* (Boone) at different salinities [J]. Aquaculture Research, 39: 1 588-1 596.

Carling D. 2007. The role of the AMP-activated protein kinase in the regulation of energy homeostasis [J]. Novartis Foundation Symposia, 286: 72-81.

Garcia D, Shaw R J. 2017. AMPK: mechanisms of cellular energy sensing and restoration of metabolic Balance [J]. Molecular Cell, 66 (6): 789.

Castille F L, Lawrence A L. 1981. The Effect of salinity on the osmotic, sodium and chloride concentrations in the hemolymph of the rock shrimps, *Sicyonia brevirostris* and *Sicyonia dorsalis* [J]. Comparative Biochemistry and Physiology Part A, 70: 519-523.

Cesar J R D O, Zhao B, Malecha S, et al. 2006. Morphological and biochemical changes in the muscle of the marine shrimp Lito *Penaeus vannamei* during the molt cycle [J]. Aquaculture, 261: 688-694.

Chang E S, Thiel M. 2015. Physiology: the nature history of the crustacea [M]. New York: Oxford university Press.

Charmantier G. 1982. Les glandes cephaliques de *Paragnathia formica* (Hesse, 1864) (Isopoda, Gnathiidae): localisation et ultrastructure [J]. Crustaceana, 42: 179-193.

Chen J C, Chia P G. 1997. Osmotic and ionic concentrations of *Scylla serrata* (Forskål) subjected to different salinity levels [J]. Comparative Biochemistry & Physiology Part A, 117: 239-244.

Chen K, Li E, Gan L, et al. 2014. Growth and Lipid Metabolism of the Pacific White Shrimp Litopenaeus vannamei at Different Salinities [J]. Journal of Shellfish Research, 33: 825-832.

Chen K, Li E, Xu Z, et al. 2015a. Comparative transcriptome analysis in the hepatopancreas tissue of Pacific white shrimp *Litopenaeus vannamei* fed different lipid sources at low salinity [J]. PLOS One, 10: e0144889.

Chen K, Li E, Li T, et al. 2015b. Transcriptome and molecular mathway analysis of the hepatopancreas in the Pacific white shrimp *Litopenaeus vannamei* under chronic low-salinity stress [J]. PLOS One, 10: e0131503.

Chu Y, Corey D R. 2012. RNA sequencing: platform selection, experimental design, and data interpretation [J]. Nucleic Acid Ther, 22: 271-274.

Clapham D E. 2007. Calcium signaling [J]. Cell, 131: 1 047-1 058.

Croghan P C. 1958. The mechanism of osmotic regulation in *Artemia salina* (L): the physiology of the gut [J]. Journal of Experimental Biology: 243-249.

Cuzon G, Lawrence A, Gaxiola G, et al. 2004. Nutrition of *Litopenaeus vannamei* reared in tanks or in ponds [J]. Aquaculture, 235: 513-551.

Dasgupta B, Ju J S, Sasaki Y, et al. 2012. The AMPK β2 subunit is required for energy homeostasis during metabolic stress [J]. Molecular & Cellular Biology, 32: 2837.

Deering M J, Fielder D R, Hewitt D R. 1997. Growth and fatty acid composition of juvenile leader prawns, *Penaeus monodon*, fed different lipids [J]. Aquaculture, 151: 131-141.

Denslow N D, Griffitt R J, Martyniuk C J. 2012. Advancing the Omics in aquatic toxicology: SETAC North America 31st Annual Meeting [J]. Ecotoxicology and Environmental Safety, 76: 1-2.

Derby C, Thiel M. 2015. Nervous systems & control of behavior: The natural history of the crustacea [M]. New York: Oxford University Press.

Ekblom R, Galindo J. 2011. Applications of next generation sequencing in molecular ecology of non-model organisms [J]. Heredity (Edinb), 107: 1-15.

Evans D H, Piermarini P M, Choe K P. 2005. The multifunctional fish gill: dominant site of gas exchange, osmoregulation, acid-base regulation, and excretion of nitrogenous waste [J]. Physiological reviews, 85: 97-177.

Fan L F, Wang A L, Wu Y X. 2013. Comparative proteomic identification of the hemocyte response to cold stress in white shrimp, *Litopenaeus vannamei* [J]. Journal of Proteomics, 80: 196-206.

Farmer L. 1980. Evidence for hyporegulation in the calanoid copepod, *Acartia tonsa* [J]. Comparative Biochemistry and Physiology, Part A, 65: 359-362.

Foss A, Evensen T H, Imsland A K, et al. 2001. Effects of reduced salinities on growth, food conversion efficiency and osmoregulatory status in the spotted wolffish [J]. Journal of Fish Biology, 59: 416-426.

Frederich M, O' Rourke M R, Furey N B, et al. 2009. AMP-activated protein kinase (AMPK) in the rock crab, Cancer irroratus: an early indicator of temperature stress [J]. Journal of Experimental Biology, 212: 722-730.

Frederich M, O' Rourke, Towle D. 2006. Differential increase in AMPK and HSP70 mRNA expression with temperature in the rock crab, Cancer irroratus [J]. Faseb Journal, 20: A827.

Funder J W, Krozowski Z, Myles K, et al. 1996. Mineralocorticoid receptors, salt, and hypertension [J]. Recent progress in hormone research, 52: 247-260.

Furriel R, McNamara J, Leone F. 2000. Characterization of (Na^+, K^+) -ATPase in gill microsomes of the freshwater shrimp *Macrobrachium olfersii* [J]. Comparative Biochemistry and Physiology Part B, 126: 303-315.

Gao W, Tan B, Mai K, et al. 2012. Profiling of differentially expressed genes in hepatopancreas of white shrimp (*Litopenaeus vannamei*) exposed to long-term low salinity stress [J]. Aquaculture, 364-365: 186-191.

Guo H, Ye C, Wang A, et al. 2013. Trascriptome analysis of the Pacific white shrimp *Litopenaeus vannamei* exposed to nitrite by RNA-seq [J]. Fish & Shellfish Immunology, 35: 2 008-2 016.

Han G, Zhang S, Marshall D J, et al. 2013. Metabolic energy sensors (AMPK and SIRT1), protein carbonylation and cardiac failure as biomarkers of thermal stress in an intertidal limpet: linking energetic allocation with environmental temperature during aerial emersion [J]. Journal of Experimental Biology, 216: 3273-3282.

Han S, Khuri F R, Roman J. 2006. Fibronectin stimulates non-small cell lung carcinoma cell growth through activation of Akt/mammalian target of rapamycin/S6 kinase and inactivation of LKB1/AMP-activated protein kinase signal pathways [J]. Cancer Research, 66: 315-323.

Hardie D G. 2008. AMPK: a key regulator of energy balance in the single cell and the whole organism [J]. International Journal of Obesity, 32: S7.

Horie T, Ono K, Nagao K, et al. 2008. Oxidative stress induces GLUT4 translocation by activation of PI3-K/Akt and dual AMPK kinase in cardiac myocytes [J]. Journal of Cellular Physiology, 215: 733-742.

Huang H. 1983. Factors affecting the successful culture of *Penaeus stylirostris* and *Penaeus vannamei* at an estuarine power plant site: temperature, salinity, inherent growth variability, damselfly nymphpredation, population density and distribution, and polyculture [D]. PhD dissertation. Texas A & M University, College Station: 221.

Huong D T, Yang W J, Okuno A, et al. 2001. Changes in free amino acids in the hemolymph of giant freshwater prawn *Macrobrachium rosenbergii* exposed to varying salinities: relationship to osmoregulatory ability [J]. Comparative Biochemistry and Physiology Part A, 128: 317-326.

Imsland A K, Foss A, Gunnarsson S, et al. 2001. The interaction of temperature and salinity on growth and food conversion in juvenile turbot (*Scophthalmus maximus*) [J]. Aquaculture, 198: 353-367.

Jiang D, Lawrence A L, Neill W H, et al. 2000. Effects of temperature and salinity on nitrogenous excretion by *Litopenaeus vannamei* juveniles [J]. Journal of Experimental Marine Biology & Ecology, 253: 193-209.

Kai H, Wu W, Jie L, et al. 2004. Salinity effects on growth and biochemical composition of *Penaeus vannamei* [J]. Marine Sciences. 28: 20-25.

Koch H. 1954. Cholinesterase and active transport of sodium chloride through the isolated gills of the crab Eriocheir sinensis (M. Edw.). Recent developments in cell physiology, 15-27.

Ky C L, Lorgeril J D, Hirtz C, et al. 2007. The effect of environmental salinity on the proteome of the sea bass (*Dicentrarchus labrax* L) [J]. Animal Genetics, 38: 601-608.

Laiz-Carrion R, Sangiao-Alvarellos S, Guzman J M, et al. 2005. Growth performance of gilthead sea bream *Sparus aurata* in different osmotic conditions: Implications for osmoregulation and energy metabolism [J]. Aquaculture, 250: 849-861.

Laramore S, Laramore C R, Scarpa J. 2001. Effect of low salinity on growth and survival of postlarvae and juvenile Litopenaeus vannamei. Journal of World Aquaculture Society 32, 385-392.

Lee S H. 1982. Salinity adaptation of HCO_3^--dependent ATPase activity in the gills of blue crab (*Callinectes sapidus*) [J]. Biochimica et Biophysica Acta (BBA) -Biomembranes, 689: 143-154.

Leonard E M, Barcarolli I, Silva K R, et al. 2011. The effects of salinity on acute and chronic nickel toxicity and bioaccumulation in two euryhaline crustaceans: *Litopenaeus vannamei* and *Excirolana armata* [J]. Comparative Biochemistry and Physiology Part C, 154: 409-419.

Li E, Arena L, Chen L, et al. 2009. Characterization and tissue-specific expression of the two glutamate dehydrogenase cDNAs in Pacific white shrimp, Litopenaeus vannamei. Journal of Crustacean Biology, 29: 379-386.

Li E, Chen L, Zeng C, et al. 2007. Growth, body composition, respiration and ambient ammonia nitrogen tolerance of the juvenile white shrimp, *Litopenaeus vannamei*, at different salinities. Aquaculture [J]. Aquaculture, 265: 385-390.

Li E, Chen L, Zeng C, et al. 2008a. Comparison of digestive and antioxidant enzymes activities, haemolymph oxyhemocyanin contents and hepatopancreas histology of white shrimp, *Litopenaeus vannamei*, at various salinities [J]. Aquaculture, 274: 80-86.

Li E, Wang S, Li C, et al. 2014. Transcriptome sequencing revealed the genes and pathways involved in salinity stress of Chinese mitten crab, *Eriocheir sinensis* [J]. Physiological Genomics, 46: 177-190.

Li E, Arena L, Lizama G, et al. 2011. Glutamate dehydrogenase and Na^+-K^+ ATPase expression and growth response of *Litopenaeus vannamei* to different salinities and dietary protein levels [J]. Chinese Journal of Oceanology and Limnology, 29: 343-349.

Li E, Xiong Z, Chen L, et al. 2008b. Acute toxicity of boron to juvenile white shrimp, *Litopenaeus vannamei*, at two salinities [J]. Aquaculture, 278: 175-178.

Li T, Roer R, Vana M, et al. 2006. Gill area, permeability and Na^+, K^+-ATPase activity as a function of size and salinity in the blue crab, *Callinectes sapidus* [J]. Journal of Experimental Zoology Part A, 305: 233-245.

Lima A G, Mcnamara J C, Terra W R. 1997. Regulation of hemolymph osmolytes and gill Na^+/K^+-ATPase activities during acclimation to saline media in the freshwater shrimp *Macrobrachium olfersii* (Wiegmann, 1836) (Decapoda, Palaemonidae) [J]. Journal of Experimental Marine Biology & Ecology, 215: 81-91.

Lin Y C, Chen J C. 2003. Acute toxicity of nitrite on *Litopenaeus vannamei* (Boone) juveniles at different salinity levels [J]. Aquaculture, 224: 193-201.

Lin Y C, Chen J C. 2001. Acute toxicity of ammonia on *Litopenaeus vannamei* Boone juveniles at different salinity levels [J]. Journal of Experimental Marine Biology and Ecology, 259: 109-119.

Lin Y C, Chen J C, Li C C, et al. 2012b. Modulation of the innate immune system in white shrimp Lito *Penaeus vannamei* following long-term low salinity exposure [J]. Fish & Shellfish Immunology, 33: 324-331.

Liu S, Wang X, Sun F, et al. 2013. RNA-Seq reveals expression signatures of genes involved in oxygen transport, protein synthesis, folding, and degradation in response to heat stress in catfish [J]. Physiological Genomics, 45: 462-476.

Lucu Č, Devescovi M. 1999. Osmoregulation and branchial Na^+, K^+-ATPase in the lobster *Homarus gammarus* acclimated to dilute seawater [J]. Journal of Experimental Marine Biology and Ecology, 234: 291-304.

Magnoni L, Vraskou Y, Palstra A, et al. 2012. AMP-activated protein kinase plays an important evolutionary conserved role in the regulation of glucose metabolism in sish skeletal muscle cells [J]. PLOS One, 7: e31219.

Mantel L H, Farmer L L. 1983. Osmotic and ionic regulation [C]. In: Mantel L H (Ed). The biology of Crustacea: 5. Internal anatomy and physiological regulation. The biology of Crustacea, 53-161.

Martins T G, Cavalli R O, Martino R C, et al. 2006. Larviculture output and stress tolerance of *Farfantepenaeus paulensis* postlarvae fed *Artemia* containing different fatty acids [J]. Aquaculture, 252: 525-533.

Martyniuk C J, Alvarez S, Denslow N D. 2012. DIGE and iTRAQ as biomarker discovery tools in aquatic toxicology [J]. Ecotoxicology and Environmental Safety, 76: 3-10.

Martyniuk C J, Griffitt R J, Denslow N D. 2011. Omics in aquatic toxicology: not just another microarray [J]. Environmental Toxicology and Chemistry, 30: 263-264.

Mcgee S L, Hargreaves M. 2008. AMPK and transcriptional regulation [J]. Frontiers in Bioscience-Landmark, 9: 3 022-3 033.

Mo J L, Devos P, Trausch G. 2003. Active absorption of Cl^- and Na^+ in posterior gills of chinese crab eriocheir sinensis: modulation by dopamine and cAMP [J]. Journal of Crustacean Biology, 23: 505-512.

Morris R J, Lockwood A P M, Dawson M E. 1982. An effect of acclimation salinity on the fatty acid composition of the gill phospholipids and water flux of the amphipod crustacean *Gammarus duebeni* [J]. Comparative Biochemistry and Physiology Part A, 72: 497-503.

Morris S. 2001. Neuroendocrine regulation of osmoregulation and the evolution of air-breathing in decapod crustaceans [J]. Journal of Experimental Biology, 204: 979-989.

Navarro-Nava F, Castro-Longoria R, Grijalva-Chon J M, Ramos-Paredes J, De I R J. 2011. Infection and mortality of *Penaeus vannamei* at extreme salinities when challenged with Mexican yellow head virus [J]. Journal of Fish Diseases, 34: 327-329.

O' Grady S M, Palfrey H C, Field M. 1987. Characteristics and functions of Na-K-Cl cotransport in epithelial tissues [J]. Amercian Journal of Physiology, 253: 177-192.

O' Rourke M, Bucicchia C, Furey N, et al. 2007. AMP-activated protein kinase (AMPK) affects temperature tolerance in the rock crab, *Cancer irroratus* [J]. Faseb Journal, 21: A592.

Onken H, Graszynski K. 1989. Active Cl^- absorption by the Chinese crab (*Eriocheir sinensis*) gill epithelium measured by transepithelial potential difference [J]. Journal of Comparative Physiology B, 159: 21-28.

Onken H, Putzenlechner M. 1995. A V-ATPase drives active, electrogenic and Na^+-independent Cl-absorption across the gills of *Eriocheir sinensis* [J]. Journal of Experimental Biology, 198: 767-774.

Péqueux A. 1995. Osmotic Regulation in Crustaceans [J]. Journal of Crustacean Biology, 15: 1-60.

Péqueux A, Gilles R. 1988. The transepithelial potential difference of isolated perfused gills of the Chinese crab Eriocheir sinensis acclimated to fresh water [J]. Comparative Biochemistry & Physiology Part A, 89: 163-172.

Palacios E, Bonilla A, Luna D, et al. 2004. Survival, Na^+/K^+-ATPase and lipid responses to salinity challenge in fed and starved white pacific shrimp (*Litopenaeus vannamei*) postlarvae [J]. Aquaculture, 234: 497-511.

Palackal T, Faso L, Zung J L, et al. 1984. The ultrastructure of the hindgut epithelium of terrestrial isopods and its role in osmoregulation [J]. Symposia of the Zoological Scociety of London, 53: 185-198.

Palstra A P, Beltran S, Burgerhout E, et al. 2013. Deep RNA sequencing of the skeletal muscle transcriptome in swimming fish [J]. PLOS One, 8: e53171.

Pauli A, Valen E, Lin M F, et al. 2012. Systematic identification of long noncoding RNAs expressed during zebrafish embryogenesis [J]. Genome Research, 22: 577-591.

Pillai B R, Diwan A D. 2002. Effects of acute salinity stress on oxygen consumption and ammonia excretion rates of the marine shrimp *Metapenaeus monoceros* [J]. Journal of Crustacean Biology, 22: 45-52.

Ponce-Palafox J, Martinez-Palacios C A, Ross L G. 1997. The effects of salinity and temperature on the growth and survival rates of juvenile white shrimp, *Penaeus vannamei*, Boone, 1931 [J]. Aquaculture, 157: 107-115.

Porter R K, Hulbert A J, Brand M D. 1996. Allometry of mitochondrial proton leak: influence of membrane surface area and fatty acid composition [J]. American Journal Physiology, 271: 1 550-1 560.

Prosser C L, Green J W, Chow T J. 1955. Ionic and osmotic concentrations in blood and urine of *Pachygrapsus crassipes* acclimated to different salinities [J]. The Biological Bulletin, 109: 99-107.

Qian X, Ba Y, Zhuang Q, et al. 2014. RNA-Seq technology and its application in fish transcriptomics [J]. Omics A Journal of Integrative Biology, 18: 98-110.

Rainbow P S, Black W H. 2001. Effects of changes in salinity on the apparent water permeability of three crab species: *Carcinus maenas*, *Eriocheir sinensis* and *Necora puber* [J]. Journal of Experimental Marine Biology and Ecology, 264: 1-13.

Ramos-Carreno S, Valencia-Yanez R, Correa-Sandoval F, et al. 2014. White spot syndrome virus (WSSV) infection in shrimp (*Litopenaeus vannamei*) exposed to low and high salinity [J]. Archives of Virology, 159: 2 213-2 222.

Robalino J, Carnegie R B, O' Leary N, et al. 2009. Contributions of functional genomics and proteomics to the study of immune responses in the Pacific white leg shrimp *Litopenaeus vannamei* [J]. Veterinary Immunology and Immunopathology, 128: 110-118.

Ropelle E R, Fernandes M F, Flores M B, et al. 2008. Central exercise action increases the AMPK and mTOR response to leptin [J]. PLOS One, 3: e3856.

Rosas C, Cuzon G, Gaxiola G, et al. 2001b. Metabolism and growth of juveniles of Lito *Penaeus vannamei*: effect of salinity and dietary carbohydrate levels [J]. Journal of Experimental Marine Biology & Ecology, 259: 1-22.

Rosas C, Lopez N, Mercado P, et al. 2001a. Effect of salinity acclimation on oxygen consumption of juveniles of the white shrimp *Litopenaeus vannamei* [J]. Journal of Crustacean Biology, 21: 912-922.

Sanchez B C, Ralston-Hooper K, Sepulveda M S. 2011. Review of recent proteomic applications in aquatic toxicology [J]. Environmental Toxicology and Chemistry, 30: 274-282.

Sang H M, Fotedar R. 2004. Growth, survival, haemolymph osmolality and organosomatic indices of the western king prawn (*Penaeus latisulcatus* Kishinouye, 1896) reared at different salinities [J]. Aquaculture, 234: 601-614.

Scott G R, Johnston I A. 2012. Temperature during embryonic development has persistent effects on thermal acclimation capacity in zebrafish [J]. Proc Natl Acad Sci U S A, 109: 14 247-14 252.

Setiarto A, Strussmann C A, Takashima F, et al. 2004. Short-term responses of adult kuruma shrimp *Marsu-*

penaeus japonicus (Bate) to environmental salinity: osmotic regulation, oxygen consumption and ammonia excretion [J]. Aquaculture Research, 35: 669-677.

Shen L, Chen Z, Chen C, et al. 2007. Growth and immunities of the shrimp, *Litopenaeus vannamei* (Boone) exposed to different salinity levels [J]. Journal of Jimei University (Natural Sciences), 12: 108-113.

Smith R W, Cash P, Ellefsen S, et al. 2009. Proteomic changes in the crucian carp brain during exposure to anoxia [J]. Proteomics, (9): 2 217-2 229.

Spaargaren D H. 1971. Aspects of the osmotic regulation in the shrimps *Crangon crangon* and *Crangon allmanni* [J]. Netherlands Journal of Sea Research, (5): 275-333.

Sui L, Wille M, Cheng Y, et al. 2007. The effect of dietary n-3 HUFA levels and DHA/EPA ratios on growth, survival and osmotic stress tolerance of Chinese mitten crab *Eriocheir sinensis* larvae [J]. Aquaculture, 273: 139-150.

Toombs C, Jost J, Frederich M. 2011. Differential hypoxia tolerance and AMPK activity in two color morphs of the green crab, *Carcinus maenas* [J]. Integrative and Comparative Biology, 51, e258.

Tseng Y C, Hwang P P. 2008. Some insights into energy metabolism for osmoregulation in fish [J]. Comparative Biochemistry and Physiology Part C, 148: 419-429.

Ueno M, Inoue Y. 1996. The fine structure of podocytes in crayfish antennal glands [J]. Journal of Electron Microscopy, 45: 395-400.

Varley D, Greenaway P. 1994. Nitrogenous excretion in the terrestrial carnivorous crab *Geograpsus grayi*: site and mechanism of excretion [J]. Journal of Experimental Biology, 190: 179-193.

Via G J D. 1986. Salinity responses of the juvenile penaeid shrimp *Penaeus japonicus*: II. Free amino acids [J]. Aquaculture, 55: 307-316.

Via J. 1989. The effect of salinity on free amino acids in the prawn *Palaemon elegans* (Rathke) [J]. Archiv Fur Hydrobiologie, 115: 125-135.

Vincent-Marique C, Gilles R. 1970. Modification of the amino acid pool in blood and muscle of *Eriocheir sinensis* during osmotic stress [J]. Comparative Biochemistry & Physiology, 35: 479-485.

Vincent A G, Lotz J M. 2007. Effect of salinity on transmission of necrotizing hepatopancreatitis bacterium (NHPB) to Kona stock *Litopenaeus vannamei* [J]. Diseases of Aquatic Organisms, 75: 265-268.

Walker S J, Neill W H, Lawrence A L, et al. 2009. Effect of salinity and body weight on ecophysiological performance of the Pacific white shrimp (*Litopenaeus vannamei*) [J]. Journal of Experimental Marine Biology and Ecology, 380: 119-124.

Wang G Z, Kong X H, Wang K J, et al. 2007. Variation of specific proteins, mitochondria and fatty acid composition in gill of *Scylla serrata* (Crustacea, Decapoda) under low temperature adaptation [J]. Journal of Experimental Marine Biology and Ecology, 352: 129-138.

Wang L U, Chen J C. 2005. The immune response of white shrimp *Litopenaeus vannamei* and its susceptibility to *Vibrio alginolyticus* at different salinity levels [J]. Fish & Shellfish Immunology, 18: 269-278.

Wang R, Li C, Stoeckel J, et al. 2012. Rapid development of molecular resources for a freshwater mussel, *Villosa lienosa* (Bivalvia: Unionidae), using an RNA-seq-based approach [J]. Freshwater Science, 31: 695

-708.

Wang X, Cao M, Ma S, et al. 2006. Effects of salinity on survival, growth and energy budget of juvenile Litopenaeus vannamei. Marine Fisheries Research 27: 8-13

Wang X, Li E, Xiong Z, et al. 2013. Low salinity decreases the tolerance to two pesticides, beta-cypermethrin and acephate, of white-leg shrimp, *Litopenaeus vannamei* [J]. Journal Aquaculture Research Development, (4): 1-5.

Wheatly M G, Henry R P. 1987. Branchial and antennal gland Na^+/K^+-dependent atpase and carbonic-anhydrase activity during salinity acclimation of the euryhaline crayfish *Pacifastacus leniusculus* [J]. Journal of Experimental Biology, 133: 73-86.

Woo N Y S, Kelly S P. 1995. Effects of salinity and nutritional status on growth and metabolism of Sparus sarba in a closed seawater system [J]. Aquaculture, 135: 229-238.

Wu J, Lin Q, Lim T K, et al. 2007. White spot syndrome virus proteins and differentially expressed host proteins identified in shrimp epithelium by shotgun proteomics and cleavable isotope-coded affinity tag [J]. Journal of Virology, 81: 11 681-11 689.

Wulff T, Hoffmann E K, Roepstorff P, et al. 2008. Comparison of two anoxia models in rainbow trout cells by a 2-DE and MS/MS-based proteome approach [J]. Proteomics, 8: 2 035-2 044.

Xia J, Liu P, Liu F, et al. 2013. Analysis of stress-responsive transcriptome in the intestine of Asian seabass (*Lates calcarifer*) using RNA-seq [J]. DNA Research, 20: 449-460.

Xu C, Li E, Liu Y, et al. 2017. Comparative proteome analysis of the hepatopancreas from the Pacific white shrimp *Litopenaeus vannamei* under long-term low salinity stress [J]. Journal of Proteomics, 162: 1-10.

Xu C, Li E, Xu Z, et al. 2016. Molecular characterization and expression of AMP-activated protein kinase in response to low-salinity stress in the Pacific white shrimp *Litopenaeus vannamei* [J]. Comparative Biochemistry & Physiology Part B, 198: 79-90.

Yan B, Wang X, Cao M. 2007. Effects of salinity and temperature on survival, growth, and energy budget of juvenile Litopenaeus vannamei. Journal of Shellfish Research, 26: 141-146.

Yang W, Okuno A, Wilder M N. 2001. Changes in free amino acids in the hemolymph of giant freshwater prawn *Macrobrachium rosenbergii* exposed to varying salinities: relationship to osmoregulatory ability [J]. Comparative Biochemistry and Physiology Part A, 128: 317-326.

Ye L, Jiang S, Zhu X, et al. 2009. Effects of salinity on growth and energy budget of juvenile *Penaeus monodon* [J]. Aquaculture, 290: 140-144.

Zhang P, Zhang X, Li J, et al. 2009. Effect of salinity on survival, growth, oxygen consumption and ammonia-N excretion of juvenile whiteleg shrimp, *Litopenaeus vannamei* [J]. Aquaculture Research, 40: 1 419-1 427.

Zhu X, Feng C, Dai Z, et al. 2007. AMPK alpha subunit gene characterization in Artemia and expression during development and in response to stress [J]. Stress-the International Journal on the Biology of Stress, 10: 53-63.

Samocha T M, Lawrence A L, Pooser D. 1998. Growth and survival of juvenile Penaeus vannamei in low salinity water in a semi-closed recirculating system. Israeli Journal of Aquaculture-Bamidgeh 50: 55-59.

第三章　低盐度下凡纳滨对虾的蛋白质营养

第一节　蛋白质的分类、组成和生理功能

蛋白质是生命的物质基础，是构成细胞的基本有机物之一，没有蛋白质就没有生命。蛋白质是生物体内种类最多、结构最复杂、功能多样化的大分子，将各种生命活动紧密联系在一起，在生命活动中具有重要的作用。细胞不断地用氨基酸合成蛋白质，又把蛋白质分解为氨基酸。对水产动物而言，饲料蛋白质几乎是唯一可用于动物蛋白质合成的氮源。

一、蛋白质的分类

根据蛋白质的分子组成，可将蛋白质分为简单蛋白质和结合蛋白质。简单蛋白质仅由氨基酸通过肽键连接而成，不包含其他辅助成分。自然界的蛋白质以此类为主，如血清清蛋白、肌球蛋白、角蛋白等。结合蛋白质由简单蛋白质和辅助成分（辅基）组成。根据辅基的不同，结合蛋白质又可分为核蛋白、糖蛋白、脂蛋白、色蛋白和磷蛋白等。核蛋白由蛋白质与核酸组成，存在于所有细胞；糖蛋白由糖基和蛋白质以共价键相连而成；脂蛋白由脂基和蛋白质以非共价键相连而成，存在于生物膜和血浆中；色蛋白由色素和蛋白质组成，种类很多，以卟啉类的色蛋白最为重要；磷蛋白由磷酸和蛋白质组成，磷酸往往与丝氨酸或苏氨酸侧链的羟基结合，如胃蛋白酶。

根据蛋白质分子性状，可将蛋白质分为球状蛋白质、纤维状蛋白质和膜蛋白质。球状蛋白质外形近似于球形，水溶性较好，承担着多样的生物学功能；纤维状蛋白质，呈棒状或纤维状，大多数不溶于水，在生物体内作为重要的结构成分，或起保护作用，如胶原蛋白和角蛋白。膜蛋白质一般折叠成近球形，插入生物膜，或结合在生物膜的表面。

根据蛋白质生物功能，可将蛋白质分为活性蛋白质和非活性蛋白质。活性蛋白质包括生命过程中一切有生理活性的蛋白质或它们的前体，如酶、酶原、膜蛋白质、受体蛋白等，而非活性蛋白质主要包括起保护和支持作用的蛋白质，如胶原蛋白、角蛋白、弹性蛋白等。

根据蛋白质的来源，蛋白质可分为动物蛋白、植物蛋白、菌体蛋白等。在包括凡纳滨

对虾在内的水产动物饲料原料及相关营养学研究中常按此法对蛋白质种类进行初分，随后再根据蛋白质的具体来源进行分类，如大豆蛋白等。

二、蛋白质的组成

蛋白质是由20多种氨基酸通过肽键连接起来的生物大分子，分子量可达到数万甚至百万，并具有特定空间结构和一定的生物学功能，主要组成元素为碳、氢、氧、氮，部分蛋白质含有硫和磷，少量蛋白质中含有碘或金属元素（如铁、铜、锌和钼等）。蛋白质一般含碳50%~55%、氢6%~8%、氧15%~18%、硫0%~4%。氮元素是蛋白质的特征元素，在蛋白质中的平均含量为16%，即每克氮相当于6.25 g蛋白质。严格来讲，不同蛋白源的含氮量是有差别的。常见蛋白质测定方法为先将样本进行无机化处理，然后用凯氏定氮法测定总氮含量和无机氮含量，最后计算各样品的蛋白源。近年来，杜马斯燃烧法被广泛应用于各研究领域，主要原因是其可以快速测定样品的蛋白质含量，3~5 min即可。由于该方法是一种快速、精确、低成本、无污染的定氮方法，其在欧美国家得到广泛认可和使用。在燃烧管的前端贮有碳酸铅（$PbCO_3$），在试样分解前，加热碳酸铅，使分解放出的二氧化碳（CO_2）完全排除燃烧管中的空气，试样与氧化铜（CuO）燃烧后，把生成的气体借助$PbCO_3$分解产生的CO_2气流赶到立于汞槽上内装有KOH溶液的集气量筒中。燃烧时，偶尔有部分氮转变为氮的氧化物，它们在通过红热的铜粉后被还原，这样有机物中的氮全部被还原为N_2。通过测定N_2的体积，便可以得出有机物中的含氮量，再乘以6.25便可计算出样品的蛋白质含量。

氨基酸是蛋白质的基本单位，20种编码氨基酸通过肽键连接成长链分子，形成蛋白质。参与蛋白质组成的20种L型α-氨基酸的结构通式如图3.1所示。

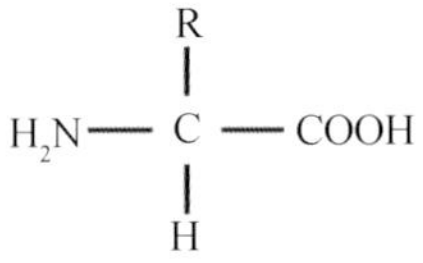

```
        R
        |
H2N —  C  — COOH
        |
        H
```

图3.1　L型α-氨基酸的结构通式

每种α-氨基酸（除甘氨酸外）的α-碳原子都有一个不对称碳原子，因此除甘氨酸外的所有α-氨基酸都有旋光性。每种氨基酸有D型（右旋）和L型（左旋）两种异构体。除蛋氨酸外，L型的氨基酸生物学效价比D型高，而且大多数D型氨基酸不能被动物利用或利用率很低。从蛋白质水解得到的氨基酸一般都是L型α-氨基酸。

三、蛋白质的生理功能

蛋白质除了向机体提供部分能量外，还参与动物体内的各种代谢活动，也是水产动物氮的唯一来源。蛋白质在生命体内的重要作用是其他任何营养素都不能替代的。

（1）蛋白质是组成机体细胞和组织的重要成分，为机体的生长和发育提供原料，用于构建机体的器官、组织和细胞等结构。动物的毛发、皮肤、肌肉、血液，到内脏器官以及骨髓，蛋白质都是主要成分。除水分外，蛋白质也是水产动物机体中含量最高的营养物质。

（2）蛋白质是生物体内功能性物质的主要成分。酶的化学本质是蛋白质，而生物体中几乎所有的生化反应都是由酶催化完成的。机体新陈代谢的许多激素如胰岛素、肾上腺素、甲状腺素等都是含氮物质，这些物质的合成需要蛋白质的供给。此外，一些具有免疫作用的抗体、补体和运输物质的载体都以蛋白质为主要成分，如甲壳动物的酚氧化物酶等。

（3）蛋白质供能作用。蛋白质可直接供能，或转化为糖和脂肪。在机体能量供应不足时，蛋白质可分解供能以维持机体的代谢活动。鱼、虾等水生生物对糖的利用能力有限，体内有相当的蛋白质参与供能。但由于蛋白源是饲料中比较昂贵的成分，因此尽可能减少水产动物动用机体蛋白质供能。

（4）蛋白质是机体组织更新、修复的主要原料。动物体的各组分处于自我更新过程中，细胞不断凋亡和产生新的细胞。在包括水产动物在内的各种动物的新陈代谢过程中，组织的更新、损伤和修复都需要蛋白质。

（5）调节体液和维持酸碱平衡。机体细胞内、外体液的渗透压必须保持平衡，这种平衡依赖于电解质和蛋白质的调节。当机体摄入蛋白质不足时，血浆蛋白浓度降低，渗透压下降，水分不能有效返回血液循环系统而蓄积在细胞间隙，造成组织水肿。同时，蛋白质是两性物质，能与酸或碱反应，维持血液酸碱平衡。此外，许多氨基酸，如脯氨酸和甘氨酸，是许多甲壳动物渗透压调节过程中血淋巴中的调节物质，在维持血淋巴内外渗透压平衡过程中起重要作用。

第二节　不同盐度下凡纳滨对虾对蛋白质和氨基酸的需要

蛋白质是虾体产生新细胞、弥补旧细胞的主要物质，也是构成虾体各种组织、酶和激素的重要成分。饲料中蛋白质缺乏时，会引起对虾一系列生理和生化反应障碍，影响对虾的生长存活。但饲料中过高的蛋白水平不仅会影响对虾的生长，污染环境，而且还会提高饲料成本，造成浪费，所以不同环境下对虾的蛋白需求量是目前国内外研究的热点。此外，凡纳滨对虾在适应盐度变化的过程中，体内的有机物质会有一定的损耗，虽然这些物质源于组织细胞内的分解代谢，但归根到底仍需由外源饲料提供（Cuzon et al.，2004）。研究表明，很多氨基酸为甲壳动物的渗透压调节过程提供能量，而这些氨基酸大部分来自于饲料中的蛋白质（Cuzon et al.，2004；Marangos et al.，1989）。氨基酸中的甘氨酸、谷氨酸、脯氨酸、丙氨酸和牛磺酸在大多数甲壳动物中起着主要调节作用，但渗透调节过程中起主要作用的氨基酸种类在不同的甲壳动物中却不尽相同（Duchateau-bosson et al.，1961；Jeuniaux et al.，1962；Lockwood，1967）。关于不同盐度下，饲料蛋白质含量对凡纳滨对虾生长、成活、饲料转化率及极低盐度下饲料蛋白水平对对虾生长和免疫力的影响，已经有较多的报道（黄凯等，2003；刘栋辉等，2005；王兴强等，2005；李二超等，2008）。

一、蛋白质和氨基酸缓解低盐度对凡纳滨对虾胁迫作用的研究

蛋白质除了为凡纳滨对虾提供能量外，还可以通过提供氨基酸作为渗透压效应物参与渗透压调节。谷氨酸脱氢酶（GDH）在甲壳动物游离氨基酸尤其是在脯氨酸和丙氨酸的合成代谢中扮演着十分重要的角色。由于脯氨酸和丙氨酸是甲壳动物常见的起渗透调节作用的游离氨基酸，因此谷氨酸脱氢酶在甲壳动物渗透调节中的作用应受到重视。我们对凡纳滨对虾谷氨酸脱氢酶基因进行了定性的研究，结果发现凡纳滨对虾中存在两种谷氨酸脱氢酶基因，其编码的氨基酸的长度分别为 474 个和 552 个氨基酸，两种氨基酸序列中前 461 个氨基酸完全相同，从第 462 个氨基酸开始两者不同。与其他物种谷氨酸脱氢酶编码的氨基酸序列进行比较发现，凡纳滨对虾谷氨酸脱氢酶是一种相对保守的蛋白质，两种凡纳滨对虾谷氨酸脱氢酶氨基酸序列均与果蝇表现出较大的同源性（Li et al.，2009）。在 *GDH* 基因调节渗透压的研究中，当对虾应对急性盐度胁迫时，GDH-A 响应时间要早于 GDH-B，其靶器官为鳃，并与急性盐度胁迫下的渗透调节关系更为密切，GDH-B 响应时间稍晚，在更为复杂的代谢过程中发挥作用（熊泽泉，2012）（图 3.2）。

凡纳滨对虾在长期低盐度（5）胁迫下，GDH-A 在肌肉和鳃组织中的表达量显著低于中盐度（20）及高盐度（32）条件；高盐度组对虾肌肉组织中 GDH-B 的表达量显著高于其他两组。推测 GDH-B 在谷氨酸合成方面起主要作用，而 GDH-A 在应对长期盐度胁迫时，其在渗透调节方面的作用已不明显（图 3.3）。

我们进一步研究了饲料蛋白质水平对凡纳滨对虾谷氨酸脱氢酶及与渗透压调节能力密切相关的 Na^+/K^+ ATPase 基因表达的影响，并观察了不同饲料蛋白质水平组对虾生长和肝体指数在盐度变化后的动态变化。实验设计了蛋白质含量分别为 25%、40% 和 50% 的 3 种饲料（CP25、CP40 或 CP50），投喂体重（3.43 ± 0.32）g 的幼虾，盐度为 25，适应 20 d

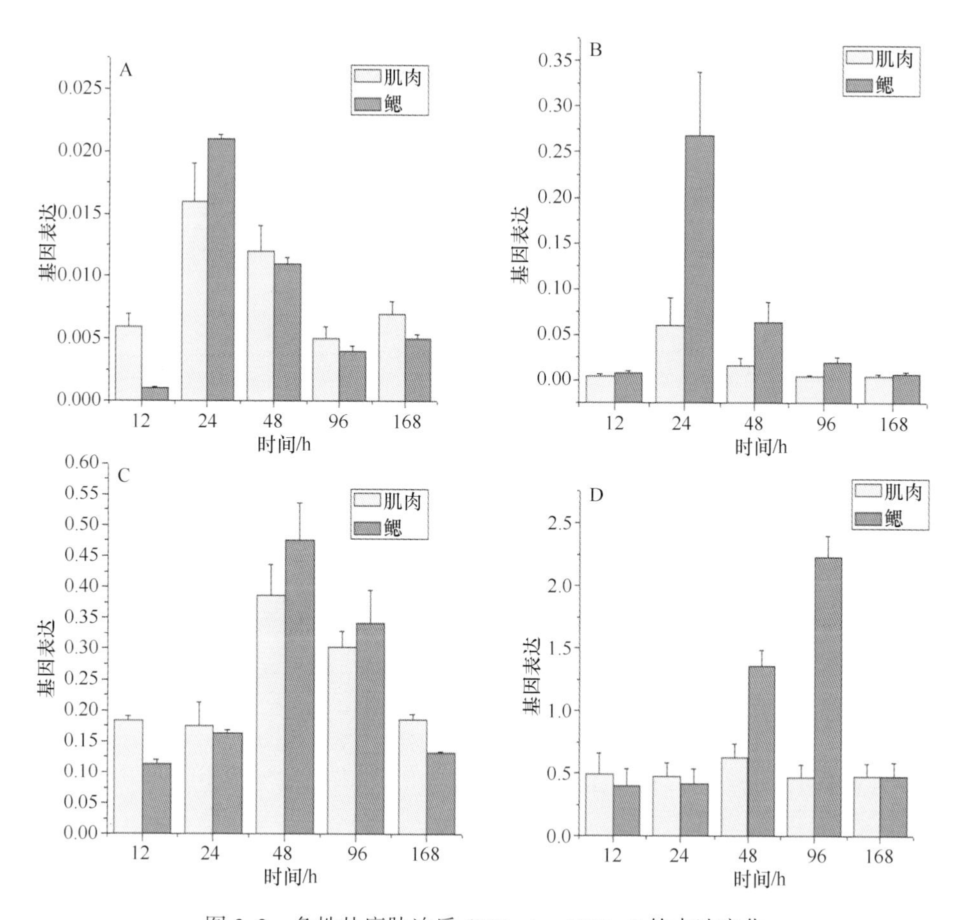

图 3.2　急性盐度胁迫后 GDH-A、GDH-B 的表达变化

A. 盐度由 20 降为 3 时 GDH-A 变化情况；B. 盐度由 20 升至 32 时 GDH-A 变化情况；

C. 盐度由 20 降为 3 时 GDH-B 变化情况；D. 盐度由 20 升至 32 时 GDH-B 变化情况

资料来源：熊泽泉，2012

后，采用荧光定量 PCR 分析不同饲料组对虾鳃组织中 GDH 和 Na^+/K^+ ATPase 的基因表达量。结果发现，虽然各组无显著性差异，但投喂低蛋白质饲料组对虾两基因表达量、鳃和肌肉组织中 GDH 酶活力均低于其他两实验组（Li et al.，2011）（表 3.1）。同时，将适应 20 d 后的 25%和 50%蛋白质组对虾分别转移至盐度 38 和 5 的环境中，观察饲料中蛋白质含量对盐度应激后对虾生长的影响（以盐度 25，投喂 40%蛋白质饲料组为对照）。结果发现：在盐度 25 条件，20 d 时，3 组对虾的增重率无显著性差异。但 25%和 50%蛋白质组的盐度变化 2 周后，盐度无论是转换到 38 还是 5，投喂 50%蛋白质含量饲料组的对虾的增重率均显著高于投喂 25%蛋白质含量饲料组的对虾（图 3.4）。以上结果提示，当对虾处于渗透胁迫下，提高饲料蛋白质含量可以有效地缓解这一胁迫，保障对虾可获得较高的生长速度。此外，研究还发现对虾肝体指数在盐度变化 1 周后，均显著升高，但到第 2 周

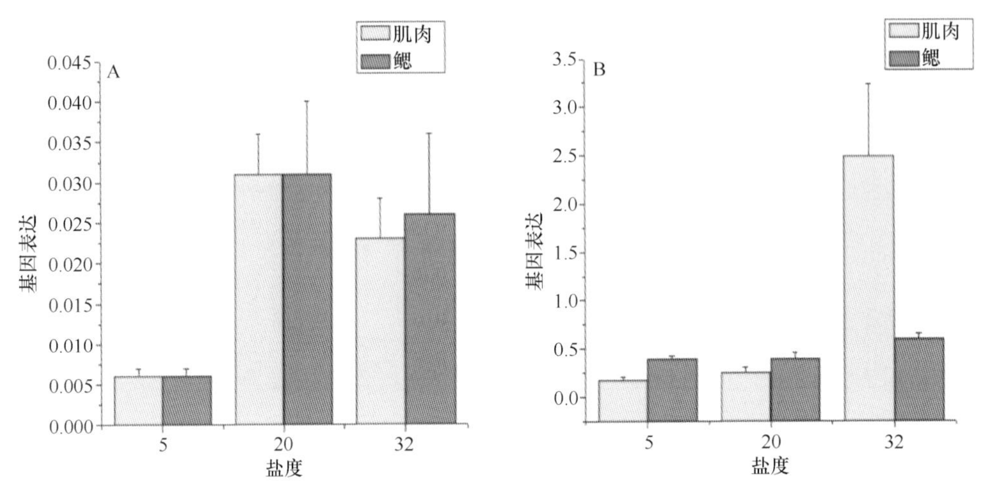

图 3.3　慢性盐度胁迫后 GDH-A（A）和 GDH-B（B）的基因表达变化

资料来源：熊泽泉，2012

时，均恢复至正常水平。这提示急性盐度应激促进了对虾营养物质的代谢，以满足相应的特殊营养物质或能量需求（图 3.5）。

表 3.1　盐度 25 下投喂不同蛋白质含量饲料 20 d 后凡纳滨对虾的 GDH 和 Na^+/K^+-ATPase 活力

测定指标	饲料蛋白质水平			*P* 值
	25%	40%	50%	
基因表达				
Na^+/K^+-ATPase	0.31±0.04	0.34±0.02	0.33±0.03	0.235
GDH	0.16±0.02	0.20±0.05	0.22±0.04	0.587
酶活力				
鳃 GDH（U/mg protein）	2.30±0.31	3.00±0.20	2.48±0.50	0.249
肌肉 GDH（U/mg protein）	14.30±1.92	16.69±0.49	18.43±2.37	0.151

资料来源：Li et al.，2011

许多游离氨基酸能影响多种水生动物的渗透压调节，包括甘氨酸、丙氨酸、脯氨酸和牛磺酸（Deaton，2001）。因此，低盐度水体中养殖凡纳滨对虾，通过在饲料中补充特定的潜在游离氨基酸来保持对虾的渗透压平衡，这可能是一种提高对虾生长性能的实用途径。在所有的氨基酸中，饲料中的甘氨酸在凡纳滨对虾的渗透压调节反应中起着关键作用（Xie et al.，2014），并且饲料中补充氨基酸可以有效改善凡纳滨对虾的抗氧化能力。在盐度 27 条件下使用 6 种甘氨酸水平（2.26%、2.33%、2.44%、2.58%、2.67%、2.74%）的饲料饲喂凡纳滨对虾 8 周，然后将水体环境盐度迅速下调至 9（Xie et al.，2014）。盐度急性变化后的 2 h 和 3 h，对虾存活率与血液和肝胰腺中的 Na^+/K^+-ATPase 活性随着饲料

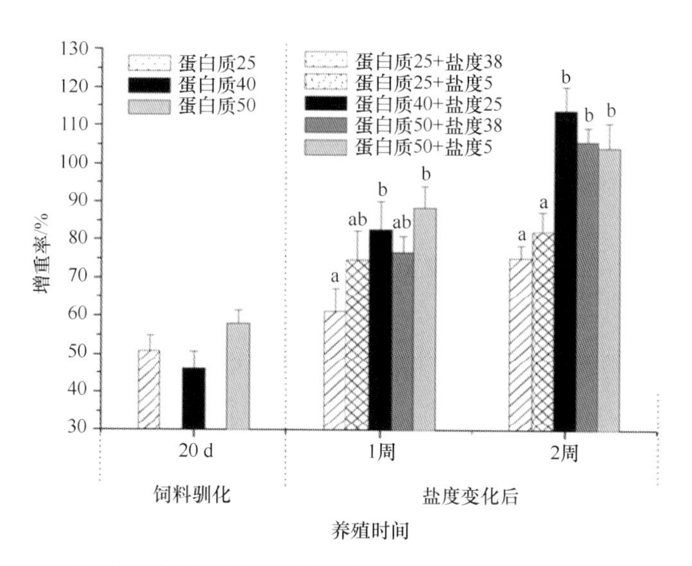

图 3.4　盐度 25 条件下投喂不同蛋白质水平饲料 20 d 后及盐度变化后不同处理组对虾的增重率

同一时间点不同上标字母柱存在显著性差异（$P<0.05$）

资料来源：Li et al.，2011

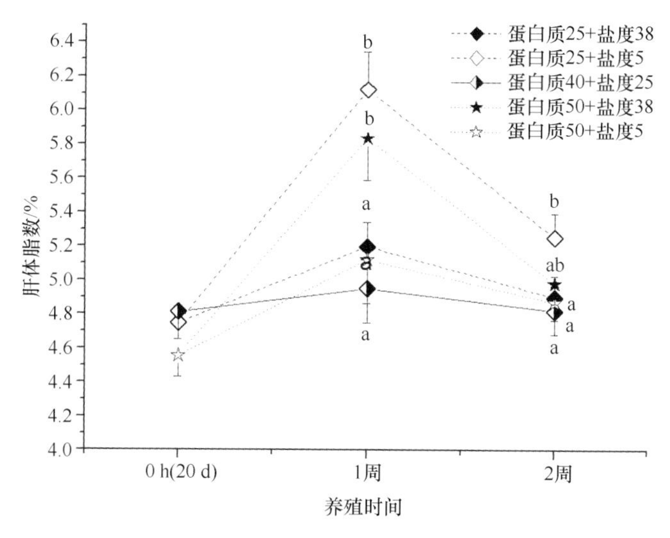

图 3.5　盐度 25 条件下投喂不同蛋白质水平饲料 20 d 后及盐度变化后不同处理组对虾的肝体指数变化

同一时间点不同上标字母显示显著性差异（$P<0.05$）

资料来源：Li et al.，2011

中甘氨酸水平的升高而升高。水体盐度下调后，对虾肝胰腺的 SOD 活性与之前相比迅速下降（Xie et al.，2014）。

相比之下，甜菜碱是一种N-甲基化的氨基酸。在盐度0.5条件下，在饲料中添加甜菜碱来研究其对凡纳滨对虾存活和生长的影响（Saoud and Davis，2005）。8周的饲养实验结果表明，饲料中添加甜菜碱不能改善低盐度条件下的对虾养殖状况，即饲料中添加甜菜碱不影响凡纳滨对虾的生长和存活。

二、凡纳滨对虾饲料蛋白质营养的研究

蛋白质占凡纳滨对虾干重的65%~70%，是机体的主要组成成分，同时也是保证机体结构和功能必不可少的营养物质。饲料的蛋白质水平过低会降低对虾的生长率，如果蛋白质严重缺乏，对虾会通过降解肌肉组织中的蛋白质以维持其他重要的组织和器官功能，这样会引起对虾一系列生理和生化反应障碍，最终影响对虾的生长存活。但饲料中过多的蛋白质不仅会提高饲料成本，造成蛋白浪费，还会抑制生长。对虾将过剩的蛋白质作为能源代谢，但不能贮存用以生长，而且该过程产生的氨排放于养殖环境，会影响水质，污染环境。

凡纳滨对虾可适应较宽的盐度范围（0.5~50），等渗点在盐度25左右，养殖的适宜盐度主要集中在15~25。在海水或半咸水（盐度高于15）养殖条件下，凡纳滨对虾饲料的最适蛋白需要量为30%~36%（Smith et al.，1985；Kureshy and Davis，2002）。蛋白质是凡纳滨对虾饲料中最主要和最昂贵的营养成分，国内外很多科研工作者都很关注对虾蛋白质需求量的研究。但受苗种来源、对虾生理状况及蛋白质品质、来源等因素的影响，研究结果往往很不一致。以鱼粉为蛋白源研究凡纳滨对虾幼虾的最适蛋白质需要量，发现28%~32%的蛋白水平下生长最佳（Andrews et al.，1972）。以半纯合日粮研究凡纳滨对虾幼虾后期和前期的蛋白质需求量，发现幼虾前期的蛋白质需求量（30%）低于后期（30%~35%）（Colvin and Brand，1977）。也有研究认为，凡纳滨对虾最适蛋白质需求量高于40%（李广丽等，2001；Samocha et al.，1998）。但结合各研究数据及实际生产来看，当饲料中蛋白质含量达到30%时，更可以满足海水或半咸水养殖条件下凡纳滨对虾的正常生长。

关于凡纳滨对虾在海水或半咸水养殖中的蛋白质营养需求研究较多，然而对其在低盐度（<5）养殖条件下蛋白质的营养需求研究有限，且差异较大。Rosas等（2001）认为凡纳滨对虾需要较多的蛋白作为自由氨基酸库（FAA）的来源，而FAA是维持其渗透压的基础，所以低盐环境中，凡纳滨对虾所需的饲料蛋白质水平较高。但也有研究发现，虽然可以通过提高饵料蛋白质含量来提高各盐度下凡纳滨对虾的生长速度和体蛋白质含量，但在低盐度下，并不能提高凡纳滨对虾的成活率（Li et al.，2011）。也有研究表明，在盐度0.5条件下，对虾的存活率随蛋白质水平的升高（从26.59%到45.31%）而降低（Wang and Chen，2005）。黄凯等（2003）通过研究凡纳滨对虾幼虾在不同盐度下蛋白质的需求发现，在盐度2条件下，凡纳滨对虾幼虾的最适宜蛋白质需求水平是26.7%；在盐度28时，其最适宜蛋白质水平是33.0%。朱学芝（2010）也通过研究两种不同盐度下凡纳滨对

虾对饲料蛋白、脂肪、糖的需求比较发现，在盐度30时，凡纳滨对虾最适蛋白需求量是41%，而盐度2时，其最适需求量为38%。表3.2总结了不同盐度下凡纳滨对虾对饲料中蛋白质需求量的研究。可见，尽管低盐度下凡纳滨对虾饲料最适蛋白质需求的研究开始备受关注，但尚未得到一致性的结论（黄凯等，2003；刘栋辉等，2005），这可能与实际的养殖条件和环境及所使用的饲料配比有关，尤其是有关凡纳滨对虾饲料中最适动、植物蛋白比和蛋白能量比等的研究尚十分缺乏。因此，只有弄清上述问题，有关凡纳滨对虾饲料蛋白质需求的研究结果才会更可靠，更接近凡纳滨对虾实际饲料蛋白质的需求。

表3.2　不同盐度下不同大小凡纳滨对虾对饲料蛋白质需求量的总结

蛋白质需要量/%	盐度	初始体重/g
>30	海水	0.122
30	35	1.7
33.40	海水	1.3
26.70	2	0.011
33	28	0.011
43	35	6.2

资料来源：Li et al.，2017

我们以鱼粉和大豆浓缩蛋白为蛋白源，配制了6种不同动、植物蛋白比的饲料，研究了不同饲料动、植物蛋白比对凡纳滨对虾生长、成活和肝胰腺可溶性蛋白质含量的影响，实验为期40 d（李二超等，2009）。结果显示：①饲料动、植物蛋白比可显著影响凡纳滨对虾增重率、成活率、肝体指数、肥满度和肝胰腺可溶性蛋白质含量。增重率随饲料动、植物蛋白升高而升高，但当饲料中动物性蛋白比至29：8时，增重速率不再明显升高，其他指标均先随饲料动、植物蛋白升高至一定程度后，稍有下降；②盐度22组对虾的增重率、成活率和肥满度显著高于盐度3组对虾，而肝体指数却显著低于盐度3组，且盐度对凡纳滨对虾肝胰腺可溶性蛋白含量的影响不显著；③双因素方差分析结果显示，盐度和饲料动、植物蛋白比对凡纳滨对虾增重率、成活率和肝体指数存在交互作用；④Broken-Line模型分析结果显示，盐度3时凡纳滨对虾最适饲料蛋白比分别为29.12：7.79~30.29：6.71，盐度22时为26.05：10.95~29.03：7.97（图3.6）。结果提示，由于不同蛋白源的氨基酸组成和含量不同，配饵中适当的动、植物蛋白可以更好地满足凡纳滨对虾对各种氨基酸的需求，且不同盐度下凡纳滨对虾对饲料的动、植物蛋白比要求不同。因此，在养殖过程中，一定要结合实际的养殖环境和饲料蛋白源种类，来确定适合自身的饲料配方，才能达到低成本高效率的养殖目的。

盐度和蛋白质水平对凡纳滨对虾的影响可从存活、生长和能量转化等方面评价。在盐度1时，凡纳滨对虾的生长性能指标，如摄食率、特定生长率、饲料效率，随着饲料蛋白

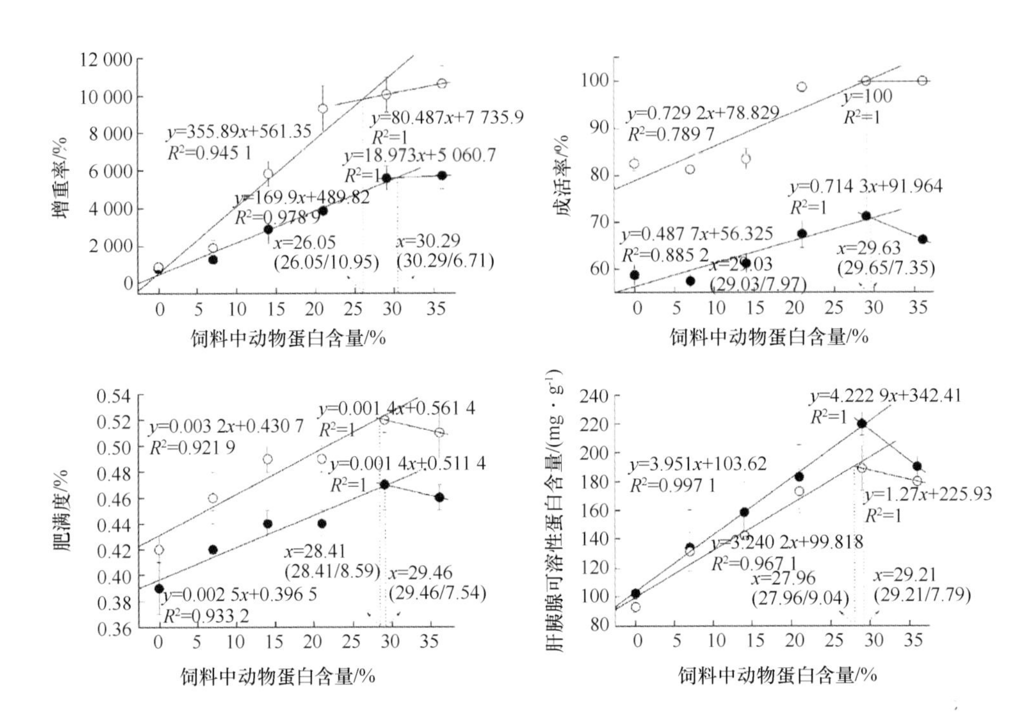

图 3.6 采用 Broken-Line 模型针对不同盐度凡纳滨对虾增重率、肥满度、成活率和肝胰腺可溶性蛋白质含量得出的凡纳滨对虾最适的饲料动、植物蛋白比

资料来源：李二超等，2009

质水平的升高（20%~40%）而增加；免疫机能指标，如血细胞总数、血淋巴蛋白和血蓝蛋白含量、酚氧化酶活性和存活率（盐度突变后）在饲料蛋白水平 20%时明显下降。因此在低盐度水体养殖中，饲料蛋白水平为 40%可改善对虾生长和健康（Liu et al.，2005）。生长和肥满度随饲料蛋白水平的升高而增加，但是低盐度下的低存活率未得到改善（Li et al.，2008）。不同的研究结果可能是由于在这些实验中使用的是不同的蛋白源。

最佳蛋白质不仅能满足机体生长需要，而且在面对环境盐度胁迫时能作为渗透压效应物来提高机体抗应激性能和存活率。因此，低盐度胁迫下增强凡纳滨对虾抗胁迫能力的最佳蛋白源或不同蛋白源组合需进一步研究。为期 42 d 的凡纳滨对虾户外水池生长实验表明，盐度和饲料蛋白质水平有着显著的交互作用（Robertson et al.，1993）。该研究指出，对虾营养需求会随着养殖盐度的变化而变化，在高盐度养殖环境下，较高的饲料蛋白可以增加对虾产量。相似的结果在其他研究中也有报道，当环境盐度从 25 突变到 38 或 5，高于 25%饲料蛋白水平的各实验组均显著获得了较好的生长性能。因此，在极高或极低盐度的养殖环境下，增加饲料蛋白质水平是一种有效提高凡纳滨对虾产量的营养调控途径（Li et al.，2011）。这些研究结果证实了饲料蛋白质或氨基酸在凡纳滨对虾渗透压调节中的重要作用。因此，通过营养补充的方式，尤其是饲料蛋白质，来改善渗透压调节能力对内陆低盐度对虾养殖是极其重要的。然而，在一个 3×4 因子实验中，将凡纳滨对虾置于盐度 2、35 和 50 条件下，分别饲喂粗蛋白水平为 25%、30%、35%和 40%的饲料 32 d。结果表明，饲料蛋白质水平、盐度和蛋白质之间交互作用对对虾生长没有影响（Martin et al.，2007）。高饲料蛋白质水平未能表现出对凡纳滨对虾生长的积极作用，这可能是因为实验周期较短。因此，需要设计与之类似且具备更长实验周期（>8 周）的实验来进一步探究饲料蛋白质在应对盐度胁迫中的作用。

三、饲料中碳水化合物、脂肪对蛋白质的节约作用

从能量学的角度分析，在较低盐度下，凡纳滨对虾要消耗较多的能量来调节体内的渗透压平衡，造成代谢耗能增加，实际的能量利用效率降低，因而生产中饵料的投入增大，凡纳滨对虾碳水化合物供能比例增加。因此在饲料的能值一定时，适当增加碳水化合物或脂肪即减少蛋白质有利于对虾的生长。采用鱼粉和豆粕为蛋白源，小麦淀粉为糖源，配制 4 种不同蛋白（P）与糖比例（P260：糖 300、P300：糖 250、P340：糖 190 和 P380：糖 140）的饲料，在盐度 3 条件下饲养凡纳滨对虾幼虾。经过 8 周的养殖，P260：糖 300 组对虾具有最高的成活率，P300：糖 250 饲料组对虾具有最高的血糖含量，且显著高于 P260：糖 300 和 P380：糖 140 组。P340：糖 190 组对虾的增重率最高且显著高于 P260：糖 300 和 P300：糖 250 组，而且该组对虾体成分还有最高的粗脂肪和粗蛋白含量。肝胰腺石蜡切片结果显示，P300：糖 250 组对虾有最高的 R 细胞含量。而 P260：糖 300 组对虾具有最高的 B 细胞含量。这些结果表明，在 P300：糖 250 和 P340：糖 190 饲料组，糖与蛋白质的比例可以维持低盐度下凡纳滨对虾的正常生长，该比例下糖类发挥了对蛋白质的节约作用。该实验还发现，低盐度下，在满足基础能量需求的前提下，提高糖类与蛋白质的比例能够提高低盐度养殖条件下凡纳滨对虾的成活率（Wang et al.，2016）。

海水养殖条件下，凡纳滨对虾饲料中的蛋白能量比为 80～160 $mg \cdot kal^{-1}$（Cousin et al.，1993）。低盐度条件下可以通过适当提高饲料中的脂肪含量以提高总能量，进而改善凡纳滨对虾的生长性能和生理状态。实验分别用含 6%、9%和 12%脂肪的饲料饲喂盐度 25 和 3 条件下初始体重为（2.00±0.08）g 的凡纳滨对虾 8 周（Xu et al.，2017）。结果显示，两种盐度下，饲喂 9%脂肪含量饲料的虾均获得最大的增重和特定生长率，且肝体比和血清中 MDA 的含量随着饲料脂肪含量的增加而增加。盐度 3 相比于盐度 25，凡纳滨对虾具有显著降低的存活率、灰分及显著升高的肥满度，增重及特定生长率；在低盐度下，饲料中提高的脂肪含量能够显著降低 GOT 和 GPT 的活性，同时降低 TNF-α 在肠道和鳃中的 mRNA 的表达量。肝胰腺中 TGL 和 CPT-1 的 mRNA 表达量在盐度 3 条件下饲喂 9%脂水平饲料组最高。肝胰腺组织切片中显示，随着饲料中脂肪含量的增加，肝小管腔隙变大且不规则，R 细胞的数量也随之增多。分析结果可知，在盐度 3 条件下，9%脂肪含量的

饲料能够满足低盐度下凡纳滨对虾对于能量的需要且具有较为活跃的脂质分解代谢，获得最好的生长表现；饲料中12%的脂肪含量不利于生长且能够导致氧化损伤，但是能够提高凡纳滨对虾的免疫防御能力；6%的脂肪含量不能够满足凡纳滨对虾在低盐度下生长的能量需求。相比之下，6%的脂肪水平能够满足凡纳滨对虾在盐度25条件下对能量的需求，同时对抗氧化系统及免疫反应没有显著的负面影响；9%和12%的饲料脂肪含量会对凡纳滨对虾肝胰腺造成不同程度的组织损伤。

四、凡纳滨对虾氨基酸营养的研究

必需氨基酸是指动物自身不能合成或合成量不能满足动物需求，必须由食物提供的氨基酸。事实上，对虾和鱼及其他动物一样，对蛋白质的需求没有一个绝对的阈值。对蛋白质的需求，实际上是对其正常生长发育起重要作用的必需氨基酸的需要，或者说是对必需氨基酸和非必需氨基酸混合比例及数量的需要。当饲料中的各种氨基酸，特别是必需氨基酸的比例或模式与凡纳滨对虾的需求相近时，就能很好地满足对虾的氨基酸需求，即可达到氨基酸平衡，能最好地发挥对虾的生长性能（王渊源，1991）。然而，迄今为止，关于低盐度下凡纳滨对虾必需氨基酸需要量的研究，仅限于对异亮氨酸、亮氨酸、苏氨酸及色氨酸。表3.3显示了不同盐度下凡纳滨对虾必需氨基酸的需求量。

表3.3　不同盐度下凡纳滨对虾必需氨基酸的需要量总结

氨基酸	需要量	盐度	初始体重/g
精氨酸 Arg	2.32%	26~29	0.5
异亮氨酸 Ile	1.60%	0.5~0.7	0.43
亮氨酸 Leu	2.37%	0.5~1.2	0.38
赖氨酸 Lys	1.60%	26	0.104
	2.10%	26	0.104
	2.05%	29~31	0.52
甲硫氨酸 Met	0.91%	30~33	0.55
	0.67	30~33	4.18
	0.66%	30~33	9.77
苏氨酸 Thr	1.36%	0.5~1.5	0.48
	1.18%	26~29	0.53
缬氨酸 Val	1.35%	10	0.26
色氨酸 L-tryptophan	0.36%	3~7	0.63
牛磺酸 Taurine	0.17%	29~30	0.48
甘氨酸 Gly	2.54%	27~30	0.61

资料来源：Li et al.，2017

在 0.5~1.5 的低盐度环境下，凡纳滨对虾对苏氨酸的需求与幼年虎虾和其他甲壳动物相近（Huai M Y，2009）。根据折线回归模型分析，凡纳滨对虾生长所需苏氨酸最佳量是 13.6 g/kg（相当于 37.8 g/kg 饲料蛋白质）。采用相似的方法研究低盐度下凡纳滨对虾亮氨酸和异亮氨酸的最佳需求量发现，在盐度 0.5~1.2 时亮氨酸的最佳需求量是 23.73 g/kg（相当于 57.88 g/kg 饲料蛋白）（Liu et al.，2014a）；在盐度 0.5~0.7 时异亮氨酸的最佳需求量是 15.95 g/kg（相当于 38.81 g/kg 饲料蛋白质）（Liu et al.，2014b）。在盐度 3~7 条件下进行为期 60 d 的饲养实验，以生长性能为基础探究凡纳滨对虾色氨酸需求量，结果表明，饲料中色氨酸添加量超过 3.6 g/kg 就可以获得较好的生长性能（Sun et al.，2015）。

五、游离氨基酸缓解低盐度对凡纳滨对虾胁迫效应的研究

可以累积在细胞内的游离氨基酸，已经被证实在海洋无脊椎动物的渗透压调节中是一种主要的渗透压调节效应物，最常见的游离氨基酸有甘氨酸、丙氨酸、脯氨酸和牛磺酸（Yancey et al.，1982）。现有的研究结果表明，盐度改变时凡纳滨对虾可以使用丙氨酸和丝氨酸用于渗透压调节（Silvia et al.，2004）。然而，关于游离氨基酸的需求，目前的报道仅限于较高盐度（27~30）下低鱼粉饲料中牛磺酸和甘氨酸的需求（表 3.3）。在盐度 29~30 环境下，使用低鱼粉饲料（10%）饲喂凡纳滨对虾，当饲料干重中的牛磺酸为 1.68 g/kg 时对虾可获得最佳生长性能（Yue et al.，2013）。凡纳滨对虾获得最佳生长性能的甘氨酸需求量是 25.4 g/kg 饲料干重。研究表明，急性盐度变化（从 27 降至 9）2 h 和3 h 后，饲料中甘氨酸水平高于 24.4 g/kg 时，能显著提高对虾的存活率（Xie et al.，2014）。关于低盐度下凡纳滨对虾其他游离氨基酸需求量的研究依然较少，需要加强相关主题的研究。

参考文献

黄凯，王武，卢浩. 2003. 南美白对虾幼虾饲料蛋白质的需要量［J］. 中国水产科学，(10)：318-324.

李二超，曾嶒，禹娜，等. 2009. 两种盐度下凡纳滨对虾饲料中的最适动植物蛋白比［J］. 水产学报，33：650-657.

李二超，陈立侨，曾嶒，等. 2008. 不同盐度下饵料蛋白质含量对凡纳滨对虾生长、体成分和肝胰腺组织结构的影响［J］. 水产学报，32：425-433.

李广丽，朱春华，周歧存. 2001. 不同蛋白质水平的饲料对南美白对虾生长的影响［J］. 海洋科学，25：1-4.

刘栋辉，何建国，刘永坚，等. 2005. 极低盐度下饲料蛋白质量分数对凡纳对虾生长表现和免疫状况的影

响［J］. 中山大学学报（自然科学版），44：217-223.

王兴强，马甡，董双林. 2005. 盐度和蛋白质水平对凡纳滨对虾存活、生长和能量转换的影响［J］. 中国海洋大学学报（自然科学版），35：33-37.

王渊源. 1991. 鱼虾的蛋白质需要量和其研究方法［J］. 动物学杂志，26：42-48.

熊泽泉. 2012. 十足目经济甲壳动物谷氨酸脱氢酶基因的研究［D］. 上海：华东师范大学.

朱学芝. 2010. 两种盐度下凡纳滨对虾对饲料蛋白、脂肪、糖的需求比较研究［D］. 广州：中山大学.

Andrews J W，Sick L V，Baptist G J. 1972. The influence of dietary protein and energy levels on growth and survival of penaeid shrimp［J］. Aquaculture，(1)：341-347.

Colvin L B，Brand C W. 1977. The protein requirement of Penaeid shrimp at various life-cycle stages with compounded diets in controlled environment systems［J］. Proceedings of the World Mariculture Society，(8)：821-840.

Cousin M，Cuzon G，Blanchet E，et al. 1993. Protein requirements following an optimum dietary energy to protein ration for *Penaeus vannamei* juveniles［C］. In：Kaushik SJ，Luquet P（eds）. Fish Nutrition Practice，599-606.

Cuzon G，Lawrence A，Gaxiola G，et al. 2004. Nutrition of *Litopenaeus vannamei* reared in tanks or in ponds［J］. Aquaculture，235：513-551.

Deaton L E. 2001. Hyperosmotic volume regulation in the gills of the ribbed mussel，Geukensia demissa：rapid accumulation of betaine and alanine［J］. Journal of Experimental Marine Biology & Ecology，260：185-197.

Duchateau-bosson G，Jeuniaus C，Florkin M. 1961. Rôle de la variation de la composante amino-acide intracellularire dans l' euryhalinté d' Arenicola marina L［J］. Archives Internationales De Physiologie，69：30-35.

Huai M，Tian L，Liu Y，et al. 2009. Quantitative dietary threonine requirement of juvenile Pacific white shrimp，*Litopenaeus vannamei*（Boone）reared in low-salinity water［J］. Apiculture Research，40：904-914.

Jeuniaux C，Bricteux-Gregoire S，Florkin M. 1962. Régulation osmoticque intracellularire chez Astacus rubeus rubens glycole dt de la taurine［J］. Cahiers de Biologie Marine，(3)：107-113.

Kureshy N，Davis D A. 2002. Protein requirement for maintenance and maximum weight gain for the Pacific white shrimp，*Litopenaeus vannamei*［J］. Aquaculture，204：125-143.

Li E，Chen L，Zeng C，et al. 2008. Effects of dietary protein levels on growth，survival，body composition and hepatopancreas histological structure of the white shrimp，*Litopenaeus vannamei*，at different ambient salinities［J］. Journal of Fisheries of China，32：425-433.

Li E，Arena L，Lizama G，et al. 2011. Glutamate dehydrogenase and Na^+-K^+ ATPase expression and growth response of *Litopenaeus vannamei* to different salinities and dietary protein levels［J］. Chinese Journal of Oceanology and Limnology，29：343-349.

Li E，Arena L，Chen L，et al. 2009. Characterization and tissue-specific expression of the two glutamate dehydrogenase cDNAs in Pacific white Shrimp，*Litopenaeus vannamei*［J］. Journal of Crustacean Biology 29：379-386.

Li E，Wang X，Chen K，et al. 2017. Physiological change and nutritional requirement of Pacific white shrimp

Litopenaeus vannamei at low salinity [J]. Reviews in Aquaculture, 9: 57-75.

Liu D, He J, Liu Y, et al. 2005. Effects of dietary protein levels on growth performance and immune condition of Pacific white shrimp *Litopenaeus vannamei* juveniles at very low salinity [J]. Acta Scientiarum Naturalium Universitatis Sunyatseni. 44: 217-223.

Liu F, Liu Y, Tian L, et al. 2014b. Quantitative dietary isoleucine requirement of juvenile Pacific white shrimp, *Litopenaeus vannamei* (Boone) reared in low-salinity water [J]. Aquaculture International, 22: 1 481-1 497.

Liu F, Liu Y, Tian L, et al. 2014a. Quantitative dietary leucine requirement of juvenile Pacific white shrimp, *Litopenaeus vannamei* (Boone) reared in low salinity water [J]. Aquaculture Nutrition, 20: 332-340.

Lockwood A P M. 1967. Aspects of the physiology of Crustacea [J]. Quarterly Review of Biology,, 65 (3): 557-563.

Marangos C, Brogren C H, Alliot E, et al. 1989. The Influence of water salinity on the free amino acid concentration in muscle and hepatopancreas of adult shrimps, *Penaeus japonicus* [J]. Biochemical Systematics & Ecology, 17: 589-594.

Martin P V, Mayral G L L, Fernando J B, et al. 2007. Investigation of the effects of salinity and dietary protein level on growth and survival of Pacific white Shrimp, *Litopenaeus vannamei* [J]. Journal of the World Aquaculture Society, 38: 475-485.

Robertson L, Lawrence A L, Castille F. 1993. Interaction of Salinity and Feed Protein Level on Growth of *Penaeus vannamei* [J]. Journal of Applied Aquaculture, (2): 43-54.

Rosas C, Cuzon G, Gaxiola G, et al. 2001. Metabolism and growth of juveniles of *Litopenaeus vannamei*: effect of salinity and dietary carbohydrate levels [J]. Journal of Experimental Marine Biology and Ecology, 259: 1-22.

Samocha T M, Lawrence A L, Pooser D. 1998. Growth and survival of juvenile *Penaeus vannamei* in low salinity water in a semi-closed recirculating system [J]. The Israeli journal of aquaculture-Bamidgeh, 50: 55-59.

Saoud I, Davis D A. 2005. Effects of betaine supplementation to feeds of Pacific white shrimp reared at extreme salinities [J]. North American Journal of Aquaculture, 67: 351-353.

Silvia G J, Antonio U R A, Francisco V O, et al. 2004. Ammonia efflux rates and free amino acid levels in *Litopenaeus vannamei* postlarvae during sudden salinity changes [J]. Aquaculture, 233: 573-581.

Smith L L, Lee P G, Lawrence A L, et al. 1985. Growth and digestibility by three sizes of *Penaeus vannamei* Boone: Effects of dietary protein level and protein source [J]. Aquaculture, 46: 85-96.

Sun Y, Guan L, Xiong J, et al. 2015. Effects of L-tryptophan-supplemented dietary on growth performance and 5-HT and GABA levels in juvenile *Litopenaeus vannamei* [J]. Aquaculture International, 23: 235-251.

Wang L, Chen J. 2005. The immune response of white shrimp *Litopenaeus vannamei* and its susceptibility to *Vibrio alginolyticus* at different salinity levels [J]. Fish & Shellfish Immunology, 18: 269-278.

Wang X, Li E, Xu C, et al. 2016. Growth, body composition, ammonia tolerance and hepatopancreas histology of white shrimp *Litopenaeus vannamei* fed diets containing different carbohydrate sources at low salinity [J]. Aquaculture Research, 47: 1 932-1 943.

Xie S, Tian L, Jin Y, et al. 2014. Effect of glycine supplementation on growth performance, body composition and salinity stress of juvenile Pacific white shrimp, *Litopenaeus vannamei* fed low fishmeal diet [J]. Aquaculture, 418-419: 159-164.

Xu C, Li E, Liu Y, et al. 2017. Effect of dietary lipid level on growth, lipid metabolism and health status of the Pacific white shrimp *Litopenaeus vannamei* at two salinities [J]. Aquaculture Nutrition, 1-11. https://doi.org/10.1111/anu.12548.

Yancey P H, Clark M E, Hand S C, et al. 1982. Living with water stress: evolution of osmolyte systems [J]. Science, 217: 1214.

Yue Y, Liu Y, Tian L, et al. 2013. The effect of dietary taurine supplementation on growth performance, feed utilization and taurine contents in tissues of juvenile white shrimp (*Litopenaeus vannamei*, Boone, 1931) fed with low fishmeal diets [J]. Aquaculture Research, 44: 1 317-1 325.

第四章　低盐度下凡纳滨对虾脂肪营养

第一节　脂肪的生理功能

脂肪又称甘油三酯，不溶于水，易溶于有机溶剂，是生物体不可缺少的、具有重要生理功能和调节作用的营养物质。脂肪是由 3 个脂肪酸和 1 个甘油结合而成的，其中甘油的分子比较简单，而脂肪酸的种类和长短却不相同，因此脂肪的性质和特点主要取决于脂肪酸。脂肪酸按其碳链长度可分为长链脂肪酸（≥ 14C）、中链脂肪酸（8～12C）和短链脂肪酸（≤ 6C）；按其饱和程度可分为饱和脂肪酸、单不饱和脂肪酸和多不饱和脂肪酸；按其空间构象可分为顺式脂肪酸和反式脂肪酸。常见水产动物饲料中重要的不饱和脂肪酸信息见表 4.1。甲壳动物体内的脂类分为组织脂类和储备脂类。组织脂类是指用于构成体组织细胞的脂质，其种类主要有磷脂、固醇，这部分脂质组成和含量较为稳定，几乎不受饲料组成和甲壳动物生长发育阶段的影响。储备脂类是指存储于肝脏等部位的甘油三酯，其含量和组成显著受饲料成分的影响。作为重要的营养物质和生物体重要的组成成分，脂肪在生物体的各项生理功能中发挥着不可替代的作用。

表 4.1　常见水产动物饲料中重要的不饱和脂肪酸

名称	碳原子数	双键数	化学符号
亚油酸（linoleic acid，LOA）	18	2	18：2n-6
亚麻酸（linolenic acid，LNA）	18	3	18：3n-3
花生四烯酸（arachidonic acid，ARA）	20	4	20：4n-6
二十碳五烯酸（eicosapentaenoic acid，EPA）	20	5	20：5n-3
二十二碳六烯酸（docosahexaenoic，DHA）	22	6	22：6n-3

一、能量储存

脂肪是能量储存的最佳方式，也是产热量最高的营养素，主要通过脂肪酸的 β 氧化来为生命体的代谢活动提供 ATP 用以供能。每克脂肪在体内氧化可释放出 37.65 kJ 的能量，是糖类或者蛋白质完全氧化时所释放的能量的两倍。水生生物由于对碳水化合物尤其是多糖的利用率低，因此脂肪作为能源物质供能就显得特别重要（Sargent，1989）。此外，由于脂肪组织的含水量低、体积小、产能高，所以脂肪是水生生物储存能量的非常好的方式。在大量的水生动物研究中，单不饱和脂肪酸比长链多不饱和脂肪酸更易于 β 氧化供能（Tocher，2003）。由于中链脂肪酸更易于在幽门被水生动物吸收，并且中链脂肪酸在水生动物生长阶段也起着不可忽视的重要作用，所以相比于长链脂肪酸，中链脂肪酸（8～12C）被当作选择性的能源物质储存于甘油三酯中（Froyland et al.，2000）。

二、构成身体组织和细胞的重要成分

除了能为机体提供能量，脂类还参与组织和细胞的构成。类脂是多种组织和细胞的组成成分，如细胞膜是由磷脂、糖脂和胆固醇等组成的类脂层，其中甘油磷脂和其脂肪酸在维持细胞生物膜的结构稳定性上发挥着重要作用（Sargent et al.，2002；Tocher，1995）。不饱和脂肪酸有利于膜的流动性，饱和脂肪酸有利于细胞膜的稳定性。尽管环境和饲料中所能提供的甘油三酯有所不同，但是甘油磷脂以及其脂肪酸组成是相对稳定的。多不饱和脂肪酸非常容易受到氧自由基和其他有机自由基的攻击，因此，当细胞膜的甘油磷脂受到氧化损伤时，会对细胞膜的结构和流动性产生不利影响，并间接对细胞和组织造成一些病理影响。此外，胆固醇在体内可以转化成胆汁酸盐、维生素 D、肾上腺皮质激素以及性激素等多种具有重要生理功能的类固醇化合物。与鱼类不同的是，甲壳动物不能合成胆固醇，需要从外界获取（Henderson and Tocher，1987；Sargent，1989；Hazel and Williams，1990）。

三、脂质稳态的转录调控

脂质稳态是指在细胞水平上，用特殊且独立的调控方式来保持脂质的吸收、运输、储存、生物合成、新陈代谢和分解代谢之间的平衡。在转录调控水平上，许多基因通过反馈调节和前馈控制来保持一个最佳的脂质稳态环境。高度不饱和脂肪酸能够直接或间接地影响一些代谢机制，如改变生物膜的组成、生成类二十烷酸产物、氧化应激、核受体激活或者特异性转录因子的共价修饰来影响基因转录水平（Jump and Clarke，1999；Jump，2002；Jump et al.，1999）。

四、合成类二十烷酸等

多不饱和脂肪酸主要是“C 链长度为 20 的”脂肪酸，如 20：3n-6、20：4n-6 和 20：5n-3，参与合成类二十烷酸等，这是一种可调节的，由双加氧酶进行催化氧化所生成的生物活性分子。该过程主要由两种酶参与，一种是环加氧酶，主要催化生成前列腺素、前列环素、凝血恶烷等；另一种是脂肪氧合酶，主要催化生成白细胞三烯、脂氧素等。类二十烷酸有着诸多生理作用，如凝血、免疫应答、炎症反应、肾功能、神经功能和繁殖等。此外，类二十烷酸的产生与细胞膜中 20：4n-6 与 20：5n-3 的比例有关。有一些研究表明，心血管疾病、炎症疾病和一些癌症是由于细胞体内过多的 20：4n-6，继而产生了较多的病理水平的花生四烯酸产物。而 20：5n-3 则可以有效地减少花生四烯酸产物的生成，从而降低机体获得疾病的可能性（Tocher，1995）。

五、提供必需脂肪酸

生物体不能自行合成，必须由食物供给的脂肪酸，称为必需脂肪酸（Essential Fatty Acid，EFA），如亚油酸、亚麻酸和花生四烯酸等（Tocher，1995）。此外，必需脂肪酸的缺乏能抑制甲壳动物的蜕皮、生长，有些甲壳动物甚至因为必需脂肪酸，尤其是高度不饱和脂肪酸（Highly Unsaturated Fatty Acid，HUFA）的缺乏，而致使亲体无法繁殖。例如，饲料中高水平的 n-3 HUFA 和 18：2n-6 能够提高罗氏沼虾繁殖力、卵的孵化率和后代的整体质量（Cavalli et al.，1999）。并且，二十碳五烯酸与二十二碳六烯酸是合成甲壳动物卵正常发育和增殖的物质基础，卵中 EPA 水平与亲虾产卵量，二十二碳六烯酸水平与受精率和孵化率之间分别存在着正相关关系。在中华绒螯蟹（*Eriocheir sinensis*）性腺发育不同阶段，脂肪及脂肪酸含量与组成变化非常明显，尤其在性腺快速发育期卵巢中高度不饱和脂肪酸（HUFAs）的含量显著提高（刘立鹤等，2007；Wen et al.，2002；温小波和陈立侨，2001）。

六、促进脂溶性维生素的吸收运输

脂溶性维生素 A、维生素 D、维生素 E 和维生素 K 只有溶解在脂肪中才能够被机体吸收利用，所以脂肪充当了这几种脂溶性维生素的溶剂和载体，参与其吸收与利用的过程。鱼类缺乏维生素 A 会发生厌食、生长速率降低、皮肤和鳍基部出血、贫血等症状；斑节对虾和中国对虾等甲壳动物缺少维生素 A 会产生死亡率升高、视觉器官病变和发育迟缓等症状。缺乏维生素 D 会导致硬骨鱼的骨骼发育不正常，适量的维生素 D 可以提高甲壳动物的增长率和增重率，显著降低饲料系数。维生素 K 缺乏同样会导致贫血、鳃和血管组织出血以及生长缓慢和骨骼畸形等症状（孙新瑾，2009）。

第二节　脂类的消化吸收和代谢利用

脂肪本身及其主要水解产物（游离脂肪酸）都不溶于水，但可被胆汁酸盐乳化成水溶性微粒，当其到达肠道的主要吸收位置时，此种微粒便被破坏，胆汁酸盐留在肠道中，脂肪酸则透过细胞膜而被吸收，并在黏膜上皮细胞内重新合成甘油三酯。在黏膜上皮细胞内合成的甘油三酯与磷脂、胆固醇和蛋白质结合，形成直径为 0.1~0.6 μm 的乳糜微粒（Chylomicron）和极低密度脂蛋白（Very low-density lipoproteins，VLDLs），并通过循环系统以脂蛋白的形式运至全身各组织，用于氧化供能或再次合成脂肪贮存于脂肪组织中。

一、脂类的消化

在甲壳动物中，肝胰腺分泌多种脂肪酶，脂肪酶通过胆管等结构进入肠道，脂肪在肠道内被脂肪酶消化水解，饲料中的中性脂肪在脂肪酶的作用下分解成甘油和脂肪酸，进入后续的吸收过程。脂类在消化后的主要产品是由脂肪分解所产生的游离脂肪酸。此外，还有部分酰基甘油，例如：从甘油三酯水解而来的甘油二酯和甘油；从磷酸甘油酯的消化水解而来的 1-酰基溶血甘油磷脂；以及分别从胆固醇酯和蜡酯水解而来的长链醇和胆固醇。但是并非所有的中性脂肪都需要在完全水解后才能够被吸收，部分甘油单酯、甘油二酯及未水解但已乳化的甘油三酯也可以被肠道直接吸收。脂类的吸收主要在肠道中进行。甘油及中短链脂肪酸无须混合微团协助，直接被小肠黏膜细胞吸收后，通过门静脉进入血液。脂肪本身及其主要水解产物（游离脂肪酸）都不溶于水，但经过胆汁酸盐乳化，可形成水溶性微粒，长链脂肪酸及其他脂类消化产物随微团吸收入小肠黏膜细胞。当其到达肠道的主要吸收位置时，此种微粒便被破坏，胆汁酸盐留在肠道中，脂肪酸则透过细胞膜而被吸收，并在黏膜上皮细胞内重新合成甘油三酯。长链脂肪酸在脂酰 CoA 合成酶（Fatty acyl CoA synthetase）催化下，生成脂酰 CoA，此反应消耗 ATP。脂酰 CoA 可在转酰基酶（acyl transferase）作用下，将甘油一酯、溶血磷脂和胆固醇酯化生成相应的甘油三酯、磷脂和胆固醇酯。体内具有多种转酰基酶，它们识别不同长度的脂肪酸催化特定酯化反应。这些反应可看成脂类的改造过程，在小肠黏膜细胞中，生成的甘油三酯、磷脂、胆固醇酯及少量胆固醇，与细胞内合成的载脂蛋白（apolipoprotein）构成乳糜微粒（chylomicrons），在黏膜上皮细胞内合成的甘油三酯与磷脂、胆固醇和蛋白质结合，形成直径为 0.1~0.6 μm 的乳糜微粒和极低密度脂蛋白，若干乳糜微粒包裹在一个囊泡内。当囊泡移行到细胞膜侧时，便以出胞的方式离开上皮细胞，通过淋巴最终进入血液，并通过循环系统以脂蛋白的形式运至全身各组织（Sheridan，1988；Babin and Vernier，1989）。

二、脂类的转运

脂类的转运主要是指血脂及脂肪酸运输，分为细胞外运输和细胞内运输。当机体需要能量时，贮存于脂肪组织中的脂肪被水解，所产生的游离脂肪酸在血液中与血清白蛋白结合，并输送至相应组织氧化分解，释放能量。当血液中游离脂肪酸超过机体需要时，多余的部分又重新进入肝脏，并合成甘油三酯，甘油三酯再通过血液循环回到脂肪组织中贮存备用（Sargent et al.，1989；Tocher et al.，2003）。

脂质是以脂蛋白的形式从肠道中运输出来的。再酯化的过程主要发生于内质网，并产生乳糜微粒，例如极低密度脂蛋白（Very low-density Lipoproteins，VLDL），这一现象已在淡水物种中被直接观测到。不饱和脂肪酸的不饱和程度会影响脂蛋白生产，饲料中具有多不饱和脂肪酸会导致产生更多的乳糜微粒，而饲料中饱和脂肪酸则会导致产生较少的VLDL颗粒。在甲壳动物中大多数肠脂蛋白的输送在出现循环系统之前是通过淋巴系统的方式输送到肝脏。然而，一部分的肠道脂蛋白可以通过门静脉系统被直接运送到肝脏。

甲壳动物血浆中的脂蛋白和哺乳动物的类似，即乳糜微粒、极低密度脂蛋白（VLDL）、低密度脂蛋白（Low-density Lipoproteins，LDL）和高密度脂蛋白（High-density Lipoproteins，HDL）。脂蛋白的分类，是根据蛋白质与脂类的比例，使得脂蛋白的密度产生差异，从而来确定分类的。虽然在细节上仍有差异，但血浆脂蛋白的一般大小、结构和组合物在整个脊椎动物，包括鱼类中仍是具有一定的可比性的。但在凡纳滨对虾中相关研究却少见报道。乳糜微粒和部分VLDL是在肠道中合成，血浆中的大多数VLDL是在肝脏中合成。在海洋和淡水物种中，脂蛋白的代谢，包括脂蛋白脂酶（Lipoprotein Lipase，LPL）和肝脂肪酶均已被发现（Leger，1985）。

三、脂类的利用

甲壳动物对脂肪的吸收利用受到许多因素的影响，包括脂肪的种类和饲料中的矿物质元素，其中，脂肪的种类对脂肪消化率影响最大。甲壳动物对熔点低的脂类的消化吸收率很高，对熔点较高的脂肪消化吸收率较低。饲料中多余的钙可以与脂类发生螯合，从而降低脂肪的消化率。饲料中的磷和锌等矿物元素能够促进脂肪的氧化，避免脂肪在体内的沉积。维生素E作为抗氧化剂可以保护机体免受脂肪代谢过程中的过氧化物的损害。

四、脂类的生物合成代谢

除了从食物中获得脂类之外，甲壳动物还能够自身合成脂类。脂质生物合成的起始碳源是乙酰-CoA，乙酰-CoA来自于线粒体丙酮酸（碳水化合物源）的氧化脱羧或一些氨基酸（蛋白源）的氧化降解。

1. 脂肪酸的从头合成

脂肪生物合成的关键途径是由胞内脂肪酸合成酶复合体（Fatty Acid Synthetase，FAS）

催化发生的。FAS 的主要产物是饱和脂肪酸 16：0（棕榈酸）和 18：0（硬脂酸），所有已知的生物，均可以从头合成。以乙酰 CoA 为基础，通过乙酰辅酶 A 羧化酶的作用，在 ATP 分解的同时与 CO_2 结合，产生丙二酸单酰 CoA，开始这一阶段是控速步骤，为柠檬酸所促进。丙二酸单酰 CoA 与乙酰 CoA 在脂肪酸合成酶的催化下合成 C16 的软脂酸（或 C18 的硬脂酸），这是在酰基载体蛋白（ACP）参与下的脱羧、C2 单位缩合，以及由 NADPH 还原过程在内的反复进行的复杂过程。产生的脂肪酸作为 CoA 衍生物，在线粒体中与乙酰 CoA 或者是在微粒体中与丙二酸单酰 CoA 缩合，每次增加两个碳，不断延长碳链。而单不饱和脂肪酸，由饱和酰基 CoA（或 ACP）的好氧的不饱和化（微粒体，微生物等。必须有 O_2 和 NADH）而产生，或由脂肪酸生物合成途中的β-羟酰 ACP 的脱水反应（及碳键延长）而产生。脂肪酸作为 CoA 衍生物，用于合成各种底物。其他脂肪生成的关键途径都能生成还原元素 NADPH，包括戊糖磷酸途径的酶和苹果酸脱氢酶，以及生成 NADPH 的相关酶，例如葡萄糖-6-磷酸脱氢酶（Henderson and Sargent，1985）。

2. 高不饱和脂肪酸的生物合成

有关水生动物高不饱和脂肪酸的合成代谢（图 4.1）。甲壳动物可将 18：3n-3 转变为 22：6n-3，但凡纳滨对虾的转化能力十分有限。

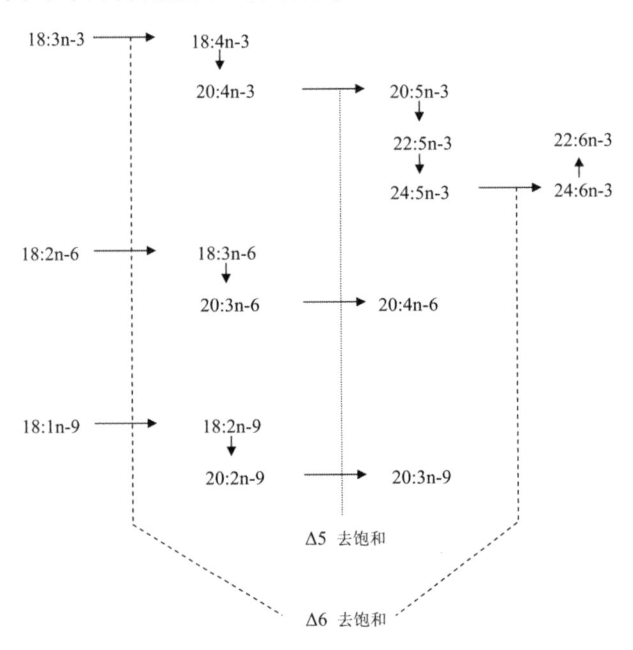

图 4.1 高不饱和脂肪酸的生物合成

Δ6-脂肪酸去饱和酶（Δ6 Fatty Acid Desaturase，Δ6 FAD）作为合成 PUFA 的关键酶和限速酶首先得到关注。不仅仅在鱼类中发现较高的 Δ6 FAD 活性，在中华绒螯蟹和凡纳滨对虾中也成功克隆出脂肪酸去饱和酶的基因序列。Δ6 FAD 可以作用于 C18：2n-6 和 C18：3n-3 生成 C18：3n-6 和 C18：4n-3，在延长酶的作用下生成 C20：3n-6 和 C20：4n-3，最后通过 Δ5 FAD 作用生成花生四烯酸（Arachidic acid，ARA）和 EPA。且海水鱼类的 Δ6 FAD 表现出对 n-3 族脂肪酸的亲和力高于 n-6 族脂肪酸。这与在哺乳动物体内得到的 Δ6 FAD 对脂肪酸底物的亲和力为 n-3 族>n-6 族>n-9 族的结果一致。并进一步研究了 Δ6 *FAD* 基因的蛋白表达、功能鉴定、组织表达和定位以及营养调节对其表达的影响等。研究表明富含 C18 不饱和脂肪酸（C18：1n-9、C18：2n-6 和 C18：3n-3）的饲料可以促进脂肪酸去饱和酶基因的表达，而富含 HUFA 的饮食会抑制其基因表达。

延长酶基因在河蟹、凡纳滨对虾、日本沼虾和斑节对虾中已经被成功克隆。大多数海水鱼类延长酶对 C18 脂肪酸亲和力高于 C20 和 C22 脂肪酸，但大菱鲆延长酶对 C18：4n-3 和 EPA 的亲和力几乎相同。同时海水鱼类延长酶表现出对 n-3 族脂肪酸亲和力高于 n-6 族脂肪酸，除了大西洋鳕鱼的延长酶对 n-6 族脂肪酸的亲和力更高。现已发现哺乳动物体内延长酶有很多种，其中长链脂肪酸延长酶 5 型（Elongase very long 5，Elovl5）倾向作用于 C20 和 C22 PUFA，Elovl2 型倾向作用于 C18 和 C20 PUFA 底物。现已发现海水鱼类的延长酶大都是 Elovl5 型，它们对底物 C18 和 C20 底物亲和力更高，而对 C22 不饱和脂肪酸亲和力弱。最近在大西洋鲑鱼的研究中显示，大西洋鲑鱼的延长酶既有 Elovl5 型又有 Elovl2 型，并且 Elovl5 型延长酶有两种。

DHA 合成途径研究首先开始于 Sprecher 对哺乳动物 Δ4 脂肪酸去饱和能力的研究。Sprecher 等通过实验并没有在哺乳动物中发现 Δ4 FAD 的存在，于是提出了 DHA 的形成可能是不依赖于 Δ4 FAD 的作用，而是首先在微粒体中通过延长酶作用，再在 Δ6 FAD 作用下生成 C24 HUFA，最后在过氧化物酶体中发生 β 氧化生成 DHA 即 Sprecher 途径。然而 Infante 和 Huszagh（1997，2000）对此提出了异议，认为此观点缺少 DHA 的 β 氧化要慢于 C24：6n-3 的 β 氧化的相关证明，他们认为 C24 HUFA 应该是 DHA 延长的产物，而不是 DHA 合成的前体物。并且进一步提出 DHA 的合成是通过依赖肉碱的特异性识别 n-3 族脂肪酸的 Δ4 FAD 作用产生，如裂殖壶菌属 *Thraustochytrid* 等。目前认为生物体内由 EPA 到 DHA 的合成途径分为两种：有氧依赖 Δ4 FAD 途径和有氧不依赖 Δ4 FAD 途径（Brenner et al. ,1974；Owen et al. , 1975；Tocher et al. , 1990，2006；Sprecher et al. , 1995，1996；Mourente et al. , 1993a，2002；Ghioni et al. , 1999；Tocher and Ghioni，1999；Leonard et al. , 2000；Seiliez et al. , 2003；Agaba et al. , 2005；Zheng et al. , 2009；González-Rovira et al. , 2009；Morais et al. , 2009；Gregory et al. , 2010；Li et al. , 2014）。

3. 磷脂的合成

磷脂酸是最简单的磷脂，也是其他甘油磷脂的前体。磷脂酸与 CTP（胞苷三磷酸）反应生成 CDP（胞苷二磷酸）-二酰甘油，在分别与肌醇、丝氨酸、磷酸甘油反应，生成相应的磷脂。磷脂酸水解成二酰甘油，再与 CDP-胆碱或 CDP-乙醇胺反应，分别生成磷脂酰胆碱和磷脂酰乙醇胺。目前还没有在水产动物中研究或阐述如何从头合成磷酸甘油的途径。但是，现有的研究证据表明，鱼类合成磷酸甘油的途径与陆生哺乳动物类似。甘油-3-磷酸酰基转移酶的活性已在虹鳟鱼的肝中被发现。CDP-胆碱-1，2-二酰基甘油胆碱磷酸转移酶活性已在鳟鱼肝的微粒体以及金鱼的脑和肝中被证实。有少量的研究在鱼类中探明了磷脂酰胆碱、磷脂酰乙醇胺、磷脂酰丝氨酸、磷脂酰肌醇和双磷脂酰甘油的生物合成途径。因此，大多数的水生动物从头合成磷酸甘油的途径基本上都与哺乳动物一样。然而，现在有相当多的证据表明，至少一些淡水和海洋鱼类的幼体，仅具有有限的从头生物合成磷酸甘油的能力（Sargent et al.，1989）。

第三节　凡纳滨对虾在低盐度下的脂肪营养研究

一、虾类脂肪需求量

脂肪是虾类生长发育过程中所必需的能量物质，其可提供虾类生长所需的必需脂肪酸、胆固醇及磷脂等营养物质。饲料中脂肪缺乏或含量不足，可导致饲料蛋白质利用率下降，虾类代谢紊乱，同时还可发生脂溶性维生素和必需脂肪酸缺乏症。但与海水鱼不同的是，凡纳滨对虾体内脂肪代谢能力较弱，过多的脂肪会造成营养失衡和脂质氧化堆积，影响对虾的正常生长，导致死亡率升高。目前关于海水养殖中凡纳滨对虾对脂肪的需求量还不明确，一般认为以 6%~7.5%为宜，建议添加的最高水平为 10%。

在甲壳动物虾类脂肪酸需求量的研究中，主要集中于对必需脂肪酸的需求量的研究（表 4.2）。在日本对虾幼虾的必需脂肪酸的研究中发现，长链不饱和脂肪酸中 EPA 和 DHA 分别处于 11%~14%和 2%~13%的水平时，日本对虾幼虾可获得一个较高的存活率和较快的生长速度（Kanazawa et al.，1977a）。随后 Kanazawa 等（1977b）对短链不饱和脂肪酸亚油酸（Linoleic acid，LOA）和亚麻酸（Linolenic acid，LNA）进行了评估，结果发现这两种脂肪酸并没有显著的促生长效果，并且在重要性上远不如 DHA 和 EPA。在此之后，Kanazawa 等（1979b）在使用纯化的脂肪酸作为实验饲料后发现，所有的 n-3 不饱和脂肪酸中营养价值由高到低依次是 EPA、DHA、LNA、LOA、18：1n-9。并且 EPA 在饲料中添加 10 g/kg 的促生长效果最显著，而 DHA 在 20 g/kg 的饲料水平的促生长效果较为显著（Kanazawa，1985）。在斑节对虾（*Penaeus monodon*）的研究中，Merican 和 Shim（1996）采用营养缺失的方法并使用纯化饲料来确定必需脂肪酸的种类和需求量，结果发现，以 50 g/kg 的总脂肪添加量中 DHA 在所有必需脂肪酸中的重要性最高并且最适添加量为 15 g/kg，在随后的研究中进一步发现 LNA 的最适添加量为 25 g/kg（Merican and Shim，1997）。而在 75 g/kg 的总脂肪添加量的研究中发现，斑节对虾的 DHA 和 EPA 的最适添加量应该为 7 g/kg，并且在 LOA 和 LNA 的添加量均为 12 g/kg 时能达到最佳生长性能（Glencross and Smith，1999，2001a，2001b）。并且 Glencross 等（2002）进一步发现 n-3 和 n-6 两个系列的脂肪酸之间具有交互作用，且 n-3/n-6 的比值在 2.5：1 时最佳。在中国对虾（*Penaeus chinensis*）中的研究发现 DHA、LNA 和 ARA 均在添加 7~10 g/kg 的饲料添加量时有显著的促生长效果，并且 DHA 的重要性显著高于其他两种，且在 10 g/kg 的添加量最佳（Xu，1993，1994）。Lim 等（1997）发现凡纳滨对虾在饲喂鱼油脂肪源的饲料时可获得更高的生长性能，并且 n-3 系多不饱和脂肪酸的促生长作用要大于 n-6 系的多不饱和脂肪酸。Gonzalez-Felix 等（2002b）在最初的研究中发现，饲料脂肪水平（30 g/kg、60 g/kg和 90 g/kg）和 n-3 长链不饱和脂肪酸水平（5 g/kg、10 g/kg 和 20 g/kg）之间并没有显著的影响。但 Gonzalez-Felix 等（2002a）之后的研究发现凡纳滨对虾在饲料中同时添加长链高不饱和脂肪酸和磷脂酰胆碱会更好地促进凡纳滨对虾的生长性能，其中 DHA、EPA 和磷脂酰胆碱的最适添加量分别为 3 g/kg、2 g/kg 和 30 g/kg。Gonzalez-Felix 等（2003）随后又进一步评价了短链多不饱和脂肪酸 LOA 和 LNA 对凡纳滨对虾的营养价值，结果发现不同添加量处理组之间并没有显著的差异。尽管作者对凡纳滨对虾必需脂肪酸的种类和需求量仍无法下定论，但 n-3 长链不饱和脂肪酸（例如 EPA 和 DHA）的营养价值远大于 n-3 短链不饱和脂肪酸（例如亚油酸和亚麻酸）。

磷脂在甲壳动物中有多方面的营养作用：①促进营养物质的消化，加速脂类的乳化，利于消化吸收；②提供和保护饲料中的不饱和脂肪酸；③提高饲料制粒的物理质量，减少营养在水中的溶解；④可做诱食剂；⑤提供未知生长因子；⑥是脂蛋白的必需组成成分，血液中的脂蛋白对脂类的体内运输起重要的作用。一般认为，虽然甲壳动物自身能够合成磷脂，但是对于快速生长的甲壳动物来说是远远不够的，需要在饲料中额外提供磷脂。在正常环境中，甲壳动物饲料中的磷脂的最适添加量为 4%~8%，而在低盐环境下的研究较少。Coutteau 等（2000）研究认为，在低盐度环境下凡纳滨对虾饲料中添加磷脂 1.5%，除能提高对虾生长外，还可以提高对虾幼虾抗盐度突变应激能力。胆固醇在动物生命代谢过程中同样具有十分重要的作用。甲壳类动物自身不能合成胆固醇，必须在饲料中添加适量的胆固醇来满足其生长需要。甲壳类动物体内的胆固醇可以转化为性激素和肾皮质激素，同时其也是合成蜕壳激素的物质。一般认为海水养殖环境下凡纳滨对虾对胆固醇的需求量为 0.5%~1%。总体来说，关于低盐度环境下凡纳滨对虾对磷脂和胆固醇的需求量报道甚少（黄磊等，2004；Coutteau et al.，2000）。

表 4.2　虾类必需脂肪酸的需求量

物种	需求量（占总脂肪酸的百分比）						比值	需求量/（g·kg^{-1}）饲料）						饲料脂肪水平/（g·kg^{-1}）	参考文献
	亚油酸	亚麻酸	花生四烯酸	EPA	DHA	HUFA	n-3：n-6	亚油酸	亚麻酸	花生四烯酸	EPA	DHA	HUFA		
斑节对虾	N/A	50%	N/A	N/A	N/A	N/A	N/A	N/A	25	N/A	N/A	N/A	N/A	50	Merican and Shim（1997）
	N/A	N/A	N/A	N/A	30%	30%	N/A	N/A	N/A	N/A	N/A	15	15	50	Merican and Shim（1997）
	21%	N/A	N/A	N/A	N/A	N/A	N/A	16	N/A	N/A	N/A	N/A	N/A	75	Glencross and Smith（1999）
	14%	21%	N/A	N/A	N/A	N/A	N/A	11	16	N/A	N/A	N/A	N/A	75	Glencross and Smith（1999）
	14%	21%	N/A	12%	12%	N/A	N/A	11	16	N/A	9	N/A	9	75	Glencross and Smith（2001a）
	14%	21%	N/A	N/A	12%	N/A	N/A	11	16	N/A	N/A	9	9	75	Glencross and Smith（2001a）
	14%	21%	N/A	4%	8%	N/A	N/A	11	16	N/A	3	3	6	75	Glencross and Smith（2001a）
	14%	21%	0%	4%	8%	N/A	N/A	11	16	0	3	3	6	75	Glencross and Smith（2001b）
	–	–	–	–	–	–	2.5：1	–	–	–	–	–	–	75	Glencross et al.（2002a）
	14%	21%	N/A	4%	4%	8%	N/A	6	9	N/A	2	2	4	45	Glencross et al.（2002b）
	14%	21%	N/A	4%	4%	8%	N/A	11	16	N/A	3	3	6	75	Glencross et al.（2002b）
	14%	21%	N/A	4%	4%	8%	N/A	15	22	N/A	4	4	8	105	Glencross et al.（2002b）
	14%	21%	N/A	4%	4%	8%	N/A	19	28	N/A	5	5	11	135	
日本对虾	N/A	N/A	N/A	20%	N/A	20%	N/A	N/A	N/A	N/A	10	N/A	10	50	kanazawa et al.（1979b）
	N/A	N/A	N/A	N/A	40%	40%	N/A	N/A	N/A	N/A	N/A	20	20	50	kanazawa et al.（1978，1979b）
中国对虾	N/A	17%	N/A	N/A	N/A	N/A	N/A	N/A	10	N/A	N/A	N/A	N/A	60	xu et al.（1994）
	N/A	N/A	N/A	N/A	17%	17%	N/A	N/A	N/A	N/A	N/A	10	10	60	xu et al.（1994）

续表

物种	需求量（占总脂肪酸的百分比）						比值	需求量/（$g \cdot kg^{-1}$）饲料）						饲料脂肪水平/（$g \cdot kg^{-1}$）	参考文献
	亚油酸	亚麻酸	花生四烯酸	EPA	DHA	HUFA	n-3:n-6	亚油酸	亚麻酸	花生四烯酸	EPA	DHA	HUFA		
凡纳滨对虾	N/A	N/A	N/A	N/A	N/A	17%	N/A	N/A	N/A	N/A	N/A	N/A	5	30	Gonzalez-Felix et al.（2002a）
	N/A	N/A	N/A	N/A	N/A	8%	N/A	N/A	N/A	N/A	N/A	N/A	5	60	Gonzalez-Felix et al.（2002a）
	N/A	N/A	N/A	N/A	N/A	6%	N/A	N/A	N/A	N/A	N/A	N/A	5	90	Gonzalez-Felix et al.（2002a）
	N/A	N/A	N/A	3%	2%	5%	N/A	N/A	N/A	N/A	2	1	3	50	Gonzalez-Felix et al.（2002b）
	N/A	N/A	N/A	N/A	5%	5%	N/A	N/A	N/A	N/A	N/A	3	3	50	Gonzalez-Felix et al.（2002b）
	0%	0%	N/A	N/A	N/A	N/A	N/A	0	0	N/A	N/A	N/A	N/A	50	Gonzalez-Felix et al.（2003）
罗氏沼虾	0	0	N/A	N/A	N/A	N/A	N/A	0	0	N/A	N/A	N/A	N/A	50	Reigh and Stickney（1989）
	0	N/A	N/A	N/A	N/A	N/A	N/A	0	N/A	N/A	N/A	N/A	N/A	60	D' Abramo and Sheen（1993）
	N/A	0	N/A	N/A	N/A	N/A	N/A	N/A	0	N/A	N/A	N/A	N/A	60	D' Abramo and Sheen（1993）
	N/A	N/A	17%	N/A	N/A	N/A	N/A	N/A	N/A	10	N/A	N/A	N/A	60	D' Abramo and Sheen（1993）
	N/A	N/A	N/A	N/A	17%	N/A	N/A	N/A	N/A	N/A	N/A	10	N/A	60	D' Abramo and Sheen（1993）

二、凡纳滨对虾在低盐度下的脂类营养需求

近年来，海水养殖、淡水养殖及半咸水养殖均得到了飞速发展，特别是凡纳滨对虾的淡水养殖已经成为水产养殖业的一个重要发展方向。淡水养殖可以减缓海水养殖对沿海环境的污染，也对内陆对虾养殖业的发展起到促进作用。因为凡纳滨对虾属于广盐性物种，因此能够在不同盐度下生存。但是关于凡纳滨对虾生长的最适盐度的探究结果不尽相同，范围分布在5~27。有研究报道了凡纳滨对虾的最适生长盐度为20。当环境盐度为30~45时，凡纳滨对虾的生长速率不会显著降低；此外，还有研究表明盐度为5~15时，对虾的生长速率显著优于其他盐度组。但是一般认为凡纳滨对虾的最适盐度为20左右。在不同盐度环境下，凡纳滨对虾对各种营养物质的需求量存在差别，所以在低盐度的环境下配制凡纳滨对虾饲料时应根据其特定的需求量进行确定，从而获得营养物质的最大利用率。其中，脂类是维持生物体正常生命活动的三大营养物质之一，目前对于低盐度环境下，凡纳滨对虾脂肪营养的研究如下。

（1）脂肪：Zhu 等（2010）在饲料中分别设置了3个蛋白水平（38%、41%和44%）以及3个脂肪水平（6%、8%和10%），并分别在盐度2和30条件下进行饲喂凡纳滨对虾，结果发现在低盐度下时，8%脂肪处理组的凡纳滨对虾只比其他两个处理组在同一蛋白水平下的生长性能略好。随后的研究中进一步发现在盐度6~7环境下，饲料中添加6%、8%、10%、12%和14%的脂肪时，10%~12%的脂肪添加水平能有效地提高凡纳滨对虾的生长性能和免疫力。Xu 等（2018）报道在盐度为3的环境下，饲料中脂肪添加量为90 g/kg时，凡纳滨对虾的增重率和特定生长率显著优于脂肪添加量为60 g/kg和120 g/kg的组别，但是生长性能与正常盐度组（25）相比，仍然有差距。不管是在盐度3还是25的环境下，饲料中的脂质越多，血清中的丙二醛的积累就越多。在低盐度下，脂肪含量为120 g/kg的饲料虽然能够提高对虾的免疫防御能力，但同时也会诱导机体氧化损伤；脂肪含量为60 g/kg的饲料不能够满足对虾生长对脂类的需求，同时也不能提高机体的免疫力。因此在低盐度下（3），凡纳滨对虾的饲料中脂类最适添加量为90 g/kg（杨奇慧等，2005；Zhu et al.，2010；Xu et al.，2018）。

（2）必需脂肪酸：必需脂肪酸的概念最早由 Burr 提出，在确定必需脂肪酸需求量时，需要考虑是否出现缺乏症和生长率以及饲料效率等指标。在正常情况下，甲壳动物对必需脂肪酸的需求量为饲料的0.5%~2.0%。实验表明，亚油酸、亚麻酸、二十碳五烯酸和二十二碳六烯酸在凡纳滨对虾中不能自行合成，这4种不饱和脂肪酸是凡纳滨对虾的必需脂肪酸。因为甲壳类合成n-3和n-6系列脂肪酸（包括合成多不饱和脂肪酸中的亚油酸和亚麻酸）的能力较弱，同时缺乏修饰（去饱和碳链的延长）多不饱和脂肪酸而转化成高度不饱和脂肪酸能力。近年来，关于低盐度下脂肪酸的研究也有很多。在凡纳滨对虾对于

低盐度下脂肪酸的需求量的研究中发现，当环境盐度为4时，添加0.5%的高度不饱和脂肪酸能提高凡纳滨对虾的生长性能（Gonzalez-Felix et al.，2002b）。同样，在低盐度下n-3系的多不饱和脂肪酸中，长链如DHA和EPA的促生长效果要高于LNA和LOA。这可能是由于凡纳滨对虾利用LNA和LOA生物合成高度不饱和脂肪酸（如DHA、EPA和ARA）的能力十分有限。Palacios等（2004a）研究认为，在低盐度下，凡纳滨对虾后期幼体投喂适当的高度不饱和脂肪酸（HUFA），能提高对虾的抗盐度突变能力。Chim等（2001）研究认为，在低盐度条件下饲喂n-3系列HUFA能提高对虾的免疫力和抗病力，但并未得出其最适添加量（Suprayudi et al.，2004；Palacios et al.，2004a；Chim et al.，2001）。

第四节　低盐度下凡纳滨对虾的特殊脂类代谢

一、脂肪在渗透压调节过程中的功能和作用

渗透压调节是一个高耗能过程（Tseng and Hwang，2008），脂类营养物质的代谢在该过程必然起着关键作用（Hurtado et al.，2007；Romano et al.，2012；Sui et al.，2007）。因此，清晰透彻地阐明凡纳滨对虾渗透压的调节机制是进行营养学调控的切入点和关键点。目前，凡纳滨对虾营养代谢的研究已经得到了较多的积累，内容包括饲料中脂肪水平（Gonzalez-Felix et al.，2002a）、脂肪源类型（Ju et al.，2012；Lim et al.，1997）、脂肪酸需求（Li et al.，2006；Morris et al.，1982）、磷脂和胆固醇（Gong et al.，2000；Niu et al.，2011）、能量蛋白比（Zhu et al.，2010）等方面，而在低盐度环境下，对虾饲料中脂肪的需求量仍然少有报道。此外，有关凡纳滨对虾脂肪营养代谢与盐度关系的研究也十分缺乏，仅见盐度对对虾脂肪消化率（Gucic et al.，2013）、能量蛋白比（Zhu et al.，2010）及对虾后期幼体脂肪动员情况的研究（Palacios et al.，2004b）。也有研究曾试图通过在饲料中添加胆固醇和磷脂或提高其添加量来提高对虾的渗透压调节能力，从而提高低盐度下凡纳滨对虾的生长和成活率，但并没有得到较好的效果（Roy et al.，2006）。

总的来看，虽然脂肪作为三大能量来源物质之一，在动物应对盐度应激过程中具有十分重要的作用，然而有关对虾脂肪营养代谢与盐度关系的研究尚少。有研究发现，长期高渗胁迫可增强鱼体的脂肪氧化供能速度（Lemos et al.，2001；Palacios et al.，2004a）。因此环境盐度改变时，凡纳滨对虾需要在短时间内通过一系列的补偿机制来调动体内大量能量，例如脂肪酸β氧化来提供能量用于渗透压的调节（Deering et al.，1997；Palacios et al.，2004a；Palacios et al.，2004b）。此外，脂肪作为能量密度最高的营养元素，脂肪酸的氧化供能和对细胞膜通透性的调节作用在该过程中起着非常重要的作用（Chen et al.，

2015a；Chen et al.，2014；Palacios et al.，2004a；Rainbow and Black，2001）。所以脂肪除提供能量之外，脂肪代谢产生的脂肪酸也是水生动物生长发育的必需营养素。脂肪酸中的多不饱和脂肪酸（Polyunsaturated Fatty Acids，PUFAs），尤其是n-3 PUFA，如二十二碳六烯酸（Docosahexaenoic Acid，DHA），在水生动物的各种生理活动中起着重要的生理作用（Lim et al.，1997）。甲壳动物主要是通过改变细胞膜中的高度不饱和脂肪酸的种类和含量，来调节动物细胞膜的通透性（Sui et al.，2007；Martins et al.，2006）、增加膜的表面积和提高 Na^+/K^+-ATPase 酶活力（Hurtado et al.，2007；Palacios et al.，2004a；Palacios et al.，2004b；Van Anholt et al.，2004），从而影响细胞内外离子的进出速率，进而提高其渗透压调节能力（Porter et al.，1996；Beckman and Mustafa，1992；Morris et al.，1982）。研究发现，随着盐度的降低，锯缘青蟹组织中 EPA、DHA 以及 n-3 长链高度不饱和脂肪酸含量显著升高，推测与其机体细胞膜通透性有直接关系（Romano et al.，2014；Romano et al.，2012）。同时，研究还发现，提高饲料中的高度不饱和脂肪酸含量，可以调整锯缘青蟹（Dan and Hamasaki，2010）和凡纳滨对虾（Palacios et al.，2004b）鳃细胞膜的通透性，进而提高其渗透压调节能力。因此，甲壳动物可以改善鳃的通透性以应对盐度应激，保障机体正常生长发育（Li et al.，2006；Rainbow and Black，2001；Péqueux，1995）。

二、低盐度刺激下的高度不饱和脂肪酸代谢

有关低盐度下凡纳滨对虾的高度不饱和脂肪酸代谢的研究报道并不多，Chen 等（2015a，2015b，2015c，2014）在研究中发现当凡纳滨对虾处于低盐度环境时，更倾向于蓄积并利用高度不饱和脂肪酸。此外，在随后的一些实验结果中发现原本在海洋环境中十分有限的高度不饱和脂肪酸的生物合成能力，随着盐度的降低凡纳滨对虾利用α-亚麻酸合成 n-3 系高度不饱和脂肪酸的能力反而提高了。较为类似的研究在海洋鱼类中的报道较多。海水鱼类 DHA 生物合成途径较 EPA 等更为复杂且不确定，因此 DHA 在海水鱼类中的生物合成效率较为低下。尽管海洋鱼类这方面合成能力确实有限，但其体内的 DHA 的含量依旧十分丰富。有研究发现海洋鱼类生物合成 DHA 能力低下的原因是由于相关的延长酶或Δ5 FAD 的活性较低所造成的，而不是因为Δ6 FAD 的失活或者缺少Δ6 *FAD* 基因造成的（Tocher and Dick，1990）。这说明在海洋鱼类中并不缺乏高度不饱和脂肪酸生物合成的相关生理条件，只是由于相关酶活力较低。同时，在对大菱鲆（Owen et al.，1975）、金鲮鲻（Mourente and Tocher，1993b）、海鲷细胞系（Tocher and Ghioni，1999）等海水鱼类的研究中发现Δ5 FAD 的活性确实很低。随着分子生物学技术手段的发展与进步，许多研究者希望能克隆出Δ5 FAD 以便从分子生物学水平来进一步研究脂肪酸去饱和酶。然而目前仅在大西洋鲑体内成功克隆到Δ5 *FAD* 基因（Hastings et al.，2004）。由此可见，想

要获得海水鱼类的Δ5 *FAD* 基因仍然存在一定的难度，加之海洋鱼类的Δ5 FAD 活性确实不高（Tocher et al.，1989）。因此，目前已经普遍接受海水鱼类高度不饱和脂肪酸生物合成能力低的原因是由于Δ5 FAD 活性偏低这一观点了（Mourente and Tocher，1993b）。不过在 Li 等（2010）的研究中提出了一个较新颖的观点，可能存在同时具有Δ6/5 或Δ4/5 去饱和作用的脂肪酸去饱和酶，这是不是目前学者们较难获得Δ5 *FAD* 基因的原因？或者是Δ5 FAD 活性不高的原因？

此外，Tocher 等（1989）和 Ghioni 等（1999）对大菱鲆鳍细胞系体外研究发现，从 C18 脂肪酸生物合成 C20 以上的多不饱和脂肪酸能力低下并不是Δ5 FAD 活性低所造成的，而是由于其延长酶活力较低的原因。然而目前尚不清楚是何原因导致大菱鲆延长酶活力低下，也许是由于细胞培养与生物体代谢本身存在不同，因此导致酶活性出现差异。比如原本在鱼体内Δ5 FAD 对脂肪酸反应底物亲和力不高，而转移到培养基中的细胞系由于生理条件的变化反而导致其亲和力增加；或者是由于细胞传代的原因，导致原本可以在原代细胞中正常表达的酶反而失去活性甚至丧失（Buttke et al.，1989；Masatomo and Yuzuru，1978）。另一方面，由于海水鱼类中的延长酶以 Elovl 5 型居多，而该类型延长酶对较长碳链的多不饱和脂肪酸亲和力较低，这也有可能是造成其合成能力低下的原因之一。还有研究发现 C18 脂肪酸会与 C24 脂肪酸竞争性结合Δ6 FAD，从而导致高度不饱和脂肪酸合成效率偏低（Zheng et al.，2009）。最后，在 Sprecher 途径中，由于 DHA 的合成需要其中间产物经历在微粒体中延长随后转移过氧化物酶体中进行特殊的氧化等一系列耗时长、效率低的生理过程，因此也会导致其高不饱和脂肪酸合成效率低下。然而，有研究发现，当大西洋鲑幼鱼入海时，其 PUFA 合成速率先加快后降低（Luvizotto-Santos et al.，2003；Minh Sang and Fotedar，2004），篮子鱼被证实在低盐度水体中将亚油酸和亚麻酸转化成 PUFA 的能力要强于高盐度水体，且能有效利用亚油酸和亚麻酸来满足正常生长需要的高不饱和脂肪酸（Li et al.，2008）。同位素研究显示，在同样的条件下淡水鱼类的 FAD 以及延长酶的活性要明显地高于海水鱼类（Agaba et al.，2005；Gregory et al.，2010），因此，海水鱼类合成 PUFA 的能力，是否因为海洋高盐度环境而受到抑制，还有待进一步探究。

尽管高度不饱和脂肪酸在改善甲壳动物鳃的通透性来应对盐度应激中具有很重要的作用。但一般认为，凡纳滨对虾缺乏将亚油酸和亚麻酸通过去饱和作用和碳链延长来合成高度不饱和脂肪酸的能力或此能力十分有限。关于此论断还有很多不确定之处，有研究推测亚油酸和亚麻酸在凡纳滨对虾肝胰腺内通过去饱和作用和碳链延长作用转化成高不饱和脂肪酸运送到肌肉组织中（Kanazawa et al.，1979a），但相关研究并没有对该过程涉及的关键酶活力、蛋白和基因进行报道，目前美国国立生物技术信息中心（National Center of Biotechnology Information，NCBI）数据库中也没有报道。可见，凡纳滨对虾高度不饱和脂肪酸合成酶的合成能力的研究，还处于初级阶段，需要继续深入而全面的研究。此外，盐度是否与对虾高不饱和脂肪酸合成能力有关，尚没有相关报道。所以，脂肪（脂肪酸）营养对凡纳滨对虾盐度应激的缓释作用显得尤为重要。

参考文献

黄磊，詹勇，许梓荣. 2004. 虾蟹类胆固醇需要量的最新研究［J］. 饲料研究，（11）：41-43.

冷向军，王道尊. 2003. 青鱼的营养与饲料配制技术［J］. 上海海洋大学学报，（12）：265-270.

刘立鹤，陈立侨，李康，等. 2007. 不同脂肪源饲料对河蟹卵巢发育与繁殖性能的影响. 中国水产科学，14：786-793.

孙新瑾. 2009. 中华绒螯蟹（*Eriocheir sinensis*）幼蟹对脂溶性维生素 A、D_3 和 K_3 的营养需要研究［D］. 上海：华东师范大学.

温小波，陈立侨. 2001. 中华绒螯蟹仔蟹必需脂肪酸营养需求研究［J］. 浙江海洋学院学报：自然科学版，20：31.

杨奇慧，周歧存. 2005. 凡纳滨对虾营养需要研究进展［J］. 饲料研究，（6）：50-53.

Agaba M K，Tocher D R，Zheng X，et al. 2005. Cloning and functional characterization of polyunsaturated fatty acid elongases of marine and freshwater teleost fish［J］. Comparative Biochemistry and Physiology Part B，142，342-352.

Babin P J，Vernier J M. 1989. Plasma lipoproteins in fish［J］. Journal of Lipid Research，30：467-489.

Beckman B，Mustafa T. 1992. Arachidonic acid metabolism in gill homogenate and isolated gill cells from rainbow trout，*Oncorhynchus mykiss*：the effect of osmolality，electrolytes and prolactin［J］. Fish physiology and biochemistry，10：213-222.

Bell M V，Henderson R J，Sargent J R. 1985. Changes in the fatty acid composition of phospholipids from turbot（*Scophthalmus maximus*）in relation to dietary polyunsaturated fatty acid deficiencies［J］. Comparative Biochemistry & Physiology B Comparative Biochemistry，81（1）：193-198.

Brenner R R. 1974. The oxidative desaturation of unsaturated fatty acids in animals［J］. Molecular and cellular biochemistry，（3）：41-52.

Buttke T M，Van Cleave S，Steelman L，et al. 1989. Absence of unsaturated fatty acid synthesis in murine T lymphocytes［J］. Proceedings of the National Academy of Sciences，86：6 133-6 137.

Castell J D，Lee D J，Sinnhuber R O. 1972. Essential fatty acids in the diet of rainbow trout（*Salmo gairdneri*）：lipid metabolism and fatty acid composition［J］. Journal of Nutrition，102：93-99.

Cavalli R O，Lavens P，Sorgeloos P. 1999. Performance of *Macrobrachium rosenbergii* broodstock fed diets with different fatty acid composition［J］. Aquaculture，179：387-402.

Chen K，Li E，Gan L，et al. 2014. Growth and lipid metabolism of the Pacific white shrimp *Litopenaeus vannamei* at different salinities［J］. Journal of Shellfish Research，33：825-832.

Chen K，Li E，Li T，et al. 2015a. Transcriptome and molecular pathway analysis of the hepatopancreas in the Pacific white shrimp *Litopenaeus vannamei* under chronic low salinity Stress［J］. PLoS One，10：e0131503.

Chen K，Li E，Xu C，et al. 2015b. Evaluation of different lipid sources in diet of pacific white shrimp *Litopenae-*

us vannamei at low salinity [J]. Aquaculture Reports, (2): 163-168.

Chen K, Li E, Xu Z, et al. 2015c. Comparative transcriptome analysis in the hepatopancreas tissue of Pacific white shrimp *Litopenaeus vannamei* fed different lipid sources at low salinity [J]. PLoS One, 2015c. 10: e144889.

Chim L, Lemaire P, Delaporte M, et al. 2001. Could a diet enriched with n-3 highly unsaturated fatty acids be considered a promising way to enhance the immune defences and the resistance of Penaeidprawns to environmental stress [J]. Aquaculture Research, 32: 91-94.

Coutteau P, Kontara E K M, Sorgeloos P. 2000. Comparison of phosphatidylcholine purified from soybean and marine fish roe in the diet of postlarval *Penaeus vannamei* Boone [J]. Aquaculture, 181: 331-345.

Dan S, Hamasaki K. 2010. Effects of salinity and dietary n-3 highly unsaturated fatty acids on the survival, development, and morphogenesis of the larvae of laboratory-reared mud crab *Scylla serrata* (Decapoda, Portunidae) [J]. Aquaculture International, 19: 323-338.

Deering M J, Fielder D R, Hewitt D R. 1997. Growth and fatty acid composition of juvenile leader prawns, *Penaeus monodon*, fed different lipids [J]. Aquaculture, 151: 131-141.

Farkas T, Csengeri I, Majoros F, et al. 1977. Metabolism of fatty acids in fish. I. Development of essential fatty acid deficiency in the carp, *Cyprinus carpio* Linnaeus 1758 [J]. Aquaculture, 11: 147-157.

Froyland L, Lie O, Berge R K. 2000. Mitochondrial and peroxisomal β-oxidation capacities in various tissues from Atlantic salmon *Salmo salar* [J]. Aquaculture Nutrition, 6: 85-89.

Ghioni C, Tocher D R, Bell M V, et al. 1999. Low C 18 to C 20 fatty acid elongase activity and limited conversion of stearidonic acid [J], 18: 4 (n-3), to eicosapentaenoic acid, 20: 5 (n-3), in a cell line from the turbot, *Scophthalmus maximus*. Biochimica et Biophysica Acta-Molecular and Cell Biology of Lipids, 1437: 170-181.

Glencross B D, Smith D M, Thomas M R, et al. 2002. The effect of dietary n-3 and n-6 fatty acid balance on the growth of the prawn *Penaeus monodon* [J]. Aquaculture Nutrition, 8: 43-51.

Glencross B D, Smith D M. 2001a. A study of the arachidonic acid requirements of the giant tiger prawn, *Penaues monodon* [J]. Aquaculture Nutrition, 7: 59-69.

Glencross B D, Smith D M. 2001b. Optimizing the essential fatty acids, eicosapentaenoic and docosahexaenoic acid, in the diet of the prawn, *Penaeus monodon* [J]. Aquaculture Nutrition, 7: 101-112.

Glencross B D, Smith D M. 1999. The dietary linoleic and linolenic fatty acids requirements of the prawn *Penaeus monodon* [J]. Aquaculture Nutrition, 5: 53-63.

Gong H, Lawrence A L, Jiang D H, et al. 2000. Lipid nutrition of juvenile *Litopenaeus vannamei*: II. Active components of soybean lecithin [J]. Aquaculture, 190: 325-342.

Gonzalez-Felix M L, Gatlin D M, Lawrence A L, et al. 2002a. Effect of dietary phospholipid on essential fatty acid requirements and tissue lipid composition of *Litopenaeus vannamei* juveniles [J]. Aquaculture, 207: 151-167.

Gonzalez-Felix M L, Gatlin D M, Lawrence A L, et al. 2002b. Effect of various dietary lipid levels on quantitative essential fatty acid requirements of juvenile Pacific white shrimp *Litopenaeus vannamei* [J]. Journal of the

World Aquaculture Society, 33: 330–340.

Gonzalez–Felix M L, Lawrence A L, Gatlin D M, et al. 2003. Nutritional evaluation of fatty acids for the open thelycum shrimp, *Litopenaeus vannamei*: I. Effect of dietary linoleic and linolenic acids at different concentrations and ratios on juvenile shrimp growth, survival and fatty acid composition [J]. Aquaculture Nutrition, 9: 105–113.

González–Rovira A, Mourente G, Zheng X, et al. 2009. Molecular and functional characterization and expression analysis of a Δ6 fatty acyl desaturase cDNA of European sea bass (*Dicentrarchus labrax* L.) [J]. Aquaculture, 298: 90–100.

Gregory M K, See V H, Gibson R A, et al. 2010. Cloning and functional characterisation of a fatty acyl elongase from southern bluefin tuna (*Thunnus maccoyii*) [J]. Comparative Biochemistry and Physiology Part B, 155: 178–185.

Gucic M, Jacinto E C, Marie D R, et al. 2013. Apparent carbohydrate and lipid digestibility of feeds for whiteleg shrimp, *Litopenaeus vannamei* (Decapoda: Penaeidae), cultivated at different salinities [J]. International Journal of Tropical Biology and Conservation, 61: 1 201–1 213.

Hastings N, Agaba M K, Tocher D R, et al. 2004. Molecular cloning and functional characterization of fatty acyl desaturase and elongase cDNAs involved in the production of eicosapentaenoic and docosahexaenoic acids from α–linolenic acid in Atlantic salmon (*Salmo salar*) [J]. Marine Biotechnology, 6: 463–474.

Hazel J R, Williams E E. 1990. The role of alterations in membrane lipid composition in enabling physiological adaptation of organisms to their physical environment [J]. Progress in Lipid Research, 29: 167–227.

Henderson R J, Tocher D R. 1987. The lipid composition and biochemistry of freshwater fish [J]. Progress in Lipid Research, 26: 281–347.

Henderson R J, Sargent J R. 1985. Fatty acid metabolism in fish [C]. In: Nutrition and Feeding in Fish. (Cowey,C. B., A. M. Mackie and J. G. Bell, Eds.). London: Academic Press, 349–364.

Hurtado M A, Racotta I S, Civera R, et al. 2007. Effect of hypo–and hypersaline conditions on osmolality and Na^+/K^+–ATPase activity in juvenile shrimp (*Litopenaeus vannamei*) fed low-and high-HUFA diets [J]. Comparative Biochemistry and PhysiologyPart A, 147: 703–710.

Infante J P, Huszagh V A. 1997. On the molecular etiology of decreased arachidonic (20: 4n–6), docosapentaenoic (22: 5n–6) and docosahexaenoic (22: 6n–3) acids in zellweger syndrome and other peroxiomal disorders. Molecular and cellular biochemistry [J]. 168: 101–115.

Infante J P, Huszagh V A. 2000. Secondary carnitine deficiency and impaired docosahexaenoic (22: 6n–3) acid synthesis: a common denominator in the pathophysiology of diseases of oxdative phosphorylation and β–oxidation [J]. FEBS letters, 468: 1–5.

Ju Z Y, Castille F, Deng D F, et al. 2012. Effects of replacing fish oil with stearine as main lipid source in diet on growth and survival of Pacific white Shrimp, *Litopenaeus vannamei* (Boone, 1931) [J]. Aquaculture Research, 43: 1 528–1 535.

Jump D B, Clarke S D. 1999. Regulation of gene expression by dietary fat [J]. Annual Review of Nutrition, 19: 63–90.

Jump D B. 2002. The biochemistry of n-3 polyunsaturated fatty acids [J]. The Journal of Biological Chemistry, 277: 8 755-8 758.

Kanazawa A, Teshima S, Ono K. 1979a. Relationship between essential fatty acid requirements of aquatic animals and the capacity for bioconversion of linolenic acid to highly unsaturated fatty acids [J]. Comparative Biochemistry and Physiology Part A, 63: 295-298.

Kanazawa A, Teshima S, Tokiwa S, et al. 1979b. Essential fatty acids in the diet of prawn, II: Effect of docosahexaenoic acid on growth [J]. Bulletin of the Japanese Society of Scientific Fisheries, 45: 1151-1153.

Kanazawa A, Teshima S, Tokiwa S. 1977a. Nutritional requirements of prawn, Ⅶ: Effect of dietary lipids on growth [J]. Bulletin of the Japanese Society of Scientific Fisheries (Japan), 43: 849-856.

Kanazawa A, Tokiwa S, Kayama M, et al. 1977b. Essential fatty acids in the diet of prawn, Ⅰ: Effects of linoleic and linolenic acids on growth [J]. Bulletin of the Japanese Society of Scientific Fisheries, 43: 1 111-1 114.

Kanazawa A. 1985. Nutrition of penaeid prawns and shrimps [C]. First International Conference on the Culture of Penaeid Prawns/Shrimps, 4-7 December 1984, Iloilo City, Philippines: Aquaculture Department, Southeast Asian Fisheries Development Center, 123-130.

Leger, C. 1985. Digestion, absorption and transport of lipids [C]. In: Nutrition and Feeding in Fish, (Cowey, C. B., A. M. Mackie and J. G. Bell, Eds.). London: Academic Press, 299-331.

Lemos D, Phan V N, Alvarez G. 2001. Growth, oxygen consumption, ammonia-N excretion, biochemical composition and energy content of *Farfantepenaeus paulensis* Perez-Farfante (Crustacea, Decapoda, Penaeidae) early postlarvae in different salinities [J]. Journal of Experimental Biology and Ecology, 261: 55-74.

Leonard A, Bobik E, Dorado J, et al. 2000. Cloning of a human cDNA encoding a novel enzyme involved in the elongation of long-chain polyunsaturated fatty acids [J]. The Biomedical Journal, 350: 765-770.

Li S, Mai K, Xu W, et al. 2014. Characterization, mRNA expression and regulation of Δ6 fatty acyl desaturase (FADS2) by dietary n-3 long chain polyunsaturated fatty acid (LC-PUFA) levels in grouper larvae (*Epinephelus coioides*) [J]. Aquaculture, 434: 212-219.

Li T, Roer R, Vana M, et al. 2006. Gill area, permeability and Na+, K^+-ATPase activity as a function of size and salinity in the blue crab, *Callinectes sapidus* [J]. Journal of Experimental Zoology Part A, 305: 233-245.

Li Y, Monroig O, Zhang L, et al. 2010. Vertebrate fatty acyl desaturase with Δ4 activity [J]. Proceedings of the National Academy of Sciences of the United States of America, 107: 16 840-16 845.

Li Y, Hu C, Zheng Y, et al. 2008. The effects of dietary fatty acids on liver fatty acid composition and Δ6-desaturase expression differ with ambient salinities in *Siganus canaliculatus* [J]. Comparative Biochemistry and Physiology Part B, 151: 183-190.

Lim C, Ako H, Brown C L, et al. 1997. Growth response and fatty acid composition of juvenile *Penaeus vannamei* fed different sources of dietary lipid [J]. Aquaculture, 151: 143-153.

Luvizotto-Santos R, Lee J T, Branco Z P, et al. 2003. Lipids as energy source during salinity acclimation in the euryhaline crab *Chasmagnathus granulata* dana, 1851 (crustacea-grapsidae) [J]. Journal of Experimental

Zoology Part A, 295: 200-205.

Martins T G, Cavalli R O, Martino R C, et al. 2006. Larviculture output and stress tolerance of *Farfantepenaeus paulensis* postlarvae fed *Artemia* containing different fatty acids [J]. Aquaculture, 252: 525-533.

Masatomo M, Yuzuru A. 1978. Metabolic conversion of polyunsaturated fatty acids in mammalian cultured cells [J]. Biochimica et Biophysica Acta-Lipids and Lipid Metabolism, 530: 153-164.

Merican Z O, Shim K. 1996. Qualitative requirements of essential fatty acids for juvenile *Penaeus monodon* [J]. Aquaculture, 147: 275-291.

Merican Z O, Shim K F. 1997. Quantitative requirements of linolenic and docosahexaenoic acid for juvenile *Penaeus monodon* [J]. Aquaculture, 157: 277-295.

Minh Sang H, Fotedar R. 2004. Growth, survival, haemolymph osmolality and organosomatic indices of the western king prawn (*Penaeus latisulcatus* Kishinouye, 1896) reared at different salinities [J]. Aquaculture, 234: 601-614.

Morais S, Monroig O, Zheng X, et al. 2009. Highly unsaturated fatty acid synthesis in Atlantic salmon: characterization of ELOVL5-and ELOVL2-like elongases [J]. Marine Biotechnology, 11: 627-639.

Morris R J, Lockwood A P M, Dawson M E. 1982. An effect of acclimation salinity on the fatty acid composition of the gill phospholipids and water flux of the amphipod crustacean *Gammarus duebeni* [J]. Comparative Biochemistry and Physiology Part A, 72: 497-503.

Mourente G, Dick J. 2002. Influence of partial substitution of dietary fish oil by vegetable oils on the metabolism of [1-14C] 18: 3n-3 in isolated hepatocytes of European sea bass (*Dicentrarchus labrax* L.) [J]. Fish Physiology and Biochemistry, 26: 297-308.

Mourente G, Tocher D R. 1993a. Incorporation and metabolism of 14C-labelled polyunsaturated fatty acids in juvenile gilthead sea bream *Sparus aurata* L. in vivo [J]. Fish Physiology and Biochemistry, 10: 443-453.

Mourente G, Tocher D R. 1993b. Incorporation and metabolism of 14C-labelled polyunsaturated fatty acids in wild-caught juveniles of golden grey mullet, *Liza aurata*, *in vivo* [J]. Fish physiology and biochemistry, 12: 119-130.

Niu J, Liu Y, Tian L, et al. 2011. Influence of dietary phospholipids level on growth performance, body composition and lipid class of early postlarval *Litopenaeus vannamei* [J]. Aquaculture Nutrition, 17: 615-621.

Owen J, Adron J, Middleton C, et al. 1975. Elongation and desaturation of dietary fatty acids in turbot *Scophthalmus maximus* L., and rainbow trout, *Salmo gairdnerii* rich [J]. Lipids, 10: 528-531.

Palacios E, Bonilla A, Luna D, et al. 2004a. Survival, Na^+/K^+-ATPase and lipid responses to salinity challenge in fed and starved white pacific shrimp (*Litopenaeus vannamei*) postlarvae [J]. Aquaculture, 234: 497-511.

Palacios E, Bonilla A, Pérez A, et al. 2004b. Influence of highly unsaturated fatty acids on the responses of white shrimp (*Litopenaeus vannamei*) postlarvae to low salinity [J]. Journal of Experimental Marine Biology and Ecology, 299: 201-215.

Péqueux A. 1995. Osmotic regulation in crustaceans. Journal of Crustacean Biology, 15: 1-60.

Porter R K, Hulbert A J, Brand M D. 1996. Allometry of mitochondrial proton leak: influence of membrane surface area and fatty acid composition [J]. American Journal of Physiology-Regulatory, Integrative and Comparative Physiology, 271: 1550-1560.

Rainbow P S, Black W H. 2001. Effects of changes in salinity on the apparent water permeability of three crab species: *Carcinus maenas*, *Eriocheir sinensis* and *Necora puber* [J]. Journal of Experimental Marine Biology and Ecology, 264: 1-13.

Romano N, Wu X, Zeng C, et al. 2014. Growth, osmoregulatory responses and changes to the lipid and fatty acid composition of organs from the mud crab, *Scylla serrata*, over a broad salinity range [J]. Marine Biology Research, 10: 460-471.

Romano N, Zeng C S, Noordin N M, et al. 2012. Improving the survival, growth and hemolymph ion maintenance of early juvenile blue swimmer crabs, *Portunus pelagicus*, at hypo-and hyper-osmotic conditions through dietary long chain PUFA supplementation [J]. Aquaculture, 342: 24-30.

Roy L A, Davis D A, Saoud I P. 2006. Effects of lecithin and cholesterol supplementation to practical diets for *Litopenaeus vannamei* reared in low salinity waters [J]. Aquaculture, 257: 446-452.

Sargent J R. 1989. Ether-linked glycerides in marine animals [C]. In: (Ackman, R. G., Ed.). Marine Biogenic Lipids, Fats and Oils. Bacon Raton, Florida: CRC Press, 175-198.

Sargent J R, Tocher D R, Bell J G. 2002. The lipids [C]. In: (Halver, J. E., Ed.). Fish Nutrition. 3rd Edition, Ch. 4. San Diego: Academic Press, 181-257.

Seiliez I, Panserat S, Corraze G, et al. 2003. Cloning and nutritional regulation of a Δ6-desaturase-like enzyme in the marine teleost gilthead seabream (*Sparus aurata*) [J]. Comparative Biochemistry and Physiology Part B, 135, 449-460.

Sheridan M A. 1988. Lipid dynamics in fish: Aspects of absorption, transportation, deposition and mobilization [J]. Comparative Biochemistry and Physiology Part B, 90: 679-690.

Sprecher H, Luthria D L, Mohammed B, et al. 1995. Reevaluation of the pathways for the biosynthesis of polyunsaturated fatty acids [J]. Journal of Lipid Research, 36: 2471-2477.

Sprecher H. 1996. New advances in fatty-acid biosynthesis. Nutrition, 12: 5-7.

Sui L, Wille M, Cheng Y, et al. 2007. The effect of dietary n-3 HUFA levels and DHA/EPA ratios on growth, survival and osmotic stress tolerance of Chinese mitten crab *Eriocheir sinensis* larvae [J]. Aquaculture, 273: 139-150.

Suprayudi M A, Takeuchi T, Hamasaki K. 2004. Essential fatty acids for larval mud crab *Scylla serrata*: implications of lack of the ability to bioconvert C18 unsaturated fatty acids to highly unsaturated fatty acids [J]. Aquaculture, 231: 403-416.

Takeuchi T, Watanabe K, Yong W Y, et al. 1991. Essential fatty acids of grass carp *Ctenopharyngodon idella* [J]. Bulletin of the Japanese Society of Scientific Fisheries, 57: 467-473.

Tocher D R. 2003. Metabolism and functions of lipids and fatty acids in teleost fish [J]. Reviews in fisheries science, 11: 107-184.

Tocher D R, Carr J, Sargent J R. 1989. Polyunsaturated fatty acid metabolism in fish cells: differential metabolism of (n-3) and (n-6) series acids by cultured cells orginating from a freshwater teleost fish and from a marine teleost fish [J]. Comparative Biochemistry and Physiology Part B, 94: 367–374.

Tocher D R, Dick J R. 1990. Polyunsaturated fatty acid metabolism in cultured fish cells: Incorporation and metabolism of (n–3) and (n–6) series acids by Atlantic salmon (*Salmo salar*) cells [J]. Fish physiology and biochemistry, 8: 311–319.

Tocher D R, Ghioni C. 1999. Fatty acid metabolism in marine fish: low activity of fatty acyl Δ5 desaturation in gilthead sea bream (*Sparus aurata*) cells [J]. Lipids, 34: 433–440.

Tocher D R, Zheng X, Schlechtriem C, et al. 2006. Highly unsaturated fatty acid synthesis in marine fish: cloning, functional characterization, and nutritional regulation of fatty acyl Δ6 desaturase of Atlantic cod (*Gadus morhua* L.) [J]. Lipids, 41: 1 003–1 016.

Tocher D R. 1995. Glycerophospholipid metabolism [C]. In: (Hochachka, P. W. and T. P. Mommsen, Eds.). Biochemistry and Molecular Biology of Fishes, Vol. 4. Metabolic and Adaptational Biochemistry, Ch. 6. Amsterdam: Elsevier Press, 119–157.

Tseng Y C, Hwang P P. 2008. Some insights into energy metabolism for osmoregulation in fish. [J] Comparative Biochemistry and Physiology Part C, 148: 419–429.

Van Anholt R D, Spanings F A, Koven W M, et al. 2004. Arachidonic acid reduces the stress response of gilthead seabream *Sparus aurata* L. [J]. Journal of Experimental Biology, 207: 3419–3430.

Watanabe T. 1982. Lipid nutrition in fish [J]. Comparative Biochemistry and Physiology, 73: 3–15.

Wen X, Chen L, Ai C, et al. 2002. Reproduction response of Chinese mitten-handed crab (*Eriocheir sinensis*) fed different sources of dietary lipid [J]. Comparative Biochemistry and PhysiologyPart A, 131: 675–681.

Xu X, Ji W, Castell J D, et al. 1994. Essential fatty–acid requirement of the Chinese prawn, *Penaeus chinensis* [J]. Aquaculture, 127: 29–40.

Xu X, Ji W, Castell J D, et al. 1993. The Nutritional value of dietary n–3 and n–6 fatty acids for the Chinese prawn (*Penaeus chinensis*) [J]. Aquaculture, 118: 277–285.

Xu C, Li E, Liu Y, et al. 2018. Effect of dietary lipid level on growth, lipid metabolism and health status of the Pacific white shrimp *Litopenaeus vannamei* at two salinities [J]. Aquaculture Nutrition, 24: 204–214.

Zheng X, Ding Z, Xu Y, et al. 2009. Physiological roles of fatty acyl desaturases and elongases in marine fish: Characterisation of cDNAs of fatty acyl Δ6 desaturase and elovl5 elongase of cobia (*Rachycentron canadum*) [J]. Aquaculture, 290: 122–131.

Zhu X, Liu Y, Tian L, et al. 2010. Effects of dietary protein and lipid levels on growth and energy productive value of pacific white shrimp, *Litopenaeus vannamei*, at different salinities [J]. Aquaculture Nutrition, 16: 392–399.

第五章　低盐度下凡纳滨对虾的糖营养

第一节　糖的种类和生理功能概述

糖又称为碳水化合物（carbohydrate），是自然界中分布最为广泛的一种有机物。人们通常把糖的分子式写为 C_m（H_2O）$_n$，并称为碳水化合物。但是有些糖不满足这一分子式，例如：脱氧核糖 $C_5H_{10}O_4$。也有些化合物虽满足这一分子式却并不是糖，例如：醋酸 CH_3COOH。糖类作为动物所需能量的重要来源，是饲料中非常重要的一种营养素，也是生物体重要的结构成分，如虾蟹的外骨骼，也可以作为动物细胞识别的信息分子，还有糖蛋白中的糖。同时，糖类还可在生物体内转化为其他物质，参与机体的代谢活动等。因此，糖类物质是动物饲料中的重要原料之一。

一、糖的分类

根据糖类的聚合度，可以将糖分为单糖、寡糖和多糖。单糖是不能被水解成更小分子的糖类，如葡萄糖、果糖和核糖等。寡糖包括 2~10 个单糖分子，如蔗糖、棉子糖等。多糖是水解时可以产生 20 个以上单糖分子的糖类，如糖原、淀粉、壳多糖、半纤维素等。

虽然糖的种类很多，但只有小部分可以作为营养物质，其他糖类物质有些可以作为二级营养物，有些糖类甚至会对机体造成负面影响。可利用的糖主要包括已糖（葡萄糖）、二糖和一些同多糖，如淀粉和糖原。淀粉通常分为直链淀粉和支链淀粉两种，直链淀粉的葡萄糖间只由 α-1，4-键连接，后者则同时包含 α-1，4-键和 α-1，6-键。糖原是动物细胞内最主要的糖储藏形式，与支链淀粉结构相似，但具有更多的分支。除淀粉和糖原，还存在另外一些多糖，如细菌的肽聚糖、植物细胞壁的纤维素以及真菌的几丁质等，也包含 β-1，4-键；在藻类中，也存在一些 β-1，3-键的多糖物质。根据糖类中 α 和 β 糖苷键类型，也可将糖分为两大类，即可被机体利用和消化的糖和不能被机体利用和消化的纤维。但也存在特例，如半乳糖中存在 β-1，3-键，但它却是一种可消化糖类。常见糖的分类见表 5.1。

表 5.1 常见糖的分类（粗体表示有营养价值的糖）

单糖（monosaccharides）	
丙糖（trioses）$C_3H_6O_3$	甘油醛，二羟基丙酮
丁糖（tetroses）$C_4H_6O_4$	赤藓糖
戊糖（pentoses）$C_5H_{10}O_5$	核糖，阿拉伯糖，木糖等
己糖（hexoses）$C_6H_{12}O_6$	**葡萄糖，半乳糖，甘露糖，果糖等**
寡糖（oligosaccharides）	
双糖（disaccharides）$C_{12}H_{22}O_{11}$	**麦芽糖（葡萄糖+葡萄糖）**
	蔗糖（葡萄糖+果糖）
	乳糖（葡萄糖+半乳糖）*
三糖 $C_{18}H_{32}O_{16}$	棉子糖（半乳糖+葡萄糖+果糖）*
四糖 $C_{24}H_{42}O_{21}$	水苏糖（2 半乳糖+葡萄糖+果糖）*
五糖 $C_{30}H_{52}O_{26}$	毛蕊花糖（3 半乳糖+葡萄糖+果糖）*
多聚糖（polysaccharides）	
同多糖（homopolysaccharides）	戊聚糖*
	己聚糖：淀粉，糖原，纤维素*等
	果聚糖：菊粉*
	半乳聚糖
杂聚糖	果胶，半纤维素*，黏多糖
其他	
几丁质	

注：*表示分子中至少有一个 β 糖苷键。

二、糖的基本生理功能

水生动物可消化糖主要包括单糖、糊精、淀粉等，其生理功能如下。

1. 机体组成的重要成分

每个细胞都包含糖，分布于细胞膜、细胞器膜、胞浆和细胞间质中，含量在 2%～10%。机体中的糖主要以糖脂、糖蛋白和蛋白多糖的形式存在，在机体中发挥重要的作用，如核糖和脱氧核糖是核酸的主要组成成分，糖脂和半乳糖是构成神经组织的重要物质，糖蛋白参与细胞膜的组成等。

2. 能量供应和存储

对于水产动物来讲，糖类是最经济最直接的能量物质，每克葡萄糖的能量为16.7 kJ。糖原是动物细胞内最主要的糖储藏形式。机体在需要能量时，便动员储备的糖原，通过氧化分解，用以满足机体的能量需要。同哺乳动物一样，水生动物体内也存在肝糖原和肌糖原，肝糖原主要作用是维持血糖平衡，肌糖原则是为肌肉的收缩运动提供能量。

3. 脂肪和必需氨基酸的合成原料

当水生动物肝脏和肌肉中糖原在存储饱和后，继续进入体内的糖类则被用来合成机体中的脂肪。糖类还可以为水生动物合成非必需氨基酸提供碳架，如中间代谢产物磷酸甘油酸和丙酮酸可用于合成非必需氨基酸。

4. 饲料蛋白质的节约作用

相对于水产动物饲料中蛋白质而言，糖是一种相对廉价的能源物质，糖摄入充足时，可避免机体消耗蛋白质供能，从而起到一定的蛋白质节约作用。此外，对于水生动物，当其处于特殊状态，如外环境胁迫状态下，饲料中的糖可以快速满足机体额外的能量需求，避免消耗机体存储的蛋白质。

5. 结合蛋白质构成糖蛋白

糖蛋白是由寡糖链与肽链中的一定氨基酸残基以糖苷键共价连接而成的一种结合蛋白质，其主要生物学功能为细胞或分子的生物识别，另外，糖蛋白也可作为酶催化体内的物质代谢，作为免疫分子参与免疫过程，作为激素参与体内生理、生化活动的调节等。除此之外，对于高等动物的研究表明，糖还参与基本的生命过程和一些重大疾病的发展，如发育、神经系统活动、分化等。对于虾蟹而言，糖在蜕壳及新壳形成过程中发挥了重要的调节作用，如几丁质合成与蜕皮周期密切相关。

不能被鱼虾机体充分消化利用的粗纤维包括纤维素、半纤维素、木质素等，大部分纤维都是没有改变，穿过机体，最后被排出体外。虽然不能被充分利用，但是饲料中适当的纤维素含量可以刺激消化酶分泌、促进食物在机体中胃肠的蠕动，是维持鱼虾健康必需的物质之一。但一般来讲，水产动物饲料中的纤维素含量需要控制在10%以内，否则食物在胃肠中蠕动过快，营养物质不能被机体充分消化、吸收和利用。

第二节　甲壳动物糖代谢过程和调控的概述

与高等动物类似，甲壳动物糖代谢过程也包括葡萄糖分解、糖原生成、葡萄糖转运及血糖调节等几部分。

一、葡萄糖分解代谢

1. 糖酵解

糖酵解是葡萄糖代谢的主要途径，在有氧情况下，葡萄糖在己糖激酶和丙酮酸激酶等一系列酶的作用下反应生成丙酮酸，并伴随着 ATP 的生成。在虾蟹体内，糖酵解主要发生在肝胰腺和肌肉中。

2. 三羧酸循环

糖酵解产生的丙酮酸经过脱羧反应生成乙酰-CoA，随后乙酰 CoA 在三羧酸循环过程中被氧化生成 CO_2和 H_2O，该过程常被称为 TCA（Kreb' s cycle）循环。脱羧反应主要发生在线粒体基质中，由丙酮酸脱氢酶催化。

3. 磷酸戊糖途径

磷酸戊糖途径是将葡萄糖-6-磷酸催化合成核糖-5-磷酸，并伴随着还原型辅酶Ⅱ（NADPH）的产生。磷酸戊糖途径可以为核苷酸的合成提供必需的核糖，并且 NADPH 还可以保护细胞免受氧化自由基的影响。虽然这种途径在鱼类中比较少，但是却是十足目动物蜕皮期间重要的糖代谢通路，所以在虾蟹的糖代谢中占有重要的地位。

二、糖原的生成、储存和分解

1. 糖原生成

糖原合成主要有两种途径，一是直接由葡萄糖合成糖原，称为糖原合成（glycogenesis）；二是由非糖物质合成糖原，称为糖质新生作用（gluconeogenesis）。由葡萄糖（包括少量的半乳糖和果糖）合成糖原的过程成为糖原合成，主要在细胞质中进行，是一种消耗 ATP 的过程。糖质新生作用又称为糖异生，是非糖的前体物质，如丙酮酸、甘油、乳酸、大部分氨基酸和 TCA 循环的中间产物变为糖的过程。虽然该过程会利用丙酮酸等糖酵解过程的产物，但糖异生过程并不是糖酵解的逆反应。同其他动物一样，虾蟹体内的糖异生途径主要发生在肌肉和肝胰腺中，但鳃组织中也存在糖质新生相关的代谢酶。

2. 糖原储存

同高等动物一样，虾蟹体内的糖也是以糖原的形式储存，主要存在于肝胰腺和肌肉中。摄入体内的未被利用的糖会转化成糖原或者脂肪储存起来，甲壳动物肝胰腺中的糖原储备是几丁质合成的重要前体物质，对蜕皮起到重要的作用。

3. 糖原分解

甲壳动物体内储存的糖原可以为生长、蜕皮和繁殖提供能量，当其处于胁迫状态，如低氧或者缺氧、渗透压及饥饿胁迫等，糖原也是主要的供能来源。当处于饥饿胁迫时，糖原是大多数甲壳动物优先利用的能源物质（表 5.2）。

表 5.2　长时间饥饿胁迫下甲壳动物优先利用的能源物质

物种	优先能源	饥饿时间/d	资料来源
日本对虾	糖原	28	Cuzon et al., 1980
桃红对虾	糖原		Schafer, 1968
褐虾	糖原		Cuzon and Ceccaldi, 1973
阿根廷小长臂虾	糖	15	Neves et al., 2004
中国对虾	蛋白质和脂肪	14	Barclay et al., 1983
岩龙虾（I–IV）	蛋白质	8	Johnston et al., 2004
岩龙虾（VI）	脂肪	6~11	Ritar et al., 2003

同高等动物一样，甲壳动物摄入的双糖或多糖需要先被水解成葡萄糖，而后通过血液运输并被不同组织吸收利用，进行葡萄糖代谢和糖原代谢等活动，图 5.1 显示了肝胰腺、肠道、血淋巴、肌肉、上皮及其他器官中葡萄糖和糖原的代谢及相互转化活动。

三、糖类转运

无论是在脊椎动物还是在无脊椎动物体内，葡萄糖都是通过钠协同转运（Na^+-dependent glucose transporter）、协助扩散（Na^+-independent facilitative glucose transporters）或者是两种方式共同作用进行运输。钠协同转运采用的方式是继发性主动转运，即葡萄糖可以逆浓度差被钠协同转运蛋白（SGLT, sodium-glucose cotransporter）跨膜转运，但是其能量不是来自于 ATP 分解，而是由 Na^+/K^+ ATPase 泵主动转运时产生的 Na^+高势能提供。协助扩散是葡萄糖转运蛋白（GLUT, facilitated glucose transporter）转运蛋白利用细胞膜内外糖浓度梯度实现葡萄糖跨膜转运。钠协同转运蛋白是 SLC5A（Sodium/glucose cotransporter）编码，称为 SGLT 的一个蛋白家族；不依赖钠的葡萄糖转运蛋白由 SLC2A family 编码，统称为 GLUT。鱼类体内是否存在 GLUT 还存在争议，有研究表明尼罗罗非鱼体内没有 GLUT，棕鳟体内存在 GLUT4 同源体，而银鳟体内则存在 GLUT4，但这些转运蛋白同源体同葡萄糖的

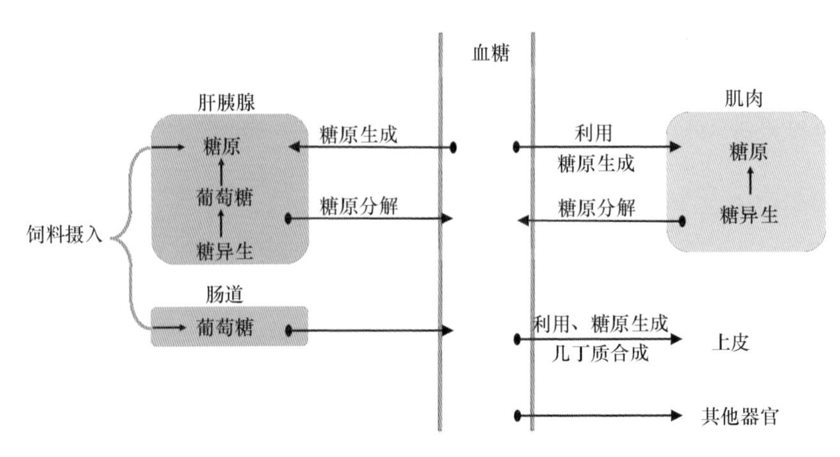

图 5.1　甲壳动物体内糖利用过程（推导过程）

资料来源：Wang et al.，2016b

结合能力较低，这也可能是鱼类清除血糖能力比较差的原因。

在甲壳动物体内，糖类同氨基酸和脂肪酸一样，都是先通过肝胰腺上皮细胞，然后随血液被输送到机体各个器官组织，已证明对虾肝胰腺细胞中有 SGLT 存在。虾蟹肝胰腺包含 4 种细胞：E、F、B 和 R 细胞，葡萄糖在肝胰腺中主要被 B 细胞和 R 细胞摄入，当根皮苷（钠协同转运蛋白的抑制剂）存在时，葡萄糖依然可以被运入 R 细胞，这说明 R 细胞中存在着不依赖钠离子的转运蛋白（Verri et al.，2001）。除了肝胰腺中存在葡萄糖转运蛋白外，肠道内可能也有相关蛋白的存在，因为肠道是另一重要的营养吸收器官，它可以吸收未被肝胰腺完全吸收的营养素，这一观点目前已被证实。同时，用同位素标记法在澳洲龙虾肠上皮细胞中发现了 SGLT1 的存在（Obi et al.，2011）。同 SGLT 不同，GLUT 可以在任何与糖代谢相关的细胞中得到表达。GLUT 大多有以下共同点：具有 12 个跨膜结构域，同时具有氨基和羧基末端，并有一个特殊的 N-糖基化位点。

目前已有一些关于甲壳动物体内葡萄糖转运蛋白的研究，表 5.3 总结了目前已有的葡萄糖转运蛋白相关基因及序列信息。

表 5.3　甲壳动物葡萄糖转运蛋白相关基因及序列信息

物种	基因名称	GenBank 登录号
海虱	Solute carrier family 2，facilitated glucose transporter member 8	BT080244.1
凡纳滨对虾	Solute carrier family 2，facilitated glucose transporter member 1	KM201335.1
鲑鱼海虱	Solute carrier family 2，facilitated glucose transporter member 4	BT077482.1
飞马哲水蚤	Solute carrier family 2，facilitated glucose transporter member 8	EL774076.1

续表

物种	基因名称	GenBank 登录号
普通滨蟹	Solute carrier family 2, facilitated glucose transporter member 8	DV943818. 1
丰年虫	glucose transporter	BQ563164. 1
弧边招潮蟹	glucose transporter	DW176582. 1
美洲螯龙虾	glucose transporter	FE043797. 1

四、血糖调节

为了给机体内细胞提供适宜的血糖浓度环境，动物需要通过激素及时有效地调节血糖浓度并将过多的葡萄糖储存起来。影响动物糖代谢的激素主要有胰岛素、高血糖素、甲状腺激素、胰岛素样生长因子、生长素、生长激素抑制素、皮质醇和儿茶酚胺等。在哺乳动物体内，胰岛素通过促进糖酵解、糖原合成和脂肪合成，以及抑制糖异生，来降低和控制血糖水平。水生动物中的鱼也可以通过胰岛素调节血糖，在一些鱼类体内，胰高血糖素的调控作用比胰岛素更为明显一些，胰高血糖素水平降低可增加糖原合成，抑制糖异生，从而降低血糖水平。另外，甲状腺激素能够加速分解肝糖原，同时降低血糖水平，雌激素可降低肝糖原含量为卵黄蛋白合成供能，从而达到调节血糖的作用。甲壳动物血淋巴糖水平主要是由高血糖激素（Crustacean Hyperglycemic Hormone，CHH）、类胰岛素肽和胰岛素样生长因子调节（Verri et al.，2001）。

对于甲壳动物而言，其体内的血淋巴糖水平波动更小。有资料显示克氏原螯虾的血糖水平为（0.9±0.2）mmol/L（Garcia et al.，1993），利莫斯螯虾为 0.03～0.19 mmol/L（Keller and Orth，1990），黄道蟹为 0.8 mmol/L（Webster，1996），斑节对虾为 0.77～1.39 mmol/L（Hall and Van Ham，1998）。甲壳动物血淋巴中的葡萄糖有两种来源：①通过肝胰腺和肠上皮细胞直接从食物中吸收；②由肝糖原分解或者通过糖异生途径产生。

1. 高血糖激素

甲壳动物高血糖激素（CHH）是其眼柄的 X 器官-窦腺复合体分泌的不同种类神经肽，包括甲壳动物高血糖激素（CHH）、蜕皮抑制激素（molt-inhibiting hormone，MIH）、大颚器官抑制激素（mandibular organ-inhibiting hormone，MOIH）、卵黄发生抑制激素（vitellogenesis-inhibiting hormone，VIH）和性腺抑制激素（gonad-inhibiting hormone，GIH）。CHH 家族神经肽分为Ⅰ型（CHH 亚族）和Ⅱ型（MIH/GIH 亚族），虽然它们的结构相似，但是功能差异较大。高血糖激素（CHH）可以参与蜕皮、繁殖和渗透压调节等过程，但其最主要的功能是参与脂肪和糖类代谢，这种神经肽可以调节血淋巴葡萄糖水平以满足甲壳动物各组织器官的能量需求。甲壳动物的高血糖激素基因具有以下特征：多数甲壳动物 CHH 具有多型性，大部分 *CHH* 基因有 4 个外显子，编码的 Cys 残基高度保守。

甲壳动物高血糖激素（CHH）可以有效地提高血糖浓度，当血糖浓度较低时，X 器官-窦腺中的 CHH 神经元细胞释放 CHH，诱导肌肉和肝胰腺中糖原水解从而提高血淋巴中葡萄糖浓度。相反，当血糖浓度过高时，CHH 的分泌受到抑制，这个过程与 CHH 提高血糖的过程相反。

2. 类胰岛素肽和胰岛素样生长因子（IGFs）

类胰岛素和胰岛素样生长因子（IGF-Ⅰ和 IGF-Ⅱ）属于同一个多肽家族，在脊椎动物体内，它们发挥着调节细胞代谢和生长的作用。甲壳动物体内也存在类胰岛素/胰岛素样生长因子多肽，而且这些多肽被逐步证明是同糖代谢密切相关的，它们可以有效地促进葡萄糖转化成糖原，降低葡萄糖含量。Gutiérrez（2007）通过将 IGF-Ⅰ 注射到凡纳滨对虾体内的实验，发现对虾的肝胰腺和鳃内的糖原含量在注射后显著上升，说明 IGF 可以促进糖原生成反应。注射 IGF-Ⅰ 的红螯螯虾肝胰腺葡萄糖高于对照组，在注射 30 min 后，螯虾肝胰腺葡萄糖含量比对照组高 36%，通过同位素标记方法，Richardson 等还发现注射了 IGF 组的螯虾腹肌中的糖原生成反应增强（Richardson et al. , 1997）。

甲壳动物摄入的双糖或多糖需要先被水解成单糖，而后通过血液运送至不同的组织，通过葡萄糖转运蛋白的作用进入不同组织，进行葡萄糖代谢、糖原分解、糖原合成及储存等活动。同时机体内的一些激素会根据血糖浓度对机体糖代谢进行调节（图 5.2）。

第三节　低盐度下凡纳滨对虾饲料中糖营养的研究

一、常见虾蟹类对糖的需求量

对大多数动物而言，糖类是最廉价的营养物质和能源物质，能够为机体提供活动所需的 ATP。长久以来，大家一直认为海洋动物对糖的利用能力比较差，因为海洋动物体内淀粉酶活力较低，而且动物能利用的糖，如葡萄糖，会快速被吸收从而引起机体血糖升高等不良反应。但随着甲壳动物糖营养被越来越多地关注和研究，这种观点逐渐被更正。目前，糖通常被添加到虾蟹饲料中，适量的糖可以为机体提供能量，并发挥一定的蛋白质节约作用。在虾蟹饲料中添加适量的糖不仅能够降低饲料成本，还能减少因为蛋白质分解造成的环境污染。此外，当虾蟹处于胁迫状态下，糖可以满足动物较高的能量需求（Tseng and Hwang, 2008; Wang et al. , 2016a; Wang et al. , 2012），海水中的氯离子可以促进蜘蛛蟹（*Libinia emarginata*）体内

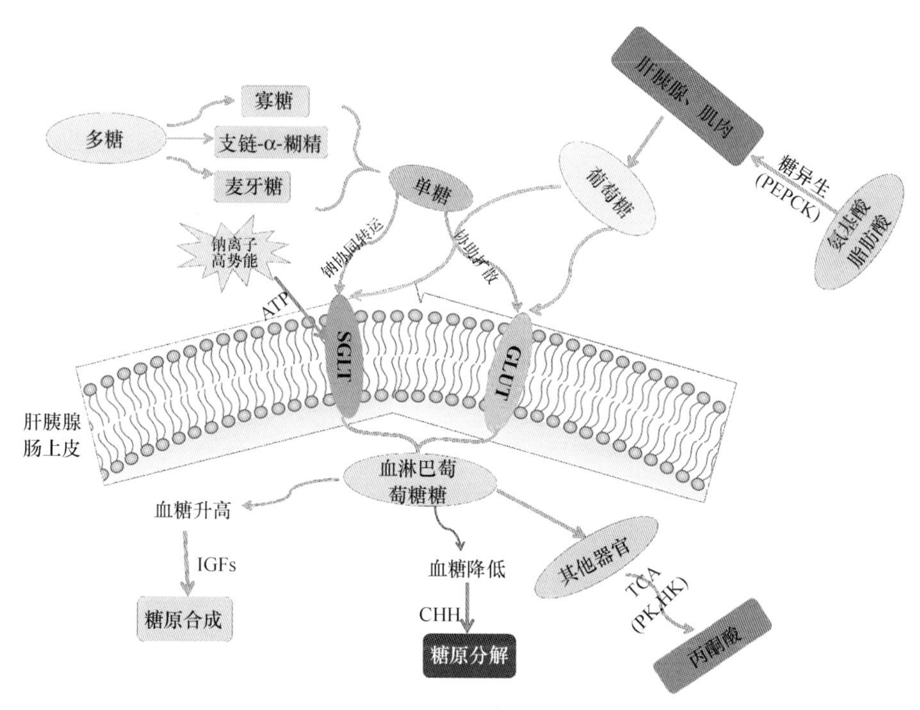

图 5.2　甲壳动物体内糖代谢简单过程

PEPCK 为磷酸烯醇式丙酮酸羧激酶，为糖异生途径的关键酶；PK 和 HK 分别为丙酮酸激酶和己糖激酶，为糖酵解的关键酶；IGFs 为类胰岛素肽和胰岛素样生长因子；CHH 为甲壳动物高血糖激素。

资料来源：Wang et al.，2016b

的糖异生过程来满足高能需求，低盐环境下，凡纳滨对虾需要更多的饲料糖来满足正常生长，适当的饲料糖可以缓解氨氮胁迫对对虾造成的不良影响。淀粉还可用来作为颗粒饲料和膨化饲料的黏合剂，改善饲料颗粒的物理性状。表 5.4 列出了一些常见养殖虾蟹类对不同糖源的需求量。

表 5.4　不同虾蟹对不同糖源的适宜需求量或添加量

种类（规格或生长阶段）	糖源	需求量/%	参考文献
褐对虾幼虾	葡萄糖	<10	（Andrews et al.，1972）
桃红对虾［（3.35±0.30）g］	葡萄糖	<10	（Sick and Andrews，1973）
日本对虾（0.9 g）	葡萄糖	<10	（Deshinaru and Yone，1978）
日本对虾（0.4~0.7 g）	葡萄糖	<10	（Abdel-Rahman et al.，1979）
斑节对虾（0.62 g）	海藻糖	20	（Alava and Pascual，1987）
中华绒螯蟹 Z1，Z3，Z5	淀粉	18	（潘鲁青等，2006）
中华绒螯蟹 Z2	淀粉	22	（潘鲁青等，2006）
中华绒螯蟹 Z4	淀粉	18~22	（潘鲁青等，2006）

续表

种类 （规格或生长阶段）	糖源	需求量/%	参考文献
中华绒螯蟹 M	淀粉	14~18	（潘鲁青等，2006）
中华绒螯蟹溞状幼体	淀粉	20	（徐新章等，1990）
中华绒螯蟹大眼幼体至 0.1 g 幼蟹	淀粉	21.2	（徐新章等，1990）
0.1 g 以上的中华绒螯蟹	淀粉	31	（徐新章等，1990）
凡纳滨对虾［（8.6 ± 0.5）mg］	淀粉	20	（Wang et al.，2014a）
斑节对虾（0.70±0.1）g	β-葡聚糖	≥0.5	（阳会军等，2001）
凡纳滨对虾幼虾	β-葡聚糖	0.2~0.4	（陈云波等，2002）
斑节对虾（0.139±0.011）g	糊化面粉	≤35	（Catacutan，1991）
凡纳滨对虾	甲壳质	≥0.54	（Akiyama et al.，1992）
中华绒螯蟹（19~25 g）	纤维素	≤3	（钱国英和朱秋华，1999）
中华绒螯蟹溞状幼体	纤维素	4	（徐新章等，1990）
中华绒螯蟹大眼幼体至 0.1 g 幼蟹	纤维素	4.9	（徐新章等，1990）
0.1 g 以上的中华绒螯蟹	纤维素	7.8	（徐新章等，1990）

二、凡纳滨对虾饲料糖营养的研究

1. 不同盐度下对虾的适宜饲料糖水平

从表 5.4 中可以看出，对虾糖利用能力较低。Deshimaru 和 Yong（1978）在对日本对虾的研究中发现，饲料中葡萄糖的含量超过 10%时将会抑制对虾的生长。大多数人认为对虾饲料中可消化性多糖类的适宜含量为 20%~30%。作为渗透调节动物，凡纳滨对虾有很强的渗透调节能力，在受到盐度胁迫时，它可以通过调节自身血淋巴渗透压和离子含量来维持机体的稳态，然而，这个过程需要消耗更多的能量（Péqueux，1995；Pante，1990）。糖是一种基础且廉价的能源物质，在动物受到胁迫时，它可以直接为机体供能（Wang et al.，2012；Lehninger，1978），所以糖或许在凡纳滨对虾渗透压调节过程中发挥重要的作用。郭冉等研究发现，在盐度为 6~14 时，饲料中糖水平为 10%时，对虾成活率最高；糖水平在 10%~20%时，对虾的增重率和饲料转化率最大；糖水平 30%时虾体蛋白含量最高，综合考虑各方面因素她认为在蛋白含量 38%时，凡纳滨对虾的最适糖需求量为 10%~20%，对 15%的糖水平饲料利用的较好（郭冉，2007）（表 5.5）。

表 5.5　不同糖水平对凡纳滨对虾生长的营养成分的影响（盐度 6~14）

淀粉水平/%	增重率/%	存活率/%	FCR	粗蛋白/%
10	433.7±4.2[a]	96.7±0.0[a]	1.45±0.01[b]	73.6[b]
15	453.6±14.8[a]	95.6±5.1[ab]	1.38±0.03[b]	74.5[ab]
20	359.5±75.8[a]	91.1±5.1[b]	1.39±0.03[b]	74.0[ab]
25	172.5±54.9[b]	66.7±12.0[c]	2.59±0.43[a]	72.2[c]
30	135.5±24.3[b]	68.9±12.6[c]	3.05±0.68[a]	75.3[a]
35	138.4±50.8[b]	70.0±12.0[c]	3.25±1.00[a]	74.6[ab]

注：同一指标数据上标不同字母显示显著性差异（$P<0.05$）。

资料来源：郭冉，2007

在 Rosas 等（2001）通过研究盐度和碳水化合物水平对对虾生长的影响发现，在盐度 15 时，饲料蛋白水平较高碳水化合物水平较低的实验组，对虾有最大生长率，他们认为碳水化合物代谢受蛋白代谢的调控，因为饵料中没有碳水化合物时对虾也能够产生足够的血淋巴葡萄糖和消化腺糖元，因为机体可以通过糖异生途径利用饵料中的蛋白质产生代谢所需的糖类物质。

在盐度 3 的养殖环境中，20%糖水平饲料组对虾的生长和存活情况最好（表 5.6）。对于在盐度 6~14 条件下养殖的凡纳滨对虾而言，饲料中添加 15%的糖可以满足对虾正常生长。但在盐度 3 时养殖的凡纳滨对虾，则需要在饲料中添加更多的糖，即 20%的糖，来满足更多的能量要求。相似地，相对于盐度 40，在盐度 15 时养殖的凡纳滨对虾需要更多的糖作为能源物质（Rosas et al.，2000）。因此，在低盐环境中，为保证凡纳滨对虾正常生长，饲料中需要添加更多的糖来为对虾渗透压调节和离子调节提供能量。

表 5.6　不同糖水平对凡纳滨对虾生长的影响（盐度 3）

糖水平/%	增重率/%	存活率/%
5	5 808.56[ab]	63.33[a]
10	4 871.06[a]	76.67[bc]
15	6 161.96[bc]	80[c]
20	7 097.92[c]	81.11[c]
25	6 704.78[bc]	65.55[ab]
30	4 955.94[a]	66.67[ab]
Pooled SEM	370.68	4.08

注：同一指标数据上标不同字母显示显著性差异（$P<0.05$）。Pooled SEM 为总体数据的标准误差。

资料来源：Wang et al.，2014

在低盐环境下，凡纳滨对虾更易受到周围环境中有毒物质的影响，如氨氮、硼、镍和杀虫剂。当凡纳滨对虾处于一个较低盐度的环境中时，低盐对于凡纳滨对虾而言是一种胁迫，为了降低胁迫带来的副作用，对虾需要更多的能量来提高渗透压调节能力。在 96 h 急性氨氮胁迫后，20%糖水平饲料组喂养的对虾呈现出最高的存活率，这说明在低渗环境中，饲料中适量的糖能够为渗透压调节提供能量，从而提高渗透调节能力降低胁迫带来的不良影响（Wang et al.，2014）（图 5.3）。

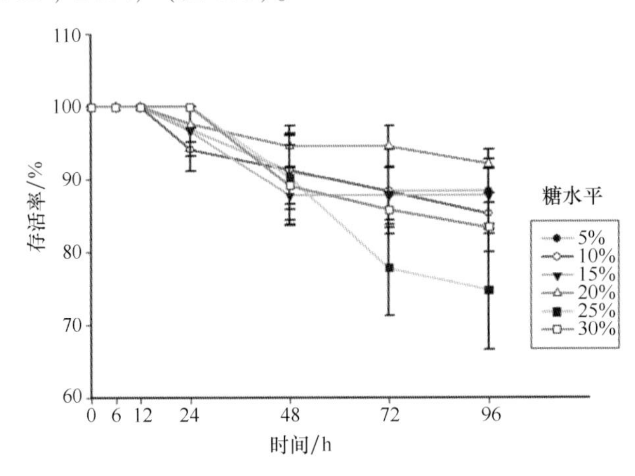

图 5.3　96 h 急性氨氮胁迫期间，不同饲料组凡纳滨对虾在不同时间点的存活率

资料来源：Wang et al.，2014b

在盐度 3 时，15%~20%饲料糖水平能够为凡纳滨对虾生长和渗透压调节提供额外的能量，从而改善对虾的生长，且在此低盐环境下，20%糖水平的饲料能够缓解氨氮胁迫对对虾造成的不良影响（Wang et al.，2014）。

2. 不同盐度下凡纳滨对虾饲料糖源种类的研究

对虾的消化道中存在一些碳水化合物酶，例如，α-淀粉酶、α-葡萄糖苷酶、α-麦芽糖酶、α-蔗糖酶、半乳糖苷酶、几丁质酶、壳二糖酶和纤维素酶等，所以对虾有能力消化不同种类的糖（Glass and Stark，1995）。但水生动物对糖的消化率却取决于糖的结构和复杂程度（Bergot，1979；Spannhof and Plantikow，1983）。相对复杂的糖需要经过酶解过程后才可以被消化，所以不如单糖容易消化（Shiau and Peng，1992；Alava and Pascual，1987）。在盐度 6~14 条件下，凡纳滨对虾饲料中添加蔗糖，对虾的生长和成活情况明显高于其他糖源组，且全虾脂肪含量显著升高；但葡萄糖组对虾的成活率却明显下降（郭冉，2007）（表 5.7）。在该盐度条件下，凡纳滨对虾的适宜糖源为蔗糖，其次为玉米淀粉、小麦淀粉、马铃薯淀粉、糊精，葡萄糖最差。

在盐度为 3 时，葡萄糖组饲料喂养的对虾特殊体长增长率最高，且显著高于马铃薯淀粉组，该组对虾的存活率也是最高的，显著高于小麦淀粉组；喂养蔗糖或者小麦淀粉的对虾生长要优于玉米淀粉和马铃薯淀粉组（Wang et al.，2016a）（表 5.8）。一般认为，以葡萄糖为糖源的饲料会对机体产生负面的生理影响，因为葡萄糖吸收利用较快，会导致高血糖症，对机体造成不良影响。众所周知，葡萄糖是最基本最直接的能源物质，在水生动物受到胁迫时，它可以满足机体的高能需求。在受到高渗胁迫时，中华绒螯蟹（*Eriocheir sinensis*）体内的血糖变化要先于肝胰腺可溶性蛋白，这说明在河蟹渗透压调节过程中，糖是主要的供能物质（Wang et al.，2012）。当凡纳滨对虾受到低盐胁迫时，例如盐度 3 的低渗外环境，对虾需要更多的能量来用于渗透压调节。所以在盐度 3 养殖环境下，葡萄糖组饲料喂养的对虾生长要好于多糖和双糖组。

表 5.7　不同糖源对凡纳滨对虾生长的营养成分的影响（盐度 6~14）

糖源	特殊体重增长率/%	成活率/%	粗脂肪/%
葡萄糖	0.75±0.28[b]	16.67±6.67[c]	2.82±0.16[ab]
蔗糖	1.39±0.39[a]	78.89±5.09[a]	3.13±0.39[a]
糊精	0.71±0.30[b]	53.33±5.77[b]	2.45±0.03[b]
玉米淀粉	0.83±0.28[b]	66.67±0.00[ab]	2.87±0.13[ab]
小麦淀粉	0.80±0.31[b]	65.56±16.78[ab]	2.86±0.48[ab]
马铃薯淀粉	0.39±0.20[b]	68.89±6.94[ab]	2.48±0.11[b]

注：同一指标数据上标不同字母显示显著性差异。

资料来源：Wang et al.，2014

表 5.8　不同糖源对凡纳滨对虾生长的影响（盐度 3）

糖源	增重率/%	特殊体长增长率/%	存活率/%
葡萄糖	9 215.32±88.25	2.78±0.02[a]	89.44±20.00[a]
蔗糖	7 278.14±458.66	2.37±0.10[ab]	71.68±9.77[ab]
小麦淀粉	7 135.59±169.46	2.59±0.19[ab]	53.33±1.92[b]
玉米淀粉	6 859.08±385.82	2.48±0.02[ab]	68.89±3.40[ab]
马铃薯淀粉	6 861.16±1 110.3	2.30±0.04[b]	63.33±12.51[ab]

注：同一指标数据上标不同字母显示显著性差异。

资料来源：Wang et al.，2016a

蔗糖组和小麦淀粉组对虾的增重要高于其他几组（表 5.8），与此相似，Davis 等（1993）也发现喂养小麦淀粉的凡纳滨对虾粗蛋白和机体能量要高于喂养玉米淀粉的对虾。对于斑节对虾而言，小麦淀粉和蔗糖是最合适的饲料糖源（Niu. et al.，2012），饲料中添加玉米淀粉会影响斑节对虾的生长。一些研究也表明饲料中添加蔗糖可以促进对虾的生长和存活（Alava and Pascual，1987；Deshinaru and Yone，1978）。小麦淀粉是可以被对虾消化的（Cuzon et al.，2004），由于小麦淀粉中有高达 80%的支链淀粉，所以它比其他几种淀粉营养价值高（Cuzon et al.，2000）。小麦淀粉、玉米淀粉和马铃薯淀粉组对虾肝小管

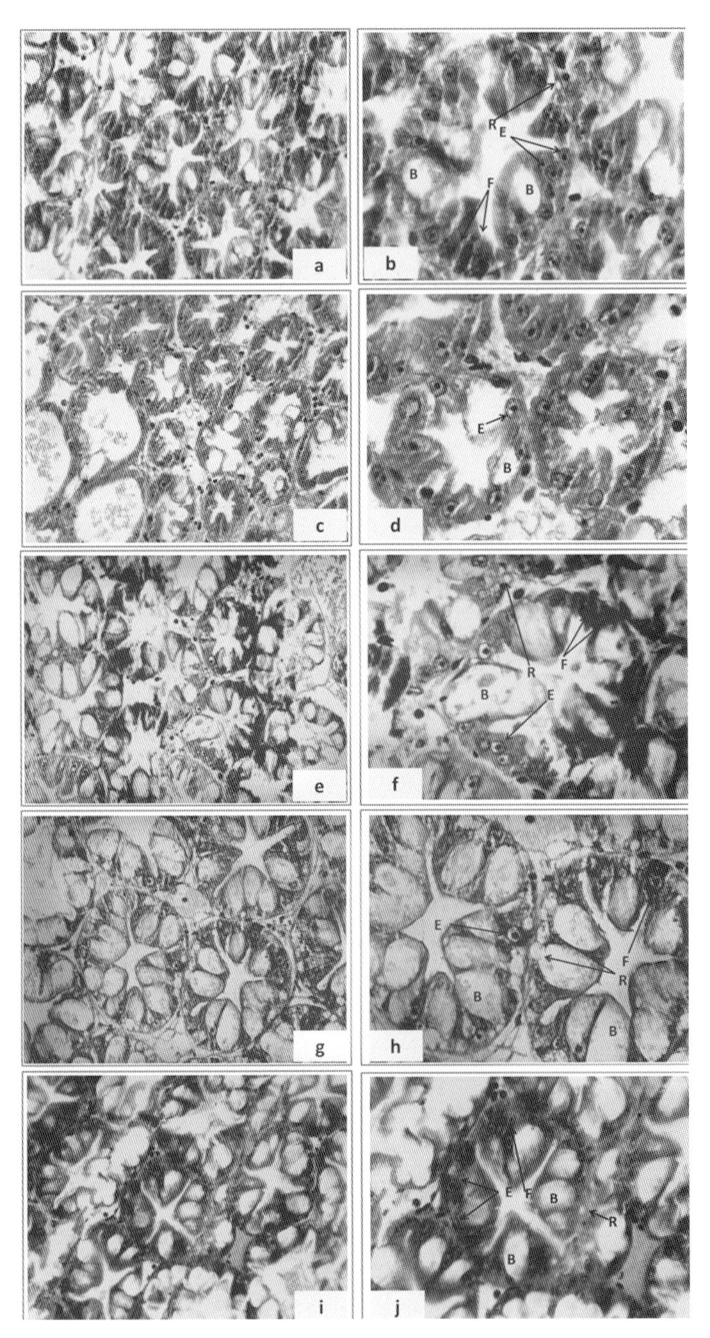

图 5.4　不同饲料处理组凡纳滨对虾肝胰腺切片，采用苏木精和伊红染料染色

a. ×400；b. ×1 000；c. ×400；d. ×1 000；e. ×400；f. ×1 000；g. ×400；h. ×1 000；i. ×400；j. ×1 000。a、b. 葡萄糖组；c、d. 蔗糖组；e、f. 小麦淀粉组；g、h. 玉米淀粉组；i、j. 马铃薯淀粉组。对虾肝胰腺是由许多肝小管构成，肝小管中共有 4 种细胞，分别是 E 细胞（“embryonalzellen” or embryonic）、R 细胞（“restzellen”）、F 细胞（“fibrillenzellen” or fibrous）和 B 细胞（“blasenzellen”）

资料来源：Wang et al.，2016a

内的 B 细胞数量显著高于其他两组（图 5.4）。B 细胞同营养物的吸收消化密切相关（Li et al. 2008），肝小管中 B 细胞数量越多，说明有更多的代谢产生更多的能量供机体活动。同葡萄糖和蔗糖相比，淀粉组对虾肝小管中 B 细胞数量较多，可能是因为对虾对淀粉的利用不如葡萄糖和蔗糖（Wang et al.，2016a）。因为淀粉结构比较复杂，而且利用率差，所以对虾需要从其他营养物质中获取能量维持渗透压调节。96 h 急性氨氮胁迫后，各糖源饲料组中，存活率由高到低依次为葡萄糖、小麦淀粉、玉米淀粉、蔗糖和马铃薯淀粉（表 5.9）。

表 5.9 96 h 急性氨氮胁迫期间，不同糖源饲料组凡纳滨对虾的存活率（盐度 3）

时间/h	存活率（%）				
	葡萄糖	蔗糖	小麦淀粉	玉米淀粉	马铃薯淀粉
6	98.48±1.52	95.83±4.17	98.04±1.96	94.67±2.74	93.47±3.85
12	96.63±1.71	95.83±4.17	91.37±5.93	94.67±2.74	93.47±3.85
24	96.63±1.71	95.83±4.17	88.04±8.18	90.92±2.73	79.78±7.19
48	90.27±2.34	75.46±6.23	79.41±1.51	79.31±5.29	62.60±4.72
72	78.54±2，49	72.69±6.42	66.86±1.85	72.47±5.93	54.66±7.07
96	76.87±3.85	60.42±14.2	64.90±7.51	64.01±2.83	43.51±6.58

资料来源：Wang et al.，2016a

低盐环境下，饲料中添加葡萄糖可以满足对虾生长和渗透压调节的能量需求。饲料中添加葡萄糖、蔗糖、小麦淀粉或者玉米淀粉可以适当提高对虾的抗胁迫能力。但从对虾生长以及实际应用角度去考虑，我们认为对于淡化养殖的凡纳滨对虾而言，小麦淀粉是一种较为合适的饲料糖源。

3. 低盐度下凡纳滨对虾饲料中糖对蛋白质的节约作用

对生物体而言，蛋白质是修复损伤、为机体提供能量的主要营养物质。在低盐环境下，高蛋白饲料可以改善凡纳滨对虾的生长情况，因为饲料中的氨基酸可以为机体提供能量以维持正常的生长并进行渗透压调节（Cuzon et al.，2004）。但是高蛋白饲料也就意味着更高的饲料成本，而且蛋白废料会污染环境，所以从对虾产业可持续发展角度来看，这种饲料是不可取的。饲料中适量的蛋白质既可以保证动物的正常生长，又能够减少生态系统的有机负载量（Singh et al.，2006）。在近年的动物营养学研究中，非蛋白原料（脂肪和糖）的使用越来越多，这可以适当地减少饲料蛋白质的用量。尽管甲壳动物对糖的利用率差，而且无法适应高糖饲料（Shiau and Peng，1992），但甲壳动物商业饲料中还是会添加适量的糖类物质以替代部分蛋白质发挥作用（Cuzon et al.，2004）。

在正常盐度下，凡纳滨对虾的蛋白需求量在 400~441 g/kg（Liu et al.，2005）。低盐环境下，饲料中提高蛋白质含量可以提高凡纳滨对虾的渗透压调节能力（Li et al.，

2011）。饲料蛋白质（P）与糖（C）的比例为 30：25 时，即 P30：C25 饲料组，该饲料组对虾的增重率与 P38：C14 无显著差异，说明 P30：C25 饲料中糖发挥了一定的蛋白质替代作用（Wang et al.，2015）。与此相似，在斑节对虾饲料中，小麦粉可以替代一定的蛋白质（Cruz-Suarez et al.，1994）。Shiau 和 Peng 等（1993）尝试通过提高饲料淀粉或糊精含量（370~410 g/kg）来缓解饲料蛋白质含量降低（280~240 g/kg）对罗非鱼带来的负面影响，结果发现两组间的增重率和摄食率并无显著差异。尽管 P26：C30 和 P30：C25 组对虾的生长不如 P34：C19 饲料组，但是 C>20%组对虾的存活率要优于 C<19%各组。P26：C30 组对虾的存活率最高，并且显著高于其他各组，随着饲料中糖含量的增加，对虾的存活率逐渐升高，这说明在低盐环境下，饲料中的糖可以提高对虾的存活率（Wang et al.,2015）（表 5.10）。因此，当饲料中的蛋白质可以满足对虾的基本生长时，高水平糖可以提高低盐下对虾的存活。P34：C19 饲料组对虾的粗蛋白含量最高，且显著高于其他三组，该组对虾的粗脂肪含量显著高于 P38：C14 饲料组，但其他两组间对虾的粗脂肪含量无差异。

表 5.10　饲料中不同蛋白质和糖水平对凡纳滨对虾生长存活及体成分的影响（盐度 3）

饲料	增重率/%	存活率/%	粗蛋白/%	粗脂肪/%
P26：C30	630.21[a]	96.67[a]	161.4[b]	9.5[ab]
P30：C25	845.34[b]	86.67[b]	158.9[ab]	8.2[ab]
P34：C19	1 021.00[c]	69.17[c]	169.9[c]	11.1[a]
P38：C14	904.37[bc]	68.33[c]	156.6[a]	7.7[b]
Pooled SEM	55.67	2.32	0.15	0.09

注：同一指标数据上标不同字母显示显著性差异（$P<0.05$）。Pooled SEM 为总体数据的标准误差。

资料来源：Wang et al.，2015

96 h 急性氨氮胁迫后，对虾存活率由高到低依次为 P34：C19、P30：C25、P38：C14 和 P26：C30，但是各组间无显著差异（图 5.5）。

所以，凡纳滨对虾在淡水养殖过程中，饲料中糖能发挥一定的蛋白质替代作用，在满足基本的蛋白质需求前提下，在饲料中额外添加适量的糖可以改善对虾的生长。饲料中较为合适的蛋白质：糖的比例是 P34：C19，该比例的饲料可以同时满足对虾的能量和蛋白质需求，并能在一定程度上提高对虾的抗逆性。

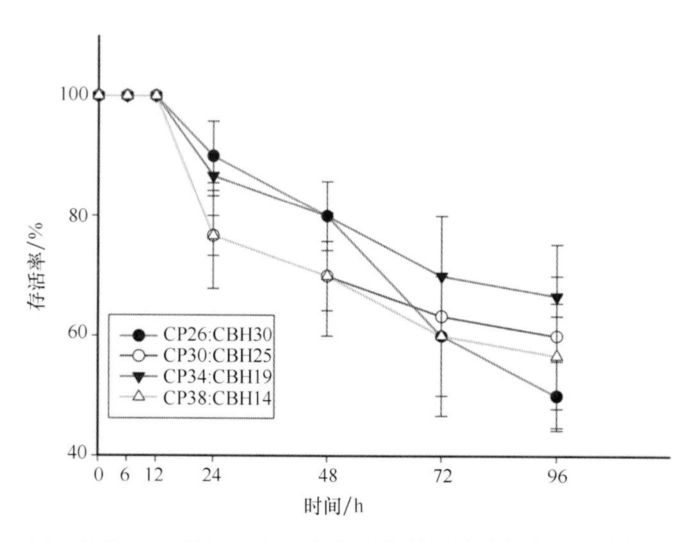

图 5.5 96 h 急性氨氮胁迫期间，不同饲料组凡纳滨对虾在不同时间点的存活率

资料来源：Wang et al.，2015

参考文献

陈云波，周洪琪，华雪铭，等. 2002. 饲料中添加 β-葡聚糖对南美白对虾的生长、存活及饲料系数的影响［J］. 淡水渔业，32：55-56.

郭冉. 2007. 凡纳滨对虾（*Litopenaeus vannamei*）对糖的利用［D］. 广州：中山大学.

潘鲁青，肖国强，张红霞. 2006. 中华绒螯蟹幼体发育阶段对淀粉营养需要的研究［J］. 水生生物学报，30：327-332.

钱国英，朱秋华. 1999. 中华绒螯蟹配合饲料中蛋白质、脂肪、纤维素的适宜含量［J］. 中国水产科学，(3)：61-65.

温小波，陈立侨. 2002. 中华绒螯蟹亲蟹的标准代谢研究［J］. 华东师范大学学报，(3)：105-109.

徐新章，何珍秀. 1998. 幼蟹配饵适宜能量蛋白比的研究［J］. 江西水产科技，(2)：18-20.

徐新章，杨萍，廖志刚，等. 1990. 微型饵料在河蟹育苗生产中的应用［J］. 江西水产科技，(4)：3-11.

阳会军，谭北平，方怀义. 2001. 饲料中添加不同水平 β-葡聚糖对斑节对虾生长、存活及其抗病力的影响［J］. 饲料工业，22：18-19.

Abdel-Rahman S H，Kanazawa A，Teshima S I. 1979. Effects of dietary carbohydrate on the growth and the levels of the hepatopancreatic glycogen and serum glucose of prawn［J］. Bulletin of the Japanese Society of Scientific Fisheries，45：1 491-1 494.

Akiyama D M，Dominy W G，Lawrence A L. 1992. *Penaeid shrimp nutrition*［M］. New York：Elsevier Science Publishing Inc.

Alava V R，Pascual F P. 1987. Carbohydrate requirements of *Penaeus monodon*（Fabricius）juveniles［J］. Aquaculture, 61: 211-217.

Andrews J W, Sick L V, Baptist G J. 1972. The influnce of dietary protein and energy levels on growth and suvival of penaeid shrimp [J]. Aquaculture, (1): 341-347.

Barclay M C, Dall W, Smith D M. 1983. Changes in lipid and protein during starvation and the moulting cycle in the tiger prawn, *Penaeus esculentus* Haswell [J]. Journal of Experimental Marine Biology and Ecology, 68: 229-244.

Bergot F. 1979. Carbohydrate in rainbow trout diets: effects of the level and source of carbohydrate and the number of meals on growth and body composition [J]. Aquaculture, 18: 157-167.

Catacutan M R. 1991. Apparent digestibility of diets with various carbohydrate levels and the growth response of *Penaeus monodon* [J]. Aquaculture, 95: 89-96.

Cruz-Suarez L E, Ricque-Marie D, Pinal-Mansilla J D, et al. 1994. Effect of different carbohydrate sources on the growth of *P. vannamei*: Economical impact [J]. Aquaculture, 123: 349-360.

Cuzon G, Ceccaldi H J. 1973. Influence of the fasting stabulation on the metabolism of the shrimp *Crangon crangon* (L.) [J]. Comptes Rendus des Seances de la Societede Biologie et des ses Filiales, 167: 66-69.

Cuzon G, Cahu C, Aldrin J F, et al. 1980. Starvation effect on metabolism of *Penaeus japonicus* [J]. Journal of the World Aquaculture Society, 11: 410-423.

Cuzon G, Lawrence A, Gaxiola G, et al. 2004. Nutrition of *Litopenaeus vannamei* reared in tanks or in ponds [J]. Aquaculture, 235: 513-551.

Cuzon G, Rosas C, Gaxiola G, et al. 2000. Utilization of carbohydrates by shrimp [C]. In: Cruz-Suarez L E, Ricque-Marie D, Tapia-Salazar M A, et al. (Eds.). Avances en Nutricion Acucola V. Memorias del V Simposium de Nutricion Acucola. 19-22 Noviembre, 2000. Merida, Yucatan, 328-339.

Deshinaru O, Yone Y. 1978. Effect of dietary carbohydrate source on the growth and feed efficiency of parwn [J]. Bulletin of the Japanese Society of Scientific Fisheries, 44: 1 161-1 163.

Garcia E, Benitez A, Onetti C G. 1993. Responsiveness to D-Glucose in Neurosecretory-Cells of Crustaceans [J]. Journal of Neurophysiology, 70: 758-764.

Glass H J, Stark J R. 1995. Carbohydrate Digestion in the European Lobster *Homarus gammarus* (L.) [J]. Journal of Crustacean Biology, 15: 424-433.

Gutiérrez A, Nieto J, Pozo F, et al. 2007. Effect of insulin/IGF-I like peptides on glucose metabolism in the white shrimp *Penaeus vannamei* [J]. General and Comparative Endocrinology, 153: 170-175.

Hall M R, Van Ham E H. 1998. Diurnal variation and effects of feeding on blood glucose in the giant tiger prawn, *Penaeus monodon* [J]. Physiological Zoology, 71: 574-583.

Johnston D J, Ritar A J, Thomas C W. 2004. Digestive enzyme profiles reveal digestive capacity and potential energy sources in fed and starved spiny lobster (*Jasus edwardsii*) phyllosoma larvae [J]. General and Comparative Endocrinology, 138B: 137-144.

Keller R, Orth H P. 1990. Hyperglycemic neuropeptides in crustaceans [M]. New York: Wiley-Liss.

Lehninger, A. L. 1978. Biochemistry [M], Kalyani, Ludhiana, New Delhi.

Li E, Arena L, Lizama G, et al. 2011. Glutamate dehydrogenase and Na^+-K^+ ATPase expression and growth response of *Litopenaeus vannamei* to different salinities and dietary protein levels [J]. Chinese Journal of Oceanology and Limnology, 29: 343-349.

Li E, Chen L, Zeng C, et al. 2008. Comparison of digestive and antioxidant enzymes activities, haemolymph oxyhemocyanin contents and hepatopancreas histology of white shrimp, *Litopenaeus vannamei*, at various salinities [J]. Aquaculture, 274: 80-86.

Liu X, Jiang N, Hughes B, et al. 2005. Evolutionary conservation of the clk-1-dependent mechanism of longevity: loss of mclk1 increases cellular fitness and lifespan in mice [J]. Genes & Development, 19: 2 424-2 434.

Neves C A, Pastor M P, Nery L E, et al. 2004. Effects of the parasite Probopyrus ringueleti (Isopoda) on glucose, glycogen and lipid concentration in starved *Palaemonetes argentinus* (Decapoda) [J]. Diseases of Aquatic Organisms, 58: 209-213.

Niu J, Lin H Z, Jiang S G, et al. 2012. Effect of seven carbohydrate sources on juvenile Penaeus monodon growth performance, nutrient utilization efficiency and hepatopancreas enzyme activities of 6-phosphogluconate dehydrogenase, hexokinase and amylase [J]. Animal Feed Science and Technology, 174: 86-95.

Obi I E, Sterling K M, Ahearn G A. 2011. Transepithelial D-glucose and D-fructose transport across the American lobster, *Homarus americanus*, intestine [J]. Journal of Experimental Biology, 214: 2 337-2 344.

Pante M J R. 1990. Influence of environmental stress on the heritability of molting frequency and growth rate of the penaeid shrimp, *Penaeus vannamei* [D]. University of Houston-Clear lake, Houston, TX, USA.

Péqueux A. 1995. Osmotic regulation in crustaceans [J]. Journal of Crustacean Biology, 15: 1-60.

Richardson N A, Anderson A J, Sara V R. 1997. The effects of insulin/IGF-I on glucose and leucine metabolism in the redclaw crayfish (*Cherax quadricarinatus*) [J]. General and Comparative Endocrinology, 105: 287-293.

Ritar A J, Dunstan G A, Crear B J, et al. 2003. Biochemical composition during growth and starvation of early larval stages of cultured spiny lobster (*Jasus edwardsii*) phyllosoma [J]. Comparative Biochemistry and Physiology, 136A: 353-370.

Rosas C, Cuzon G, Gaxiola G, et al. 2000. Influence of dietary carbohydrate on the metabolism of juvenile *Litopenaeus stylirostris* [J]. Journal of Experimental Marine Biology and Ecology, 249: 181-198.

Rosas C, Cuzon G, Gaxiola G, et al. 2001. Metabolism and growth of juveniles of *Litopenaeus vannamei*: effect of salinity and dietary carbohydrate levels [J]. Journal of Experimental Marine Biology and Ecology, 259: 1-22.

Schafer H J. 1968. Storage materials utilized by starved pink shrimp, *Penaeus duorarum* Burkenroad [J]. FAO Fisheries & Aquaculture, 57: 393-403.

Shiau S Y, Peng C Y. 1992. Utilization of Different Carbohydrates at Different Dietary-Protein Levels in Grass Prawn, *Penaeus monodon*, Reared in Seawater [J]. Aquaculture, 101: 241-250.

Shiau S Y, Peng C Y. 1993. Protein-Sparing Effect by Carbohydrates in Diets for Tilapia, *Oreochromis-Niloticusxo* Aureus [J]. Aquaculture, 117: 327-334.

Sick L V, Andrews J W. 1973. The effect of selected dietary lipids, carbohydrates and proteins on the growth, survival and body composition of *Penaeus duorarum* [J]. *Proceeding of World Mariculture Society*, 4: 263-276.

Singh R K, Balange A K, Ghughuskar M M. 2006. Protein sparing effect of carbohydrates in the diet of *Cirrhinus mrigala* (Hamilton, 1822) fry [J]. Aquaculture, 258: 680-684.

Spannhof L, Plantikow H. 1983. Studies on carbohydrates digestion in rainbow trout [J]. Aquaculture, 30: 95-108.

Tseng Y C, Hwang P P. 2008. Some insights into energy metabolism for osmoregulation in fish [J]. *Comparative Biochemistry and Physiology*, 148C: 419-429.

Verri T, Mandal A, Zilli L, et al. 2001. D-glucose transport in decapod crustacean hepatopancreas [J]. *Comparative Biochemistry and Physiology*, 130A: 585-606.

Wang X, Li E, Qin J, et al. 2016a. Growth, body composition, ammonia tolerance and hepatopancreas histology of white shrimp *Litopenaeus vannamei* fed diets containing different carbohydrate sources at low salinity [J]. Aquaculture research, 476: 1 932-1 943.

Wang X, Li E, Qin J, et al. 2014. Growth, body composition, and ammonia tolerance of juvenile white shrimp *Litopenaeus vannamei* fed diets containing different carbohydrate levels at low salinity [J]. Journal of Shellfish Research, 33: 1-7.

Wang X, Li E, Wang S, et al. 2015. Protein-sparing effect of carbohydrate in the diet of white shrimp *Litopenaeus vannamei* at low salinity [J]. Aquaculture Nutrition, 21: 904-912.

Wang X, Li E, Chen L. 2016b. A Review of Carbohydrate Nutrition and Metabolism in Crustaceans [J]. North American Journal of Aquaculture, 78: 178-187.

Wang Y, Li E, Yu N, et al. 2012. Characterization and Expression of Glutamate Dehydrogenase in Response to Acute Salinity Stress in the Chinese Mitten Crab, *Eriocheir sinensis* [J]. PLOS One, 7, e37316.

Webster S G. 1996. Measurement of crustacean hyperglycaemic hormone levels in the edible crab *Cancer pagurus* during emersion stress [J]. Journal of Experimental Biology, 199: 1 579-1 585.

第六章　低盐度下凡纳滨对虾的矿物质营养

第一节　矿物质元素的种类和生理功能

矿物质又称为无机盐类，是饲料中不可缺少的营养物质，是构成动物体的必需成分，同时，对于维持动物体的正常内环境、保持物质代谢的正常进行以及保证各种组织和器官的正常生理活动也是不可缺少的（金宏和杨良玖，1999）。

一般来说，矿物质在生物体内的营养功能主要表现在以下几个方面：①骨骼、牙齿、甲壳以及其他组织的构成成分，如 Ca、Mg 等；②酶的辅基成分或酶的激活剂，如锌是碳酸酐酶的辅基，铜是酚氧化酶的辅基等；③构成软组织中某些特殊功能的有机化合物，如铁是血红蛋白的成分，碘是甲状腺素的成分，钴是维生素 B_1 的成分等；④无机盐是体液中的电解质，维持体液的渗透压和酸碱平衡，保持细胞的定型，供给消化液中的酸和碱，如 K、Na、Cl 等元素；⑤保持神经和肌肉的敏感性，如 Ca、Mg、K、Na 等元素。矿物质的生理功能在鱼虾和陆地动物上的重大区别在于渗透压的调节，即鱼虾体液需要经常维持和周围水环境之间的渗透压平衡，其他方面则与陆生动物是基本相同的（王广军等，2004）。

自然界中大多数元素都可以在生物体内找到，到目前为止，已经发现了 29 种元素是动物必需的营养素，按照这些元素在体内的含量可以分为三大类：①大量元素，主要包括碳、氢、氧和氮硫；②常量元素，包括钙、磷、钠、钾、氯、镁、硫 7 种；③微量元素，包括铁、锌、铜、锰、碘、硒、钴、钼、氟、铬、硼等 12 种。表 6. 1 是矿物质元素在鱼、虾中的主要功能和缺乏症。

表 6. 1　矿物质元素的主要功能及其在鱼、虾中的缺乏症

矿物元素	作用	缺乏症
常量矿物元素		
钙	构成骨骼组织，维持膜通透	生长受损和硬质组织矿化受阻
氯	调节渗透平衡	生长受阻
镁	酶的激活剂	抽搐、肌肉松弛
磷	构成骨骼组织、磷脂的组分	生长受阻、硬质组织矿化程度降低、骨骼畸形、脂肪沉积

续表

矿物元素	作用	缺乏症
钾	调节渗透平衡、酸碱平衡	痉挛、抽搐
钠	调节渗透平衡、酸碱平衡	生长受阻
微量矿物元素		
铜	金属酶的成分	生长受阻、含铜离子的酶活性降低
钴	维生素 B_{12}	贫血
铬	参与碳水化合物的代谢	降低葡萄糖利用率
碘	合成甲状腺激素	甲状腺肿大
铁	合成血红蛋白	生长受阻、贫血
锰	构成骨骼的有机基质	生长受阻、骨骼畸形、白内障
钼	组成黄嘌呤氧化酶	酶活性降低
硒	谷胱甘肽过氧化酶的组分	生长受阻、贫血、渗出性体质、谷胱甘肽过氧化酶活性降低
锌	金属酶辅酶	生长受阻、白内障、骨骼畸形、各种含锌的酶活性降低

资料来源：美国国家科学院科学研究委员会，2015

第二节　凡纳滨对虾对矿物质元素的需求量研究

一、虾蟹类矿物质需求量

矿物质（包括常量元素与微量元素）是虾蟹生长发育与繁殖不可缺少的营养物质。研究虾蟹类矿物质营养生理作用及需求量，对促进虾蟹生长发育和维护健康、完善饲料营养成分以及提高饲料效率起到了积极的作用。虾蟹虽然能从养殖水体中吸收一部分矿物质，但由于蜕壳的关系而常常丢失许多矿物质，故必须由饲料来提供。一些矿物质对虾蟹的影响，除了生长发育上造成差别外，某些生理指标也会起变化，如铜对血液指标的影响。由于虾蟹类的特殊性以及饵料和水环境无机盐水平的影响，虾蟹类矿物质营养研究一直是大家关注的问题。

甲壳类可以有效地从海水中吸收钙，但吸收的钙能否满足需要，则由于研究方法不同而有不同的结论，对微量元素的需求量更是如此。迄今有关甲壳类对常量元素、微量元素营养需要的主要结果见表 6. 2 和表 6. 3。

表 6.2　甲壳类对常量元素的需求量

常量元素	种类	饲料蛋白源	需求量/（g/100 g）	参考文献
钙	日本囊对虾	鱿鱼粉	1.2	Kitabayashi et al.（1971）
		酪蛋白	1.0~1.2	Kanazawa et al.（1984）
	凡纳滨对虾	酪蛋白—明胶	非必需	Davis et al.（1993）
	斑节对虾	酪蛋白—明胶	非必需	Peñaflorida（1999）
磷	日本囊对虾	酪蛋白	1.0~2.0	Kanazawa et al.（1984）
		鱿鱼粉	1.0	Kitabayashi et al.（1971）
	凡纳滨对虾	酪蛋白—明胶	Ca：0.5%，总 P：0.93%，EPA=0.77%；Ca：1.5%，总 P：2%，EPA=1.22%	Cheng et al.（2006）
		鱼粉、豆粕	>1.33、实用饲料	Pan et al.（2005）
	斑节对虾	酪蛋白—明胶	0.5%（0.74 总 P）、低钙	Peñaflorida（1999）
钙磷比	美洲螯龙虾（幼虾）	酪蛋白—鱼粉	1∶1	Gallagher et al.（1982）
	美洲螯龙虾（成虾）	酪蛋白	1∶1	Kanazawa et al.（1984）
	日本囊对虾	鱿鱼粉	1.2∶1.04	Kitabayashi et al.（1971）
钾	日本囊对虾	酪蛋白—全卵蛋白	1	Deshimaru and Yone（1978）
	斑节对虾	酪蛋白	1.2	Kanazawa et al.（1984）
镁	日本囊对虾	酪蛋白	0.3	Kanazawa et al.（1984）
	凡纳滨对虾	酪蛋白—明胶	0.26~0.35	Cheng et al.（2005）

资料来源：美国国家科学院科学研究委员会，2015

表 6.3　甲壳类对微量元素的需求量

微量元素	种类	饲料蛋白源	需求量/（mg/kg）（饲料）	参考文献
铜	中国明对虾	鱼粉、花生粕	53	Liu et al.（1990）
		酪蛋白	25.3	Wang et al.（1997）
	凡纳滨对虾	酪蛋白—明胶	16~32	Davis et al.（1993）
	斑节对虾	酪蛋白	10~30	Lee and Shiau（2002）
铁	凡纳滨对虾	酪蛋白—明胶	非必需	Davis et al.（1992）
	日本囊对虾	酪蛋白	非必需	Kanazawa et al.（1984）
锰	凡纳滨对虾	酪蛋白—明胶	需要	Davis et al.（1992）
硒	凡纳滨对虾	酪蛋白—明胶	0.2~0.4	Davis et al.（1990）
锌	斑节对虾	酪蛋白	32~34（生长）35~48（免疫）	Shiau and Jiang（2006）
	凡纳滨对虾	酪蛋白—明胶	15（总 Zn32）200（总 Zn218）有植酸存在	Davis et al.（1993）

资料来源：美国国家科学院科学研究委员会，2015

二、海水条件下凡纳滨对虾的矿物质需要

目前对于海水条件下，凡纳滨对虾对矿物质元素的需求主要集中于以下几种常量元素和微量元素中。

（一）常量元素

1. 钙和磷

钙和磷是在水产动物生长代谢过程中具有重要作用的矿物质元素。钙、磷是对虾虾壳的主要成分，又是重要的生物活性物质，钙离子参与血凝过程，激活钙 ATP 酶，对维持神经肌肉的兴奋性起重要的作用；甲壳动物的外壳无机成分由碳酸钙构成，还有少量的镁盐和磷酸盐，可见钙对于甲壳动物的脱壳钙化起着非常重要的作用。磷是构成甲壳动物表皮的关键成分，外表皮下的致密层中含有极丰富的磷，它能刺激内表皮生成和外骨骼矿化。磷以磷酸根形式参与许多物质的代谢过程，如磷是 ATP、RNA 及体液缓冲液的重要成分，还与遗传密码以及生殖有密切的关系。因此，它们的添加不足或过量均会影响到虾体内钙、磷的含量，从而进一步影响其体内的物质代谢过程和生长（黄凯等，2004）。

关于对虾饲料的钙和磷营养研究多有报道，Robertson（1953）研究认为，水生生物通过鳃、皮肤可以逆浓度梯度从水中吸收无机离子。Shewbart（1973）报道，对虾能通过浸透从海水中获得所需要的钙、钠、钾、氯，对于磷则因其在海水中含量低，需要从饲料中摄取。Deshimaru 和 Yone（2008）也研究发现日本对虾能够从海水中摄取钙，不需要来源于饲料中的钙、镁和铁。关于钙磷比的研究也较多，饲料中过量的钙则导致需要更多的磷，一方面，会导致饲料成本过高；另一方面，则会抑制其他营养素的生物利用度，钙、磷之间没有确定的关系，0.21%~0.73%均能提高对虾生长（Cheng et al.，2006）。对凡纳滨对虾的钙、磷需求量研究较多，Davis 等（1993）报道，其饵料中不需要添加钙，而磷的添加量与钙有关，当钙添加量小于 0.34%时，不需要添加磷；而当钙含量为 0.5%~1%时，添加 1%的磷为宜；当钙添加量为 1%~2%时，应当添加 2%的磷；他认为没有固定的钙磷比，但是钙、磷的比例不应大于 2。

钙、磷添加量有一定限度。Davis 等（1993）指出，仅有 13%的磷可以被有效利用，其余的部分则会排入水体。Davis 等（1993）还提出，3%或是更高的钙含量将会导致凡纳滨对虾生长受限，高钙膳食可能会抑制机体对磷和其他营养物质的吸收，所以在实际饲养过程中，饲料中钙的含量应适当减少。还有一些研究指出，饲料里磷添加过量会导致生物体生长量下降（斑节对虾和鲍鱼），这可能是由于膳食中 pH 值的改变或是过量的磷与其他因素交互作用的结果，饲料中的磷来源于 KH_2PO_4（Briggs and Fvnge-Smith，2010）。

2. 镁

镁是动物必需的矿物元素，几乎参与了体内绝大多数的能量代谢过程，可催化或激活300多种酶促体系。镁是细胞内第二大阳离子，与核酸、带负电荷磷脂以及蛋白质密切相关（Vormann，2003）。①镁对形成ATP-Mg^{2+}复合体的形成必不可少，尤其是Mg^{2+}依赖的Na^{+}/K^{+}-ATP酶和Ca^{2+}/Mg^{2+}-ATP酶，这些酶参与适应低盐度而进行的渗透压调节和离子监管。有研究发现，甲壳类缺乏Mg^{2+}和Na^{+}/K^{+}-ATP酶会导致无法水解ATP。②镁对于骨骼的组织代谢和神经肌肉传递来说不可或缺（Rpm et al.，2000；Glynn，1985）。饲料中缺乏镁可能会导致鱼类的不健康生长、厌食、嗜睡、肌肉软弱、抽搐，以及体内Mg^{2+}浓度降低，然而在甲壳动物上并没有相关报道。对镁的需求量的研究已经有相关报道，但是因为一些研究方法不一致，导致差异较大。在海水中，凡纳滨对虾幼虾饲料中Mg^{2+}的适宜添加量为1.2 g/kg，过多的Mg^{2+}会导致虾体的营养不良（Shewbart et al.，1973）。

3. 钾

K^{+}是细胞内液主要的阳离子，凡纳滨对虾的存活、生长和正常生理活动离不开钾的参与。钠、钾、氯是甲壳动物中重要的渗透压调节因子，维持着细胞内外的电解液和酸碱平衡，能激活腮上的Na^{+}/K^{+}-ATPase进行离子调控。虾类可以从水体中直接吸收钾，但养殖水体中施入钾肥则易导致养殖成本升高和水域富营养化等问题，不利于对虾养殖业的可持续发展（郑素碧等，2016）。因此，在饲料中添加K^{+}，为对虾养殖过程中钾离子缺乏提供了思路。

关于饲料中钾离子添加量已有一定研究。朱伟星等（2014）研究发现，鱼类缺乏钾会出现厌食现象，饲料效率下降，从而导致生长减慢。郑素碧等（2016）经过实验研究表明，饲料中添加适量的钾可以提高对虾非特异性免疫能力。

（二）微量元素

微量元素铁、铜、锰、锌是维持虾蟹类正常生长和新陈代谢不可缺少的营养物质。虽然动物体内微量元素的含量少，但是它们有着不可替代的生理功能——作为酶的辅基或激活剂以及构成软组织中具有特殊功能的有机化合物。水生动物缺乏这些微量元素就会出现生长缓慢、皮肤及鳍发炎、贫血、死亡率高等症状。

1. 铜

铜对虾类来说是一种非常重要的元素，它不仅与许多酶有关，如赖氨酸氧化酶、细胞色素氧化酶、酪氨酸酶、过氧化物歧化酶等，它还是虾类血液中血蓝蛋白的重要组分，对氧在体内的运输起着重要的作用（郭志勋等，2003）。另外，铜在虾体内的积累会影响产品品质，排入水体会造成环境污染。因此，合理控制饲料中铜元素的含量对于养殖对虾的免疫抵抗力、品质以及环境保护具有重要的意义。

刘发义和李荷芳（1995）认为，中国对虾对饲料铜的需求量为 53 mg/kg 左右；郭志勋等（2003）研究发现，在基础饲料中添加 30 mg/kg 铜时，凡纳滨对虾生长速度最快，对成活率没有显著影响。这说明基础饲料中的铜能够满足凡纳滨对虾维持生存和生长的需要，但却不能满足其最佳生长以及最大限度地利用饲料营养成分的需要。其还指出，铜添加组对虾的酚氧化酶（PO）和超氧化物歧化酶（SOD）的活力都高于对照组，其中当添加水平为 30 mg/kg 时，两种酶的活力均最强。因此，饲料铜的含量不仅对对虾生长影响显著，还影响对虾的免疫能力。

2. 锰

微量元素锰对于动物（甲壳类）的营养以及生理功能十分重要。一方面，锰在动物体内与黏多糖的合成有关，而黏多糖是软骨及骨组织的重要成分。所以缺锰动物的软骨生长受到损害，因而骨骼发生广泛畸形，影响动物生长（Shewbart et al.，1973）。另一方面，锰参与脂肪代谢，在饲料中添加适量的锰能够有效减少脂肪肝的形成（孔祥瑞，1982）。此外，锰与造血密切相关，铜是造血的重要材料，而锰能够改善机体对铜的吸收（王道尊和赵亮，1994）。

饲料中锰的作用和添加量在水生动物鱼类和小鼠中有一定的研究。有研究表明，饲料中添加适量的锰可以促进鱼类的生长和提高饲料效率。而饲料中锰元素的缺乏或不足，则会导致草鱼的骨骼畸形。并且，饲料中锰含量对草鱼椎骨中锰含量有明显影响。在凡纳滨对虾中，锰也有一定的研究，Xian 等（2013）选取 5 个不同的锰浓度，对凡纳滨对虾饲喂 10 周后发现，相比对照组，每千克饲料补充 50~200 mg 的锰将显著提升虾的增重率和特定增长率。其还指出，在凡纳滨对虾幼虾饲料中添加足够的锰时，将有效提高虾的生长率、抗氧化能力和免疫活性。以生长率、抗氧化酶活性、ACP、AKP 为参考标准，幼虾饲料中锰添加量在 100~150 mg/kg 为宜。

3. 铬

铬（Cr）是动物的必需微量元素之一，是葡萄糖耐量因子（glucose tolerance factor，GTF）的重要活性组成成分，铬通过葡萄糖耐量因子协同胰岛素的作用，影响碳水化合物、脂类、蛋白质和核酸代谢，进而影响动物的生长、免疫、繁殖和胴体品质，降低应激，改善机体免疫机能，提高生产性能和繁殖力（阎小艳等，2007）；在水产动物饲料中添加一定量的铬盐能增强水产动物的生长性能。Cr^{3+} 作为 GTF 的活性成分，与胰岛素之间存在协同作用，共同参与体内三大营养物质的代谢，从而促进机体的生长和增重。

有关凡纳滨对虾对饲料中铬需求量的研究主要集中在以吡啶甲酸铬（Cr-Pic）为铬源

上。杨奇慧等（2013）报道，以 Cr-Pic 为铬源时，凡纳滨对虾对饲料中铬的需求量为 1.2~1.6 mg/kg。研究表明，饲料中添加 1.2~1.6 mg/kg Cr-Pic 时，可提高凡纳滨对虾的生长和饲料利用率。蔡海瑞等（2016）指出，当饲料中以 $CrCl_3$ 和 Cr-Pic 的形式添加 1.2 mg/kg铬，以 Cr-Met 的形式添加 0.9 mg/kg 铬时，可显著提高凡纳滨对虾的增重率和蛋白质效率，并显著降低饲料系数。蔡海瑞等（2016）以增重率为评价指标，以 $CrCl_3$、Cr-Pic 和 Cr-Met 为铬源分别进行研究，经折线模型得出饲料中铬的适宜添加水平分别为 1.33 mg/kg、1.27 mg/kg、1.04 mg/kg。通过比较可知，Cr-Met 的相对生物利用率最高，Cr-Pic 次之，$CrCl_3$最低。杨奇慧等探究了凡纳滨对虾对铬元素的需求量，指出综合考虑生长性能、血清生化指标以及非特异性免疫酶活性，对于 0.31~8.50 g 的凡纳滨对虾，在饲料中以吡啶甲酸铬形式的添加 1.2~1.6 mg/kg 的铬为宜。

4. 硒

1957 年，Schwarz 和 Foltz（1999）首先证明了硒是动物所必需的矿物质营养元素。Rotruck 等又于 1973 年确定，硒是谷胱甘肽过氧化物酶（GPx）的重要组成成分（Rotruck et al.，1973），能保护机体免受自由基的氧化损伤。硒作为水产动物的必需营养元素（Schwarz and Foltz，1999），适量添加亦可显著提高其生长速度和免疫力（邓永强和黄小丽，2005；罗辉和周小秋，2006）。硒的作用在许多生物体中都得到了验证，包括哺乳动物（Jwg et al.，1991；Qin et al.，2007；Zhan et al.，2007；李改平等，2001；田俊梅等，2010）、鱼（Bell and Cowey，1989；Wang et al.，2007；魏文志等，2001）和水生无脊椎动物（Lee et al.，2006；Wang et al.，2012；Wang et al.，2006；王宏伟等，2008）。硒是水生动物必需的微量元素之一，适量添加有助于机体的正常生长、发育和代谢。添加量不足或添加过量，均会对其生长产生一定的抑制作用。

王井亮等（2010）针对不同硒源展开比较，发现饵料中加有机硒（酵母硒，0.75~3 mg/kg），能生产富硒虾肉。但是，饵料中加无机硒（亚硒酸钠，0.75 mg/kg）可能难以生产富硒虾肉。田文静等（2014）指出微量元素硒对中华绒螯蟹幼蟹生长和抗氧化性能具有重要的调节作用。饲料中适量添加硒可以促进幼蟹的生长率、蛋白质的合成和沉积，并有效清除体内的过氧化物和自由基。

5. 铁

铁参与细胞色素氧化酶、过氧化氢酶和过氧化物酶的合成，参与电子传递和氧化还原过程，能解除代谢产生的自由基等毒物，缺铁会影响这些酶的活性，对甲壳动物的生长有重要影响（宋维彦等，2011）。1990 年 Davis 指出，正常盐度下凡纳滨对虾饲料中不需要添加铁元素。

6. 锌

锌不仅是谷氨酸脱氢酶、乳酸脱氢酶和碱性磷酸酶等的组成部分，还能与磷脂及膜蛋白巯基相互作用来稳定生物膜（黄飞，2015）。在基础饲料的基础上分别添加同一水平的不同锌源发现，蛋氨酸锌在促生长及提升免疫力方面效果最佳，是凡纳滨对虾较为适宜的锌源（张海涛，2017），同时该研究进一步研究了以 Zn-S 和 Zn-M 为锌源，其在凡纳滨对虾饲料中最适添加量，以增重率、全虾和肌肉中锌含量为判据，通过二次曲线和折线模型得出，凡纳滨对虾对饲料中锌的需求量为 72~95 mg/kg 饲料和 59~70 mg/kg 饲料。

三、低盐度下凡纳滨对虾的矿物质需求量

低盐度下对虾的营养素需求量可能与海水条件下差异较大，随着内陆凡纳滨对虾养殖规模的日益增大，对低盐度条件下凡纳滨对虾的矿物质需求量研究也逐渐增多，但是目前集中于常量元素的研究，尚没有关于微量元素需求量的研究。

1. 钙和磷

以上研究主要是立足于海水条件下进行的。凡纳滨对虾低盐度水体养殖在中国占有非常大的比例。低盐度水体中钙、磷含量相对较低，所以在饲料中补充钙和磷十分有必要。以下是关于对虾在低盐度水体中饲料钙、磷的需求量报道。

（1）以凡纳滨对虾生长发育为评价指标。黄凯等（2004）报道，在盐度为 2 的水体中，凡纳滨对虾幼虾饲喂 40 d 后发现，饲料钙、磷的交互作用对凡纳滨对虾的特定生长率、成活率及饲料系数有显著的影响（$P<0.05$）。饲料中不添加钙、磷，凡纳滨对虾幼虾的生长、成活率和饲料系数最差；饲料中钙、磷添加量分别为 0.8%和 1.2%时，凡纳滨对虾生长最好。饲料钙、磷对凡纳滨对虾体组织钙、磷含量存在显著的影响（$P<0.05$）。特定生长率与肌肉 Ca/P 比，甲壳厚/体重比呈显著负相关关系。Cheng 等（2006）指出，相比来讲，低盐度下的凡纳滨对虾的矿物质营养需求更为重要，其研究发现，设置不同的钙、磷水平，凡纳滨对虾幼虾饲喂 8 周之后，凡纳滨对虾的成活率、肝胰腺碱性磷酸酶活性和肌肉蛋白活性受磷水平的显著影响；体重增加量也受钙、磷、钙磷比显著影响，由 505.44%~1 187.72%变化不等。其还指出：0%钙水平下，0.77%可用磷（总磷 0.93%）可以达到最优生长水平；1%钙水平下，1.22%可用磷（总磷 2%）可以达到最大生长率。可见，最优的磷添加量依赖于饲料中钙水平的需求量；2%钙水平下，无论磷添加量为多少，生长均呈现出显著下降。Cheng 等（2006）还指出，在低盐度下，饲料中添加足够的磷，当钙含量在 1%和 2%时，凡纳滨对虾的生长性能和组织性能无显著性差异，这表明基础饲料已经能够提供足够的钙，钙添加并不是必需的。

（2）以外骨骼矿化水平为评价指标。Cheng 等（2006）指出，在低盐度下，凡纳滨对虾的外骨骼矿化水平降低，磷在这一过程中十分重要。然而，尽管钙、磷对于外骨骼矿化和肝胰腺有显著影响，在海水中凡纳滨对虾饲料中钙、磷水平的提高并不会导致其外骨骼钙化的加强。

（3）钙、磷添加量有一定限度。有报道指出，仅有 13%的磷可以被有效利用，其余的部分则会排入水体（Briggs and Fvnge-Smith，2010）。Davis 等（1993）提出，3%或是更高的钙含量将会导致凡纳滨对虾生长受限，高钙膳食可能会抑制机体对磷和其他营养物质的吸收，所以在实际饲养过程中，饲料中钙的含量应适当减少。还有一些研究指出，饲料里磷添加过量会导致生物体生长量下降（斑节对虾和鲍鱼），这可能是由于膳食中 pH 值的改变或是过量磷与其他因素交互作用的结果，饲料中磷的来源是 KH_2PO_4（Cheng et al.，2006）。

2. 镁

镁（Mg）作为动物体内必需的矿物元素，与动物体内大多数能量代谢过程息息相关。ATP-Mg^{2+}复合体镁，尤其是镁依赖的 Na^+/K^+-ATP 酶和 Mg^{2+}-ATP 酶与适应低盐度的渗透压调节和离子监管密不可分，缺乏镁将会导致相关酶数量及活性降低，从而导致无法完成渗透压调节的功能（Rpm et al.，2000；Glynn，1985）。因此，在低盐胁迫下，凡纳滨对虾膳食中需要补充一定量的镁元素。

对于低盐度下镁的需求量的研究也有报道，在盐度 4 的海水中，设置 4 个组，分别是低盐组、低盐+KCl 组、低盐+$MgCl_2$组、低盐+KCl+$MgCl_2$组。饲喂凡纳滨对虾，4 周后发现，关于存活率，后 3 组添加矿物质的组显著高于第一组；生长量无显著差异；进一步分析发现，K^+对生长量和存活率都有提升作用，而 Mg^{2+}仅对存活率有影响。而 Cheng 等（2006）指出，3.2 g/kg 镁水平组，体重增长显著高于对照组，说明了低盐度的水无法满足凡纳滨对虾对镁的需求，因此补充镁是必需的。镁添加量在 6.4 g/kg 以上则会抑制凡纳滨对虾生长（Davis et al.，2010）。

3. 钾

凡纳滨对虾低盐度养殖的主要问题是对虾生长缓慢、免疫力低下及高死亡率。研究发现，低盐水域与自然海水相比，在离子组成上存在明显差别，其中钾离子（K^+）含量低、钠、钾比例失衡是对虾生长速度缓慢、死亡率升高的主要因素（Atwood et al.，2003；Saoud et al.，2003）。钾离子是细胞内液主要的阳离子，凡纳滨对虾的存活、生长和正常生理活动都离不开钾的参与。水环境钾离子缺乏或浓度偏低将抑制 Na^+/K^+-ATP 酶的活性（Lucu and Pavičić，1995）。虾类可以从水体中直接吸收钾，因此相关研究通过低盐养殖水体中添加钾盐，调节水体离子组成和比例以满足对虾的需求。但养殖水体中施入钾肥则易导致养殖成本升高和水域富营养化等问题，不利于对虾养殖业的可持续发展（郑素碧等，2016）。因此，在饲料中添加钾离子，为低盐度对虾养殖钾离子缺乏问题提供思路。

关于饲料中钾离子添加量已有一定的研究。朱伟星等（2014）研究发现，鱼类缺乏钾会出现厌食现象，饲料效率下降，从而导致生长减慢。刘泓宇等（2014）提出低盐井水养殖条件下凡纳滨对虾的增重率随饲料钾水平的增加呈先上升后下降的趋势。宋协法等（2009）研究表明，在低盐海水养殖环境下，饲料中添加钾可提高对虾渗透压调节能力，减少对虾体内蛋白质分解成氨基酸作为渗透调节因子。郑素碧等（2016）还指出，在低盐海水养殖条件下，饲料添加适量的钾有助于对虾鳃上 Na^+/K^+-ATP 酶正常发挥调节渗透压功能，过量时 Na^+/K^+-ATP 酶反应体系受到抑制，致使 Na^+/K^+-ATP 酶活性下降。其还指出，随饲料钾添加水平的提高，凡纳滨对虾肝胰腺超氧化物歧化酶，血清超氧化物歧化酶、碱性磷酸酶、酸性磷酸酶和酚氧化酶活力均呈先上升后下降的趋势，说明饲料中添加适量的钾可以提高对虾非特异性免疫能力。关于饲料钾离子添加量，郑素碧等（2016）指出，低盐海水条件下，基础饲料含钾 0.788%时，钾添加水平不影响凡纳滨对虾的生长，并可提高饲料效率和成活率。饲料中添加 0.6%～0.9%的钾，对虾可获得最佳的氮代谢、渗透调节能力和免疫力。不同盐度下凡纳滨对虾对各类矿物质的需求量的汇总见表 6.4。

表 6.4　不同盐度下凡纳滨对虾对各类矿物质的需求量

矿物质元素	饲料蛋白源	盐度	需求量	参考文献
常量元素				
Ca 和 P	明胶—酪蛋白	2	0.8% Ga/1.2% P	黄凯等（2004）
	明胶—酪蛋白	2	0% Ca/0.93%总 P（生长最优）	Cheng et al.（2006）
	明胶—酪蛋白	2	1% Ca/2% 总 P（最大生长率）	Cheng et al.（2006）
	明胶—酪蛋白	海水	非必需	Davis et al.（1993）
	鱼粉、豆粕	海水	P>1.33 g/100 g，实用饲料	Pan et al.（2005）
Mg		海水	1.2 g/kg	Liu and Lawrence，unpublished data，cited by Davis & Lawrence（1997）
	明胶—酪蛋白	海水	0.26～0.35 g/100 g	Cheng et al.（2005）
	明胶—酪蛋白	4	3.2 g/kg	Cheng et al.（2005）
K	鱼粉、豆粕	4	0.778%（饲料效率、成活率最高）	郑素碧等（2016）
微量元素				
Cu	明胶—酪蛋白	海水	16～32 mg/kg	Davis et al.（1993）
		海水	30 mg/kg（生长最快）	郭志勋等（2003）

续表

矿物质元素	饲料蛋白源	盐度	需求量	参考文献
Fe	明胶—酪蛋白	海水	非必需	Davis et al.（1992）
Mn		海水	50~200 mg/kg	Xian et al.（2013）
		海水	100~150 mg/kg（幼虾）	Xian et al.（2013）
	明胶—酪蛋白	海水	需要	Davis et al.（1992）
Gr	豆粕、鱼粉、花生粕	海水	1.2~1.6 mg/kg（Cr-Pic 为铬源）	杨奇慧等（2013）
Se	明胶—酪蛋白	海水	0.2~0.4 mg/kg	Davis et al.（1990）
Zn	明胶—酪蛋白	海水	15 mg/kg（总 Zn32） 200 mg/kg（总 Zn218） 有植酸存在	Davis et al.（1993）

四、矿物质营养在凡纳滨对虾渗透压调节中的作用

依据甲壳动物对外界盐度变化调节体内渗透压的能力，可分为渗透压随变者和渗透压调节者。渗透压随变者自身调节渗透压的能力较弱，血淋巴中的主要离子（Na^+和 Cl^-）以及渗透压总是随外界的盐度变化，长期生活在海洋环境中的大部分狭盐性甲壳动物常常属于这一类型；当外界盐度变化时，渗透压调节者能主动地调节自身血淋巴中的离子浓度和渗透压，并使其维持在一定的水平，具有很强的调节渗透压能力，能生活在环境盐度波动大的潮间带或河口的广盐性甲壳动物属于这一类型（Péqueux，1995）。凡纳滨对虾具有很强的渗透压调节能力，属于广盐性甲壳动物，不仅能在高盐度水体生存，还能在低盐度环境中良好生长，经驯化甚至能在淡水中养殖。当生活的水环境盐度发生改变时，在神经内分泌系统的调控下，凡纳滨对虾的渗透调节器官、血淋巴渗透压以及离子转运等都会发生一系列的适应性变化，来维持自身正常的生理代谢活动。鳃和触角腺是凡纳滨对虾主要用于渗透调节的器官，其中鳃是调节离子和渗透压的重要器官（潘鲁青和刘泓宇，2005）。

鳃丝是鳃组织中最基本的功能单位，由外至内主要分为角质层、角质层下间隙和鳃上皮，其中角质层和离子转运型鳃上皮主要参与渗透压的调节（Barra et al.，1983）。鳃上皮离子转运的调控主要是通过 Na^+/K^+-ATPase、V-ATPase、HCO_3-ATPase 以及碳酸酐酶等多种离子转运酶的协同作用来完成的，其中 Na^+/K^+-ATPase 约占总 ATPase 活性的 70%（Morris，2001）。Na^+/K^+-ATPase 参与细胞膜两侧 Na^+、K^+离子的跨膜主动运输，它主要将进入鳃上皮细胞内的 Na^+运入血淋巴中，同时将血淋巴内的 K^+运入鳃上皮细胞中，从而

维持机体内 Na^+、K^+平衡以及调节血淋巴渗透压，而且可以调节细胞体积和驱动细胞内糖和氨基酸的运送（Towle and Dirk Weihrauch，2001；房文红等，2001）。动物体内的 Ca^{2+} 和 Mg^{2+}会影响 Na^+/K^+-ATPase 的活性，参与体内渗透压调节。足够的 Mg^{2+} 离子才能维持 Na^+/K^+-ATPase 正常运转，因为 Mg^{2+} 离子是 Na^+/K^+-ATPase 反应的辅助因子（Rpm et al. ,2000）。钙调蛋白（CaM）可以调节鳃的微绒毛膜和顶部质膜上的 Na^+/K^+-ATPase 活力（Péqueux and Gilles，1992）。研究发现，广盐性的甲壳动物在适应高盐度水体环境时 Na^+/K^+-ATPase 活力会降低，而在适应低盐度水体环境时 Na^+/K^+-ATPase 活力则显著升高（D' Orazio and Holliday，1985；Henry et al.，2002；Schleich et al.，2001）。潘鲁青等（2004）研究也表明，凡纳滨对虾鳃丝上 Na^+/K^+-ATPase 活力与水体的盐度成负相关。

在盐度变化的水体中，甲壳动物主要是通过调控血淋巴渗透压来维持机体正常的生命活动，但血淋巴渗透压调节不仅依赖于水分和无机离子的转运，还依赖于其他渗透压效应物质含量的变化，如游离氨基酸、葡萄糖以及脂肪酸等（潘鲁青和刘泓宇，2005）。

低盐度水体中养殖的凡纳滨对虾，首要面临的问题就是体内主要用于渗透压调节的离子的损失。水生生物既可以从水中获取矿物元素，也可以从食物中摄取，因此饲料中矿物元素的含量在低盐度养殖凡纳滨对虾中起着非常重要的作用。Shewbart 等（1973）报道，对虾能通过浸透从海水中获得所需要的钙、钠、钾、氯，对于磷则因其在海水中含量低，需要从饲料中摄取。Deshimaru 和 Yone（2008）研究发现日本对虾能够从海水中摄取钙，不需要来源于饲料中的钙、镁和铁。Cheng 等（2006）指出，相比来讲，低盐度下凡纳滨对虾的矿物质营养需求更为重要，在低盐度下，凡纳滨对虾的外骨骼矿化水平降低，磷在这一过程中十分重要。有研究指出，镁对 ATP-Mg^{2+}复合体的形成必不可少，尤其是 Mg 依赖的 Na^+/K^+-ATP 酶和 Mg^{2+}-ATP 酶，这些酶参与适应低盐度而进行的渗透压调节和离子监管。有研究发现，甲壳类缺乏 Mg^{2+} 和 Na^+/K^+-ATP 酶会导致无法水解 ATP（Glynn，1985；Rpm et al.，2000）。Cheng 等（2006）指出，3.2 g/kg 镁水平组，体重增长显著高于对照组，说明了低盐度的水无法满足凡纳滨对虾对镁的需求，因此补充镁是必需的。凡纳滨对虾低盐度养殖的主要问题是对虾生长缓慢、免疫力低下及高死亡率。研究发现，低盐水域与自然海水相比，在离子组成上存在明显差别，其中钾离子含量低、钠钾比例失衡是对虾生长速度缓慢、死亡率升高的主要因素（Atwood et al.，2003；Saoud et al.，2003）。Shiau 和 Hsieh（2001）研究报道，在半咸水条件下养殖斑节对虾需要向饲料中添加适量的钾盐。Roy 等（2007）研究发现饲料中添加 10 g/kg 钾离子提高了对虾的性能，但是镁的添加却没有显著效果，可见在低盐度下养殖对虾饲料里添加钾有利于提高凡纳滨对虾的产量。Gong 等（2015）报道饲料中添加钾、镁、钙、胆固醇以及磷脂能提高低盐度中凡纳滨对虾的生长性能，但不能确定是由于矿物盐的补充产生的饲喂效果。低盐度下对虾的营养素需求量可能与海水条件下有较大差异，随着内陆凡纳滨对虾养殖规模的日益增大，需要加强对低盐度下对虾饲料配方优化的研究。

受饲料和水环境中无机盐水平的影响，要获得较为准确的虾蟹无机盐需求量较为困难，因此，除上述部分工作外，目前有关对其余常量元素和微量元素的需求、营养生理及其相互关系的研究尚未见报道。为了明确低盐度下凡纳滨对虾营养需求，研制全价配合饲料，今后还有大量基础性的研究工作要做（金宏和杨良玖，1999）。

参考文献

蔡海瑞，谭北平，杨奇慧，等. 2016. 饲料中铬源及铬添加水平对凡纳滨对虾幼虾生长性能、血清生化指标及非特异性免疫酶活性的影响［J］. 动物营养学报，28：766-779.

邓永强，黄小丽. 2005. 硒的生物学作用及其在水产上的研究［J］. 中国饲料，16：22-24.

房文红，王慧，来琦芳，等. 2001. 斑节对虾鳃 Na^{+}/K^{+}—ATPase 的活性［J］. 上海海洋大学学报，10：140-144.

郭志勋，陈毕生，徐力文，等. 2003. 饲料铜的添加量对南美白对虾生长、血液免疫因子及组织铜的影响［J］. 中国水产科学，10：526-528.

黄飞. 2015. 低鱼粉饲料中补充矿物元素对低盐度养殖凡纳滨对虾生长的影响［D］. 厦门：集美大学.

黄凯，王武，孔丽芳，等. 2004. 低盐度水体南美白对虾对饲料中钙、磷的需求［J］. 中国海洋大学学报（自然科学版），34：209-216.

金宏，杨良玖. 1999. 矿物质的营养作用及其在鱼饲料中的添加量［J］. 内陆水产，3.

孔祥瑞. 1982. 必需微量元素的营养、生理及临床意义［M］. 合肥：安徽科学技术出版社.

李改平，刘子川，王梦亮. 2001. 有机硒和无机硒对小鼠抗氧作用比较研究［J］. 山西中医学院学报，2：19-21.

刘发义，李荷芳. 1995. 中国对虾矿物质营养的研究［J］. 海洋科学，19：32-37.

刘泓宇，张新节，谭北平，等. 2014. 饲料钾水平对低盐井水养殖凡纳滨对虾生长及生理特性的影响［J］. 中国水产科学，21：320-329.

罗辉，周小秋. 2006. 硒与水生动物免疫功能的关系［J］. 动物营养学报：378-382.

美国国家科学院科学研究委员会. 2015. 鱼类和甲壳类营养需要［M］. 北京：科学出版社.

潘鲁青，刘泓宇. 2005. 甲壳动物渗透调节生理学研究进展［J］. 水产学报，29：109-114.

潘鲁青，刘志，姜令绪. 2004. 盐度、pH 变化对凡纳滨对虾鳃丝 Na^{+}-K^{+}-ATPase 活力的影响［J］. 中国海洋大学学报（自然科学版），34：787-790.

宋维彦，王秀敏，靳桂双. 2011. 铁铜锌对凡纳滨对虾生长和非特异免疫的影响［J］. 江苏农业科学，39：376-379.

宋协法，刘鹏，葛长字. 2009. 温度、盐度交互作用对凡纳滨对虾耗氧和氨氮、磷排泄的影响［J］. 渔业现代化，36：1-6.

田俊梅，张丁，付瑞娟，等. 2010. 大鼠对亚硒酸钠和硒蛋白生物利用的比较研究［J］. 中国食品添加剂，6：95-98.

田文静，李二超，陈立侨，等. 2014. 酵母硒对中华绒螯蟹幼蟹生长、体组成分及抗氧化能力的影响

[J]. 中国水产科学, 21: 92-100.

王道尊, 赵亮. 1994. 一龄草鱼对锰的需要量 [J]. 上海海洋大学学报, 3: 34-39.

王广军, 吴锐全, 谢骏, 等. 2004. 饲料中矿物质添加量对军曹鱼生长的影响 [J]. 渔业现代化, 6: 36-38.

王宏伟, 杨丽坤, 赵建华, 等. 2008. 对硫磷胁迫下不同硒源对中华米虾超氧化物歧化酶和过氧化氢酶活性的影响 [J]. 上海海洋大学学报, 17: 238-241.

王井亮, 叶良宏, 周明. 2010. 硒源和硒水平对克氏螯虾肉品质的影响 [J]. 湖南饲料, 3: 24-26.

魏文志, 杨志强, 罗方妮, 等. 2001. 饲料中添加有机硒对异育银鲫生长的影响 [J]. 淡水渔业, 31: 45-46.

阎小艳, 楮秋霞, 陈庆林, 等. 2007. 微量元素铬的营养研究进展 [J]. 山西农业科学, 11.

杨奇慧, 谭北平, 董晓慧, 等. 2013. 铬对凡纳滨对虾生长性能、血清生化指标及非特异性免疫酶活性的影响 [J]. 动物营养学报, 25: 795-804.

张海涛, 陈效儒, 董晓慧, 等. 2017. 5 种锌源对凡纳滨对虾生长、生化和免疫指标的影响 [J]. 水产科学, 36 (1): 15-21.

郑素碧, 陈效儒, 范雪艳, 等. 2016. 饲料钾水平对低盐海水养殖的凡纳滨对虾生长和生理指标的影响 [J]. 中国饲料, 12: 30-34.

朱伟星, 雎敏, 何亚丁, 等. 2014. 钾在水产动物中的生理作用和营养代谢功能 [J]. 动物营养学报, 26: 1 174-1 179.

Atwood H L, Young S P, Tomasso J R, et al. 2003. Survival and growth of Pacific white shrimp *Litopenaeus vannamei* postlarvae in low-salinity and mixed-salt environments [J]. Journal of the World Aquaculture Society, 34: 518-523.

Barra J A, Pequeux A, Humbert W. 1983. A morphological study on gills of a crab acclimated to fresh water [J]. Tissue & Cell, 15: 583-596.

Bell J G, Cowey C B. 1989. Digestibility and bioavailability of dietary selenium from fishmeal, selenite, selenomethionine and selenocystine in Atlantic salmon (*Salmo salar*) [J]. Aquaculture, 81: 61-68.

Briggs M R P, Fvnge-Smith S J. 2010. A nutrient budget of some intensive marine shrimp ponds in Thailand [J]. Aquaculture Research, 25: 789-811.

Cheng K M, Hu C Q, Liu Y N, et al. 2006. Effects of dietary calcium, phosphorus and calcium/phosphorus ratio on the growth and tissue mineralization of *Litopenaeus vannamei* reared in low-salinity water [J]. Aquaculture, 251: 472-483.

D' Orazio S E, Holliday C W. 1985. Gill Na^+, K^+-ATPase and Osmoregulation in the Sand *Fiddler Crab*, *Uca pugilator* [J]. Physiological Zoology, 58: 364-373.

Davis D A, Boyd C E, Rouse D B, et al. 2010. Effects of Potassium, Magnesium and Age on Growth and Survival of *Litopenaeus vannamei* Post-Larvae Reared in Inland Low Salinity Well Waters in West Alabama [J]. Journal of the World Aquaculture Society, 36: 416-419.

Davis D A, Lawrence A L, Iii D M G. 1993. Response of *Penaeus vannamei* to Dietary Calcium, Phosphorus and Calcium: Phosphorus Ratio [J]. Journal of the World Aquaculture Society, 24: 504-515.

Deshimaru O, Yone Y. 2008. Requirement of prawn for dietary minerals [J]. Nihon-suisan-gakkai-shi, 44: 907-910.

Glynn I M. 1985. The Na^+, K^+-Transporting Adenosine Triphosphatase [J]. Enzymes of Biological Membranes, 3: 259-261.

Gong H, Jiang D H, Lightner D V, et al. 2015. A dietary modification approach to improve the osmoregulatory capacity of *Litopenaeus vannamei* cultured in the Arizona desert [J]. Aquaculture Nutrition, 10: 227-236.

Henry R P, Garrelts E E, Mccarty M M, et al. 2002. Differential induction of branchial carbonic anhydrase and Na^+/K^+-ATPase activity in the euryhaline crab, *Carcinus maenas*, in response to low salinity exposure [J]. Journal of Experimental Zoology, 292: 595-603.

Jwg N, Mcqueen R E, Bush R S. 1991. Response of growing cattle to supplementation with organically bound or inorganic sources of selenium or yeast cultures [J]. Canadian Veterinary Journal La Revue Veterinaire Canadienne, 71: 803-811.

Kanazawa A, Teshima S I, Sasaki M, et al. 1984. Requirements of the Juvenile Prawn for Calcium, Phosphorus, Magnesium, Potassium, Copper, Manganese, and Iron [J]. 鹿児島大学水産学部紀要 = Memoirs of Faculty of Fisheries Kagoshima University, 33: 63-71.

Kitabayashi K, Kurata H, Shudo K, et al. 1971. Studies of formula feed for *kuruma prawn* I: On the relationship among glucosamine, phosphorus and calcium [J].

Lee M H, Shiau S Y. 2002. Dietary copper requirement of juvenile grass shrimp, *Penaeus monodon*, and effects on non-specific immune responses [J]. Fish & Shellfish Immunology, 13: 259-270.

Liu, J. Y. 1990. Resource Enhancement of Chinese Shrimp, *Penaeus Orientalis* [J]. Bulletin of Marine Science-Miami-, 47: 124-133.

Lee B G, Lee J S, Luoma S N. 2006. Comparison of selenium bioaccumulation in the clams *Corbicula fluminea* and *Potamocorbula amurensis*: A bioenergetic modeling approach [J]. Environmental Toxicology & Chemistry, 25: 1933-1940.

Lucu Č, Pavičić D. 1995. Role of seawater concentration and major ions in oxygen consumption rate of isolated gills of the shore carb *Carcinus mediterraneus* Csrn [J]. Comparative Biochemistry & Physiology Part A Physiology, 112: 565-572.

Morris S. 2001. Neuroendocrine regulation of osmoregulation and the evolution of air-breathing in decapod crustaceans [J]. Journal of Experimental Biology, 204: 979-989.

Peñaflorida V D. 1999. Interaction between dietary levels of calcium and phosphorus on growth of juvenile shrimp, *Penaeus monodon* [J]. Aquaculture, 172: 281-289.

Péqueux A. 1995. Osmotic Regulation in Crustaceans [J]. Journal of Crustacean Biology, 15: 1-60.

Péqueux A, Gilles R. 1992. Calmodulin as a modulator of NaCl transport in the posterior salt-transporting gills of the Chinese crab *Eriocheir sinensis* [J]. Marine Biology, 113: 65-69.

Qin S, Gao J, Huang K. 2007. Effects of different selenium sources on tissue selenium concentrations, blood GSH-Px activities and plasma interleukin levels in finishing lambs [J]. Biological Trace Element Research, 116: 91-102.

Robertson J D. 1953. Further studies on ionic regulation in marine invertebrates [J]. Jexpbiol, 26: 277-296.

Rotruck J T, Pope A L, Ganther H E, et al. 1973. Selenium: biochemical role as a component of glutathione peroxidasc [J]. Science, 179: 588.

Roy L A, Davis D A, Saoud I P, et al. 2007. Supplementation of potassium, magnesium and sodium chloride in practical diets for the Pacific white shrimp, *Litopenaeus vannamei*, reared in low salinity waters [J]. Aquaculture Nutrition, 13: 104-113.

Rpm F, Leone F A, Mcnamara J C. 2000. Characterization of (Na^+, K^+) -ATPase in gill microsomes of the freshwater shrimp *Macrobrachium olfersii* [J]. Comparative Biochemistry & Physiology Part B Biochemistry & Molecular Biology, 126: 303.

Saoud I P, Davis D A, Rouse D B. 2003. Suitability studies of inland well waters for *Litopenaeus vannamei* culture [J]. Aquaculture, 217: 373-383.

Schleich C E, Goldemberg L A, López Mañanes A A. 2001. Salinity dependent Na^+, K^+ATPase activity in gills of the euryhaline crab *Chasmagnathus granulata* [J]. General Physiology & Biophysics, 20: 255-266.

Schwarz K, Foltz C M. 1999. Selenium as an Integral Part of Factor 3 against Dietary Necrotic Liver Degeneration [J]. Nutrition, 15: 255.

Shewbart K, Mies W, Ludwig P. 1973. Nutritional requirements of brown shrimp, Penaeus aztecus [J].

Shiau S Y, Hsieh J F. 2001. Dietary potassium requirement of juvenile grass shrimp *Penaeus monodon* [J]. Fisheries Science, 67: 592-595.

Shiau S Y, Jiang L C. 2006. Dietary zinc requirements of grass shrimp, *Penaeus monodon*, and effects on immune responses [J]. Aquaculture, 254: 476-482.

Towle D W, Dirk Weihrauch. 2001. Osmoregulation by Gills of Euryhaline Crabs: Molecular Analysis of Transporters [J]. American Zoologist, 41: 770-780.

Vormann J. 2003. Magnesium: nutrition and metabolism [J]. Molecular Aspects of Medicine, 24: 27-37.

Wang W, Mai K, Zhang W, et al. 2012. Dietary selenium requirement and its toxicity in juvenile abalone *Haliotis discus hannai Ino* [J]. Aquaculture, 330-333: 42-46.

Wang W, Wang A, Zhang Y. 2006. Effect of dietary higher level of selenium and nitrite concentration on the cellular defense response of *Penaeus vannamei* [J]. Aquaculture, 256: 558-563.

Wang Y, Han J, Li W, et al. 2007. Effect of different selenium source on growth performances, glutathione peroxidase activities, muscle composition and selenium concentration of allogynogenetic crucian carp (*Carassius auratus gibelio*) [J]. Animal Feed Science & Technology, 134: 243-251.

Xian J, Chen X, Wang A, et al. 2013. Effects of dietary manganese levels on growth, antioxidant defense and immune responses of the juvenile white shrimp, *Litopenaeus vannamei*, reared in low salinity water [J]. Fish & Shellfish Immunology, 34: 1 747.

Zhan X, Wang M, Zhao R, et al. 2007. Effects of different selenium source on selenium distribution, loin quality and antioxidant status in finishing pigs [J]. Animal Feed Science & Technology, 132: 202-211.

第七章　低盐度下凡纳滨对虾对饲料中维生素的需求

第一节　维生素的种类和生理功能概述

维生素是一种生物体内不能合成或合成量极少的且代谢所必需的低分子有机化合物。甲壳动物必须从饲料中获得以供需求。人类对维生素的认识经历了很多阶段，目前对其分类、营养特点及生理功能等认识相对全面。维生素包括脂溶性和水溶性两大类，其消化、吸收和利用特点不同，对动物营养也具有特殊性。人类对维生素的研究还有待进一步深入。

一、维生素的概念及分类

尽管营养学家对维生素有各种各样的定义，但目前依然没有一个标准的、固定的、被广泛接受的定义。我们都知道维生素最初的命名是“vitamine”（维他命），后来逐渐衍变为“vitamin”（维生素），是一系列低分子有机化合物的统称，是生物体所不可或缺的微量营养成分，不能像糖类、蛋白质和脂肪那样产生能量、组成细胞，但对生物生长发育和正常生理功能以及代谢起到了一定的作用。许多维生素是以辅酶或辅基的形式参与生物体内各种反应和代谢，保证机体正常的生命活动。动物体对维生素的需求量甚微，日需求量通常以毫克或微克计算，但一旦缺乏就会引起相应的缺乏症，对动物体健康造成损害。甲壳动物大多是单胃动物，肠道较短，微生物种类较单一，数量较少，合成的维生素不足以满足正常生长所需，需要通过饲料来供给。

维生素是按其发现的先后顺序命名的，在“维生素”（简写为 V）之后加上 A、B、C、D 等字母表示。有一些特殊的维生素是由几种维生素混合而成的，在字母右下角加上数字以区分，如维生素 B_1、维生素 B_2、维生素 B_6等。现在已确定的维生素共有 14 种，根据其溶解性分为脂溶性维生素和水溶性维生素两大类。另外，还有一类物质，具有维生素的生物学作用，但目前还没有确定其为维生素，少数动物必须由饲料提供，因此把这类物质称为类维生素或假维生素。

脂溶性维生素是可以溶于脂肪或脂肪溶剂，而不溶于水的维生素。脂溶性维生素只含有碳、氢、氧 3 种元素，包括维生素 A、维生素 D、维生素 E 和维生素 K，化学结构见图 7.1。它们溶于脂溶性物质进行吸收、代谢及运输等，易在体内积累，因此也容易产生中毒现象。当动物机体摄入过量的脂溶性维生素时，就会引起中毒，表现为生长缓慢和代谢停滞；而当机体吸收过少的脂溶性维生素时，又会导致相应的缺乏症状。大多数动物消化道微生物可以形成足够的维生素 K 以供机体利用，但其他几类必须由饲料供给。

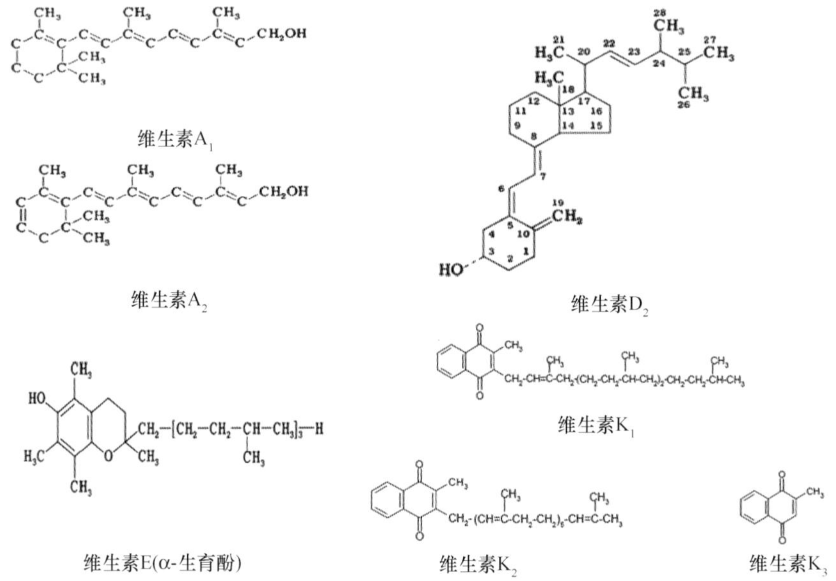

维生素A_1　维生素A_2　维生素D_2

维生素E(α-生育酚)　维生素K_1　维生素K_2　维生素K_3

图 7.1　4 种脂溶性维生素的化学结构

水溶性维生素目前已经确定有 10 种，包括 B 族维生素和维生素 C，B 族维生素有维生素 B_1、维生素 B_2、维生素 B_6、烟酸、泛酸、叶酸、生物素、维生素 B_{12}等，化学结构见图 7.2。它们主要以辅酶或辅基的形式参与机体各种调节和代谢活动，比如在体内催化糖、脂肪和蛋白质代谢中的各种反应。水溶性维生素是溶于水进行吸收、运输和代谢的，不易在体内积累，因此无毒或毒性较小，但容易引起缺乏症。对于甲壳动物而言，其肠道内微生物种类及数量少，合成 B 族维生素的量不足以吸收利用，所以必须通过饲料来补充供给。大多数动物体内能合成一定数量的维生素 C。

类维生素包括肌醇、肉毒碱、硫辛酸、辅酶 Q 和多酚，是部分动物生存必需的物质，需要从饲料中提供。假维生素包括“维生素 B_{13}”、“维生素 B_{15}”、“维生素 B_{17}”、“维生素 H_3”、“维生素 U”，以及葡萄糖耐受因子等，目前还没有确定是否为动物所必需，因此称为假维生素。关于这两大类物质是否属于维生素还需进一步验证。

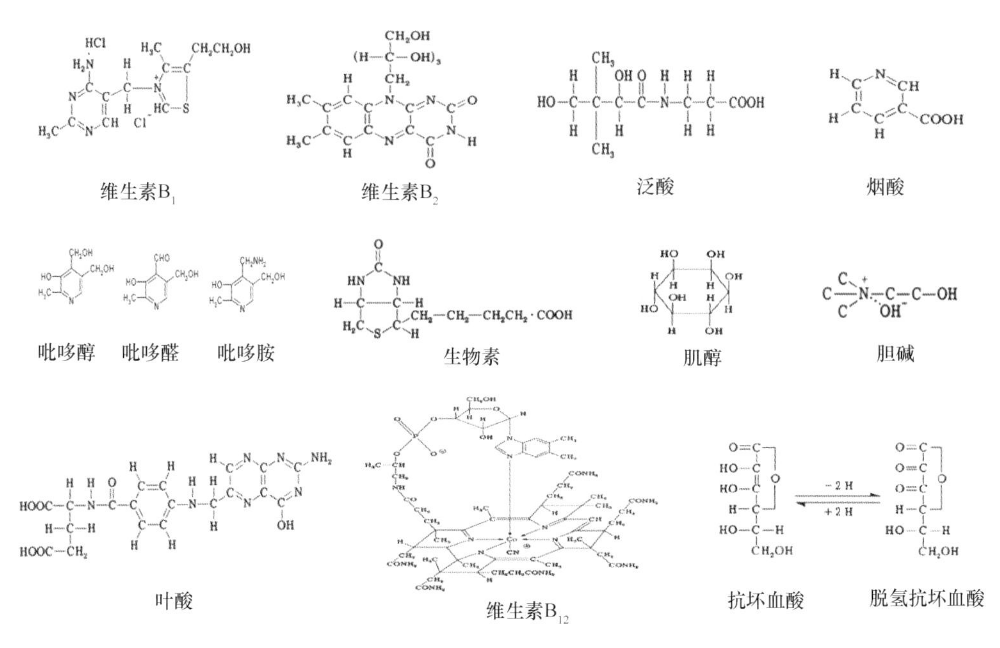

图 7.2　10 种水溶性维生素的化学结构

二、维生素的营养特点及生理功能

维生素主要以辅酶或辅基的形式催化体内的各种反应，参与新陈代谢和能量代谢，保护细胞、组织的正常结构和功能，保证机体进行正常的生命活动，它不是机体的组成成分，也不提供能量。在生物体内维生素本身会进行代谢，而且它们在机体内不能合成或合成量不足，尽管生物体对其需求量极少，但依然需要饲料来提供。维生素过多或过少对机体都是有害的，缺乏时可引起一系列缺乏症：发育不良，食欲下降，饲料利用率下降，生长缓慢，机体物质代谢和能量代谢紊乱，影响正常的生命活动和生理性能，间接导致免疫力和抗病力下降，甚至会损害细胞核组织器官，有时还会患一些特殊的疾病，如干眼病、糙皮症、坏血病等。维生素过量时会出现中毒现象，尤其是脂溶性维生素，严重时可引起动物死亡，而水溶性维生素的毒性比脂溶性维生素小很多。

动物体在同一生长阶段对不同维生素的需求量是不同的，在不同的生长阶段对同种维生素的需求量也是不一样的，受很多因素的影响，比如动物的生理状况、营养的供给情况、饲料结构与成分、维生素的来源、饲料加工方式和饲养条件等。提高饲料中维生素含量，可提高甲壳动物的免疫力和抵抗力，甚至可以提高产品的品质。

维生素在虾蟹类的生理代谢中也发挥很重要的作用。脂溶性维生素，如维生素 A 可维持虾蟹类正常的视觉功能；维生素 D 可提高血淋巴中钙、磷水平；维生素 E 可保护脂质过氧化、提高虾蟹类免疫性能和抗氧化性能；维生素 K 可调节凝血蛋白质的合成。水溶性维生素，如维生素 B_1 和维生素 B_2 可提高虾蟹类生长性能，增加肝胰腺淀粉酶和 D-氨基酸氧化酶活力；维生素 B_6 可提高机体的蛋白质利用率、肝胰腺中谷草转氨酶和谷丙转氨酶活性；叶酸可提高虾蟹类机体的抗氧化性能和抗病力；维生素 B_{12} 和维生素 C 可提高饲料利用率，以及机体的非特异性免疫；胆碱会促进虾蟹类生长，提高饲料利用率，降低肝胰腺中脂肪含量等。麦康森等（2011）将不同维生素在虾蟹中的生理作用进行了归纳（表 7.1）。

表 7.1　不同维生素在虾蟹中的生理作用

项目	维生素类型	功能
脂溶性维生素	维生素 A	维持正常的视觉功能
	维生素 D	维生素 D 与钙、磷的代谢有关，可以提高血淋巴中钙、磷水平
	维生素 E	保护脂质过氧化、提高免疫性能和抗氧化性能
	维生素 K	调节凝血蛋白质的合成
水溶性维生素	维生素 B_1	提高生长性能，肝胰腺淀粉酶活力增加
	维生素 B_2	提高生长性能，肝胰腺中 D-氨基酸氧化酶活力升高
	维生素 B_6	提高机体的蛋白质利用率，肝胰腺中谷草转氨酶和谷丙转氨酶活力升高
	叶酸	提高生长性能、机体的抗氧化性能和抗病力
	维生素 B_{12}	提高生长性能和饲料利用率，以及机体的非特异性免疫力
	维生素 C	提高抗氧化性能和非特异性免疫力
	胆碱	促进生长，提高饲料利用率，降低肝胰腺中脂肪含量

第二节　常见甲壳动物饲料中维生素的需求量

水生动物对维生素的需求量可以从两方面来评判，对维生素种类的定性需求和定量需求。在生产实际中，通常把水生动物对维生素的需求量作为饲料中维生素的最终添加量，因为饲料在储藏过程中会有维生素的损失，而且动物对维生素有一定的利用率。也就是将维生素的需求量直接作为饲料配方中的供给量，忽略肠道微生物合成的维生素量，来抵消饲料在加工和储藏过程中的维生素的损失。同时，可以适当地提高某些维生素含量，因为饲料加工技术、动物养殖模式以及环境应激等情况会影响动物对饲料中维生素的利用率。

甲壳动物胃部结构相对简单、肠道较短，微生物相对也较少，通常自身不能合成维生素或合成量很少，远远不能满足机体的需求，所以必须依赖饲料来供给。每一种维生素对其正常的生长发育、代谢调节以及各项生理活动都发挥着很重要的作用，所以适量的维生素才能保证甲壳类正常的生命活动，不足或过量均会引起存活率下降、发育不良、生长迟缓、抵抗力和免疫力下降等各种症状。

一、脂溶性维生素需求量研究

脂溶性维生素有维生素 A、维生素 D、维生素 E 和维生素 K，对动物生长、发育、繁殖及免疫均有重要影响。动物摄入过量的脂溶性维生素时，在短时间内不能代谢并排出体外，因此会积累在体内，使机体中毒。

维生素 A 是甲壳动物体内不能合成却又不可缺少的一种营养元素，对其生长、繁殖、抗病力等均有重要的作用，缺乏时会出现一系列的症状，如存活下降、生长缓慢、抵抗力减弱等。杨奇慧等（2007）的实验中用折线回归模型分析饲料维生素 A 添加量与对虾增重率、饲料利用率和蛋白质效率的关系，得出在实验第 4 周时，凡纳滨对虾饲料中维生素 A 最适添加量为 22. 50 mg/kg。在第 11 周时，最适添加量为 18 mg/kg。然后以溶菌酶、酚氧化酶活力为指标，通过折线回归分析，得出凡纳滨对虾饲料中维生素 A 最适添加量为 59. 51 mg/kg。

维生素 D 中主要起作用的是维生素 D_2 和维生素 D_3，它们在甲壳动物体内的作用不同，一般由胆固醇和麦角固醇合成。Shiau 和 Hwang（1994）研究表明饲料中维生素 D_2 或维生素 D_3 缺乏都会导致斑节对虾存活率和生长率下降，但相同的添加量维生素 D_3 对斑节对虾的作用比维生素 D_2 明显。Kanazawa 等（1971）报道，给日本对虾投喂含有胆固醇的饵料能保证对虾生长正常，而且能大幅度地提高其存活率和生长率（2~3 倍），其最适添加量在实验条件下约为 0. 5 g/100 g 干饵，投喂麦角固醇，其存活率与投喂胆固醇相当，但生长率要差一些。

维生素 E 是维持虾蟹类正常生长发育和繁殖等所必需的营养元素，是一种脂溶性抗氧化剂，可清除体内过多的自由基，调节甲壳动物体内类固醇类激素的生物合成、促进性腺成熟、改善生殖性能和调控胚胎发育。饲料中添加维生素 E 能有效提高虾蟹类脂肪抗氧化能力、应激能力和免疫力。对患有疾病的甲壳动物，补充适量的维生素 E 可降低死亡率。He 等（1993b）的实验中以凡纳滨对虾幼体可正常生长为条件，用回归法得出凡纳滨对虾对维生素 E 的适宜需求量为 9 mg/kg（饵料）。He（1993b）的研究还表明，维生素 E 是有效的抗氧化剂，在甲壳动物饲料中添加 100 mg/kg 维生素 E 时，可抑制肌肉细胞线粒体膜上由维生素 C 刺激产生的过氧化作用。

维生素 K 又叫凝血维生素，有维生素 K_1、维生素 K_2、维生素 K_3、维生素 K_4 等几种形式。天然存在的维生素 K 有两种，一种是在苜蓿中提出的油状物，称为维生素 K_1；另一种是在腐败鱼肉中获得的结晶体，称为维生素 K_2，这两种都是脂溶性维生素。而维生素 K_3、维生素 K_4 是通过人工合成的，是水溶性的维生素。维生素 K 可促进血液凝固，参与骨骼代谢，在甲壳动物体内也发挥重要的生物学功能，是甲壳动物所不可或缺的营养元素之一。周光正（1996）的实验中报道，中国对虾幼虾生长所需维生素 K 的适宜量大约是 185 mg/kg（饲料）。陈四清等（1993）的实验中从对虾生长各指标看，在 3~7 cm 幼虾阶段，对维生素 K 的需求量相对较少，每 100 克饲料中添加 3.6 mg 维生素 K 为最好；在 7~10 cm 对虾阶段，以每 100 克饲料中添加 3.2 mg 维生素 K 为宜；维生素 K 含量过高或过低对对虾生长都不利。

二、水溶性维生素需求量研究

水溶性维生素包括维生素 C 和 B 族维生素——维生素 B_1、维生素 B_2、泛酸、烟酸、维生素 B_6、生物素、叶酸、维生素 B_{12}。甲壳动物中，水溶性维生素大多数作为辅酶或辅基参与各种催化反应和各种代谢的调控，部分是以生物活性物质直接参与生命活动的调节，有些作为细胞结构物质发挥相应的作用。

维生素 C 是甲壳动物生命活动及生理机能不可缺少的营养性添加剂之一，是生长、代谢及维持机体正常生理所必需的，适量的维生素 C 可提高存活率、加快生长、促进新陈代谢、提高免疫力和抗病力、促进激素合成和矿物质的吸收等，而且在甲壳生长及蛋白质代谢中发挥主要作用。虾蟹类等自身不能合成维生素 C，必须从饲料中获取。配制虾蟹类饲料必须添加维生素 C，因为一般实用性饲料中都缺乏维生素 C。随着水产养殖技术的不断发展，配合饲料的应用也越来越广泛，养殖密度随之扩大，虾蟹类甲壳动物的生长速度也大大提高，尤其是在胁迫条件下，维生素 C 发挥着更加突出的作用，容易缺乏并引起各种症状，甚至导致代谢失调、抵抗力和免疫力下降，继而发生病害，严重时会引起大量死亡，给虾蟹养殖业带来极大的经济损失。过去虾蟹类的维生素来源是天然饵料，随着养殖业技术的不断发展，出现了人工配合饲料，取代了天然饵料，但是配合饲料中的结晶维生素 C 稳定性差，有较强的还原性，易被空气氧化，在加热过程中也容易遭到破坏，导致虾蟹类吸收的维生素 C 不足，而引起一系列缺乏症，现在这方面的问题已经引起人们的高度重视。实际上，甲壳动物饲料中维生素 C 的实际添加量比需求量要多。

有关虾类维生素 C 的需求量，研究较多的是斑节对虾和日本对虾。不同种类的对虾对维生素 C 的需求量是不同的，同种虾对不同种类的维生素 C 的需求量也是有差异的，因为维生素 C 的稳定性差，容易降解，不同的降解程度会影响到虾蟹对其的利用率。这方面有很多的研究，据报道使用普通晶体维生素 C，斑节对虾和日本对虾的需求量分别为 2 000 mg/kg和 3 000 mg/kg，而如果使用维生素 C 磷酸镁盐，斑节对虾和日本对虾的需求量分别为 100~200 mg/kg 和 215~430 mg/kg。陈立侨等（2005）的研究表明，饲料中维生素 C 添加量为 1 000~4 000 mg/kg 时，可以保证中华绒螯蟹幼蟹正常生长、存活和蜕皮；饲料中添加适量的维生素 C 能提高幼蟹的耐低氧能力和耐 pH 值突变能力，建议饲料中添加2 000~4 000 mg/kg 的维生素 C 能保持幼蟹良好的生命活动。还有人认为，在饲料中添加维生素 C 后能促进日本对虾蜕皮，从而促进其生长，最适剂量为 5 000~10 000 mg/kg（干饵料）。弟子丸修等（1976）综合投喂量、增重率和死亡率等指标，认为饵料中加入 0.3%的维生素 C 对虾生长效果较好。

维生素 B_1 在甲壳动物体内以硫胺素焦磷酸的形式作为与递氢有关的黄素酶等代谢酶的辅酶，参与体内氧化还原反应等各个过程。甲壳类的维生素 B_1 需求量的研究报道相对较少。Chen 等（1991）用不含硫胺素的饲料投喂斑节对虾后发现斑节对虾表现出生长迟缓、饲料转化率和存活率低等缺乏症。Deshimaru（1979）的实验表明，以生长性能和虾体维生素 B_1 含量为评价指标，得到日本对虾对维生素 B_1 的适宜需求量分别为 60 mg/kg 和 120 mg/kg饲料。Boonyaratpalin 等（1998）研究表明，印第安大虾对维生素 B_1 的适宜需求量为 100 mg/kg 饲料。徐志昌等（1995）报道，饲料中含 60 mg/kg 的维生素 B_1 时，中国对虾的增长率和存活率最高，肝胰脏的淀粉酶活性最大。这表明，饲料中适量的维生素 B_1 能提高凡纳滨对虾淀粉酶活力，促进糖代谢，使对虾能更好地利用饲料中的糖源。维生素 B_1 过量或者缺乏均会阻碍对虾的生长和代谢。Chen 等（1991）以生长和存活率以及血淋巴的硫胺素和 TPP 含量为评价指标，得到草虾对维生素 B_1 的需求量为 13~14 mg/kg 饲料。许实荣等（1987）关于中国对虾的研究发现，饲料中 60 mg/kg 的维生素 B_1 能明显提高中国对虾肝胰脏的淀粉酶活性，饲料中不足或过多的维生素 B_1 都会降低肝胰脏淀粉酶的活性。与鱼类不同，水生甲壳类动物由于其抱食、采食缓慢的摄食食性，饲料从投喂到完全被采食，在水中浸泡的时间比较长，饲喂期间虾对饲料颗粒的选择将进一步加剧养分的溶失，包括水溶性维生素如维生素 B_1，因此甲壳纲动物维生素 B_1 的需求量比鱼类高。另外，实验种苗、实验饲料的组成、实验条件以及评定指标的不同都会造成所测营养需求量的差异。

维生素 B_2 在线粒体电子传递系统中作为氧化还原酶的辅基参与酮酸、氨基酸和脂肪酸的新陈代谢，其缺乏会影响生物体的生理能量代谢。有关甲壳类对维生素 B_2 需求量的研究很少，适量的维生素 B_2 可促进对虾的生长，缺乏或过量对对虾的存活与生长都是不利的。在 Chen 等（1992）的研究报道中，斑节对虾对饲料中维生素 B_2 的最适需求量为 22.3 mg/kg（饲料），中国对虾的最适需求量则为 100 mg/kg（饲料）。Kanazawa（1985）以存活率为依据得出日本对虾对维生素 B_2 的适宜需求量为 80 mg/kg（饵料）。

泛酸是辅酶 A、酰基 CoA 合成酶和酰基载体蛋白的成分，因此，泛酸形成的辅酶参与酰基团的转运反应。泛酸是两种重要的辅酶——酰基载体蛋白和辅酶 A 的组成成分。甲壳类泛酸需要量的研究报道相对较少。Shiau 和 Suen（1999）以增重率、肝胰腺中泛酸积累量及辅酶 A 活力为评价指标，得到斑节对虾泛酸的适宜需求量为 101~139 mg/kg 饲料。而中国明对虾泛酸的适宜需求量为 100 mg/kg（饲料）。Boonyaratpalin（1998）以生长性能和存活率为评价指标，得到印度对虾泛酸的适宜添加量为 750 mg/kg 饲料。

烟酸是两种辅酶——烟酸酰胺嘌呤二核苷酸（NAD）和烟酰胺腺嘌呤二核苷酸磷酸

（NADP）的组成成分，而高能磷酸化合物的合成需要 NAD 和 NADP 的参与。此外，烟酸还参与了蛋白质、氨基酸和脂肪的代谢过程，对促进水生动物的生长和健康有着重要的作用。有关甲壳类烟酸需求量研究极少，如 Shiau 和 Suen（1994）的报道中，斑节对虾适宜的烟酸需求量为 7.2 mg/kg。NRC（1983）中日本对虾烟酸的适宜需求量为 400 mg/kg，Boonyaratpalin（1998）中的印度白对虾烟酸的适宜需求量为 250 mg/kg。甲壳类的烟酸需求量也普遍高于鱼类。不同水生生物的烟酸需求量差异还可能与其规格、年龄、生长速度，以及环境和营养因子的交互作用有关。

维生素 B_6以辅酶或辅基参与甲壳类机体蛋白质和氨基酸的代谢，以吡哆醛或吡多胺的活性形式调节一系列的代谢过程，在转氨、脱羧和脱硫基以及催化氨基酸代谢过程中发挥重要作用。甲壳动物饲料中缺乏维生素 B_6会导致存活率低、增重缓慢、厌食、生长缓慢、平衡性失调、神经失调、蛋白质代谢异常等症状，饲料中添加适量的维生素 B_6可明显改善这些不良症状。有关甲壳类维生素 B_6需求量的研究报道也相对较少，Boonyaratpalin 等（1998）以生长性能和存活率为评价指标，得到印度对虾维生素 B_6 的需求量为 100~200 mg/kg（饲料）。Shiau 等（2003）研究表明斑节对虾的维生素 B_6适宜需求量为 72~89 mg/kg（饲料）。Deshimaru 等（2008）研究表明日本对虾对维生素 B_6的适宜需求量为 120 mg/kg（饲料）。不同种类的甲壳动物维生素 B_6需求量明显不同，可能是由于种间个体的差异、实验环境和实验条件、基础饲料配方以及选定的评价指标等因素的不同引起的。另外，饲料中的蛋白源质量以及饲料在加工过程中的损失量等的不同也可能使甲壳动物间的维生素 B_6需求量不同。

生物素作为辅酶参与了脱羧-羧化反应和脱氨反应，在脂肪、氨基酸和碳水化合物的代谢过程中发挥着重要的作用。

叶酸是甲壳动物机体细胞分裂、增殖所必需的微量营养元素，其主要活化形式为四氢叶酸，在许多复杂的酶促反应中作为一碳基团的中间载体。某些氨基酸代谢以及 DNA 和 RNA 中的嘌呤、嘧啶和核苷酸生物合成等过程中需要叶酸的参与。叶酸不足时，甲壳动物会表现出一系列的缺乏症，如存活率低、生长慢、饲料转化率低、抵抗力和免疫力下降、死亡率高等症状。Wei 等（2014）以增重率和肝胰腺中叶酸含量为指标，计算出中华绒螯蟹幼蟹对叶酸的适宜需求量为 2.29~2.90 mg/kg。

维生素 B_{12}在甲壳动物的生命活动中起着非常重要作用，是叶酸正常发挥作用所必需的。维生素 B_{12}在蛋白质和核酸合成过程以及碳水化合物和脂肪的代谢过程中都发挥着重要的作用。虾蟹类体内能合成一定量的维生素 B_{12}，但当合成量不足时，通过在饲料中添加一定量的维生素 B_{12}可以缓减一些病症。

三、其他维生素需求量研究

肌醇在甲壳动物体内作为活性组织的组成部分发挥着重要生理功能，它和胆碱共同在脂肪代谢的平衡调控中发挥着重要作用，能够促进日本对虾的生长。当饲料中缺少或含量太低时，日本对虾的生长率降低，饵料效率下降，死亡率升高。弟子丸修（1976）的研究中报道日本对虾对肌醇的最适需要量为0.4%。同年，Kanazawa等（1976）也证实肌醇的这种促进作用，以生长性能为评价指标，得到日本对虾肌醇的适宜添加量为2 000 mg/kg（饲料）。Liu等（1993）研究得到中国明对虾肌醇的需求量为4 000 mg/kg（饲料）。Shiau等（2004）的研究发现斑节对虾的肌醇适宜需求量为3 400 mg/kg饲料。

胆碱是甲壳动物维持正常生长和发育所需的一种重要维生素，作为代谢物质的结构组分参与体内代谢，在某些代谢过程中有重要的调节作用。Kanazawa（1976）的研究表明，用缺乏胆碱的饵料投喂日本对虾，其生长率下降而死亡率提高，并提出日本对虾的胆碱需求量为60 mg/100 g（干饲料）。Kanazawa等（1976）报道日本囊对虾胆碱的适宜需求量为600 mg/kg，Shiau和Lo（2001）发现草虾对胆碱的适宜需求量为6 200 mg/kg。

四、研究展望

根据目前的研究，认为以上维生素均为甲壳动物所必需，但获得其准确的需求量是比较困难的，因为有很多影响因素使测量的结果不准确，而且有些因素是不能忽略的。近几年来对甲壳类维生素营养方面的研究逐渐增多，主要集中在虾类（表7.2），比如凡纳滨对虾、中国对虾、斑节对虾等对维生素的需求量的探究和过多及缺乏的症状，而对淡水养殖甲壳类的维生素需求量和生命活动的研究则不多。对甲壳类维生素营养方面有待进行更多的探究，比如在淡水甲壳类上进一步探究其维生素的需求量、影响因素、缺乏症及其应对措施、维生素之间或维生素与其他营养素之间的关系，探究不同发育阶段的甲壳类动物对维生素的需求、代谢活动和生理功能，探究安全高效的维生素添加剂以及建立维生素营养的准确的测试方法和合理的评价体系。

表7.2 几种重要虾类维生素的需求量

维生素	种名	需求量 /（$mg \cdot kg^{-1}$）（饲料）	衡量指标	参考文献
A	斑节对虾	2.51	WG	Shiau and Chen（2000）
	凡纳滨对虾	1.44	WG	He et al.（1992）
	中国对虾	36~54	WG	Chen and Li（1994）
D	斑节对虾	0.1	WG ED	Shiau and Hwang（1994）
E	斑节对虾	85~89	WG THC	Lee and Shiau（2004）
	凡纳滨对虾	99	WG	He and Lawrence（1993）
K	斑节对虾	30~40	WG	Shiau and Liu（1994）
	中国对虾	185	WG	Shiau and Liu（1994）

续表

维生素	种名	需求量 /（mg·kg^{-1}）（饲料）	衡量指标	参考文献
B_1	斑节对虾	14	WG	Chen et al.（1991）
	日本囊对虾	60~120	WG	Deshimaru and Kuroki（1979）
	印度明对虾	100	WG	Boonyaratpalin（1998）
B_2	斑节对虾	22.5	MLS	Chen and Hwang（1992）
	日本对虾	80	—	NRC（1983）
B_6	斑节对虾	72~89	WG，ED，MLS	Shiau and Wu（2003）
	日本对虾	120	WG	Deshimaru and Kuroki（1979）
	凡纳滨对虾	80~100	WG	He and Lawrence（1991）
	印度明对虾	100~200	WG，SUR	Boonyaratpalin（1998）
泛酸	斑节对虾	101~139	WG，ED，MLS	Shiau and C. W. Hsu（1999）
	中国对虾	100	WG	Liu et al.（1995）
	印度明对虾	750	WG，SUR，FE	Boonyaratpalin（1998）
烟酸	斑节对虾	7.2	WG	Shiau and Suen（1994）
	日本对虾	400	—	NRC（1983）
	印度白对虾	250	WG，SUR	Boonyaratpalin（1998）
生物素	斑节对虾	2.0~2.4	WG	Shiau and Chin（1998）
	中国对虾	0.4	WG	Liu et al.（1995）
V_{12}	斑节对虾	0.2	WG	Shiau and Lung（1993）
	中国对虾	0.01	WG	Liu et al.（1995）
叶酸	斑节对虾	1.9~2.1	WG，MLS，HSI	Shiau and Huang（2001）
	中国对虾	5	WG	Liu et al.（1995）
胆碱	斑节对虾	6 200	WG	Shiau and Lo（2001）
	日本对虾	600	WG	Kanazawa et al.（1976）
肌醇	斑节对虾	3 400	WG，MLS，HSI	Shiau and Su（2004）
	日本对虾	2 000	WG	Kanazawa et al.（1976）
	中国对虾	4 000	WG	Liu et al.（1993）

ED：酶相关数据；FE：饲料转化效率；HIS：肝体指数；MLS：最大的肝脏储存；SUR：存活率；THC：全血细胞计数；WG：增重率。

第三节　低盐度下凡纳滨对虾对饲料中维生素的需求量

凡纳滨对虾是一种广盐性物种，但在适应低盐度胁迫的过程中，机体会消耗体内的营养物质以满足所需的额外能量，这些营养物质就需要通过饲料来供给。而维生素与生长发育、代谢等生理功能有着直接的关系，是代谢必不可少的有机化合物，可直接影响物质代谢和能量代谢。现将低盐度下凡纳滨对虾对饲料中维生素需求量的研究总结如下。

一、脂溶性维生素的需求量

对低盐度下不同阶段的凡纳滨对虾来说，其增重率随着饲料中维生素 A 添加量的不同而不同。适量的维生素 A 有利于对虾早期的生长，而高水平的维生素 A 对对虾后期的生长并没有促进作用。关于配合饲料中添加维生素 A 对凡纳滨对虾存活、生长、饲料利用率及免疫力和抗病力的研究较少。

王建梅等（2003）的研究表明，在低盐度胁迫下，饲料中添加 600 mg/kg 维生素 E 组的凡纳滨对虾比添加 100 mg/kg 组的维生素 C 和 NAD 含量显著降低（$P<0.05$）。由此可见，凡纳滨对虾饲料中维生素 E 的添加量为 100 mg/kg 时，能使虾发挥正常的抗氧化作用，增强凡纳滨对虾对低盐度的耐受力。

二、水溶性维生素的需求量

额外添加维生素 C 对低盐度下的凡纳滨对虾来说也有一定的作用，如果不添加就会导致对虾缺乏维生素 C，会引起病原体感染而发生烂尾、断颈等现象，甚至死亡。这是因为维生素 C 具有促进伤口愈合的功能。Lingtner 等（2010）报道，饲料中维生素 C 含量缺乏会导致对虾患“黑死病”，其症状是外壳下层、腹部、鳃部的结缔组织黑色素增加，变黑，虾蜕壳次数减少，或因蜕不了壳而死亡。Lavens 等（1999）以凡纳滨对虾幼体生物量作为评价指标，通过折线模型得出 130 mg/kg 是其维生素 C 的适宜需求量。周歧存等（2004）的研究表明，饲料中添加 150 mg/kg 维生素 C 能显著提高凡纳滨对虾的生长性能、成活率以及血清中酚氧化酶活力。Niu 等（2009）以低溶氧耐受力为指标，得出凡纳滨对虾维生素 C 适宜需求量为 360 mg/kg。

何志交等（2010）的报道中以凡纳滨对虾特定生长率为评价指标，通过折线模型分析了凡纳滨对虾的维生素 B_1 需求量，结果显示凡纳滨对虾维生素 B_1 的适宜需求量为 23.90 mg/kg。生长性能和血清 TKA 是评价凡纳滨对虾维生素 B_1 营养需要状况的合适指标，以上述两者为评价指标，分析得到凡纳滨对虾维生素 B_1 需求量分别为 23.90 mg/kg 和 23.70 mg/kg（饲料）。黄晓玲（2014）的实验表明，以凡纳滨对虾增重率为评价指标，通过折线模型分析得到凡纳滨对虾对维生素 B_1 的适宜需求量为 44.66 mg/kg。另外，当饲料中维生素 B_1 含量从6.9 mg/kg增加至 145.1 mg/kg 时，凡纳滨对虾肝胰腺中维生素 B_1 积累量显著升高。

He 和 Lawrence（1991）的实验表明，凡纳滨对虾饵料中维生素 B_2 的最适添加量应为 80~100 mg/kg。还有人认为，凡纳滨对虾在低盐度胁迫下对维生素 B_2 的最适需求量为 160 mg/kg饵料。

饲料中适宜的泛酸含量能提高凡纳滨对虾的饲料效率、蛋白质效率、蛋白质沉积率和存活率，并增强凡纳滨对虾机体的抗氧化能力。黄晓玲（2014）以凡纳滨对虾饲料效率为评价指标，通过折线模型分析得到凡纳滨对虾泛酸需求量为 102.07 mg/kg，接近于已报道的斑节对虾（101~139 mg/kg）（Shiau et al.，1999）和中国明对虾（100 mg/kg）（Liu et al.，1995），而低于印度对虾（750 mg/kg）（Boonyaratpalin，1998）。不同种类的水生动物泛酸需求量明显不同，可能是由于种间个体的差异、实验环境和实验条件、基础饲料配方以及选定的评价指标等因素的不同引起的。

饲料中添加适量的烟酸可以显著提高凡纳滨对虾的生长性能，改善饲料利用率，较好地维持凡纳滨对虾机体的抗氧化能力及非特异性免疫能力，缺乏或过量时，均能显著抑制凡纳滨对虾的生长，降低饲料效率、蛋白质效率和蛋白沉积率。夏明宏（2014）以凡纳滨对虾特定生长率为评价指标，通过折线模型分析得到凡纳滨对虾幼虾适宜的烟酸需求量为 109.55 mg/kg。

维生素 B_6 在氨基酸代谢中发挥重要的作用，以辅酶的形式参与转氨、脱羧和脱硫基等过程，以及催化氨基酸的分解与合成。饲料中适量的维生素 B_6 可明显改善凡纳滨对虾的存活率和生长率，可促进其蛋白质的消化吸收与生长发育。若维生素 B_6 缺乏或过量，则各种酶活性受到抑制，阻碍凡纳滨对虾的生长。有研究表明，在低盐度胁迫下，凡纳滨对虾配合饵料中维生素 B_6 的适宜添加量为 80~160 mg/kg。Li 等（2010）以生长性能和氨基转移酶活力为评价指标，研究得到低盐度（3）下凡纳滨对虾的维生素 B_6 的适宜需求量为 106.95~151.92 mg/kg（饲料）。李二超等（2010）做了维生素 B_6 对低盐度下凡纳滨对虾生长及生化指标等影响的实验，研究中报道若饲料中维生素 B_6 的含量不足，凡纳滨对虾表现为成活率低、生长缓慢、增重率下降、肥满度降低、肌肉中谷草转氨酶和谷丙转氨酶活力显著降低、机体转氨酶活力降低，从而降低机体氨基酸的吸收速率，阻碍机体蛋白质正常的代谢。若机体长期处于这种状态下，就会导致免疫力和抵抗力下降，使对虾成活率更低，同时还报道在饲料中添加 200 mg/kg 的维生素 B_6 可以明显改善这一现象，凡纳滨对虾对维生素 B_6 的最适需求量为 80~160 mg/kg（饵料）。黄晓玲（2014）以凡纳滨对虾增重率和肝胰腺中维生素 B_6 积累量为评价指标，通过折线模型分析得到凡纳滨对虾维生素 B_6 的适宜需求量为 110.39 mg/kg。

生物素可以通过提高凡纳滨对虾的饲料效率以及饲料蛋白质的利用率，促进生长。饲料中添加适量的生物素对凡纳滨对虾生长性能和免疫方面都有积极作用，Shiau 和 Chin（1998）以饲料效率为评价指标，通过折线模型分析发现饲料中添加生物素 0.72 mg/kg 水平为凡纳滨对虾生物素适宜需求量水平。

饲料添加适量叶酸可以显著提高凡纳滨对虾的增重率、饲料效率和肝胰腺叶酸含量。夏明宏（2014）在研究中得出，饲料中叶酸含量为1. 23 mg/kg，可以满足凡纳滨对虾正常的生长，随着饲料叶酸水平的升高，凡纳滨对虾增重率有上升趋势，并在5. 15 mg/kg时达到最大。

三、其他维生素的需求量

饲料中适宜的肌醇含量能提高凡纳滨对虾的存活率，并增加机体的抗氧化能力，提高血清中高密度脂蛋白、低密度脂蛋白、甘油三酯和总胆固醇的含量，肝胰腺中丙二醛含量及过氧化氢酶的活力，血清中谷草转氨酶、谷丙转氨酶和超氧化物歧化酶活力以及总抗氧化能力。黄晓玲（2014）以凡纳滨对虾存活率为评价指标，通过折线模型分析得到凡纳滨对虾肌醇的适宜需求量为1 181. 54 mg/kg。

饲料中添加胆碱可以显著提高凡纳滨对虾的生长性能，改善饲料效率，较好地维持凡纳滨对虾机体的抗氧化能力。Gong 等（2003）认为凡纳滨对虾胆碱的适宜需求量为871 mg/kg。夏明宏（2014）以凡纳滨对虾增重率为评价指标，用折线回归分析凡纳滨对虾对胆碱最适需求量为3 254. 1 mg/kg。

四、研究展望

确定凡纳滨对虾饲料中的维生素含量是一项很复杂的工作，比如凡纳滨对虾自身有一些维生素的合成能力，其他成分中含有维生素等。在生产当中是否需要添加维生素，添加种类及添加量应根据具体情况具体分析。在尚未阐明这些问题的情况下，一般适当提高添加量来确保饲料中各种维生素均能满足需求。迄今为止，有关凡纳滨对虾维生素需求量的研究还较少、比较零散。其研究主要集中在幼体对维生素A、维生素B_1、维生素B_6、维生素C、维生素E需求量的研究上；有关其成体对维生素需求量的研究和维生素之间的相互作用机制的研究是比较缺乏的，有的实验证明除生物素等少数维生素外，凡纳滨对虾对维生素的需求量普遍高于鱼类。目前，有人总结了已有的凡纳滨对虾配合饲料中维生素的推荐量（表7. 3）。

表7. 3　凡纳滨对虾配合饲料中维生素的推荐量

维生素	用量
维生素A	10 000 IU/kg
维生素D	5 000 IU/kg
维生素E	300 mg/kg

续表

维生素	用量
维生素 K	5 mg/kg
维生素 B_1	50 mg/kg
维生素 B_2	40 mg/kg
泛酸	75 mg/kg
烟酸	200 mg/kg
维生素 B_6	5 mg/kg
维生素 B_{12}	0.1 mg/kg
生物素	1 mg/kg
肌醇	300 mg/kg
胆碱	400 mg/kg
维生素 C	1 000 mg/kg
叶酸	10 mg/kg

第四节　影响凡纳滨对虾维生素需求量的因素

根据目前的研究，凡纳滨对虾维生素的代谢过程是一个与其他营养成分密切相关的复杂过程。其对维生素的需求量受到诸多因素的影响，如生长阶段、养殖条件、生理状态、饲料加工工艺、各种维生素之间的相互作用、饲料中其他营养物质的影响、消化道微生物的种类和数量及合成能力等情况。

一、生长阶段

凡纳滨对虾的生长阶段不同，对维生素的代谢能力、需求量和利用率都存在一定的差异。幼虾代谢旺盛、生长速度快、蜕皮频率高，对维生素的需求量较成虾高。

齐明等（2010）的研究表明，凡纳滨对虾对饲料的转换率随个体的增大而减小，其干物质总转换率和净转换率也逐渐下降，对某些维生素的需求量也随之降低。林继辉等（2004）对凡纳滨对虾的研究表明，其对某些维生素的需求量随体质量的上升而逐渐下降，这与已有的鱼类（麦康森，2011）和甲壳类（陈义方等，2011；秦钦等，2010；仲惟仁，1994）的研究结果一致。由此推断，这可能是甲壳类动物的一个普遍现象，出现这种现象的原因可能是幼体的代谢旺盛，能量消耗强度大，生长速度快，其食欲相对较旺盛，对各种营养素的需求量较大。

二、环境应激

应激是指动物机体对应激源所产生的一系列生理反应的总和。对凡纳滨对虾来说，当机体受到体内外某些因子刺激时，会表现出一系列机能障碍，并做出防御反应来削弱或抵抗其危害，这种反应作为一种非特异的反应，一般是由有害因子引起的一系列生理性紧张（Moberg et al.，2000）。其应激源有很多，包括物理、化学、生物等，主要来自水环境胁迫和养殖条件，包括盐度、pH 值、密度、水质、溶氧、饥饿、毒物处理、病原侵袭、管理不合理等因素。长期处于应激状态下的凡纳滨对虾要动用一系列生理活动来提高机体的抵抗力，这将改变其代谢和各项生理功能，甚至损害组织结构，无疑也会影响到饲料中维生素的需求量，对维生素的需求量可能会增加。在饲料中增加维生素 A、维生素 C、维生素 E 等与应激相关的维生素，可增强凡纳滨对虾的抗应激能力、减弱各种不良反应带来的损害、提高存活率和生长率、有利于维持正常的生理状态。

我们知道低盐度对凡纳滨对虾来说是一种胁迫，生活在低盐度下的凡纳滨对虾无疑会对这种胁迫做出应激。王建梅等（2003）的研究发现在低盐度胁迫下的凡纳滨对虾饲料中添加适量的维生素 E 可增大其肝胰腺中的维生素 C 和烟酰胺腺嘌呤二核苷酸的含量，使其发挥正常的抗氧化作用，从而使凡纳滨对虾增强对低盐度的耐受力。

目前大部分的研究主要是在饲料中添加维生素，在水体中直接泼洒的研究并不多。有研究表明，泼洒适量的维生素 C 可以减缓对虾的应激状态（李玉全等，2005），因为对虾在养殖过程中会面临各种各样的胁迫，比如温度、盐度、pH 值和密度等的变化，以及水环境的污染、个体间的竞争等（王文婧等，2012）。其中集约化管理会导致密度过大，这是最为常见的一种胁迫，生活在这种状态下的甲壳类或者鱼类会做出一定的应激反应来抵御这种现象，然而如果长期处于这种应激状态，机体的防御系统会受到损害，免疫力下降，有可能会导致动物体患病，甚至死亡，从而影响养殖业的发展（Martin et al.，1998；Robertson et al.，1963）。刘襄河等（2007）的研究发现，在长途运输的凡纳滨对虾水中泼洒适量维生素 C，可提高其抗应激的能力，存活率和存活时间都有一定的提高，同时降低了虾的应激反应。

三、生理状态

维生素是凡纳滨对虾正常存活和生长的重要营养素之一，我们不仅仅从正常生长、发育角度满足凡纳滨对虾对维生素营养的需求，还应该从免疫和抵抗力等角度考虑维生素的营养作用，包括个别维生素在免疫和抵抗力方面的营养作用和需要。当外界环境条件发生大的变化或更换饲料，或人为原因对对虾造成刺激时，对虾对维生素的需求量一般也会随之发生变化，以增强对虾的免疫力和对疾病的抵抗力。

维生素 C 是一种能够影响机体免疫系统的重要的营养添加剂，在甲壳类机体内参与多种生理反应，可增强对应激和病原体的抵抗能力（胡俊茹等，2009；秦志华等，2007；宋理平等，2005）。如凡纳滨对虾正常生长和存活所需维生素 C 的添加量为 20～130 mg/kg，而处于胁迫环境中或被细菌感染时的需求量为 2 000 mg/kg（Merchie et al.，1997）。饲料中适量的维生素 C 可提高凡纳滨对虾的免疫力，但密度过大会制约维生素 C 发挥作用（Robertson et al.，1963）。维生素 E 也是一类重要的营养剂，He 和 Lawrence（1993b）的研究表明，在凡纳滨对虾饲料中添加多于 100 mg/kg 的维生素 E 能减少体内脂质过氧化，而体内缺乏维生素 E 时，体内会发生过氧化现象，且可以通过在饲料中添加维生素 E 来得到保护。

四、饲料中维生素的利用率

大多数饲料原料中都含有一定量的维生素，甚至有些维生素的量已经达到了凡纳滨对虾正常生长所需的含量，所以配制饲料时可以适当减少这些维生素的添加量，以免过量而影响对虾的正常存活和发育。但是饲料中的一些维生素往往不能被凡纳滨对虾充分利用，原因有很多。①维生素在饲料中的存在形式可能会影响到对虾对其的利用，有研究表明谷物中的泛酸、烟酸含量都很高，但利用率极低，因为它们以某种结合态存在，不利于对虾的吸收。大多数维生素的性质不稳定，容易受高温、高压等影响而遭到不同程度的破坏，所以饲料中的维生素本身可能已经被破坏掉了。②饲料中与维生素相拮抗的物质，降低了维生素的生理功能，阻碍维生素的吸收与利用，从而引起维生素缺乏症。另外，饲料中的脂肪可促进某些脂溶性维生素的吸收，如果脂肪缺乏，则会影响维生素的吸收。③由于水溶性维生素在水中较易流失，再加上甲壳类动物的抱食行为也影响了甲壳类对饲料的充分利用。

饲料发生霉变也会影响到凡纳滨对虾对各种维生素的吸收利用，霉变会释放大量的热，饲料的温度就会升高，容易引起细菌的污染，还会产生有毒的代谢产物，对凡纳滨对虾的危害极大，也不利于存储，同时还会散发出一种特殊的霉臭味，影响饲料的适口性，导致对虾摄食量下降，存活率降低，生长缓慢，发育不良，免疫力和抗病力下降，易发生各种疾病（张益辉，2008）。因此，我们有必要了解维生素在加工和储存过程中的破坏因素，并针对这种破坏提出一些改进措施是很重要的，比如通过添加适量且合理的饲料成分来改进饲料配方，以及更好地控制高温高压等条件来减少维生素在饲料加工过程中的损失。

五、食物来源及养殖业的集约化程度

随着水产养殖业的不断发展和养殖技术的不断提高，凡纳滨对虾的养殖模式逐渐从粗放型发展为集约型（衣萌萌等，2012）。为了追求高产，出现了越来越多的集约型养殖系统，一般精养池都在75 ind./m^2以上，150 ind./m^2的也很常见，有的甚至高达450 ind./m^2（裴琨，2006）。在集约化程度较低的养殖条件中，凡纳滨对虾的食物数量与种类较多，其生长所需维生素来源广，除配合饲料外，还有天然饵料等其他食物，因此对配合饲料中维生素的依赖性相对减少。但在集约化养殖条件下，所需维生素基本全靠配合饲料供给，考虑到未能完全被利用，需要适当提高维生素的添加量。

一般情况下，在集约化养殖条件下，凡纳滨对虾对资源、空间的竞争加剧，攻击性行为增加，在争斗的过程中会造成食物的浪费，所以需要在饲料中提高维生素的添加量（Mahon，1990）。陈学雷等（2003）的研究表明，在集约化养殖条件下，凡纳滨对虾个体间相遇频率较高，阻碍了活动频率，尤其是在摄食的时候，竞争加剧，甚至相互攻击，对虾通过增加活动水平来获得更大的空间与更多的食物，这可能是对虾在高密度胁迫下所做出的一种应激，以适应这种环境，但这种行为同样会造成食物浪费，需要在饲料中添加过量的维生素以弥补这种由于食物浪费所造成的营养不足。张国新等（2008）发现在集约化条件下凡纳滨对虾的成活率下降，生长速度降低，免疫力下降。如果在饲料中添加一定量的维生素，尤其是维生素C和维生素E可能在一定程度上提高SOD活力，从而提高其免疫力（刘晓华等，2007；王玥等，2005）。

六、维生素之间的相互作用

凡纳滨对虾对维生素的需求量极少，无论是其体内还是饲料中，维生素的含量都极少，但它对对虾正常的生长发育和代谢起着非常重要的作用。饲料中各种维生素之间存在着很复杂的相互作用关系，因此某种维生素的需求量显著受其他维生素含量的影响。各类维生素缺乏症有着共同点，比如缺乏任何一种水溶性维生素，一般都会出现生长缓慢、饲料效率降低以及死亡率增高等现象。

目前一些研究表明各维生素之间存在相互作用，比如维生素B_1对叶酸有一定的破坏性。维生素B_2含量增加可加快维生素B_1在水溶液中的氧化。前者和烟酸具有协同作用，它们都是辅酶的成分，参与生物基质的氧化反应过程，当维生素B_2缺乏时，体内的色氨酸转化为烟酸的过程受阻，出现烟酸缺乏症。维生素E在饲料中可以保护维生素A免遭氧化破坏，促进维生素A的吸收与储存。维生素C可促进维生素B_1和维生素B_2的利用，能够减轻因维生素B_1和维生素B_2不足所出现的症状，对凡纳滨对虾维生素E的需求量有一定的节约效应。维生素C还可使叶酸、维生素B_{12}破坏失效，因而维生素C与它们不可同时应用。维生素B_{12}与叶酸两者存在代谢交互作用，缺乏其中一种便会导致巨红细胞性贫血。维生素B_{12}的吸收亦受维生素B_6含量的影响，维生素B_6不足，会降低维生素B_{12}的吸收。维生素B_{12}也可促进胆碱的吸收。胆碱易溶于水，碱性极强，可使维生素C、维生素B_1、维生素B_2、泛酸、烟酸、维生素B_6、维生素K等遭到破坏，所以这些维生素不可与胆碱在预混料中混合。

在实际应用中应特别注意各种维生素实际活性之间的比例平衡。某种维生素添加量或过低可能会影响其他维生素作用的发挥。同样，某种维生素添加量过高也能引起其他维生素的缺乏症。

七、饲料中其他成分与维生素之间的相互作用

饲料中其他营养物质对维生素的需求量也有一定影响，这已经被很多实验证实。比如维生素A可影响糖类的正常代谢，当维生素A不足时，乙酸盐、乳酸盐和甘油合成糖原的速度显著降低。维生素B_1是糖类正常代谢所必需的，通常以焦磷酸硫胺素形式作为脱羧酶的辅酶，催化糖的分解反应。若硫胺素不足，将会使糖代谢中间产物丙酮酸的脱羧反应受阻，不能正常氧化或合成脂肪。维生素B_6与蛋白质或氨基酸代谢有关，增加凡纳滨对虾饲料中的蛋白质含量将提高维生素B_6的需求量。饲料中维生素E的最适含量通常与饲料脂肪酸尤其是高度不饱和脂肪酸含量有关。

维生素与矿物质之间也存在相互作用。比如饲料中大多数矿物质能够促进维生素A的破坏，还能破坏维生素K_3、维生素B_1、维生素B_6、维生素B_{12}等，所以两者不能同时存在。维生素D能促进凡纳滨对虾肠道中钙的吸收，维生素D能促进鳃、肌肉等组织对水环境中钙的吸收和利用。维生素E和硒对凡纳滨对虾机体的代谢机理及抗氧化作用极其相似，在一定程度上，饲料中的维生素E可以代替硒，但硒不能代替维生素E，饲料中维生素E不足容易引起硒缺乏。这些脂溶性维生素均可被氧化而破坏，所以它们一般不能与二价铁离子共用。维生素C可促进铁的吸收，因为维生素C可以将高价铁离子还原成能被机体吸收的亚铁离子。饲料中钙、磷与胆碱共用时，其吸收率会下降。饲料中的维生素C过多，可使铜的吸收减少。

八、消化道微生物可合成一定量的某些维生素

一些研究证明消化道微生物可合成一定量的某些维生素，但考虑到凡纳滨对虾的消化道较短，微生物种类和数量较少，所以除维生素B_{12}以外，一般认为凡纳滨对虾肠道中的微生物在提供维生素方面的作用很有限，绝大多数维生素还需要通过饲料来提供。大多数

水生动物正常生长所需要的维生素通过饲料来提供，饲料配方中均有维生素。关于我国鱼、虾类饲料中维生素适宜添加量有待进一步的研究。有人总结了一些水生动物饲料中的混合维生素含量（表 7.4）。

表 7.4　一些水生动物饲料中的混合维生素组成　　mg/kg

维生素	虾类	暖水性鱼类	冷水性鱼类
A	—	3 000 IU	—
D_3	12	1 500 IU	—
E	200	50 IU	40
K_3	40	10	4
B_1	40	10	5
B_2	80	20	20
烟酰胺	400	50	75
泛酸钙	600	40（泛酸）	50
B_6	120	10	5
B_{12}	0. 8	0. 02	0. 01
叶酸	8	5	1. 5
生物素	4	1. 0	0. 5
C	200	200	100
肌醇	4 000	400	200
氯化胆碱	6 000	—	500

参考：Halver，2003；Pascual et al.，1986；Lovell，1984。

九、小结

维生素是虾蟹类等甲壳动物生存所必需的且需求量极少的微量营养元素，动物体内通常不能合成或合成量不能满足其正常的生命需要，一般由饲料提供。缺乏或过量都会引起机体一系列的不良症状，从而影响正常的生命活动。根据溶解性质分为脂溶性维生素和水溶性维生素两大类，另外，还有类维生素或假维生素。各种维生素均有自己独特且不可替代的作用，以氨基酸、矿物质、能量等合理的供应为基础发挥功能，各种维生素之间也存在相互作用。

维生素在凡纳滨对虾营养研究中占重要的地位，对维持机体正常的生理代谢起着重要作用。目前凡纳滨对虾的维生素需求量已有一些初步报道，但因受大小、生长阶段、生长率、生理状态、环境条件、营养物质之间的相互作用、饲料及肠道微生物等影响，导致饲料中维生素的最适需求量出现不同的结果。在实际生产中，维生素的供给量都高于饲养标准的推荐量。

关于凡纳滨对虾饲料中各种维生素的最适需求量还有待进一步探究。目前，主要以存活率、增重率、饲料系数等来评价凡纳滨对虾维生素方面的营养价值，研究方法较为传统。近年来，人们考虑把酶活性、免疫反应、缺乏症状或过多症状、脂肪氧化程度，以及相关的分子指标等也作为评判标准。考虑到实际情况，对虾生活在不同的环境下，生理响应也会有差异，应更加关注生理响应和对维生素需求量的比较研究。

参考文献

艾春香，陈立侨，温小波. 2001. 虾蟹类维生素营养的研究进展［J］. 浙江海洋学院学报（自然科学版），20：51-58.

陈四清，李爱杰. 1993. 中国对虾对维生素 E、K 营养需要的研究［J］. 海洋科学，17：1-4.

陈四清，李爱杰. 1994. 中国对虾维生素营养的研究：I. 维生素 A 对中国对虾生长及视觉器的影响［J］. Current Zoology，（3）：266-273.

陈学雷，林琼武，李少菁，等. 2003. 日本对虾仔虾相残的实验研究［J］. 厦门大学学报（自然版），42：358-362.

陈立侨，艾春香，温小波，等. 2005. 中华绒螯蟹幼蟹维生素 C 营养需求研究［J］. 海洋学报，27（1）：130-136.

陈义方，林黑着，牛津，等. 2011. 不同规格南美白对虾蛋白质需要量的研究［J］. 广东农业科学，38：118-121.

胡俊茹，王安利，曹俊明，等. 2009. 维生素 C 对水生动物生长、繁殖及免疫的调节作用［J］. 水产科学，28：40-46.

黄晓玲. 2014. 凡纳滨对虾幼虾对硫胺素、泛酸、维生素 B_6 和肌醇需要量的研究［D］. 宁波：宁波大学.

何志交，曹俊明，陈冰，等. 2010. 凡纳滨对虾（*Litopenaeus vannamei*）维生素 B_1 需要量的研究［J］. 动物营养学报，22（4）：977-984.

李玉全，李健，王清印. 2005. 溶解氧含量和养殖密度对中国对虾生长的影响［J］. 中国水产科学，12：751-756.

李二超，曾嶒，禹娜，等. 2010. 饲料蛋白质和维生素 B_6 对低盐度下凡纳滨对虾生长和转氨酶活力的影响［J］. 动物营养学报，22（3）：634-639.

林继辉，李松青，林小涛，等. 2004. 凡纳滨对虾摄食与生长的实验研究［J］. 海洋科学，28：43-46.

刘襄河，黄燕华，王国霞. 2007. 维生素 C 缓解南美白对虾应激状况的应用研究［J］. 河北渔业，5：12-14.

刘晓华，曹俊明，杨大伟，等. 2007. 氨氮胁迫前后凡纳滨对虾组织中抗氧化酶和脂质过氧化产物的分布［J］. 水生态学杂志，27：24-26.

麦康森. 2011. 水产动物营养与饲料学［M］. 北京：中国农业出版社.

裴琨. 2006. 对虾养殖技术之四 南美白对虾放养密度过大的危害及应对措施［J］. 中国水产，369：

46-47.
齐明，申玉春，朱春华，等. 2010. 凡纳滨对虾不同阶段摄食人工饲料生长效率的初步研究［J］. 渔业现代化，37：34-37.
秦钦，蔡永祥，陈校辉，等. 2010. 不同规格日本沼虾饲料蛋白最适含量研究［J］. 饲料研究，4：53-55.
秦志华，李健，王芳，等. 2007. Vc-2-多聚磷酸酯对中国对虾幼体生长和存活的影响［J］. 水产科学，26：17-21.
宋理平，黄旭雄，周洪琪，等. 2005. Vc、β-葡聚糖和藻粉对中国对虾幼虾生长、成活率及免疫酶活性的影响［J］. 上海海洋大学学报，14：276-281.
王建梅，王维娜，王安利，等. 2003. 盐度胁迫下维生素 E 对南美白对虾体内抗氧化物质含量的影响［J］. 北京水产，24：33-36.
王文婧，郭冉，夏辉，等. 2012. 大剂量维生素 C 对拥挤胁迫下凡纳滨对虾免疫因子的影响［J］. 江苏农业科学，40：202-206.
王玥，胡义波，姜乃澄. 2005. 氨态氮、亚硝态氮对罗氏沼虾免疫相关酶类的影响［J］. 浙江大学学报（理学版），32：698-705.
王军霞，翟宗昭，王维娜，等. 2005. 凡纳滨对虾对维生素 B_2、B_6 的营养需求研究［C］. 中国动物学会北方七省市动物学学术研讨会.
王伟. 2015. 中华绒螯蟹幼蟹对苏氨酸、组氨酸和缬氨酸需求量的研究［D］. 温州：温州医科大学.
夏明宏. 2014. 凡纳滨对虾幼虾对生物素、烟酸、叶酸和胆碱需要量的研究［D］. 宁波：宁波大学.
许实荣，孙凤，娄康后. 1987. 中国对虾营养研究——B 族维生素（B_1，B_6）对对虾蛋白酶和淀粉酶活力的影响［J］. 海洋科学，11（4）：34-37.
徐志昌，刘铁斌. 1995. 中国对虾对维生素 B_2、B_5、B_6 营养需要的研究［J］. 水产学报，19（2）：97-104.
杨奇慧，周歧存，迟淑艳，等. 2007. 饲料中维生素 A 水平对凡纳滨对虾生长、饲料利用、体组成成分及非特异性免疫反应的影响［J］. 动物营养学报，19：698-705.
衣萌萌，于赫男，林小涛，等. 2012. 密度胁迫下凡纳滨对虾的行为与生理变化［J］. 暨南大学学报（自然科学与医学版），33：81-86.
张国新. 2008. 不同养殖密度对南美白对虾生长的影响［J］. 河北渔业，8：12-15.
张益辉. 2008. 霉变饲料对水生动物的危害［J］. 当代水产，2：28-29.
仲惟仁. 1994. 几种维生素对中国对虾各生长阶段的影响［J］. 中国饲料，8：8-11.
周光正. 1996. 中国对虾稚虾所需维生素 K 饵料的估算［J］. 海洋信息，3：8.
周歧存，丁燏，郑石轩，等. 2004. 维生素 C 对凡纳滨对虾生长及抗病力的影响［J］. 水生生物学报，28（6）：592-598.
弟子丸修. 1976. クルマエビの精製合成飼料 VI アミノ酸試験飼料における各アミノ酸の吸収率：アミノ酸試験飼料における各アミノ酸の吸収率［J］. 日本水産学会誌，42.
Boonyaratpalin M. 1998. Nutrition of *Penaeus merguiensis* and *Penaeus idicus*［J］. Reviews in fisheries science，6：69-78.

Cavalli R O, Lavens P, Sorgeloos P. 1999. Performance of *Macrobrachium rosenbergii* broodstock fed diets with different fatty acid composition. [J]. Aquaculture, 179 (1-4): 387-402.

Chen H Y, Wu F C, Tang S Y. 1991. Thiamin requirement of juvenile shrimp (*Penaeus monodon*) [J]. Journal of Nutrition, 121: 1 984-1 989.

Chen H Y, Hwang G. 1992. Estimation of the dietary riboflavin required to maximize tissue riboflavin concentration in juvenile shrimp (*Penaeus monodon*) [J]. Journal of Nutrition, 122 (12): 2 474-2 478.

Deshimaru O, Kuroki K. 1979. Requirement of prawn for dietary thiamine, pyridoxine, and choline chloride [J]. Bulletin of the Japanese Society of Scientific Fisheries.

Deshimaru O. 2008. Requirement of prawn for dietary thiamine, pyridoxine, and choline chloride [J]. Bulletin of the Japanese Society of Scientific Fisheries.

Deshimaru Q, Kuroki K. 1979. Studies on a purifed diet for prawn. XIV. Requirement of prawn for dietary thiamine, pyridoxine, and choline chloride. [J]. Nsugaf, 45 (3): 363-367.

Gong H, Lawrence A L, Jiang D H, et al. 2003. Effect of dietary phospholipids on the choline requirement of *Litopenaeus vannamei juveniles* [J]. Journal of the World Aquaculture Society, 34 (3): 289-299.

Halver J E, Hardy R W. 2003. Fish Nutrition (3rd Edition) [M]. Academic Press.

He H, Lawrence A L. 1993a. Vitamin C requirements of the shrimp *Penaeus vannamei* [J]. Aquaculture, 114: 305-316.

He H, Lawrence A L. 1993b. Vitamin E requirement of *Penaeus vannamei* [J]. Aquaculture, 118 (3-4): 245-255.

He H, Lawrence A L. 1991. Estimation of dietary pyridoxine requirement for the shrimp *Penaeus vannamei* [J]. Paper Presented at the 22nd Annual Conference, World Aquaculture Soeiety, San Juan, Puerto Rico, 6: 16-21.

He H, Lawrence A L. 1993b. Vitamin E requirement of *Penaeus vannamei* [J]. Aquaculture, 118: 245-255.

He H, Lawrence A L, Liu R. 1992. Evaluation of dietary essentialityof fat-soluble vitamins, A, D, E and K for penaeid shrimp (*Penaeus vannamei*) [J]. Aquaculture, 103: 177-185.

Kanazawa A, Teshima S I. 1971. Nutritional requirements of prawn-lii: Utilization of the dietary sterols [J]. Nippon Suisan Gakkaishi, 37: 1 015-1 019.

Kanazawa A, Teshima S I, Tokiwa S. 1977. Nutritional requirements of prawn, 7: Effect of dietary lipids on growth [J]. Nippon Suisan Gakkaishi, 43 (7): 849-856.

Kanazawa A. 1985. Nutrition of penaeid prawns and shrimps [J]. Aquaculture Department Southeast Asian Fisheries Development Center.

Kanazawa A, Teshima S, Tanaka N, et al. 1976. Nutritional Requirements of Prawn V: Requirements for Choline and Inositol [J]. 鹿児島大学水產学部紀要=Memoirs of Faculty of Fisheries Kagoshima University, 25.

Lavens P, Merchie G, Romos X, et al. 1999. Supplementation of ascorbic acid 2-monophosphate during the early postlarval stages of the shrimp *Penaeus vannamei*. Aquaculture Nutrition, 5: 205-209.

Li E, Yu N, Chen L, et al. 2010. Dietary Vitamin B_6 Requirement of the Pacific White Shrimp, *Litopenaeus vannamei*, at Low Salinity [M]. Journal of the World Aquaculture Society, 756-763.

Lee M H, Shiau S Y. 2004. Vitamin E requirements of juvenile grass shrimp, *Penaeus monodon* and effects on non-specific immune responses [J]. Fish & Shellfish Immunology, 16 (4): 475-485.

Liu T, Li A, Zhang J. 1993. Studies on vitamin nutrition for the shrimp *Penaeus chinensis*: 10. Studies on the choline chloride and inositol requirements in the shrimp Penaeus chinensis [J]. Journal of Ocean University of Qingdao, 23: 67-74.

Liu T, Zhang J, Li A. 1995. Studies on the optimal requirements of pantothenic acid. Biotin. Folic acid and vitamin B_{12} in tie shrimp *penaeus chinensis* [J]. Journal of Fisheryences of China, 2.

Lightner D V, Hunter B, Magarelli P C J, et al. 2010. Ascorbic acid: nutritional requirement and role in wound repair in penaeid shrimp [J]. Journal of the World Aquaculture Society, 10 (1-4): 513-528.

Lovell R T, Miyazaki T, Rabegnator S. 1984. Requirement for alpha-tocopherol by channel catfish fed diets low in polyunsaturated triglycerides [J]. Journal of Nutrition, 114 (5): 894.

Mahon J. 1990. Density alters the form of intraspecific encounters in *Penaeus vannamei* [J]. Pacific Science, 44: 190.

Martin J L M, Veran Y, Guelorget O, et al. 1998. Shrimp rearing: stocking density, growth, impact on sediment, waste output and their relationships studied through the nitrogen budget in rearing ponds [J]. Aquaculture, 164: 135-149.

Merchie G, Lavens P, Sorgeloos P. 1997. Optimization of dietary vitamin C in fish and crustacean larvae: a review [J]. Aquaculture, 155: 165-181.

Moberg G P, Mench J A. 2000. The biology of animal stress: basic principles and implications for animal welfare [J]. Veterinary Journal, 164: 77.

Niu J, Tian L, Liu Y, et al. 2009. Nutrient values of dietary ascorbic acid (l-ascorbyl-2-polyphosphate) on growth, survival and stress tolerance of larval shrimp, *Litopenaeus vannamei* [J]. Aquaculture Nutrition, 15 (2): 194-201.

Robertson O H, Hane S, Wexler B C, et al. 1963. The effect of hydrocortisone on immature rainbow trout (*Salmo gairdnerii*) [J]. General & Comparative Endocrinology, 3: 422.

Alava V R, Kanazawa A, Teshima S I, et al. 1993. Effects of Dietary Vitamins A, E, and C on the Ovarian Development of *Penaeus japonicus* [J]. Nsugaf, 59 (7): 1 235-1 241.

Shiau S Y, Hsu C W. 1999. Dietary pantothenic acid requirement of juvenile grass shrimp, *Penaeus monodon* [J]. Journal of Nutrition, 129: 718-721.

Shiau S Y, Hwang J Y, 1994. The dietary requirement of juvenile grass shrimp (*Penaeus monodon*) for vitamin D [J]. Journal of Nutrition, 124: 2 445-2 450.

Shiau S Y, Wu M H. 2003. Dietary vitamin B_6 requirement of grass shrimp, *Penaeus monodon* [J]. Aquaculture, 225: 397-404.

Shiau S Y, Liu J S. 1994a. Quantifying the vitamin K requirement of juvenile marine shrimp (*Penaeus monodon*) with menadione [J]. Journal of Nutrition, 124 (2): 277-82.

Shiau S Y, Lo P S. 2001a. Dietary choline requirement of juvenile grass shrimp (*Penaeus monodon*)[J]. Fisheries Science, 67 (4): 592-595.

Shiau S Y, Chin Y H. 1998. Dietary biotin requirement for maximum growth of juvenile grass shrimp, *Penaeus monodon* [*J*]. *Journal of Nutrition*, 128 (12): 2 494-2 497.

Shiau S Y, Chen Y. 2000. Estimation of the dietary vitamin A requirement of juvenile grass shrimp, *Penaeus monodon* [J]. Journal of Nutrition, 130 (1): 90.

Shiau S Y, Liu J S. 1994b. Estimation of the dietary vitamin K requirement of juvenile *Penaeus chinensis*, using menadione [J]. Aquaculture, 126 (1-2): 129-135.

Shiau S Y, Lung C Q. 1993. Estimation of the vitamin B 12, requirement of the grass shrimp, *Penaeus monodon* [J]. Aquaculture, 117 (1-2): 157-163.

Shiau S Y, Huang S Y. 2001b. Dietary folic acid requirement determined for grass shrimp, *Penaeus monodon* [J]. Aquaculture, 200 (3): 339-347.

Shiau S Y, Su S L. 2004. Dietary inositol requirement for juvenile grass shrimp, *Penaeus monodon* [J]. Aquaculture, 241 (1-4): 1-8.

Shiau S Y, Suen G S. 1994. The dietary requirement of juvenile grass shrimp (*Penaeus monodon*) for niacin [J]. Aquaculture, 125 (1): 139-145.

Teshima S I, Kanazawa A. 1971. Biosynthesis of sterols in the lobster, *Panulirus japonica*, the prawn, *Penaeus japonicus*, and the crab, *Portunus trituberculatus* [J]. Comparative Biochemistry & Physiology Part B Comparative Biochemistry, 38 (3): 597-602.

Wei J, Yu N, Tian W, et al. 2014. Dietary vitamin B12 requirement and its effect on non-specific immunity and disease resistance in juvenile Chinese mitten crab Eriocheir sinensis [J]. Aquaculture, 434: 179-183.

Wu S M, Shiau C M, Hwang P P, et al. 1994. Effect of porcine growth hormone on the growth of tilapia larvae (Oreochromis mossambicus) [J]. Journal of National Chiayi Institute of Agriculture, 36: 103-112.

第八章　凡纳滨对虾肝胰腺健康的影响因素及营养调控

第一节　虾蟹类肝胰腺功能和结构组成

肝胰腺是虾蟹类重要的消化和吸收器官，国内外学者已经做了诸多的研究，较为详细地阐述了肝胰腺的生化组成、组织结构及超微组织结构。

一、虾蟹类肝胰腺的组织结构

虾蟹类肝胰腺的结构基本相同，但不同物种之间也存在细小的差别。一般来说，虾蟹类的肝胰腺主要由发达的肝小管构成，肝小管间具有结缔组织。若对肝小管进行横切，肝小管的横切面一般呈卵圆形或者多角星形（颜素芬等，2005；姜永华等，2003；李富花和李少菁，1998；李太武，1996）。肝小管的管壁由单层细胞构成，根据细胞的形态结构以及分布位置的不同，可将这些细胞分为胚胎细胞（Embryo cell）、吸收细胞（Resorptive cell）、原纤维细胞（Fibrillar cell）和分泌细胞（Blister cell）（王小刚，2015；成永旭等，1998）。

（一）虾类肝胰腺的组织结构

肝胰腺是虾类最重要的消化和吸收器官，国内外学者已对不同品种虾类的肝胰腺组织结构进行了研究，其中包含凡纳滨对虾（*Penaeus vannamei*）（姜永华等，2003）、日本沼虾（*Macrobrachium nipponense*）（王维娜等，1997）、克氏原鳌虾（*Cambarus clarkia*）（欧阳珊等，2002）、锯齿米虾（*Caridina denticulata*）（邓道贵等，2000）、中国对虾（*Penaeus chinesesis*）（张志峰和姜明，2000）、中国龙虾（*Parnulirus stimpsani*）（颜素芬等，2005）等。总的来说，不同种类虾的肝胰腺结构基本相似。肝胰腺为复管状腺，两侧为对称的分枝管状腺，主要由发达的多级分支肝小管构成，肝小管的表面披有一层结缔组织膜，被膜向内延伸为肝小管间的结缔组织，且结缔组织间富含血窦（王小刚，2015）。肝小管的横切面一般呈四角星或者五角星形（图 8.1）。肝小管的管壁由单层细胞构成，大多数学者认为，虾类的肝胰腺由4种类型的细胞构成，分别为R细胞、E细胞、B细胞和F细胞（张志峰等，2000；邓道贵等，2000）。但有些学者认为，由于物种、环境和生长发育情况的不同，肝小管管壁细胞的类型也存在差异。有研究报道，短沟对虾（*Penaeus semisulcatus*）的肝小管分别由R细胞、E细胞、B细胞、F细胞和M细胞5种细胞构成（Al-Mohanna and Nott，1989）。甚至有研究报道，中国对虾的肝小管管壁细胞有6种细胞构成，除了上述的5种细胞外，还有肌上皮细胞（刘晓云和姜明，1997）。

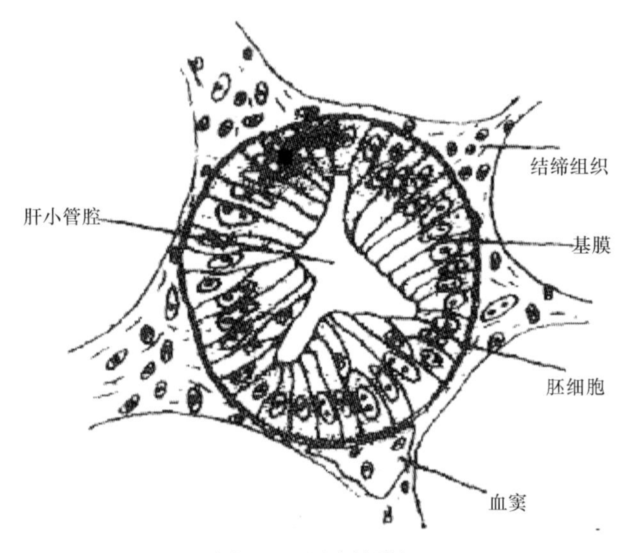

图8.1　肝小管横切

（二）蟹类肝胰腺的组织结构

蟹类的肝胰腺和虾类相似，是蟹类重要的消化、吸收和代谢器官。现有的研究已经报道了中华绒螯蟹（*Eriocheir sinensis*）　（杨帆，1997；王巧伶，1994）、三疣梭子蟹（*Portunus trituberculatus*）（李太武，1996；李太武等，1994）、锯缘青蟹（*Scylla serrata*）（成永旭等，1998）和河南华溪蟹（*Sinopotamon henanense*）（吴昊等，2014）等蟹类的肝胰腺组织结构。不同蟹类的肝胰腺结构也基本一致。肝胰腺由大量棒状或者丝状的肝小管组成，肝小管经次级分泌管和初级分泌管汇集至两条胆总管，并开口于中肠（杨帆，1997）。肝小管同样由基膜和单层柱状上皮构成，其间有少量的结缔组织链接（王小刚，2015）。肝小管的横切面呈四角星形，而肝小管的盲端呈三角星形（图8.2）（吴昊等，2014；李富花和李少菁，1998；李太武，1996）。肝小管管壁的基膜上有一层单层柱状上皮细胞，细胞的横切面为多边形，且多以五边形为主，而纵切面呈长柱状（图8.2）（吴昊等，2014；王小刚，2015）。肝小管的管腔内壁和管壁外侧均有一层薄膜。外膜又称为基膜，基膜外有纵行肌丝和环形肌丝（李太武，1996）。管腔内壁的内膜为肝胰腺细胞的微绒毛。肝小管的管壁细胞可分为 4 种，分别为 R 细胞、B 细胞、E 细胞和 F 细胞。

图 8. 2　河南华溪蟹肝胰腺形态结构

资料来源：吴昊等，2014

（三）虾蟹类肝胰腺细胞的结构和生理功能

虾蟹类肝胰腺细胞主要分为 4 种类型，也有少量的研究报道，有些种类有 5 种或者 6 种类型，它们的形态各异，行使着各自的生理功能（图 8. 3）。

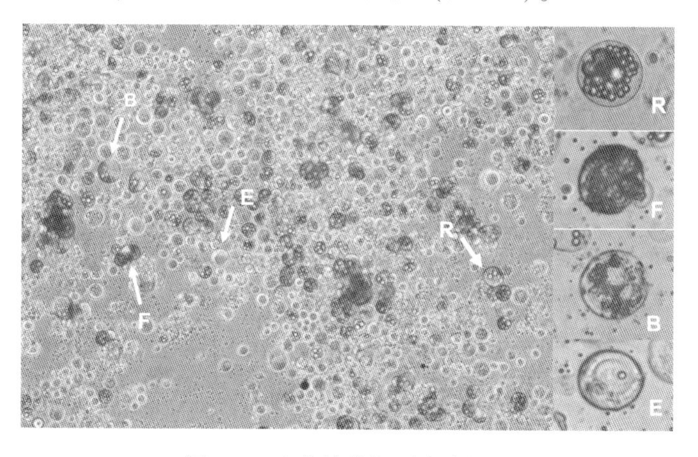

图 8. 3　中华绒螯蟹肝胰腺细胞

1. R 细胞（Resorptive cell）

R 细胞是肝胰腺中数量最多的细胞，形状与 F 细胞相似，细胞表面有纹状缘。细胞呈高柱状，细胞核位于近基部，呈圆形或者椭圆形，有 1~2 个核仁。细胞质分布较为均匀，其中粗面内质网含量较少，但细胞质中含有许多狭长的线粒体和脂滴，且脂滴的边缘有许多膜状结构。细胞的顶部有许多单层膜泡状结构，其微绒毛最长，微绒毛表面存在一层围食膜，储存有发达的脂滴。细胞质中游离的核糖体数量也较多，而高尔基体的数量比 F 细胞要少，高尔基片层排列整齐且致密。此外，细胞质中还有少量的近椭圆形线粒体及一些小液泡和大小不一的脂滴。R 细胞最大的特点是胞质中有储存物质的液泡，液泡中含有细小颗粒和大而圆的颗粒，液泡多位于细胞的中下部。有的细胞质中无囊泡，有的在近基部的地方含有一个较大的囊泡，有的则含有多个囊泡。

R 细胞的主要功能是吸收和储存脂类，脂类以 L 的形式储存在 R 细胞中。另外，也可吸收和储存某些矿物质，如钙、磷和镁等（成永旭和堵南山，2002）。

2. E 细胞（Embryo cell）

E 细胞是一种分裂能力很强的胚性细胞，可分化为其他三类细胞。位于肝胰腺上皮小管的远端或盲端，其中位于近肝小管顶端的细胞数量尤其多，而且彼此排列紧密。E 细胞的主要特征是细胞个体小，多边形，细胞核较大，直径为 7.8~8.2 μm，细胞核为圆形或者椭圆形，具有 1~3 个核仁。越靠近盲端的细胞，其细胞质越少。细胞的核质比较大，细胞质中的内质网含量较少，且呈小管状。细胞质中存在着丰富的核糖体颗粒，胞质嗜碱性强，HE 染色较深。细胞器不发达，线粒体小而且数量也少，呈球形或棒形，并且线粒体的嵴很少，有的甚至只有双膜围成的空间，而没有明显的嵴。内质网较丰富，偶尔可见少量脂滴和位于细胞核周围的高尔基体。但随着细胞的发育分化，其核周围的内质网逐渐增多，是细胞分化的起点。

E 细胞可能不具有消化和吸收营养物质的作用，它作为一种未分化的胚性细胞，其主要的生理功能是分裂和分化为其他类型的肝胰腺细胞，从而补充其他类型的肝胰腺细胞。

3. F 细胞（Fibrillar cell）

F 细胞集中分布在近末端和其他细胞之间，靠近 E 细胞的区域，由胚细胞衍生而来。细胞呈高柱状，细胞的表面有纹状缘，细胞顶端具有微绒毛，内部也有丝状核心，长度不一且较密。细胞核呈椭圆形或者圆形，核仁明显，有 1~3 个核仁。细胞质中粗面内质网发达，腔隙多呈泡状，充满整个细胞，有椭圆形线粒体分散在其间，泡间的游离核糖体丰富。其周围密布多聚核糖体颗粒，也可见一些形状不规则的线粒体。线粒体大而分散，线粒体中空，其中的嵴很小，集中于外围。可见溶酶体、高尔基体、脂滴及一些单层膜包被的小泡存在。

F 细胞的主要功能是吸收营养物质和合成蛋白质，主要是从消化道中吸收已经消化的食物，并将它们转运给 R 细胞储存。

4. B 细胞（Blister cell）

四种细胞中，B 细胞体积最大，且形状不规则，在细胞顶端有许多平行排列的微绒毛，各微绒毛粗细不等，微绒毛内除含少量胞质外还存在丝状核心，并一直延伸到胞质中。胞质中有丰富的粗面内质网和游离核糖体。胞质中含有 1~2 个大液泡，呈卵圆形，占细胞体积的 80%~90%。有的液泡内比较空，有的则含有许多絮状物质，除了能进行物质合成之外，还有分泌的作用。多数细胞具 1 个细胞核，细胞核大，形状不规则，具有 1~2 个核仁。偶尔也有双核的 B 细胞，双核细胞的细胞核近圆形，两个细胞核紧靠在一起，并紧贴液泡，染色质散布于核内，但核膜分界清楚。细胞中充满了发达的粗面内质网，多平行排列在核和液泡之外；线粒体小，呈椭圆形，常夹于粗面内质网之间。线粒体不仅数量多，且嵴非常发达。高尔基体很少，由扁平囊泡堆集而成，两端储池明显。有的细胞中还可见少量脂滴。

B 细胞不仅可以分泌消化酶进行细胞外消化，而且还能以胞饮的方式吸收消化道内的营养物质进行胞内消化。

（四）虾蟹类肝胰腺的生化成分及动态变化

虾蟹类肝胰腺主要由水分、蛋白质、脂肪、糖类、维生素、矿物质等物质组成。科学地认识虾蟹类肝胰腺的生化组成，对肝胰腺生理功能的研究和营养饲料的研究均具有一定的参考意义。然而，由于虾蟹的种类繁多，且物种之间的生化组成存在较大的差异，相关的研究报道也并不全面和统一。因此，本部分仅以中华绒螯蟹和锯缘青蟹为代表进行阐述。

作为重要的淡水经济蟹类，中华绒螯蟹的肝胰腺作为可食部位，其生化组成受到食品加工研究者的广泛关注，关于肝胰腺生化组成的研究也相对较多。从表 8.1 可知，不仅物种间的肝胰腺组成存在差异，同一物种不同性别间肝胰腺的组成也有差异。中华绒螯蟹雌蟹肝胰腺的蛋白质和胆固醇含量要稍高于雄蟹，雄蟹甘油三酯的含量略高于雌蟹。雄蟹肝胰腺的氨基酸和脂肪酸也在一定程度上存在差异（表 8.2 和表 8.3）。

表 8.1 中华绒螯蟹肝胰腺营养组成

项目	雄蟹	雌蟹
总蛋白质	0. 36±0. 07	1. 58±0. 08
甘油三酯	2. 10±0. 22	1. 17±0. 21
总胆固醇	0. 68±0. 15	1. 99±0. 48

资料来源：陈志强等，2016

表 8.2 中华绒螯蟹肝胰腺氨基酸组成

氨基酸名称	雄蟹	雌蟹
天冬氨酸	0. 97±0. 2	1. 56±0. 07
苏氨酸	0. 59±0. 13	0. 93±0. 05
丝氨酸	0. 39±0. 11	1. 00±0. 06
谷氨酸	1. 36±0. 31	2. 10±0. 12
甘氨酸	0. 74±0. 27	0. 86±0. 04
丙氨酸	1. 08±0. 29	0. 91±0. 06
半胱氨酸	0. 11±0. 03	0. 17±0. 01
缬氨酸	0. 67±0. 13	1. 08±0. 05
蛋氨酸	0. 26±0. 05	0. 55±0. 05
异亮氨酸	0. 51±0. 11	0. 82±0. 05
亮氨酸	0. 91±0. 22	1. 41±0. 07
酪氨酸	0. 52±0. 10	0. 76±0. 02
苯丙氨酸	0. 56±0. 12	0. 84±0. 04
赖氨酸	0. 52±0. 15	1. 14±0. 08
组氨酸	0. 31±0. 06	0. 42±0. 02
精氨酸	0. 65±0. 04	1. 22±0. 07
脯氨酸	0. 69±0. 12	0. 79±0. 04
总氨基酸	10. 86±2. 20	16. 61±0. 85

资料来源：陈志强等，2016

表 8.3 中华绒螯蟹肝胰腺脂肪酸组成

脂肪酸名称	雄蟹	雌蟹
C14：0	1. 00±0. 20	1. 54±0. 34
C15：0	0. 68±0. 1	0. 51±0. 06
C16：0	19. 08±4. 17	17. 40±2. 72
C17：0	1. 48±0. 88	0. 97±0. 09
C18：0	1. 27±0. 20	0. 18±0. 04

续表

脂肪酸名称	雄蟹	雌蟹
C20：0	1.30±0.31	1.60±0.55
C21：0	1.16±0.27	0.75±0.24
C22：0	1.46±0.17	0.52±0.04
C23：0	—	—
C24：0	0.48±0.01	0.37±0.03
SFA	27.91±0.71	23.84±0.46
C14：1n-3	0.80±0.21	0.58±0.08
C15：1	0.42±0.07	0.18±0.04
C16：1n-7	11.79±2.81	11.18±3.23
C17：1n-7	1.28±0.13	0.72±0.12
C18：1n-9	23.23±1.93	25.48±2.10
C20：1n-9	0.83±0.19	0.68±0.21
C22：1n-9	4.60±1.60	3.99±0.72
C24：1n-9	3.30±0.58	7.62±1.21
MUFA	46.25±0.94	50.43±0.96
C18：2n-6	11.73±0.76	9.31±1.23
C18：3n-3	2.71±0.67	6.86±0.31
C20：2n-6	1.86±0.12	0.81±0.10
C20：3n-6	2.12±1.92	1.65±1.36
C20：4n-6	3.84±1.03	4.18±1.39
C20：5n-3	2.05±1.07	0.63±0.22
C22：6n-3	1.54±0.60	2.25±0.89
PUFA	25.85±0.88	25.69±0.79

资料来源：陈志强等，2016

虾蟹类的肝胰腺组成并不是固定不变的，肝胰腺的生化组成与其所处的生理阶段有关。在性腺快速发育期，肝胰腺中的营养物质会被转移到性腺，从而改变了肝胰腺的生化组成。如图 8.4 所示，在锯缘青蟹中，随着性腺从Ⅰ期发育到Ⅳ期，肝胰腺中的糖原和脂肪都呈下降的趋势，说明在性腺发育期，肝胰腺中的糖原被分解供能用以性腺发育，同时肝胰腺中的脂肪被转移到了性腺中。因此，在肝胰腺中两者的含量均会下降。

在性腺发育过程中，不仅肝胰腺中的脂肪含量发生了改变，而且脂肪的成分也发生了改变。从发育Ⅰ期到Ⅴ期，肝胰腺中磷脂的比例显著升高，游离脂肪酸的含量显著降低（图 8.5）。

综上所述，蛋白质、脂肪和糖类是虾蟹类肝胰腺的重要生化成分，因物种的不同而各

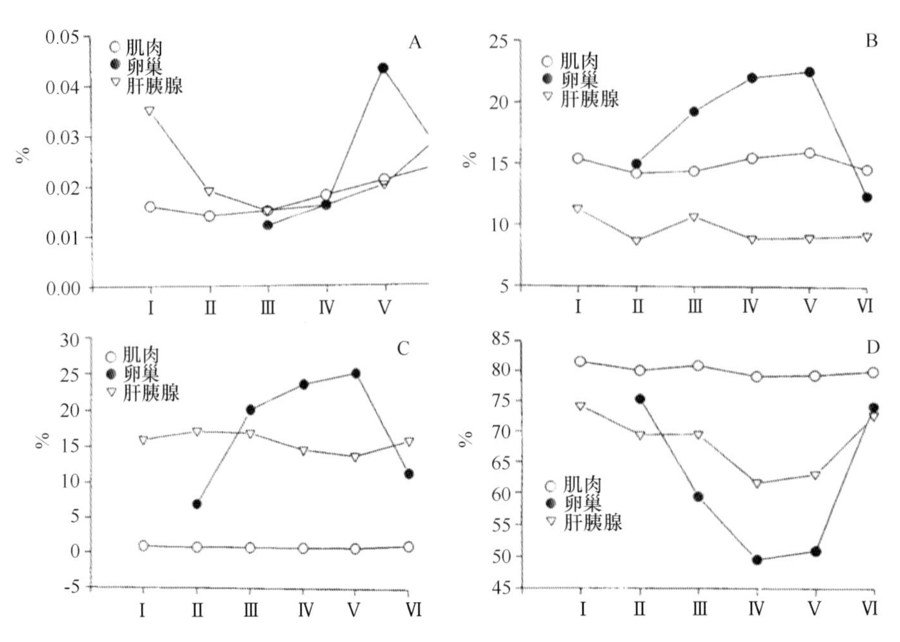

图 8.4 锯缘青蟹性腺发育过程中肌肉、卵巢和肝胰腺营养物质的变化

A. 糖原含量的变化；B. 蛋白质含量的变化；C. 脂肪含量的变化；D. 水分含量的变化

资料来源：林淑君等，1994

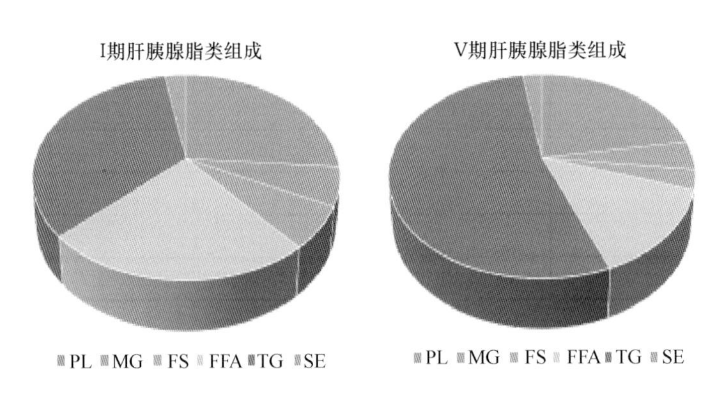

图 8.5 锯缘青蟹性腺发育过程中肝胰腺脂类组成的变化

PL：磷脂；MG：甘油一酯；FS：游离甾醇；FFA：游离脂肪酸；TG：甘油三酯；SE：甾醇酯

资料来源：李少菁等，1994

有差异；同一物种不同性别间也存在一定的差异；肝胰腺的生化组成成分会在特定的生理时期发生变化。

第二节　影响虾蟹类肝胰腺健康的因素及调控策略

一、影响虾蟹类肝胰腺健康的因素

前一章节已经系统地阐述了虾蟹类肝胰腺的组织结构及生理功能。正常情况下，虾蟹类肝胰腺的结构完整，发挥着其正常的生理功能，我们称之为健康的肝胰腺。但是，在虾蟹类生长的过程中，总会有一些外在或者内在的因素影响着虾蟹类肝胰腺正常的组织结构和生理功能，引起肝胰腺结构发生变化，严重时甚至会丧失生理功能，我们称之为不健康的肝胰腺。影响肝胰腺健康的因素有很多，下文将以肝胰腺组织结构和生理功能正常与否为标准来阐述影响虾蟹类肝胰腺健康的因素及调控策略。

（一）营养

1. 蛋白质

蛋白质作为水生动物重要的营养物质，对水生动物的生长和发育起着至关重要的作用。饲料中蛋白质含量的高低，在一定程度上影响着虾蟹类肝胰腺的健康状态。李二超等（2008）研究报道，投喂30%和40%蛋白质水平饲料的凡纳滨对虾肝胰腺的结构相对正常，肝小体基膜完整，并且含有大量的R细胞。而投喂蛋白质水平较低的饲料（20%），凡纳滨对虾的部分肝小体基膜破损，B细胞增大，R细胞减少（图8.6）。说明如果饲料中蛋白质的含量不足，将会影响到虾蟹类肝胰腺的健康状态。

不仅饲料中蛋白质的含量会影响肝胰腺的健康，饲料中蛋白质的种类和品质同样影响着虾蟹类肝胰腺的健康状态。Taher等（2017）研究报道，同一蛋白质水平的饲料，当饲料中豆粕的含量大于60%时，肝小管的结构受损，B细胞和R细胞减少；饲喂100%豆粕组的肝胰腺出现了严重损伤，R细胞、B细胞和F细胞大量减少，甚至消失（图8.7）。另外，曹俊明等（2012）在研究家蝇蛆粉替代鱼粉对凡纳滨对虾肝胰腺组织结构影响中报道指出，随着饲料中蝇蛆粉含量的增加，肝胰腺的损失逐渐加重，当饲料中蝇蛆粉添加量大于60%时，肝小体柱状上皮细胞中未知物质明显增多，柱状上皮细胞的形态发生变化，导致部分肝小体的星形管腔结构丧失（图8.8）。

综上所述，饲料中蛋白质的含量和种类均与肝胰腺的健康关系密切。在水产饲料配方设计和原料选择中，需谨慎考虑蛋白源的选择和用量，才能保证虾蟹类肝胰腺的健康，进而保证虾蟹类的健康生长。

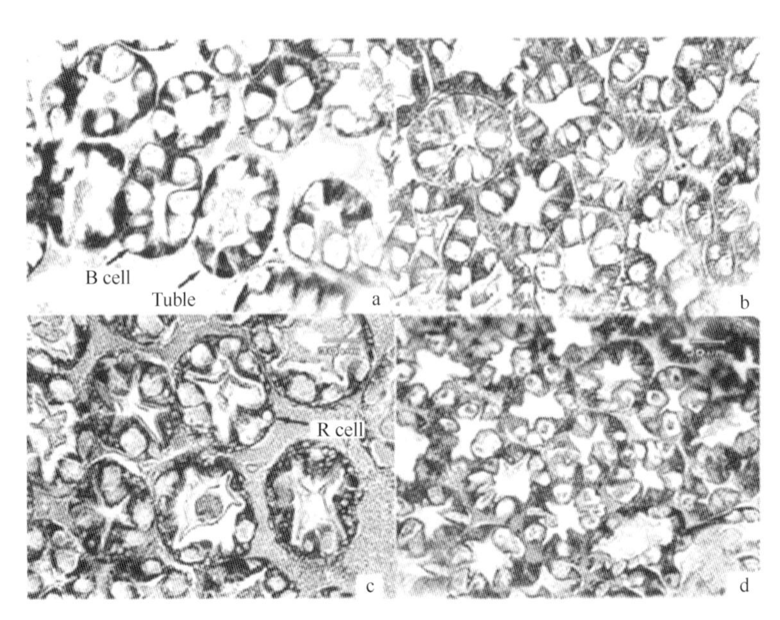

图 8.6　中盐度下不同蛋白质含量饲料投喂凡纳滨对虾肝胰腺的组织学结构

a. 投喂蛋白质含量为 20% 的饲料的凡纳滨对虾肝胰腺组织学结构，部分肝小体（Tuble）基膜破损，R 细胞（R cell）数量很少；b. 投喂蛋白质含量为 30% 的饲料的凡纳滨对虾肝胰腺组织学结构，肝小体排列整齐；c. 投喂蛋白质含量为 30% 的饲料的凡纳滨对虾肝胰腺组织学结构，出现大量 R 细胞；d. 投喂蛋白质含量为 50% 的饲料的凡纳滨对虾肝胰腺组织学结构，肝小体排列异常紧密，B 细胞（B cell）内出现大量内溶物质

资料来源：李二超等，2008

2. 脂肪

肝胰腺是甲壳类动物主要的脂肪储存器官，也是脂类合成及分解代谢的主要场所。脂肪作为甲壳类动物不可或缺的结构物质和能量来源，对甲壳动物维持正常的组织结构和生理功能起着至关重要的作用。

虾蟹类摄入脂肪的多少，不仅关系着其正常的生长发育，对维持肝胰腺的健康也发挥着重要的作用。正常情况下，肝胰腺从外界吸收和储存脂类（主要储存于 R 细胞），健康良好的肝胰腺的超微结构表现为 R 细胞中有一定的脂滴存在，当凡纳滨对虾摄入的脂肪不足时，肝胰腺细胞的细胞膜就会出现断裂，细胞器减少，细胞质内出现大面积空泡（黄凯等，2011）。江洪波等（2001）在中华绒螯蟹上也发现了相似的结果。因此，脂肪摄入量直接关系着虾蟹类肝胰腺组织结构是否正常，关系着甲壳类肝胰腺的健康。

与蛋白质对肝胰腺健康的影响类似，脂肪的种类与肝胰腺的健康状态有着密切的关系。郭占林（2010）研究报道，饲喂不同脂肪源的饲料，肝胰腺 R 细胞的超微结构发生了显著变化。豆油组 R 细胞含有丰富的脂滴，而花生油和鱼油组未见或仅有少量的小脂滴

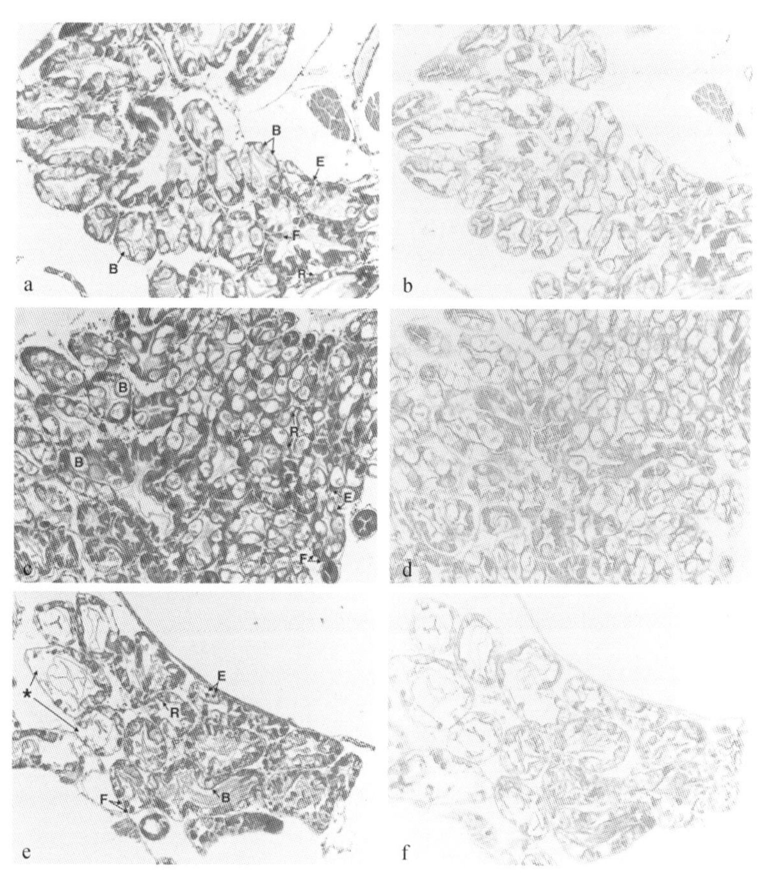

图 8.7　不同含量豆粕替代鱼粉对梭子蟹肝胰腺组织结构的影响

a，b. 对照组；c，d. 20%豆粕组；e，f. 100%豆粕组

资料来源：Taher et al.，2017

出现；猪油组的肝胰腺出现了明显的异常状态，R 细胞的许多部位出现了萎缩，膜向内塌陷，并且出现了空泡化（图 8.10）。之所以会出现这样的差异，很可能是因为不同脂肪源的脂肪酸组成不同，影响了肝胰腺的健康状态。

3. 糖类

糖类作为三大营养物质之一，和蛋白质、脂肪一样，饲料中糖类的含量及种类和肝胰腺的健康关系密切。水生动物对糖类的利用能力有限，饲料中过多的糖类会对水生动物产生毒害作用。另外，虾蟹类对不同糖源的利用能力也不同，Wang 等（2016）研究报道，饲喂小麦淀粉、玉米淀粉和土豆淀粉组的凡纳滨对虾肝胰腺的 B 细胞比饲喂葡萄糖和蔗糖组增多。B 细胞是虾蟹类主要的吸收和消化细胞，B 细胞的变化，必将会影响到虾蟹类肝胰腺的生理功能，因此，肝胰腺的健康和饲料中糖源的种类也有很大的关系。

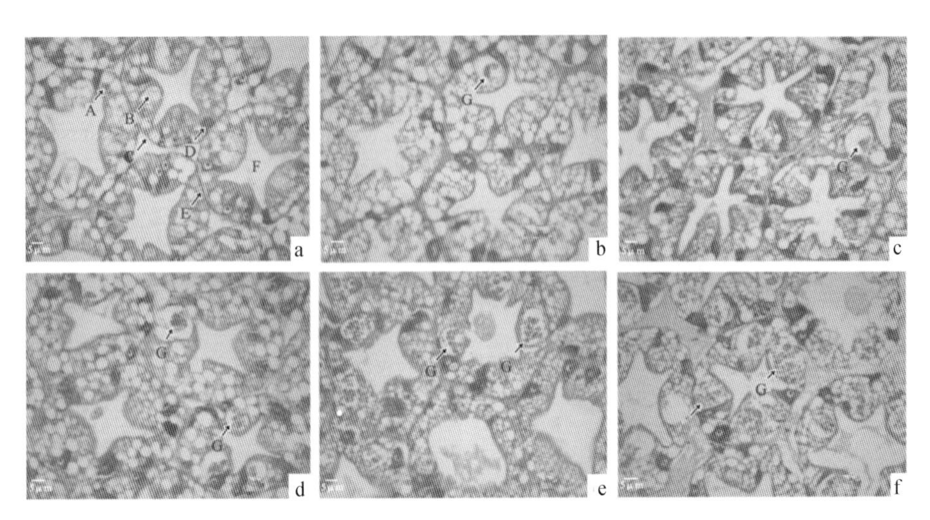

图 8.8　家蝇蛆粉替代鱼粉对凡纳滨对虾肝胰腺组织结构的影响

a~f. 分别为对照组、20%、40%、60%、80%和 100%替代组凡纳滨对虾的肝胰腺切片；

A. 吸收细胞（R 细胞）；B. 分泌细胞（B 细胞）；C. 肝小体；D. 纤维细胞（F 细胞）；E. 基底膜；

F. 星形管腔；G. 未知物质。放大倍数为×400

资料来源：曹俊明等，2012

4. 其他营养物质

除了三大营养物质外，矿物质、维生素和饲料添加剂等营养因子都可能会影响到虾蟹类肝胰腺的健康。虽然虾蟹类对这几类微量的营养素或营养添加剂需求量很少，但它们对动物正常的生理机能发挥着极其重要的作用，缺失或者不足都会影响到虾蟹类肝胰腺的健康。有些营养素摄入过量同样会影响到肝胰腺的健康。

5. 饲料品质

饲料自身的品质也是影响虾蟹类肝胰腺健康的重要因素之一。水产饲料或者水产饲料原料在生产、储存和运输过程中有可能会变质，尤其是气候潮湿的南方，淀粉和脂肪类物质很容易变质。变质的饲料很可能会对水生动物产生危害，影响其正常的生长发育以及肝胰腺的健康状态。黄曲霉素是饲料霉变过程中产生的一种剧毒和强致癌物质，有研究报道，饲喂含有黄曲霉素饲料的凡纳滨对虾，其肝胰腺的颜色苍白，并且肿大，严重时肝胰腺糜烂成稀水状。通过肝胰腺组织切片能够发现，黄曲霉素对凡纳滨对虾的肝胰腺细胞产生了不同程度的危害，严重时 R 细胞严重萎缩，并且出现大量空泡（王静等，2012）。Ostrowski-Meissner 等（1995）也发现了相似的结果，饲喂含黄曲霉素的饲料 8 周后，斑节对虾的肝胰腺细胞出现萎缩坏死。

影响饲料品质的另一个因素是饲料原料，有些原料（如豆粕和菜粕等）含有较多的抗

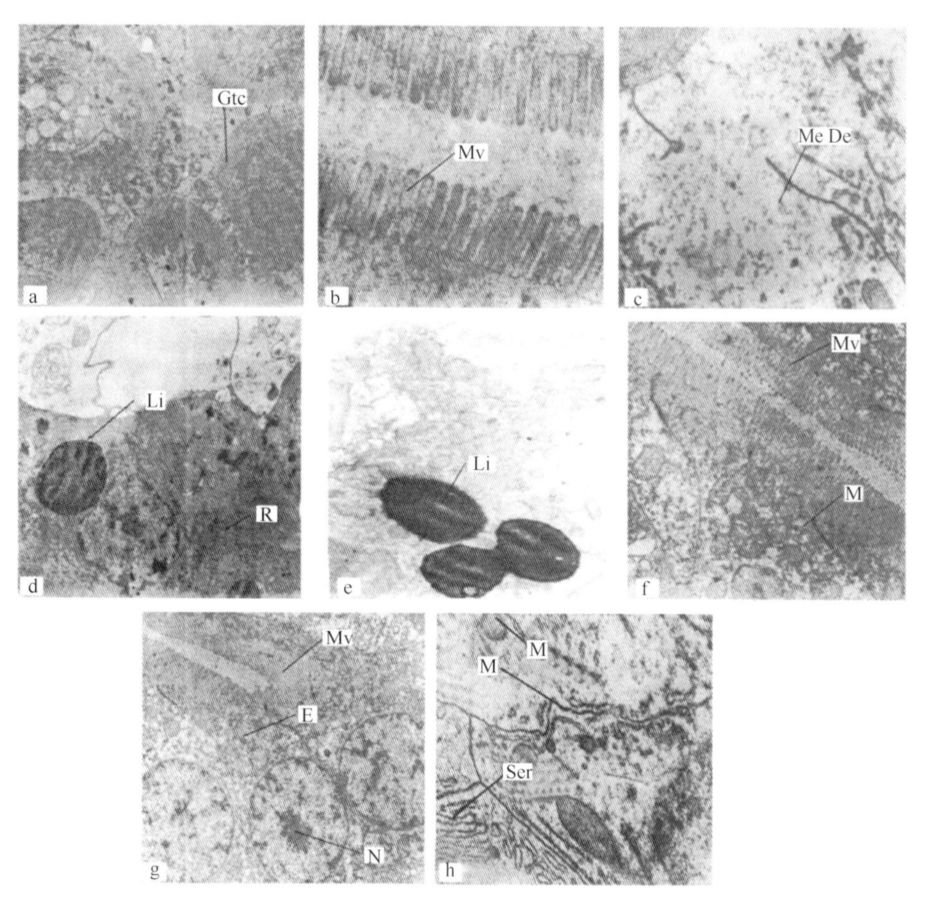

图 8.9　饲料脂肪水平对凡纳滨对虾肝胰腺超微结构的影响

a. 肝胰腺组织中的腺管腔（Gtc）；b. 腺管腔壁的微绒毛（Mv）；c. 实验组 1 肝胰腺组织中细胞膜（Me）断裂，细胞解体（De）现象；d. 实验组 1R 细胞（R）中的肝胰腺组织中脂滴（Li）；e. 实验组 2R 细胞（R）中的肝胰腺组织中脂滴；f. 实验组 3F 细胞中的线粒体（M）；g. 实验组 5E 细胞（E）；h. 实验组 5 肝胰腺组织中细胞结构

资料来源：黄凯等，2011

营养因子，如果在饲料中过量使用这类原料，同样会影响虾蟹类的肝胰腺的健康。

（二）环境因素

1. 环境中的药物

农药为人类农业的发展做出了巨大的贡献，但是，人类大量使用农药的同时，已经造成了严重的环境污染，水体中农药的残留，对水生生物造成了极大的危害。在众多的农药中，菊酯农药使用最为广泛，同时对虾蟹类的危害也巨大。有研究报道，菊酯农药不仅会影响虾蟹类的免疫系统和抗氧化系统，还会影响到其肝胰腺的健康。毛阿敏（2013）用不

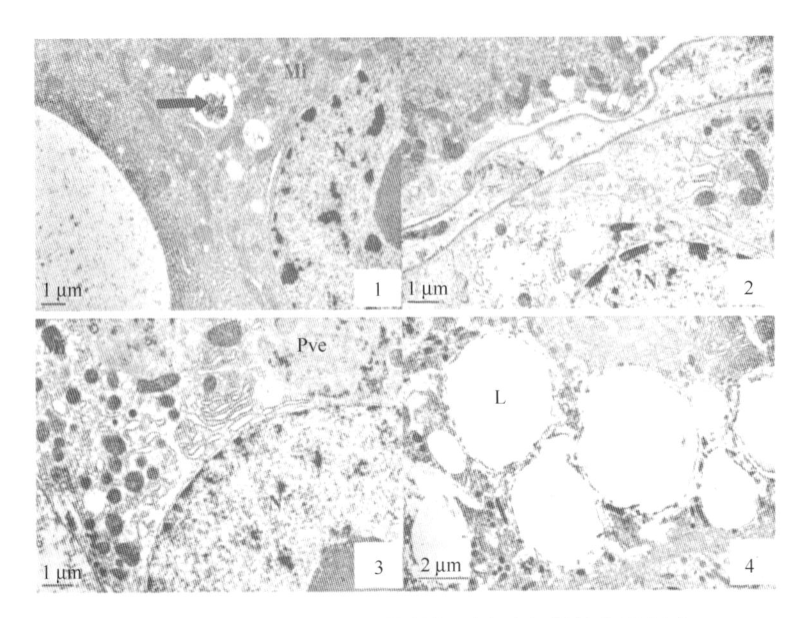

图 8.10 不同脂肪源对红螯螯虾肝胰腺超微结构的影响

1. 花生油组；2. 猪油组；3. 鱼油组；4. 豆油组

资料来源：郭占林，2010

同浓度的高效氯氰菊酯处理 96 h 克氏原螯虾后，肝胰腺的组织结构发生了不同程度的变化，表现为肝小管基膜增厚，上皮细胞肿胀，与基膜分离，B 细胞数量减少，空泡数量增多，体积增大。肝胰腺严重受损的组，细胞质的颜色加深，细胞核固缩、破碎，部分细胞完全坏死，腺管的中央出现巨大空腔，腺管基膜破碎（图 8.12）。

除了农药，水体中的有机污染物，如石油和多氯联苯等均会影响虾蟹类肝胰腺的健康。

2. 水质

水是水生动物赖以生存的必要条件，水质的好坏将直接影响着虾蟹类肝胰腺的健康。其中氨氮、亚硝酸盐和 pH 值均会影响到虾蟹肝胰腺的组织结构和生理功能。

由于养殖密度的不断增大，单位面积水体的氮代谢产物增多，另外，有时投喂过量，剩余的饲料残留在池塘中，加之不太科学的管理方式，往往会造成水体氨氮含量超标。因此，氨氮含量是养殖水体水质的重要指标之一，也是影响肝胰腺健康的主要水质因素之一。洪美玲等（2007）研究报道，中华绒螯蟹在遭受氨氮胁迫 15 d 后，其肝胰腺 B 细胞数量减少，转运泡体积明显增大，细胞核增大且数量增多。而且，受高氨氮浓度胁迫的中华绒螯蟹，部分肝小管基膜发生破裂，细胞结构模糊，少量细胞核出现解体（图 8.13）。另外，在生理方面，氨氮胁迫造成了凡纳滨对虾肝胰腺中 MDA 含量升高，MDA 是氧化应激后的产物，说明氨氮胁迫造成了肝胰腺的氧化损伤（刘晓华等，2007）。这也从生理层

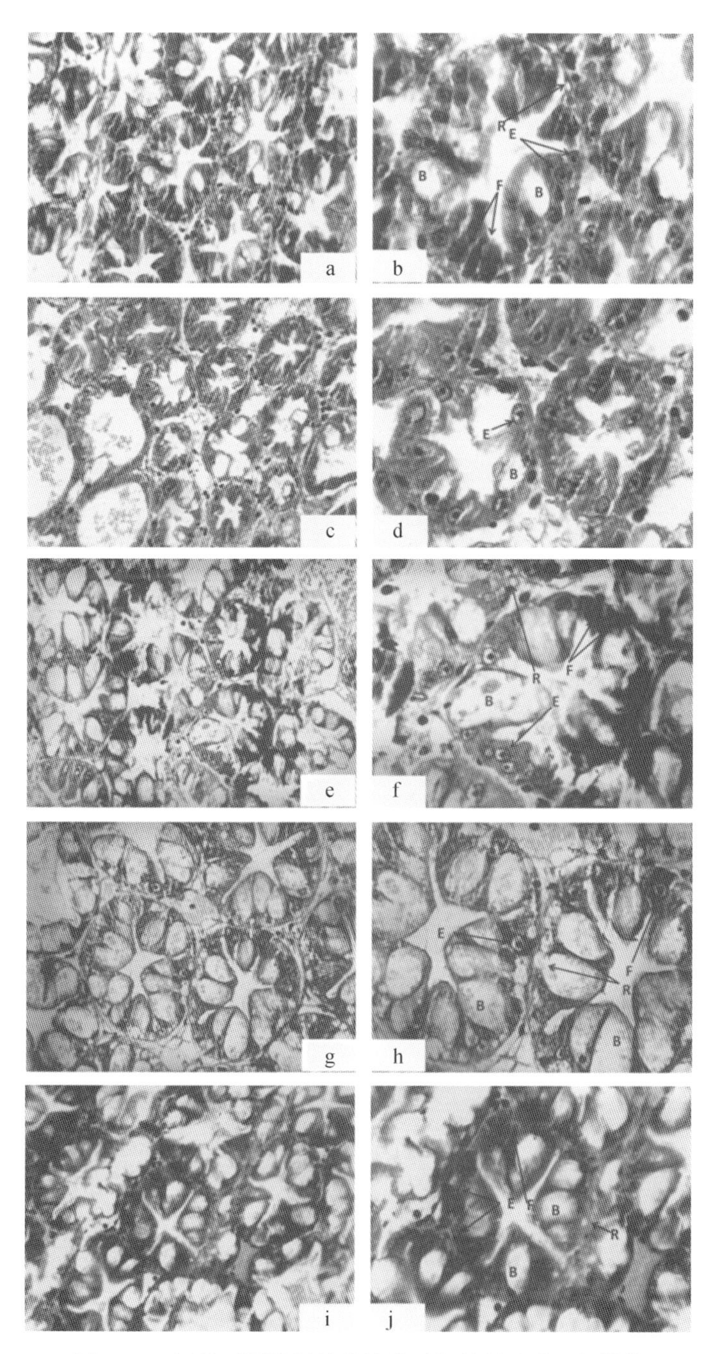

图 8.11　饲喂不同糖源的凡纳滨对虾的肝胰腺组织结构

a，b. 饲喂葡萄糖组；c，d. 饲喂蔗糖组；e，f. 饲喂小麦淀粉组；

g，h. 饲喂玉米淀粉组；i，j. 饲喂土豆淀粉组

资料来源：Wang et al.，2016

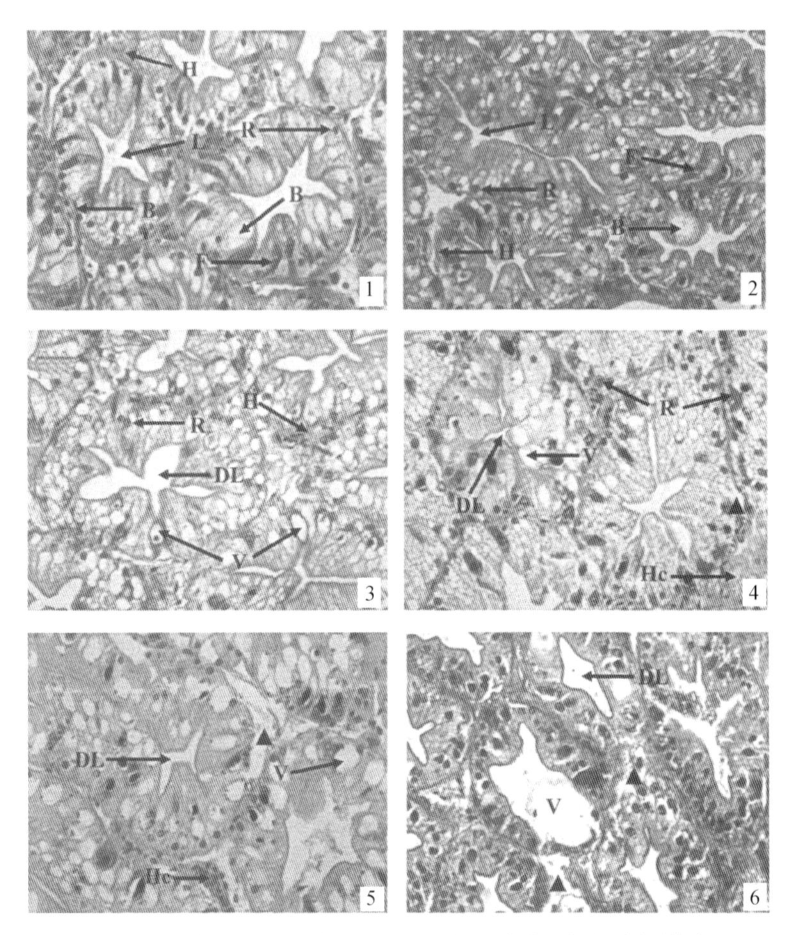

图 8.12　高效氯氰菊酯对克氏原螯虾肝胰腺组织细胞的影响

1. 空白对照组，肝胰腺细胞形态结构正常；2. 农乳对照组，肝胰腺细胞形态结构未发生变化；3. 0.005 μg/L 高效氯氰菊酯处理组，空泡增多，管腔发生肿胀；4. 0.01 μg/L 高效氯氰菊酯处理组，上皮细胞与基膜分离（▲），血细胞增多；5. 0.02 μg/L 高效氯氰菊酯处理组，细胞结构变得不完整，管腔中出现许多细胞碎片；6. 0.04 μg/L 高效氯氰菊酯处理组，腺管中央出现巨大的空腔，部分细胞基膜破裂，细胞内的物质外泄

资料来源：毛阿敏，2013

面说明了氨氮胁迫是影响虾蟹类肝胰腺健康的因素之一。

养殖水体中的氨氮会发生亚硝化作用，转化成亚硝酸氮。亚硝酸氮同样会影响到虾蟹类肝胰腺的健康。吴中华（1999）研究报道，高浓度亚硝酸盐胁迫使得中国对虾肝胰腺的组织结构发生了异常变化，表现为肝胰腺细胞肿胀，结构模糊，色泽浑浊，核固缩，细胞质中出现大小不一的空泡。肝胰腺组织结构的异常变化，必将会影响到肝胰腺的生理功能，影响到肝胰腺的健康状态。

除了氨氮和亚硝酸盐，影响水生生物健康的另一个比较重要的因素是 pH 值，夏天温

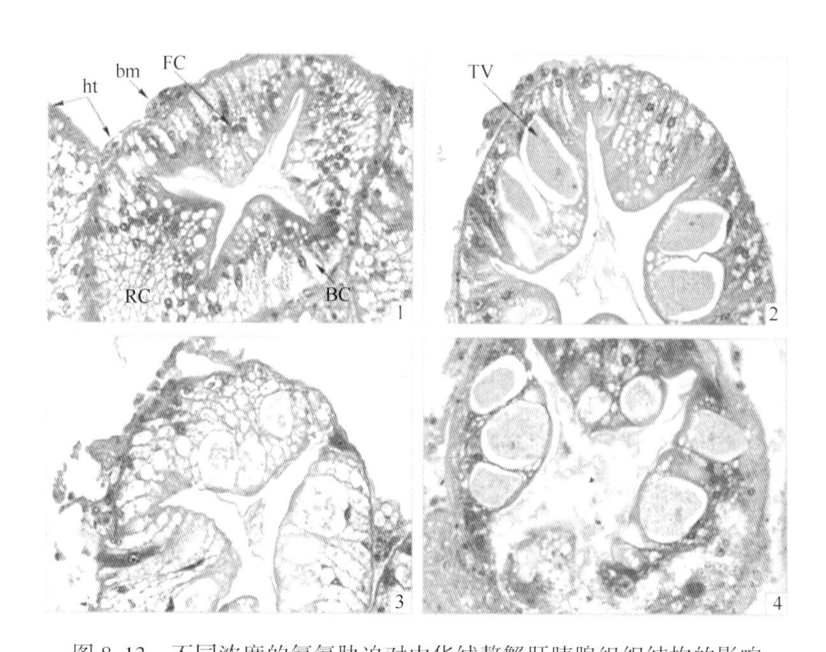

图 8.13　不同浓度的氨氮胁迫对中华绒螯蟹肝胰腺组织结构的影响

1. 对照组；2. 10 mg/L NH_4Cl 处理 15 d 后的肝胰腺，转运泡几乎占了整个小管；3. 50 mg/L NH_4Cl 处理 15 d 后的肝胰腺，细胞结构模糊，基膜破裂；肝小管间的血细胞数量增多；4. 100 mg/L NH_4Cl 处理 15 d 后的肝胰腺，部分小管细胞解体，细胞核固缩、破碎，使管腔内出现许多细胞碎片，细胞受害极其严重

资料来源：洪美玲等，2007

度升高，水生植物大量繁殖，造成了水体 pH 值升高，甚至会达到 10.0 以上。另外，用生石灰清塘，残留的生石灰也会造成养殖池塘 pH 值升高。过高的 pH 值，不仅影响了水生生物的正常生长发育，还会造成机体排氨障碍，体内过高的氨会对机体造成严重的损失，甚至导致死亡。对于甲壳动物而言，过高的 pH 值会导致肝胰腺结构损伤。陶易凡等（2016）研究报道，高 pH 值胁迫会使肝胰腺小管基膜破损，小管内空泡增多、体积增大，肝细胞细胞数量减少。同样，高 pH 值对凡纳滨对虾肝胰腺的健康也会产生负面影响。和正常 pH 值组相比，高 pH 值胁迫组的肝胰腺在一定程度上受损，表现为肝小管排列紊乱，边界模糊，肝小管的管腔缩小。另外，肝小管的上皮细胞也出现一定程度的损伤，其细胞大量解体，细胞核固缩或者消失（赵先银，2011）。

3. 重金属

养殖水体中重金属污染问题在近些年受到了广泛的关注，有资料报道，江河湖库底质的污染率高达 80.1%。重金属在水中的积累，对水生动物的生长发育造成了极大的威胁。

肝胰腺作为虾蟹类重要的解毒器官，当受到重金属胁迫后，会严重影响到肝胰腺的健康，具体表现为肝胰腺细胞凋亡和坏死。例如，用镉处理长江华溪蟹后，其肝胰腺细胞出

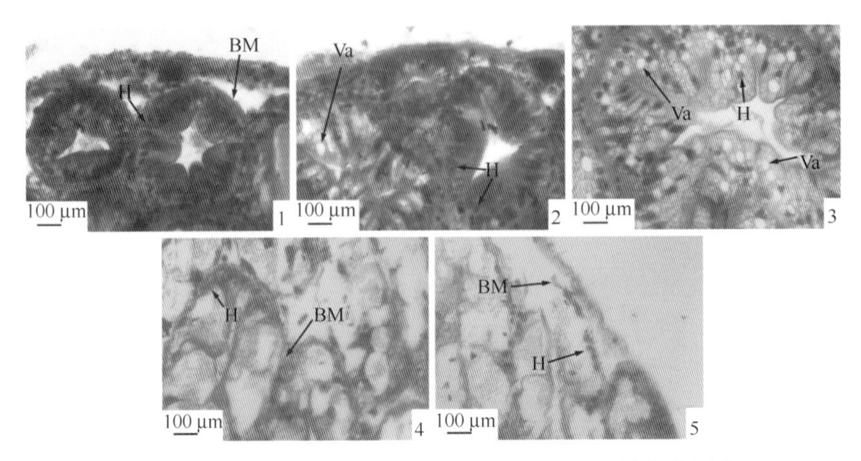

图 8.14　高 pH 值胁迫对克氏原螯虾肝胰腺显微结构的影响

1. 高 pH 值（pH 值 10.2）胁迫 0 h 对照组肝胰腺小管，示肝细胞（H），基膜（BM）；2. 高 pH 值胁迫 2 h 肝胰腺小管，示肝细胞结构清晰，肝胰腺小管内部出现少量空泡；3. 高 pH 值胁迫 8 h 肝胰腺小管，示肝胰腺小管体积明显增大，其内部空泡数量增多，体积增大；4. 高 pH 值胁迫 24 h 肝胰腺小管，示肝胰腺小管界限模糊，肝细胞坏死溶解，细胞数量明显减少；5. 高 pH 值胁迫 96 h 肝胰腺小管，示肝胰腺小管基膜破裂，肝胰腺小管结构受损严重

资料来源：陶易凡等，2016

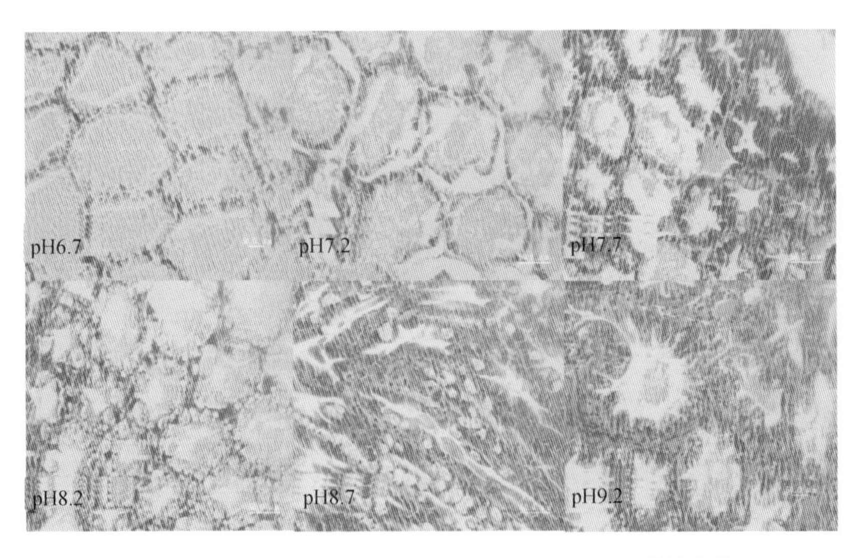

图 8.15　不同 pH 值条件下凡纳滨对虾肝胰腺组织结构变化

资料来源：赵先银，2011

现了明显的凋亡和坏死症状，并且随着镉浓度的升高和处理时间的延长，凋亡细胞所占的比例逐渐升高，坏死细胞也逐渐增多，坏死细胞的细胞核明显的肿胀甚至消失，组织呈大片均质红染的无细胞结构（闫博，2008）（图 8.16）。

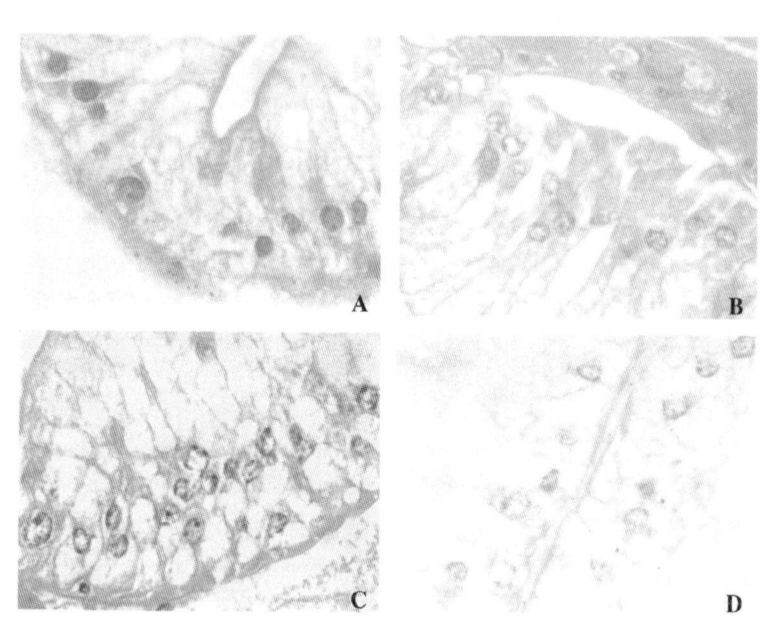

图 8.16　镉对长江华溪蟹肝胰腺细胞结构的影响

A. 对照组；B. 早期凋亡细胞；C. 晚期凋亡细胞；D. 坏死细胞

资料来源：闫博，2008

进一步研究镉胁迫后长江华溪蟹肝胰腺细胞的超微结构，发现镉胁迫后细胞表面微绒毛空泡化或消失，线粒体肿胀、空泡化现象严重，胞膜、核膜均完整，核物质致密，呈新月形或戒指状边集于核膜，核形不规整，有出泡现象，进而断裂成核碎片，形成膜包裹性的凋亡小体。随着染毒浓度的增加和处理时间的延长，细胞形态变化逐渐由凋亡转化为坏死，细胞膜及核膜崩解，细胞核染色质泄露至胞浆，细胞器消失，细胞内容物外泄。

综上所述，重金属污染对虾蟹类肝胰腺健康有着极其负面的影响。

（三）疾病

肝胰腺作为虾蟹类重要的组织器官之一，正常生理状态下具有完整的组织结构和正常的生理功能。当机体患病，尤其是感染细菌病和病毒病后，肝胰腺的健康可能就会受到影响。例如，当肝胰腺坏死性细菌感染对虾后，便会引起坏死性肝胰腺炎，造成肝胰腺萎缩和黑化，病变处的细胞肿大，R 细胞体液减少，B 细胞大幅度减少，甚至观察不到 B 细胞（王大鹏等，2009）。如图 8.18 所示，凡纳滨对虾感染白斑综合征后，肝胰腺出现了萎缩、水肿、腺管崩解、坏死、增生、肉芽肿等（戚瑞荣等，2017）。不仅外观、组织和细胞水平发生异常，而且有学者利用电子显微镜从亚细胞水平阐述了疾病对肝胰腺健康的影响。李秋芬等（1999）研究报道，当中国对虾受病毒感染后，肝胰腺细胞的细胞器出现了一系列的病例变化，具体表现为：①线粒体从增生、肿胀、内嵴溶解到出现纤维化，最后崩

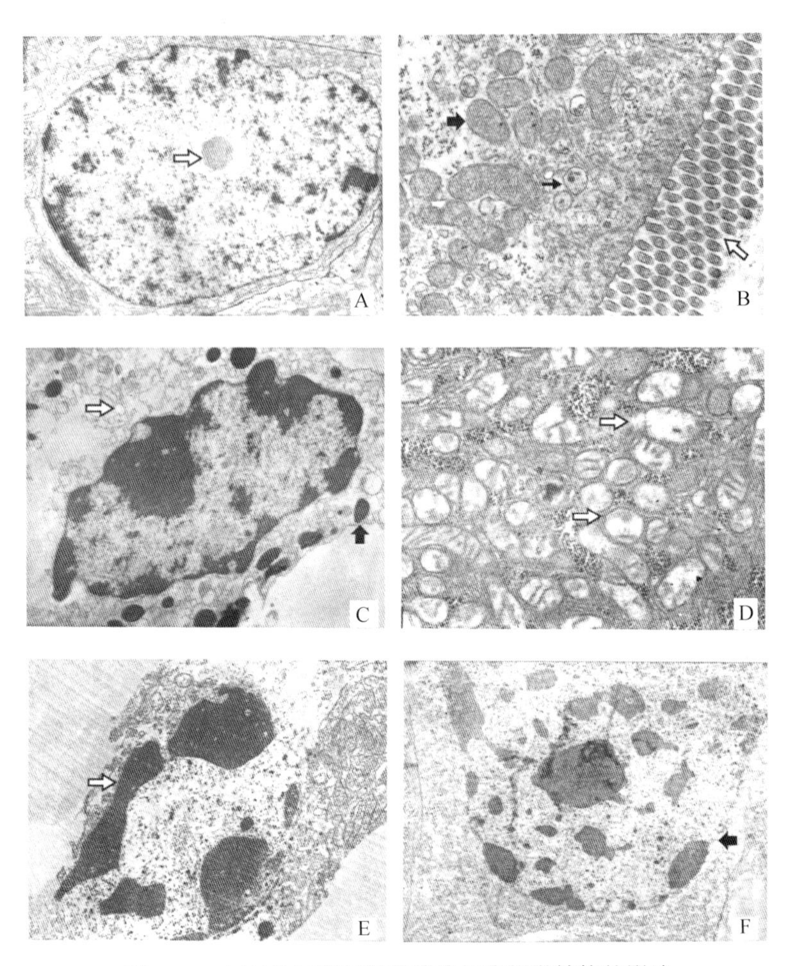

图 8.17　镉对长江华溪蟹肝胰腺细胞超微结构的影响

A. 对照组：细胞质丰富，细胞核卵圆形，染色质分布均匀，可见核仁；B. 对照组：细胞表面微绒毛丰富，线粒体、溶酶体等多种细胞器形态完整；C. 早期凋亡细胞：染色质边集、中聚、浓缩，溶酶体数量增加，并有大量脂滴出现；D. 早期凋亡细胞：线粒体嵴溶解、消失，部分线粒体严重空泡化；E. 晚期凋亡细胞：细胞核碎裂，产生致密的核碎片，即将形成凋亡小体；F. 坏死细胞：核膜崩解，染色质泄露至胞浆

资料来源：闫博，2008

解；②粗面内质网出现明显的增生、脱颗粒、排列紊乱，严重时，肿胀成泡状，甚至分解。

影响肝胰腺健康的疾病很多，近年来对虾蟹类养殖影响较大的主要有白斑综合征病毒（White spot syndrome virus，WSSV）、中肠腺坏死杆状病毒（Baculoviral mid-gut-gland necrosis virus，BMNV）、对虾杆状病毒（Baculovirus penaei virus，BPV）、肝胰腺类细小病毒（Hepatopancreatic parvovirus，HPV）等病毒引起的疾病以及嗜水气单胞菌（Aeromonas hydrophila）、豚鼠气单胞菌（Guinea pig aeromonas）等引起的细菌病。这些疾病均会造成

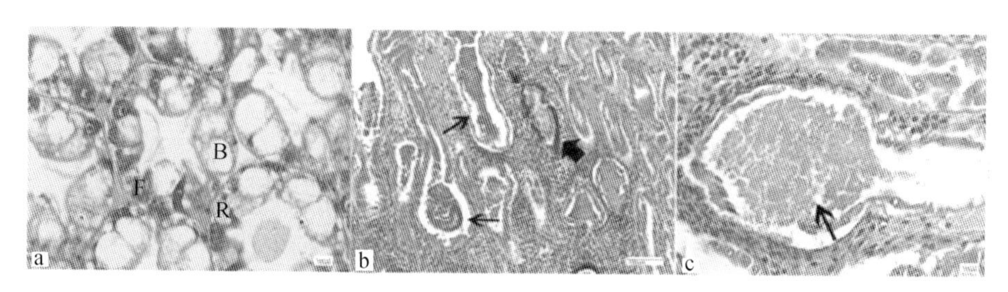

图 8.18　白斑综合征对凡纳滨对虾肝胰腺组织结构的影响

a. 健康的肝胰腺组织结构；b，c. 患病的肝胰腺组织结构

肝胰腺的组织结构及其颜色发生变化，表现为肿大、变黑坏死等表观症状（马晓燕等，2012；郑江等，2002；陈宪春，1995）。

（四）自身因素（遗传）

除了诸多外界因素影响着虾蟹类肝胰腺的健康之外，虾蟹自身内在的因素也影响着肝胰腺的健康。有些虾蟹类自身带有一些不良性状的基因，导致了肝胰腺先天性发育不良，不具备正常的生理功能，这类虾蟹的肝胰腺先天性就处于非健康状态。这也是影响虾蟹类肝胰腺健康的一个因素之一。

二、虾蟹类肝胰腺健康的调控

肝胰腺作为虾蟹类消化、吸收、储存营养物质以及营养物质代谢的重要场所，对虾蟹类正常的生命活动起着十分重要的作用。当虾蟹类的肝胰腺出现异常，失去正常的生理功能时，便会影响到机体正常的生理功能和生命活动。上文综述了影响肝胰腺健康的主要因素，下面将简单阐述相应的调控策略。

1. 营养策略

营养物质的含量是影响肝胰腺健康的主要因素，因此，研究虾蟹类对各种营养物质的精准需求，是保持肝胰腺健康的首要策略。截至目前，国内外学者已经为此做了大量的工作，也较为全面地总结了不同物种水生动物对营养物质的需求量，为人工配合饲料的科学配制提供了重要参考。但是，不同生理状态下，虾蟹类对营养物质的需求量也不尽相同。在我国，近年来水产养殖飞速发展，与之相伴的是养殖环境也越来越差，养殖水体污染严重，使水生动物长期受到各种因素的胁迫，因此，探索胁迫条件下各种营养物质的需求，也是保持虾蟹类肝胰腺健康的重要营养策略之一。

除了研究各种营养素的需求量之外，探索优质健康的蛋白质源和脂肪源同样是保持肝胰腺健康的重要途径。国内外学者已做了大量的工作，国外有些学者已经成功探索出零鱼粉三文鱼饲料。虽然虾蟹类也已做了大量研究，遗憾的是，虾蟹类优质廉价可持续蛋白质源和脂肪源的探索还未取得突破性的进展。利用转基因技术，培育筛选无抗营养因子且适合虾蟹类营养需求的植物蛋白质源和脂肪源或许会是将来有效的策略之一。

营养物质的来源固然重要，但加工工艺同样是提高营养饲料品质的重要环节。通过加工工艺改善饲料的品质，以保障动物健康，尤其是肝胰腺的健康，也是一个值得努力的方向。

2. 使用动保产品

除了用营养学方法调控虾蟹类肝胰腺的健康，也可以使用动保产品调控虾蟹肝胰腺的健康。动保产品很多，中草药便是其中的一种。姜燕（2016）研究发现，和对照组相比，投喂中草药组的肝胰腺结构基本无损，肝小管细胞排列紧凑无散落，B 细胞、F 细胞和 R 细胞均完整（图 8.19）。

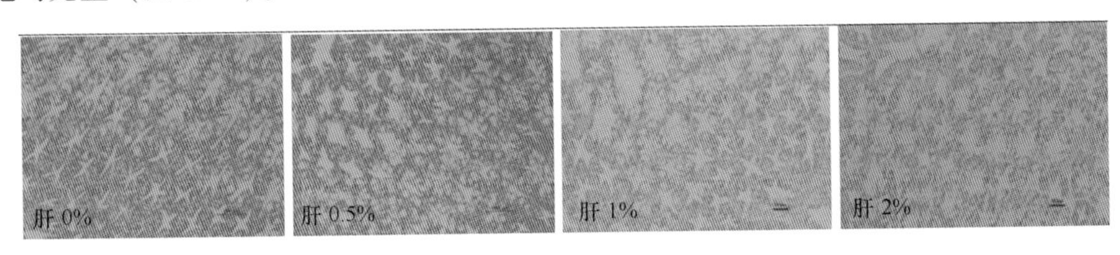

图 8.19　中草药对凡纳滨对虾肝胰腺的影响

左起分别为空白对照组、0.5 中草药组、1%中草药组和 2%中草药组

3. 改善养殖环境

环境因素对肝胰腺健康带来的威胁，是虾蟹类养殖过程中最常发生的一种威胁因素。为了防止因环境因素造成肝胰腺健康问题，我们可以从以下几方面入手，保证肝胰腺的健康。

（1）科学的管理。及时监测水质，确保水质正常，如果养殖水的氨氮、亚硝酸盐含量超标，应及时应对处理，防止水质恶化造成肝胰腺受损。

（2）合理选择清塘药物。清塘药物的残留也是威胁虾蟹健康的因素之一，因此，应选择合理的清塘药物，采用科学的清塘方式，尽量减少清塘药物的残留，将清塘对虾蟹造成的伤害降到最低。

（3）防止有机物和重金属污染。加强养殖水水源的控制，若水源受到有机物或者重金属的污染，应采取措施，防止污染物进入养殖池塘。

（4）注意杀菌消毒。养殖过程中经常会遇到病害，为了尽可能减少病害的发生，应以预防为主，防治结合，以减少细菌或者病毒感染虾蟹，对虾蟹的健康造成危害。当使用药物时，应做好用药记录，禁止使用违规药物。不科学地使用药物而造成的药物残留不仅会影响到虾蟹的健康，还会对人类造成危害，应严令禁止。

4. 选育优良品种

通过人工选育的方式，选育出性状优良的个体，淘汰那些携带不良性状基因的个体，建立家系，使繁育的后代具备优良的性状，确保苗种的优良性。这种通过人工选育的手段，淘汰肝胰腺不健康的群体，选育肝胰腺健康的群体，是从根源保证肝胰腺健康的有效方式。

三、凡纳滨对虾肝胰腺发育关键期（转肝期）的健康

（一）转肝期

凡纳滨对虾肝胰腺发育可分为3个时期，分别为同质期、生长期和包膜期（廖英杰，2016）。养殖一线的工作人员习惯上将包膜期称为“转肝期”，此阶段虾苗生长至4~6 cm，是凡纳滨对虾肝胰腺发育和成熟的关键时期，经过转肝期，肝胰腺的颜色由深红色转变为灰褐色，这主要和此阶段虾苗从摄食丰年虫和红色虾片转变成黑褐色或者棕色饲料有关（廖英杰，2016）。另外，肝胰腺的轮廓也更加清晰，体色也变得更加透明，色素颗粒明显减少。“转肝”后，肝胰腺被一层“白膜”覆盖，有学者认为，这层“白膜”是一层脂肪，放苗20 d后开始从肝胰腺表明后端出现，逐渐覆盖整个肝胰腺，一直存在整个养殖周期（唐绍林等，2017）。“白膜”的形成，也意味着肝胰腺的生理功能趋于完善，是肝胰腺基本发育完全的重要标志。

（二）影响凡纳滨对虾转肝期肝胰腺健康的因素

本章上文已经论述了影响虾蟹类肝胰腺健康的几个主要的因素，“转肝期”是凡纳滨对虾肝胰腺发育的重要时期，由于肝胰腺还未完全发育成熟，因此也是非常“脆弱”的特殊时期，除了上文论述的因素外，还有一些其他的因素需要我们特别注意。

1. 营养与饲料

转肝期刚好发生在对虾从摄食天然饵料转变为饲喂人工饵料的过程中。凡纳滨对虾需要对饲料有一个适应的过程。因此，除了上文论述的营养和饲料品质等因素外，投饲的策略、饲料质量以及投喂量也显得尤为重要。

（1）投饲策略。虾苗在苗厂投饲的是丰年虫、生物饵料或者藻类等天然饵料。虾苗转

至虾塘后，开始转为投喂人工饲料。人工饲料和天然饵料的营养组成、诱食性以及适口性相差很大（李佳君和张子一，2006），如果投饲策略不科学，便会影响到转肝期肝胰腺的健康发育。

（2）投喂量。转肝期是肝胰腺发育的关键期，需要充足的营养来满足其生长发育的需求。如果投喂量不足，机体无法摄入足够的营养物质用于其发育，便会造成营养缺乏，影响肝胰腺的发育。另外，投喂量不足还容易造成对虾摄食底泥和死藻（唐绍林等，2017），发生疾病的风险大大增加。若投喂过量，又容易引起水质变差，间接地引发肝胰腺的健康问题。因此，转肝期投喂量的多少，是影响肝胰腺健康发育的重要因素之一。

2. 环境

环境因素是影响凡纳滨对虾肝胰腺健康的重要因素，转肝期肝胰腺还未完全发育完成，环境应激对肝胰腺健康发育的影响不可忽略。上文已经综述了药物、水质（氨氮、亚硝酸盐、pH值和硫化物等）和重金属（镉、铅等）对肝胰腺健康的影响。除此之外，养殖环境的稳定对转肝期肝胰腺的健康发育影响很大。若水环境剧烈变化，例如藻类大量繁殖，会造成对虾易发气泡病，引起对虾摄食减少或者停止摄食，导致肝胰腺萎缩，发生肝坏死（唐绍林等，2017）。

3. 疾病

凡纳滨对虾感染细菌或者病毒后，会对肝胰腺的健康产生负面影响（戚瑞荣等，2017；王大鹏等，2009）。而转肝期凡纳滨对虾的发病率极高。因此，养殖水环境中若存在致病菌，将会威胁到对虾转肝期肝胰腺的健康。

4. 操作应激

转肝期常常要进行转池等生产操作，这样的操作常常会造成强烈的应激。对于肝胰腺尚未发育健全的凡纳滨对虾来说，这样的操作会对其产生极大的影响，继发性地导致其感染细菌或者病毒的概率增大，发病率升高，进而影响到肝胰腺的健康发育。

（三）转肝期肝胰腺健康的调控策略

1. 科学饲料的研发

转肝期凡纳滨对虾从投喂天然饵料转变为投喂人工饵料。人工饵料的氨基酸、脂肪酸、维生素、矿物质等营养素的组成和天然饵料比相差很大，进行此阶段精准营养学研究，是配制科学饲料的基础。另外，人工饵料的诱食性和适口性都和天然饵料存在一定的差距。开发有效的诱食剂，不仅可以提高对虾的摄食率，也能减少因饵料残余引起的水质恶化问题。

益生菌被证明是一种有效的饲料添加剂（Qi et al.，2009）。益生菌不仅可以促进营养物质的消化吸收，还能够调节水生动物的肠道菌群，改善水生动物的肠道健康（Ringø et al.，2016）。因此，转肝期在饲料中添加益生菌是改善凡纳滨对虾肝胰腺健康的重要途径之一。

2. 保证养殖环境的健康稳定

水环境是水生动物赖以生存的环境，转肝期凡纳滨对虾相对脆弱，若水环境恶化或者水环境极不稳定，会对凡纳滨对虾带来不利的影响。使用调水产品维持养殖水环境的健康稳定，是确保转肝期凡纳滨对虾肝胰腺健康的必要条件。

3. 护肝产品的合理使用

转肝期适量在饲料中和水体中使用护肝产品和抗应激产品，能够有效地缓解或者消除一些不可控因素造成的肝胰腺健康失衡问题。大多数护肝产品均为中草药，上文也论述了中草药是保护肝胰腺健康的重要途径之一（姜燕，2016）。因此，合理适量使用护肝产品，在一定程度上能够保护转肝期肝胰腺的健康。

参考文献

曹俊明，严晶，王国霞，等. 2012. 家蝇蛆粉替代鱼粉对凡纳滨对虾消化酶、转氨酶活性和肝胰腺组织结构的影响［J］. 南方水产科学，8（5）：72-79.

陈宪春. 1995. 世界性虾病蔓延及我国虾病防治进展［J］. 中国饲料，11：10-11.

陈志强，郑月，蔡洁琼，等. 2016. 固城湖中华绒螯蟹可食部位氨基酸和脂肪酸组成［J］. 食品科学，37：122-127.

成永旭，堵南山. 2002. 中华绒螯蟹肝胰腺 R 和 F 细胞及其脂类储存的电镜研究［J］. 动物学报，46：8-13.

成永旭，李少菁，王桂忠. 1998. 锯缘青蟹幼体肝胰腺细胞结构变化与其营养状况的关系 I 溞状幼体 I 期的研究［J］. 厦门大学学报（自然版），37：576-581.

邓道贵，马海娛，郭生林. 2000. 锯齿米虾消化系统的组织学研究［J］. 淮北师范大学学报（自然科学版），21：56-59.

郭占林. 2010. 红螯光壳螯虾（*Cherax quadricarinatus*）仔虾及幼虾脂质营养的研究［D］. 上海：华东师范大学.

黄凯，吴宏玉，朱定贵，等. 2011. 饲料脂肪水平对凡纳滨对虾生长、肌肉和肝胰腺脂肪酸组成的影响［J］. 水产科学，30：249-255.

洪美玲，陈立侨，顾顺樟，等. 2007. 氨氮胁迫对中华绒螯蟹免疫指标及肝胰腺组织结构的影响［J］. 中国水产科学，14：412-418.
江洪波，陈立侨，周忠良，等. 2001. 脂质营养对中华绒螯蟹幼体肝胰腺超微结构的影响［J］. 动物学研究，22：64-68.
姜燕. 2016. 凡纳滨对虾急性肝胰腺坏死病防治中草药的筛选［D］. 大连：大连海洋大学.
姜永华，颜素芬，陈政强. 2003. 南美白对虾消化系统的组织学和组织化学研究［J］. 海洋科学，27：58-62.
李二超，陈立侨，曾嶒，等. 2008. 不同盐度下饵料蛋白质含量对凡纳滨对虾生长、体成分和肝胰腺组织结构的影响［J］. 水产学报，32：425-433.
李富花，李少菁. 1998. 锯缘青蟹幼体肝胰腺的观察研究［J］. 海洋与湖沼，29：29-34.
李佳君，张子一. 2006. 水产诱食剂在虾料中的应用［J］. 河北渔业，（2）：58-58.
李秋芬，包振民. 1999. 中国对虾1种球形病毒及肝胰腺病变的电镜观察［J］. 中国水产科学，（1）：5-8.
李少菁，林淑君，刘理东，等. 1994. 锯缘青蟹卵巢发育过程中不同器官组织脂类和脂肪酸组成［J］. 厦门大学学报（自然版），32：109-115.
李太武. 1996. 三疣梭子蟹肝脏的结构研究［J］. 海洋与湖沼，27：471-475.
李太武，苏秀榕，张峰. 1994. 三疣梭子蟹消化系统的组织学研究［J］. 辽宁师范大学学报（自然科学版），17：230-237.
廖英杰. 2016. 简要分析对虾“转肝”的奥妙［J］. 海洋与渔业·水产前沿：10.
林淑君，李少菁，王桂忠. 1994. 锯缘青蟹卵巢发育过程中不同器官组织生化组成［J］. 厦门大学学报（自然版），33：116-120.
刘晓华，曹俊明，杨大伟，等. 2007. 氨氮胁迫前后凡纳滨对虾组织中抗氧化酶和脂质过氧化产物的分布［J］. 水生态学杂志，27：24-26.
刘晓云，姜明. 1997. 中国对虾（*Penaeus chinesesis*）肝小管管壁细胞结构的研究［J］. 中国海洋大学学报（自然科学版），27：515-520.
马晓燕，李鹏，严洁，等. 2012. 对虾白斑综合征病毒的概述［J］. 南京师大学报（自然科学版），35：90-100.
毛阿敏. 2013. 高效氯氰菊酯对克氏原螯虾免疫毒性的研究［D］. 太原：山西大学.
欧阳珊，吴小平，颜显辉，等. 2002. 克氏螯虾消化系统的组织学研究［J］. 南昌大学学报（理科版），26：92-95.
戚瑞荣，崔龙波，唐绍林，等. 2017. 凡纳滨对虾白便综合征的组织病理学观察［J］. 水产学杂志，30：45-49.
唐建勋. 2009. 水环境重金属污染对水生动物的生态效应［J］. 科技风，21：225.
唐绍林，肖元元，杨慧英. 2017. 浅谈对虾的“转肝期”［J］. 海洋与渔业·水产前沿，3.
陶易凡，强俊，王辉，等. 2016. 高pH胁迫对克氏原螯虾的急性毒性和鳃、肝胰腺中酶活性及组织结构的影响［J］. 水产学报，40：1 694-1 704.
王大鹏，赵永贞，杨彦豪，等. 2009. 对虾肝胰腺坏死性细菌的研究进展［J］. 海洋湖沼通报，3：39-45.

王静，郭冉，苏利，等. 2012. 饲料中黄曲霉毒素 B_1 对凡纳滨对虾生长、肝胰腺和血淋巴生化指标及肝胰腺显微结构的影响［J］. 水产学报，36：952-957.

王巧伶. 1994. 中华绒螯蟹消化系统的组织学研究［J］. 重庆师范大学学报（自然科学版），11：66-72.

王小刚. 2015. 虾蟹肝胰腺组织学研究进展［J］. 广西水产科技，1：9-15.

王维娜，王安利，魏渲辉，等. 1997. 日本沼虾肝胰腺细胞超微结构的研究［J］. 动物学报，43：40-43.

吴昊，张小民，轩瑞晶，等. 2014. 河南华溪蟹消化系统的形态结构观察和组织学研究［J］. 水产学报，38：956-964.

吴中华，刘昌彬，刘存仁，等. 1999. 中国对虾慢性亚硝酸盐和氨中毒的组织病理学研究［J］. 华中师范大学学报（自然科学版），1：119-122.

闫博. 2008. 镉致长江华溪蟹肝胰腺氧化损伤及细胞凋亡机制的研究［J］. 山西大学.

颜素芬，姜永华，陈昌生. 2005. 中国龙虾早期叶状幼体肝胰腺的显微与超微结构［J］. 水产学报，29：737-744.

杨帆. 1997. 华绒螯蟹肝胰腺组织学研究［J］. 重庆文理学院学报，2：51-52.

张志峰，姜明. 2000. 中国对虾幼体中肠腺的结构和细胞化学研究［J］. 中国水产科学，7（3）：11-15.

郑江，徐晓津. 2002. 我国对虾病毒性疾病［J］. 河北渔业，1：21-24.

赵先银. 2011. pH 胁迫对三种养殖对虾生理生化指标的影响［D］. 上海：上海海洋大学.

Al-Mohanna S Y，Nott J A. 1989. Functional cytology of the hepatopancreas of *Penaeus semisulcatus*，（Crustacea：Decapoda）during the moult cycle［J］. Marine Biology，101：535-544.

Ostrowski-Meissner H T，Leamaster B R，Duerr E O，et al. 1995. Sensitivity of the Pacific white shrimp，Penaeus vannamei，to aflatoxin B1［J］. Aquaculture，131（3）：155-164.

Qi Z，Zhang X H，Boon N，et al. 2009. Probiotics in aquaculture of China — Current state，problems and prospect［J］. Aquaculture，290（1）：15-21.

Ringø E，Zhou Z，Vecino J L G，et al. 2016. Effect of dietary components on the gut microbiota of aquatic animals. A never-ending story［J］. Aquaculture Nutrition，22（2）：219-282.

Taher S，Romano N，Arshad A，et al. 2017. Assessing the feasibility of dietary soybean meal replacement for fishmeal to the swimming crab，*Portunus pelagicus*，juveniles［J］. Aquaculture，469：88-94.

Wang X，Li E，Qin J，et al. 2016. Growth，body composition，ammonia tolerance and hepatopancreas histology of white shrimp *Litopenaeus vannamei* fed diets containing different carbohydrate sources at low salinity［J］. Aquaculture Research，47：1 932-1 943.

第九章　凡纳滨对虾肠道健康的影响因素及营养调控

第一节　凡纳滨对虾肠道组织学结构及其功能概述

肠道是甲壳动物与外界环境接触面积最大的器官，其行使着重要的生理功能。一方面，肠道是营养物质消化和吸收的重要场所，是甲壳动物从外界获取物质、能量的重要媒介，有容纳运输、消化食物、吸收营养等功能；另一方面，肠道是生物体“最大的免疫器官”。肠道免疫系统由三大屏障组成，即肠黏膜细胞构成的机械屏障、肠道免疫细胞及其分泌物构成的免疫屏障和肠道正常菌群构成的生物屏障。这三大屏障既维持了肠道的重要生理功能，保障了机体对营养物质的消化和吸收，又发挥了肠道的免疫防御功能，维持了肠道微生态平衡，抵御外来病原菌的入侵，保证了生物机体的健康。肠道免疫系统屏障是甲壳动物抵御外来致病微生物入侵宿主的重要防线（郑晓婷等，2016b；乔维洲，2013；陈忠龙等，2007）。

一、凡纳滨对虾肠道组织学结构

（一）消化道结构

凡纳滨对虾消化系统由消化道和消化腺组成。消化道包括前肠（口、食道和胃）、中肠、后肠以及肛门（姬红臣，2005）（图 9. 1）

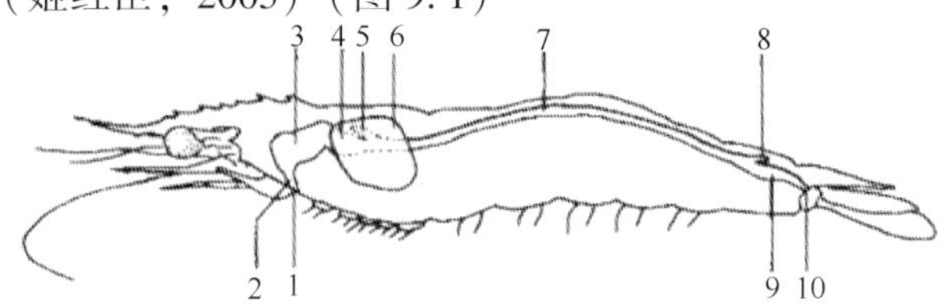

图 9. 1　对虾的消化系统

1. 口；2. 食道；3. 贲门胃；4. 幽门胃；5. 中肠前盲肠；6. 干胰脏；7. 中肠；8. 中肠后盲囊；9. 直肠；10. 肛门

资料来源：麦贤杰等，2009

（二）组织学结构

1. 食道

食道为一垂直短管，下通口腔，上连贲门胃。食道壁由内向外分为上皮层、结缔组织层和肌肉层3层。食道上皮内褶形成4个明显的隆嵴，使食道腔缩合呈“X”形，上皮表面有薄层几丁质覆盖。食道上皮由单层柱状上皮组成，上皮之下为疏松结缔组织，内含较多黏液腺。肌肉层非常发达，包括环肌、纵肌和放射肌3种，环肌连续分布，纵肌成束分散排列于环肌外侧，放射肌穿过环、纵肌层伸至上皮和几丁质的连接处（图9.2-1和图9.2-2）（姜永华等，2003）。

2. 胃

（1）贲门胃。贲门胃呈长囊状，胃壁上皮内褶成5~7个明显嵴突，一个腹突宽大而圆钝，侧突各2~3个对称排列。胃壁的组织结构与食道相似，上皮由单层柱状细胞组成，但结缔组织极为疏松，呈空泡状或管道状，无黏液腺，肌肉层由环肌、纵肌组成，且分布不均匀。贲门胃的显著特点是几丁质特别发达，加厚特化成板状，其中腹板上有成列的齿，中央为一个大的中齿，两侧为小的附属中齿；侧板上具有对称排列的侧齿，并具有少量几丁质刚毛。这些齿、刚毛和嵴突共同构成胃磨（图9.2-3）。

（2）幽门胃。幽门胃的组织结构与贲门胃相似，但肌层稍薄，侧突处各有一束放射肌插入上皮层下；腹突变尖变细，将此处的胃腔分为两个半球形的侧壶腹囊，腹突则称为间壶腹嵴，其向腔面的几丁质层特化成排列整齐的粗大刚毛；幽门胃的侧突形成上壶腹嵴，嵴上几丁质特化成密集的细长刚毛。在两个侧壶腹囊内，间壶腹嵴和上壶腹嵴之间的通道称为腺滤器，通道内壁上遍布长刚毛（图9.2-4）。

3. 中肠

（1）中肠管。中肠管壁前、后段皱褶较多，中段较平整，管壁组织结构由内向外依次分为上皮层、基膜、结缔组织层、肌肉层和外膜，腔面没有几丁质衬里。上皮层由排列紧密的单层矮柱状细胞组成，细胞游离面具浓密微绒毛形成的纹状缘；长绒毛排列紧密（图9.3）（Suo et al.，2017）；薄层疏松结缔组织位于基膜外侧；肌肉层主要由较薄的环肌组成，结缔组织和肌肉中含有丰富的血窦。外膜极薄但明显（图9.2-6）。

（2）中肠前盲囊。中肠前盲囊一对，位于中肠与幽门胃交界处的背面，盲囊壁形成许多大小、形状不一的内褶，使盲囊腔成狭窄的迷路状。盲囊上皮由排列紧密而整齐的单层细胞组成，细胞游离面具微绒毛。细胞有两种形态：一种呈高柱状；另一种呈杯状。其细胞中上部有一个大的分泌腔，内含分泌物。盲囊壁的其余几层均很薄，其中结缔组织中富

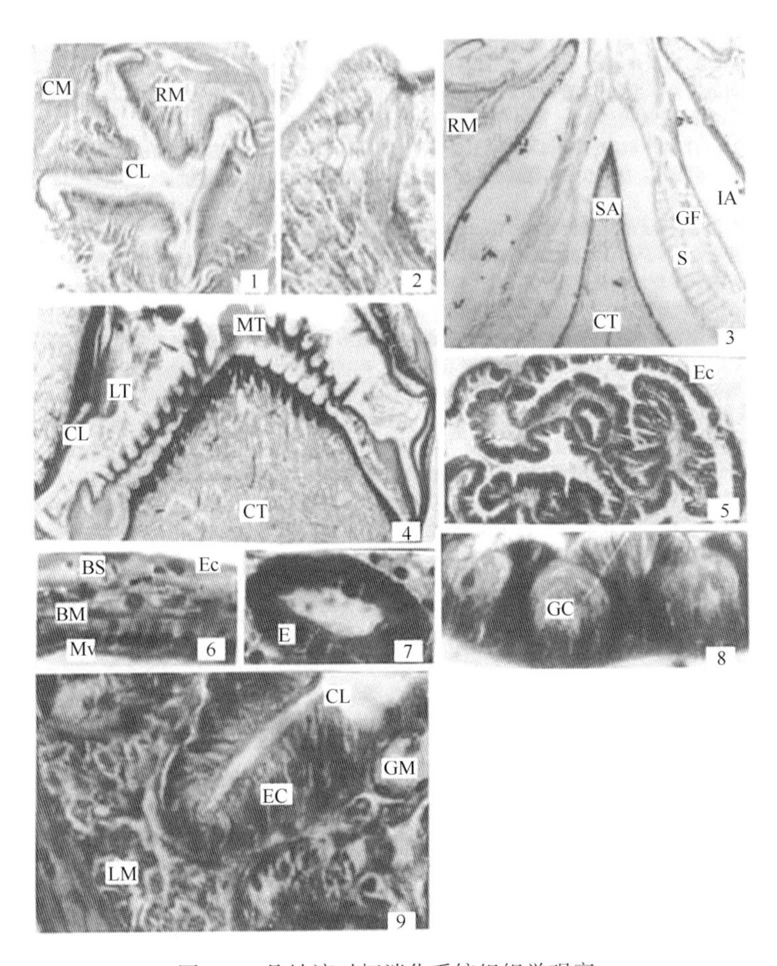

图 9.2　凡纳滨对虾消化系统组织学观察

1~2. 食道局部，示黏液腺，×500；3. 幽门胃局部横切面，示腺滤器，×200；4. 贲门胃局部横切面，示胃磨，× 200；5. 中肠前盲囊，示整体结构，×200；6. 中肠横切面，×2 000；7. 肝胰腺，示 E-细胞；8. 中肠前囊局部，示两种上皮细胞，×2 000；9. 后肠后段横切面，示黏液腺和肌肉，×2 000

资料来源：姜永华等，2003

含血窦（图 9.2-5 和图 9.2-8）

（3）中肠后盲囊。中肠后盲囊一个，位于中肠与后肠交界处背面，组织结构与前盲囊相似。

（4）后肠。后肠前粗后细，肠壁向腔内折叠形成许多纵嵴，腔面有几丁质衬里。上皮层由单层柱状细胞组成，疏松结缔组织中分布有黏液腺，肌肉层包括环肌和纵肌，外膜明显。由前向后，纵嵴由大小不一到逐渐均匀，几丁质层由薄变厚，上皮细胞由矮柱状过渡为柱状，黏液腺由少变多，肌层逐渐发达，环肌包围在结缔组织层外，纵肌成束分布在后段的纵嵴内。

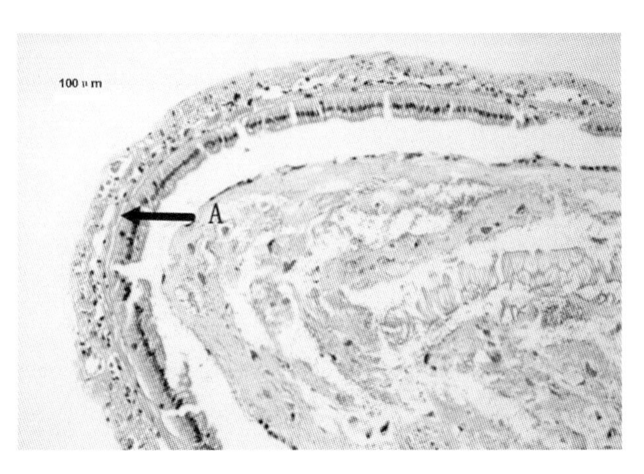

图 9.3　凡纳滨对虾中肠结构（示肠绒毛）
资料来源：Suo et al.，2017

二、肠道功能

1. 肠道的基本功能

（1）容纳和运输。肠道接受来自食道或胃的食物，故有容纳功能。食物中除水、维生素和无机盐由消化道上皮直接吸收外，蛋白质、糖类和脂肪等大分子物质需消化成小分子物质后才能被吸收（宋霖，2013）。因此，肠道需要将食糜逐渐向后推送，逐渐完成消化作用，执行运输功能。

（2）消化食物。动物营养的首要过程是消化，水产动物不如高等哺乳类，绝大多数没有肠腺，只有上皮细胞能分泌一些酶类，所以消化酶遍布于胃肠道。肠道可以通过蠕动、分节运动、摆动等运动，同时辅以微生物帮助消化。肠外器官如肝胰腺等也能分泌大量消化液帮助肠道完成消化作用（涂永锋等，2004）。

（3）吸收营养和排泄。肠道内的多种消化酶能将食物中的大分子消化分解为可被生物体吸收利用的小分子物质（如氨基酸、小肽、单糖、甘油和脂肪酸等），从而使生物获得用于维持生命、生长及繁殖等活动所需的能量和营养（徐革锋等，2009），不能吸收利用的物质成为粪便，由肛门排出体外。

2. 肠道免疫

肠道不仅是消化吸收营养物质的重要场所，也是机体的一个重要屏障，具有免疫功能。肠道具有物理屏障（黏液、吸附、再生、运动）、生物屏障（正常菌群共生）、免疫屏障（肠道免疫细胞及其分泌物），是体内最大最复杂的免疫器官。这三大屏障既维持了肠道的重要生理功能，保障了机体对营养物质的消化和吸收，又发挥了肠道的免疫防御功能，维持了肠道微生态平衡，抵御外来病原菌的入侵，保证了生物机体的健康（翟双双，2014）。

肠黏膜面积庞大，其结构和功能构成了强大的黏膜免疫系统。甲壳动物肠道免疫系统是由肠道上皮细胞彼此间的紧密连接、杯状细胞分泌的黏液以及肠道上皮细胞分泌的生物活性蛋白共同组成的一个复杂结构（王文娟，2012）。加之在肠道中共生着大量的微生物菌群，能够有效阻止致病菌在肠上皮黏附、定植和入侵，并产生免疫相关的细胞因子杀死病原菌，共同发挥肠道免疫功能。因此，肠道免疫系统是甲壳动物抵御外来致病微生物入侵宿主的重要防线（郑晓婷，2016a）。

第二节　对虾肠道免疫系统构成和肠道健康重要性

肠道是虾与饲料直接接触并发挥作用的重要功能器官（吴群凤，2013）。因此，肠道受到多种损伤因素作用后，肠道屏障结构和功能完整性就会被破坏，同时还会产生多种细胞因子、炎症介质。发生细菌和内毒素易位。除了引发肠道自身损伤外，由于肠道通透性的增加。肠道内的有毒有害因子还会进入血液系统并传输到身体内各器官和组织，导致器官和组织病变，引发全身性病理反应，从而导致整个虾体生长性能、健康受到严重影响（米海峰等，2015）。而对虾肠道细菌在维持宿主健康中发挥着重要作用，如促进消化、减少有毒微生物的代谢活动、抑制病原菌的失控生长等。发病对虾的肠道细菌的失衡，可引起肠炎。外部环境对对虾肠道细菌的定殖具有选择性，水质的突变极易引起对虾肠道菌群平衡失调，使其更易被病原菌入侵，并暴发疾病（吴金凤等，2016）。

一、肠道黏膜细胞构成的机械屏障

1. 机械屏障的构成

中肠是甲壳动物肠道免疫系统中机械屏障的重要部分。机械屏障是由黏膜层的上皮细胞、杯状细胞以及围食膜共同构成的复杂结构。中肠黏膜层由排列紧密的单层矮柱状细胞组成，细胞游离面具浓密微绒毛形成纹状缘；薄层疏松的结缔组织和较薄的环肌肌肉层含有丰富的血窦（图 9.4）。杯状细胞中上部有一个大的分泌腔，内含分泌物。中肠在与胃及后肠相连处分别有中肠前盲囊和中肠后盲囊（图 9.5）。中肠前后盲囊有由几丁质和蛋白质复合物组成的非细胞结构——围食膜（郑晓婷，2016a）。

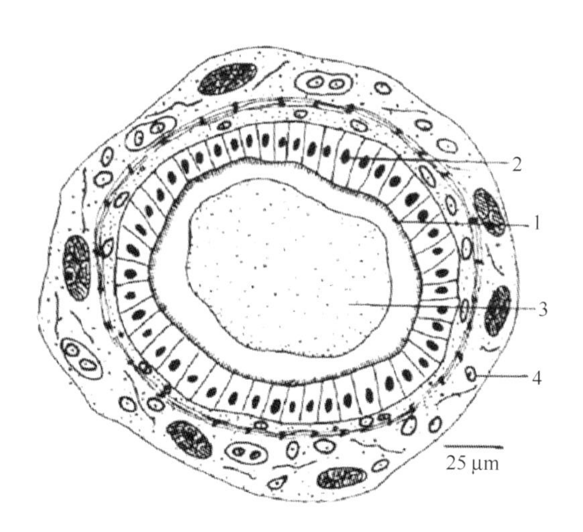

图 9.4　中肠横切示基本结构

1. 纤毛；2. 柱状上皮；3. 中肠腔

资料来源：任素莲和王德秀，1998

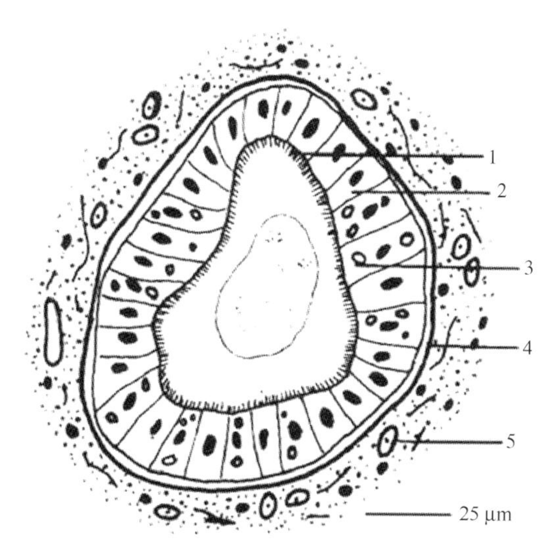

图 9.5　中肠盲囊横断面示盲囊结构

1. 纤毛；2. 吸收细胞；3. 分泌细胞；4. 环肌；5. 血细胞

资料来源：任素莲和王德秀，1998

2. 机械屏障的作用机理

机械屏障功能主要是由吸收细胞、杯状细胞和围食膜共同作用完成的。中肠上有分泌型中肠细胞（杯状细胞）和吸收型中肠细胞（吸收细胞），细胞之间紧密连接，细胞之间的细胞质紧密地黏合，形成了无缝隙的机械屏障。这种机械屏障使肠道中的食物必须经过消化分解转化成小分子的物质才能过滤到肠道结缔层，而病原菌等有害物质被阻挡在外，维持了肠道正常的生理功能（郑晓婷，2016b）。病变的中国明对虾中肠内壁上皮细胞之间的连接复合体受到严重破坏，细胞之间界限模糊不清，出现大量裂隙和空泡（黄灿华等，1997）。杯状细胞分泌含 Muc 黏蛋白的黏液层（疏松黏液层和致密黏液层）有润滑上皮表面和保护上皮的作用，减少食物进入肠道对其造成的机械损伤的功能。其中，疏松黏液层是肠道共生菌的主要栖息地，而致密黏液层作为物理屏障，抑制有害物质穿过肠上皮细胞（Sigurdsson et al.，2013）。围食膜类似黏液层有润滑和保护肠道的功能，其明显地选择通透性只允许消化后小分子的食物通过。此外，有研究发现肠上皮细胞可杀死细菌，具有类似吞噬细胞的功能，其杀菌机制与吞噬细胞相似（Deitch et al.，1995）。

二、肠道免疫细胞及主要分泌物构成的免疫屏障

（一）免疫屏障的构成

免疫屏障主要由肠道结缔组织血窦中的血淋巴细胞以及血淋巴细胞分泌的一些重要免疫因子组成（郑晓婷，2016b）。虾、蟹类等甲壳动物的非特异性免疫机制可分为两种：一种是体液免疫机制，主要是血淋巴的溶菌作用、凝集作用以及与免疫相关的一些酶类；另一种是细胞免疫，指的是血淋巴中的细胞对异物的吞噬、杀灭和排除作用（徐海圣和徐步进，2001）。因此，血淋巴细胞既是甲壳动物细胞免疫的担当者，又是体液免疫的提供者（吴芳丽等，2016）。

（二）免疫屏障的作用机理

1. 细胞免疫机制

细胞免疫是机体对异物即时应答防御的免疫系统，能够对入侵的病原菌快速做出应答。血淋巴细胞通过吞噬清除入侵到血淋巴中的异物，当病原菌或者寄生虫的个体过大或者数量过多时，单个血细胞无法吞噬，就会以多个血细胞的包囊作用或结节形成来完成（肖克宇，2007）。血细胞的吞噬作用可通过实验进行观察并测得，其基本过程分为吸附过程、吞入过程和消化杀菌过程。研究发现，对虾血细胞在经体外刺激诱导吞噬作用时有明显的呼吸爆发和超氧阴离子 O^{2-} 的产生，活性氧产生的强弱直接反映了血细胞杀菌机能的强弱（郑晓婷，2016c）。

2. 体液免疫机制

体液免疫主体是血淋巴细胞天然形成的或者诱导产生的各种生物活性分子，主要分为

免疫因子和免疫相关的酶（肖克宇，2007）。根据大量研究，体液免疫的免疫因子和免疫酶的主要作用是识别异物、抵御病原菌和损伤修复（表 9.1）。在甲壳动物肠道受到胁迫产生损伤时，会产生一系列免疫炎症反应。研究发现，凡纳滨对虾肠道在低浓度硫化物胁迫条件下，炎症因子 *TNF-α*，细胞凝集素显著增加，热休克蛋白因子在高浓度硫化物胁迫下显著升高，以应激并适应硫化物的胁迫（Suo et al.，2017）（图 9.6）。

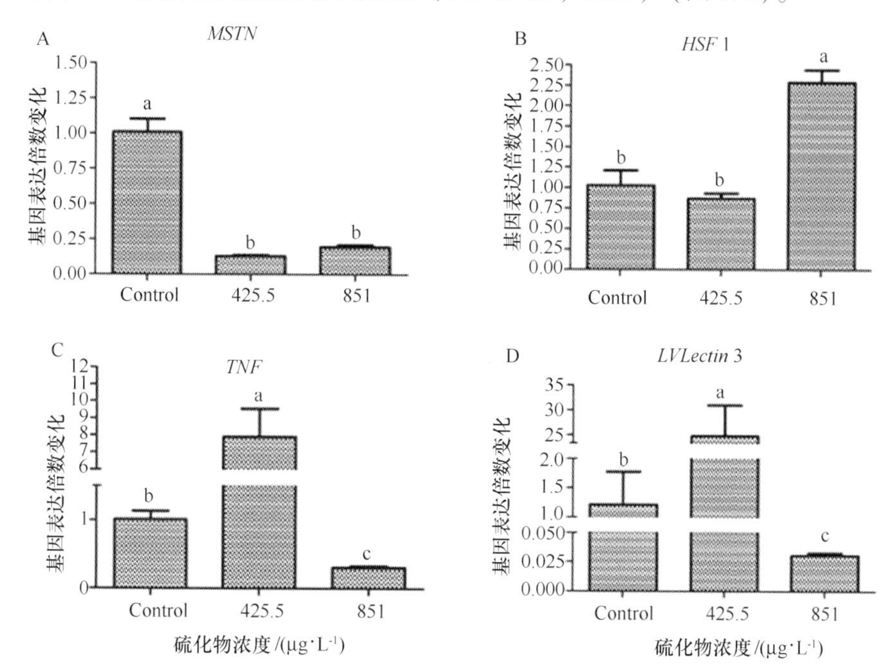

图 9.6　硫物化胁迫下对虾 *MSTN*、*HSF*1、*TNF-α* 以及 *LVLectin* 3 四种炎症因子的表达量变化

A. *MSTN* 因子在低硫处理组与高硫处理组中表达量显著下调；B. *HSF*1 因子在高硫处理组中表达量显著上调；C. *TNF-α* 与 D. *LVLectin* 3 两种因子分别在低硫处理组中表达量显著上调，但在高硫处理组中显著下调

目前，甲壳动物已知抗菌肽有 3 种类型，分别为：Penaeidins，Crustins 和 ALF（Li and Xiang，2013）。甲壳动物与果蝇相似，抗菌肽的产生有两个主要的信号通路：一个是 Toll 途径，另一个是 IMD 途径。这两种途径包括 4 个步骤：①通过模式识别受体识别病原菌的相关分子；②丝氨酸蛋白酶的调节；③信号转导，导致转录因子的易位，产生抗菌肽；④引发体液免疫和细胞免疫（Stet and Arts，2005）。

Toll 信号通路的组件包括：Spatale，Toll，MYD88，Tube，Pelle，Cactus，Dorsal 和 DIF（Michel et al.，2001）。病原菌入侵机体，机体的细胞外识别蛋白，如肽聚糖识别蛋白（PGRPs）和革兰氏阴性细菌结合蛋白（GNBPs），激活细胞外丝氨酸蛋白酶，层层激活 Toll 通路各组件，最后对 Pelle 激酶结构域的激活，引发 Cactus 的磷酸化，导致细胞中的 Dorsal 易位到细胞核中，随后释放 DIF。DIF 具有与哺乳动物 REL 同源的结构域，可作为众多免疫应答基因中的转录因子，其中包括启动抗菌肽基因的转录（Buchon et al.，2009）。

表 9.1　体液免疫的免疫因子和免疫酶

免疫因子或免疫酶	作用机理
酚氧化物酶（PO）	识别异物：将病原菌或寄生虫的结构成分如细胞壁中的葡萄糖或脂多糖等成分作为异己信号激活，最终形成黑色素，抑制病原菌生长
凝集素（Lectin）	“自己”和“异己”，对异物分子表面进行结合，然后对异物分子吞噬或包囊
抗菌肽（AMP）	抵御病原菌：作用于病原菌细胞膜上形成通道，使细胞内容物外漏，干扰细胞膜功能，从而导致病原菌死亡
溶菌酶（LSZ）	抵御病原菌：能够破坏溶解细菌细胞壁中的肽聚糖成分，作用于β-1，4 糖苷键，使细菌的细胞壁破损，细胞崩解
酸性磷酸酶（ACP） 碱性磷酸酶（ALP）	抵御病原菌：通过水解作用将表面带有磷酸酯的异物破坏或降解，消除入侵异物
一氧化氮合成酶（iNOS）	抵御病原菌：对病原生物蛋白质、核酸或脂类的作用，破坏其结构蛋白、遗传物质或细胞膜
超氧化物歧化酶（SOD）	损伤修复：清除血细胞吞噬异物时产生的 O_2^-，O_2^- 的清除有助于减少 H_2O_2 和 OH^- 的生成，减少对机体的损伤
过氧化物酶（POD） 过氧化氢酶（CAT）	损伤修复：清除呼吸爆发产生的活性氧 H_2O_2，还可以清除有机氢过氧化物，减少 OH^- 生成，减少对机体的损伤

资料来源：郑晓婷，2016b

IMD 途径有 9 个组件，分别为：PGRPs，IMD，TAK1，JNK，STAT，IKK，FADD，Dredd 和 Relish，该途径主要发生在革兰氏阴性细菌入侵机体。IMD 途径的信号转导首先是由跨膜的肽聚糖识别蛋白受体（PGRP-LC 和 PGRP-LE）和 IMD 受体相互作用，调节 3 条下游信号通路：① TAK1 通路，IMD 受体刺激 TAK1，导致 IKK 复合体裂解为 Ird5 和 Kenny。除去 IKK 复合体的失活域，使 Relish 的 N 端 Rel 易位到细胞核中，调节转录相关基因，产生抗菌肽。② FADD-D redd 通路 IMD 受体和 FADD 通过死亡结构域招募下游信号分子 Dredd，Dredd 通过氧化磷酸化，活化 Relish 并且产生抗菌肽。半胱天冬酶抑制剂（Dnr-1）在此通路中可以进行负调控。③ JNK 通路，刺激 TAK1 产生 JNK 通路，JNK 蛋白和 JNKK 蛋白结合，激活 AP1 活性，导致 STAT 二聚体易位到细胞核中，此通路调节早期反应基因，有伤口愈合和黑化的作用（郑晓婷等，2016b）。

3. 相对的特异性免疫机制的研究

目前，人们虽然没有在甲壳动物中发现抗体的存在，但是陆续分离、纯化并鉴定出许多免疫因子，它们与脊椎动物特异性免疫分子具有相似的功能，或者在结构上具有同源性或相同的结构。在甲壳动物中发现的免疫球蛋白超家族（Ig-superfamily，IgSF）的成员包括唐氏综合征细胞黏着分子（DSCAM）、血蓝蛋白、几丁质结合蛋白等（徐海圣和徐步进，2001；曹家旺，2016）。

三、肠道正常菌群构成的生物屏障

肠道是对虾体内最重要的消化吸收器官，其中寄居着数量庞大、结构复杂的微生物，与宿主相互依赖、相互制约，在长期的进化过程中形成独特的肠道微生态系统。肠道微生物与宿主的关系因具有特定的生产或疾病预防价值而备受关注，不同肠道微生物结构和组成影响着宿主的营养物质加工、能量平衡、免疫功能和生长发育等多种重要的生理活动（潘宝海，2012；张家松，2015）。

第三节　凡纳滨对虾肠道菌群组成、影响因素及营养调控

一、凡纳滨对虾的肠道菌群结构

虽然对凡纳滨对虾肠道微生物群结构功能的研究，只是近 10 年来才兴起的热点，但是我们在菌群结构以及功能方面的研究工作已经取得了较为可观的进展。目前，大部分的研究是基于传统方法，即在培养基中培养细菌（Wan et al.，2006），然后进行变性梯度凝胶电泳（Li et al.，2007b）和 16srDNA 标记焦磷酸测序（Suo et al.，2017，Tzuc et al.，2014，Zhang et al.，2016），再将菌群进行比较，探究菌群的结构和功能。V 期幼体阶段，凡纳滨对虾肠道菌群开始发生。在之前的实验中，从凡纳滨对虾的肠道分离出了 111 种菌株，这些分离的菌株分别属于 13 个属（科），即发光杆菌属（*Photobacterium*）、弧菌属（*Vibrio*）、气单胞菌属（*Aeromonas*）、肠杆菌科（Enterobacteriaceae）、黄单胞菌属（*Xanthomonas*）、土壤杆菌属（*Agrobacterium*）、芽孢杆菌属（*Bacillus*）、棒状杆菌属（*Corynebacterium*）、微球菌属（*Micrococcus*）、黄杆菌属（*Flavobacterium*）、产碱杆菌属（*Alcaligenes*）、假单胞菌属（*Pseudomonas*）和色杆菌属（*Chromobacterium*）（宛立，2006a）。其中优势菌为发光杆菌属、弧菌属、气单胞菌属、肠杆菌科、黄单胞菌属。然而，由于水生动物中有 98%~99%的细菌是不可培养的（Ringø et al.，2016），用培养基只能捕捉到肠道内所有细菌中的一小部分，这些结果不能真实反映凡纳滨对虾肠道菌群的多样性与数量的情况。

为了对凡纳滨对虾的肠道微生物群研究提供更准确的信息，我们开发出了基于分子方面的16sRNA标记焦磷酸测序方法（Qiao et al.，2016；Suo et al.，2017；Tzuc et al.，2014；Zhang et al.，2014b；Zhang et al.，2016），该方法的研究结果很有前景。图9.7展示了在凡纳滨对虾肠内的微生物群组成。在所有研究结果中，变形菌属（*Proteus*）是最普遍的一种菌，这与之前同其他水生动物的研究结果一致，其中包括对斑节对虾（*Penaeus monodon*）（Rungrassamee et al.，2014）、斑马鱼（Roeselers et al.，2011）、草鱼（*Ctenopharyngodon idella*）（Wu et al.，2012）、黄颡鱼（*Pelteobagrus fulvidraco*）（Wu et al.，2010）。因为变形菌的丰度在盐度胁迫（Zhang et al.，2016）、硫化物胁迫（Suo et al.，2017）和不同脂肪源和碳源饲料（Qiao et al.，2016）饲喂下，不会发生改变，它可以被视为凡纳滨对虾的核心细菌。

厚壁菌（*Firmicutes*）、拟杆菌（*Bacteroidetes*）和放线菌（*Actinomyces*）被报道为主要细菌，这些细菌的丰度在凡纳滨对虾肠内发生变化取决于环境和饲料成分（Qiao et al.，2016；Suo et al.，2017；Tzuc et al.，2014；Zhang et al.，2014b；Zhang et al.，2016）。在人类和小鼠的肠道中，厚壁菌和拟杆菌是主要细菌，而厚壁菌在斑节对虾（Rungrassamee et al.，2014）中也是主要细菌。然而，在凡纳滨对虾中，厚壁菌的丰富与变形菌比相对较低，这可能是由于种系距离和其他因素，比如饲料和栖息地的差异造成的。在对人类的研究中发现了厚壁菌和食物中纤维素之间的消化关系，可能与厚壁菌中的丁酸生成的菌有关（Louis and Flint，2009），丁酸生成细菌消化纤维素所产生的代谢产物是合成短链脂肪酸所需碳源的原料，短链脂肪最终被宿主利用，促进肠黏膜的健康状况（Velázquez et al.，1997）。饲喂玉米淀粉组的凡纳滨对虾，厚壁菌的丰度高于饲喂葡萄糖和蔗糖组，表明厚壁菌对饲料中的碳源更敏感（Qiao et al.，2016）。同样，饲喂糖类组的老鼠粪便中的主要细菌是厚壁菌（Tachon et al.，2013），饲喂胰岛素的猪，其菌群DGGE凝胶电泳分析中出现5条菌群条带，这些菌群属于厚壁菌，结果显示厚壁菌是纤维素依赖种（Yan et al.，2013）。

拟杆菌在肠道菌群的组成中占一小部分，在人类消化系统中含有大量的糖酵解基因，会降低膳食纤维的含量（Zhang et al.，2014a）。然而，拟杆菌在水生动物（虾和鱼）中对碳水化合物的消化效率影响较低（Daniel et al.，2013；Wu et al.，2012）。有人猜测，水生动物的拟杆菌丰度低于脊椎动物，可能是由于宿主和栖息地类型的不同（Wu et al.，2012）。因此，较低的菌群数量可能与凡纳滨对虾较弱的碳水化合物降解能力有关，表明微生物生态系统的功能与细菌结构密切相关。在低盐环境下，凡纳滨对虾肠道中的放线菌是主要细菌，这与之前的报道一致，即在淡水鱼的内脏中常会发现放线菌。凡纳滨对虾肠道中放线菌的存在可能是其对淡水的适应（Silva et al.，2014；Ni et al.，2013），但是需要进一步的研究来证明。在健康的凡纳滨对虾肠道中，条件致病菌和有益菌是同时存在的。条件致病菌通常存在于动物肠道中，是正常微生物群中的一分子，但在某些情况下，它们有能力引起疾病（Derome et al.，2016；Gauthier et al.，2015）。多种条件致病菌存在于凡纳滨对虾的肠道中，包括属水平下的假单孢菌属、黄杆菌属、埃希氏菌属（*Escherichia*）、气单胞菌属、立克氏体属（*Rickettsia*）、弧菌属、肠杆菌、希瓦氏菌属（*Shewanella*）和脱硫弧菌属（*Desulfovibrio*）等潜在致病性细菌（Qiao et al.，2016；孙振丽等，2016；Zhang et al.，2014b；Zhang et al.，2016）。在健康的凡纳滨对虾的肠道中，这些细菌的数量要么很低，要么处于一定的水平，与虾中其他微生物群的数量相平衡。但是在不同的条件下，如营养不良或胁迫，一些有益菌大量减少，可能为条件致病菌在肠道中的存活提供机会，最终导致疾病暴发（Ringø et al.，2014）。因此，应该仔细监测这些细菌的数量，以预防流行病的发生。相反，有益细菌指的是有利于宿主健康和生理活动的肠道细菌，并有助于宿主的营养吸收和免疫反应（Akter et al.，2016）。在凡纳滨对虾的肠中发现了7种属水平的有益细菌，命名为醋杆菌属（*Acetobacter*）、芽孢杆菌属、拟杆菌属、蛭弧菌属（*Bdellovibrio*）、乳球菌（*Lactococcus*）、乳杆菌属（*Lactobacillus*）和链球菌属（*Streptococcus*）（Sun et al.，2016）。这些细菌占总细菌的2.8%，其中乳球菌（1.01%）、链球菌（0.93%）和乳杆菌（0.49%）占主要部分。在凡纳滨对虾中，芽孢杆菌的总含量也相对较高（0.37%）。这些有益的细菌可以在各种途径中改善宿主健康。例如，一些乳杆菌的乳链菌肽有抗菌功能（Hagiwara et al.，2010），嗜热链球菌（*Streptococcus thermophiles*）可以抑制肠道的病原体生长，并调节免疫因子对肠道炎症的反应（Bailey et al.，2017）。乳杆菌还可以通过降低环境pH值抑制病原体的扩散（Abumourad et al.，2013），而芽孢杆菌可以通过产生多种消化酶来改善营养消化和吸收（Buruiana et al.，2014）。因此，这些细菌对于维持肠道健康和高效营养吸收功能是至关重要的。

二、凡纳滨对虾肠道菌群的功能

动物的消化道内栖息着数以万计的微生物群落，且其在维持宿主健康中发挥着重要作用，如促进消化、减少有毒微生物的代谢活动、抑制病原菌的失控生长等（Zhang et al.，2016；周小秋，2012；王彦波，2003）。

1. 提供营养、辅助消化作用

消化道细菌生活在虾类消化道内，需依赖虾体自身营养或分解虾类的食物团而赖以生存；同时，细菌以及细菌在代谢过程中合成分泌的维生素及其他胞外酶产物也可以被虾类利用，在虾类的营养、消化吸收方面起重要的作用（马甡等，2007）。

2. 影响宿主健康、拮抗病原菌作用

消化道中的菌群在维持宿主健康方面具有重要的作用，各种细菌共同生存在消化道

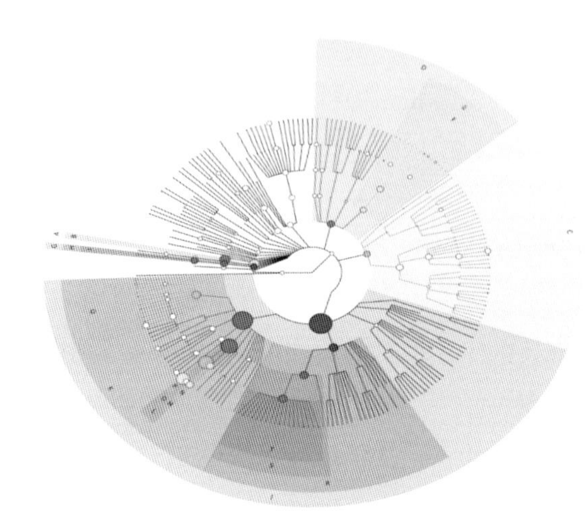

图 9.7　GraPhlAn 构建菌群结构分类等级树

以不同颜色区分各分类单元，并通过节点大小反映它们的丰度分布情况，从复杂的群落数据中快速发现优势的微生物类群，其中变形菌在不同分类等级微生物类群中丰度最高

资料来源：Suo et al.，2017

内，组成了一个处于动态平衡的菌群系统。正常的菌群系统构成的机体防御屏障包括化学屏障和生物屏障两方面。化学屏障是指肠内主要菌群的代谢产物，如乙酸、乳酸、丙酸、过氧化氢及细菌素等活性物质，可阻止或杀灭病原微生物在体内的定植。生物屏障是指定植于黏膜或皮肤上皮细胞之间的正常菌群所形成的生物膜样结构，通过定植保护作用影响过路菌或外来致病菌的定植、占位、生长和繁殖。肠道菌群组成与病害发生具有一定的联系。肠道菌群多样性降低，尤其是哈维氏弧菌（*Vibrio harveyi*）、鲨鱼弧菌（*Vibrio carchariae*）等成为优势弧菌时，对虾容易暴发疾病。溶藻胶弧菌（*Vibrio alginolyticus*）总是在虾幼体健康时出现或成为优势，而哈维氏弧菌成为优势时，苗期病害容易发生。有些菌类（如弧菌、发光杆菌等）是肠道正常菌群的一员，它们保持一定的数量，对肠道中的碳源代谢利用有很大的帮助，但是当某种原因导致其大量繁殖时，其群落代谢活动就会受到抑制，从而影响对虾健康（李继秋等，2006；鲍行豪，1999）。

3. 屏障功能

肠道正常菌群黏附在肠道黏膜表面，通过定植和繁殖形成生物屏障，拮抗病原菌对肠道的入侵和定植，从而维持宿主肠道微生态的稳定。其作用机理包括：①竞争黏附位点。正常肠道细菌黏附和定植在肠道中，与病原菌竞争肠道黏膜黏附位点，使其因无法与肠道黏膜作用而成为肠道“过路菌”，最终被排出体外。②竞争营养。在营养物质竞争方面，肠道宿主菌群具有较大的优势，能够有效地利用营养进行生长繁殖，导致病原菌因不能获得充足的营养而无法在肠道生长与定植。③产生抗菌物质。正常肠道微生物产生细菌素和抗菌肽等物质，抑制致病性微生物在肠道内增殖。正常的生理状态下，肠道菌群的种类和数量会保持动态平衡。但是，当正常菌群受到来自宿主的物理、化学、生物等因素的刺激时，就可能引起肠道内菌群失调，使病原菌或条件致病菌异常增殖，导致宿主免疫力降低，并引发炎症反应。感染对虾白斑综合征病毒（WSSV）的凡纳滨对虾肠道菌群数量显著高于健康对虾，病虾的肠道菌群包括乳杆菌属、海球菌属（*Marinococcus*）、弧菌属（*Vibrio*）、气单胞菌属（*Aeromonas*）和盐水球菌属（*Salinicoccus*），而健康对虾肠道内则没有检测到海球菌属的细菌。水产动物健康受损时，肠道菌群会出现失调现象。因此，肠道菌群组成的动态监控可以为疾病的诊断提供参考（张家松等，2015）。

三、凡纳滨对虾肠道菌群结构与组成的影响因素

对虾肠道菌群结构的动态平衡受到很多因素的影响，主要包括宿主因素和非宿主因素。宿主因素主要指宿主遗传特异性、生长发育阶段特异性和生理状态特异性，是宿主自身对肠道菌群特异性的客观选择，具有不可控性；非宿主因素（水环境、饲料、药物和益生菌等）是宿主在后天的生存环境中对肠道微生物的主观选择。复杂易变的肠道菌群区系是宿主、环境与微生物之间相互作用形成的平衡体系（涂宗财等，2017；张家松等，2015；周小秋，2012；王彦波等，2003）。

1. 生长阶段

利用454焦磷酸测序技术研究了14 d的虾仔和1~3个月大的幼虾肠道细菌组成，发现细菌群落随着发育阶段和年龄的变化而变化（Huang et al.，2016）。其中3种细菌：变形杆菌（*Proteobacteria*）、拟杆菌和放线菌，在凡纳滨对虾的肠道菌群中占据主导地位。然而，在科水平上，细菌的相对丰度随着发育阶段的不同而不同，但是红杆菌科（Rhodobacteraceae）和黄杆菌科（Flavobacteriaceae）在所有生长阶段都是核心菌群。在14 d仔虾和1个月大的幼虾中，丛毛单胞菌科（*Commamonadaceae*）（属于β变形菌β-proteobacteria）在肠道细菌群落中占主导，其原因可能是投喂了卤虫生物饲料（Høj et al.，2009），然而在投喂商业饲料的2~3个月大的凡纳滨对虾中，这些菌群几乎消失。此外，微杆菌（*Microbacterium*）在14 d仔虾中占了90.01%，在1个月大的凡纳滨对虾幼体中占70.14%，在2个月大的幼龄期中下降到非常低的水平，但在3个月大的幼龄期却增加到75%，这与从饲喂卤虫饲料换成商业饲料的饲料变化相吻合。黄杆菌是2个月的凡纳滨对虾幼虾肠中门水平下的肠道菌群优势菌，而在门水平下γ-变形菌纲γ-Proteobacteria、弧菌科（Vibrionaceae）是3个月幼虾肠道中的优势细菌，而弧菌是3个月幼虾肠道的主要细菌（99.04%），虾体内有潜在弧菌病原体（Wang et al.，2014；Haldar et al.，2011）。因

此，饲料的改变将直接影响肠道菌群的变化，同时病原菌会增加，从而导致流行病的发生。因此，在凡纳滨对虾养殖后期，应该仔细观察肠道微生物群，特别是病原菌，并通过改变饲料的策略调节肠道微生物群。

2. 健康状态

肠道菌群的组成与凡纳滨对虾的健康状况密切相关。在同一个池塘中白斑综合征病毒感染的有无，对凡纳滨对虾（6~8 cm 的身体长度）的微生物群结构是不同的，感染的凡纳滨对虾（1.06×10^6 CFU/虾）的总细菌数比未感染的个体（1.78×10^5 CFU/虾）要高（李继秋等，2006）。在未感染的凡纳滨对虾中，弧菌科和乳酸杆菌的所占比例较高，但是，在水产养殖中，一种常见的病原菌——气单胞菌的比例低于感染的凡纳滨对虾。

在同一个池塘中，健康和患病的凡纳滨对虾幼体携带不同的肠道微生物群（杨坤杰等，2016）。生病的凡纳滨对虾身体呈棕黄色、肝胰脏萎缩并伴有厌食症现象。健康的凡纳滨对虾有较高丰度的α-变形杆菌纲（α-proteobacteria）和厚壁菌。在门水平上，γ-变形菌纲、β-变形菌纲（β-proteobacteria）、拟杆菌和放线菌的丰度比病虾丰度低。在属水平上，动球菌科（Planococcaceae）和噬箘弧菌科（Bacteriovoracaceae）的相对丰度较低，而弧菌科则明显增加。在健康的幼虾的肠道中，锡那罗亚州弧菌（*Vibrio sinaloensis*）是优势菌种，而坎氏弧菌（*Vibrio campbellii*）在患病的幼虾中占优势。这些结果表明，生病的虾已经失去了有益细菌和病原菌之间的平衡，而病原菌的含量越高，就越有可能导致这种疾病的发生，今后还需要进一步的研究。

3. 环境因素

从凡纳滨对虾肠道、池塘泥底的样本中发现了 90 个属，但未分类属最丰富，表明养殖池塘底泥、水和肠道中细菌存在密切的相互作用（孙振丽等，2016）。在 3 个样本中，在池塘泥底中，主要的属假单胞菌（5.77%）、*Ohtaekwangia*（4.79%）和狭义的梭菌属（*Clostridium*）（3.88%）。水中主要优势菌为土壤杆菌属（*Agrobacterium*）（6.64%）、*Spartobacteria genera incertae sedis*（3.95%）和 GPIIa（3.95%）。在虾肠道中主要优势菌属分别为假单胞菌（14.57%）和不动杆菌（*Acinetobacter*）（4.79%）。对虾肠道菌群同时受底泥和水体菌群影响，但来自底泥的影响大于水体，肠道菌群中的潜在致病菌假单胞菌属可能主要受到底泥的影响。在泥底和凡纳滨对虾肠道中对益生菌的比较表明，乳球菌、链球菌、乳酸菌和芽孢杆菌属可能被用作凡纳滨对虾农业生产的益生菌。

在温度为 21.2℃、23.2℃和 24.4℃环境中发现了 6 种类型的细菌，包括大肠杆菌（*Escherichia coli*）、乳酸菌、双歧杆菌（*Bifidobacterium*）、金黄色葡萄球菌（*Staphylococcus aureus*）、副溶血弧菌（*Vibrio parahaemolyticus*）和产气荚膜梭菌（*Clostridium perfringens*）

（Yin et al.，2004）。在所有的凡纳滨对虾肠样本中都有乳酸菌和双歧杆菌，其中不含有大肠杆菌、金黄色葡萄球菌、产气荚膜梭菌和副溶血弧菌等潜在致病菌。随着水温的升高，总厌氧菌和双歧杆菌的数量显著增加，且温度升高，生长速度加快。然而，还没有充分研究厌氧菌和双歧杆菌对生长的促进作用，今后仍需要进一步的研究。

凡纳滨对虾可以适应各种盐度胁迫。在盐度胁迫下，凡纳滨对虾的菌群结构变化是水产养殖管理中一个重要的问题。肠道是主要的盐度调节器官之一，含有水生动物盐度调节的功能基因（Wong et al.，2014）。因此，了解盐度对肠道微生物群落的影响，将有助于解释凡纳滨对虾之间的生长差异，解释盐度对宿主营养和生理的影响，揭示环境对肠道微生物群的影响。在盐度 17 和 30 下，凡纳滨对虾的肠道细菌群相似，但与盐度 3 组显著不同。这表明盐度是影响肠道微生物群组成的一个关键因素（Zhang et al.，2016）。盐度为 3、17 和 30 的变形菌的比例分别为 67.56%、52.39% 和 82.31%。拟杆菌在盐度 30 组（11.7%~21.7%）和盐度 17 组（17.7%~47%）中普遍存在，在盐度 3 组中较低（0.21%~1.14%），同时盐度 3 组（7.9%~60%）和盐度 17 组（5.8%~302%）比盐度 30 组（0.18%~0.96%）丰度高。相比之下，在盐度 3 组中，厚壁菌的含量非常低（0.23%~1.14%）。当宿主处于高盐胁迫下时，那些被视为潜在致病菌（如希瓦氏菌）的比例增加，而那些被认为是共生或有益细菌（如发光杆菌）的数量就会减少。肠道微生物群的改变很可能是由于盐度的不同，菌群有各自的最适盐度，菌群在各自的最适盐度下所占丰度较大，是菌群对环境盐度的选择，因此宿主对盐度胁迫的反应可能会影响肠道菌群的结构。

环境中的有毒物质会导致水生动物的肠道结构破坏和改变免疫系统，还会影响水生动物肠道菌群的结构。硫化物是一种有毒物质，水中的有机物质在厌氧条件下分解时产生的硫化物沉积在底部淤泥，并在水环境中积累（Forgan and Forster，2010）。因此，凡纳滨对虾作为底栖生物容易受到池塘底部硫化物胁迫和毒性的影响。凡纳滨对虾在糠虾阶段后不久或者是幼虾的早期阶段，就生活在池塘底部（Li et al.，2017）。因此，凡纳滨对虾不可避免地受到从池塘淤泥中释放的硫化物的影响。在肠道组织学、炎症和免疫相关的细胞因子（TNF-α，c 型凝集素 3，MSTN 和热休克转录因子 1）3 个方面都表明，在硫化物胁迫下，凡纳滨对虾的肠道菌群结构受到了影响（Suo et al.，2017）。随着硫化物浓度的增加，肠道损伤会加重，炎症和免疫相关的细胞因子会产生一系列免疫应答反应。随着硫化物浓度的增加，蓝细菌（*Cyanobacteria*）和弧菌等病原菌的数量显著增加。一些抵抗胁迫的细菌数量，如绿菌（*Chlorobi*）和梭菌（Ghosh and Dam，2009）也增加了。能减轻亚硝酸盐胁迫毒性的硝化螺旋菌（*Nitrospirae*），在硫化物胁迫的组中消失（Philips et al.，2002）。细杆菌（*Microbacterium*）、副衣原体（*Parachlamydia*）和希瓦氏菌在两种浓度硫化物胁迫组丰度都减少了，这可能与其对硫化物刺激的适应有关（Suo et al.，2017）。

以上可以看出，环境因素对凡纳滨对虾的肠道菌群结构有直接影响，在胁迫或非最佳条件下，凡纳滨对虾往往携带更多的病原菌和更少的有益细菌，因此容易引起细菌感染。

由于低盐度本身绝对是对凡纳滨对虾的一种胁迫，所以在内陆低盐碱水里凡纳滨对虾的养殖，应该得到更多的关注并及时监测水质，以减轻对凡纳滨对虾的胁迫。

4. 饲料组分

饲料组成和成分可以影响肠道微生物群落的结构，因为肠道菌群会对饲料类型的改变迅速做出反应（Daniel et al.，2013，Roeselers et al.，2011）。由于脂肪酸是一种重要的能量来源，以及肠道细菌在脂质吸收中的作用，不同脂肪源会影响凡纳滨对虾菌群结构变化（Zhang et al.，2014b）。虾的饲料中添加等量的大豆油、牛油和亚麻籽，其体重增加和存活率比仅添加大豆油或牛油的组要高得多。在凡纳滨对虾的肠道中，无论何种饲料脂肪源，变形菌和无壁菌（*Tenericutes*）都是优势菌。大豆和牛油饲料组的凡纳滨对虾肠道的根瘤菌科（Rhizobiaceae）丰度低于大豆、牛油和亚麻籽油的结合饲料组，但是这种细菌门类在虾肠中的作用还不清楚。红杆菌是一种含有丰富营养和功能因子的光合细菌（Mata et al.，2017）。红杆菌科的一种菌株具有较高的胃肠转运能力，且对罗非鱼的肠上皮细胞来说是安全的，这表明它有可能是一种益生菌（Zhou et al.，2007a）。肠道杆菌和气单胞菌科与微生物群落结构和肠道炎症失调有关（Takahashi et al.，2014；Rigottiergois，2013）。然而，这些细菌在虾肠中扮演何种角色仍然需要进一步的研究。这些研究结果表明，宿主肠道环境对微生物群落的建立产生了选择性压力。不同脂肪酸成分的脂肪源也可能影响凡纳滨对虾的肠道微生物群的组成（Zhang et al.，2014b）。

在低盐度（<5）中，凡纳滨对虾生长缓慢，对疾病的敏感性很高，抗压能力较低。通过饲喂含有蔗糖和葡萄糖的饲料，可以改善凡纳滨对虾的生长性能。变形杆菌是优势菌，但是当饲喂玉米淀粉时，大量的放线菌会减少，而厚壁菌的数量会增加，这表明这两种门类的丰富程度会对饲料中的碳源做出反应（Tachon et al.，2013）。此外，与复杂的碳水化合物降解有关的细菌数量较低，而潜在致病菌的数量则更多。当饲料中含有更多的玉米淀粉时，脱硫弧菌和气单胞菌就会增加，这表明饲料对肠道微生物群有选择性的压力（Qiao et al.，2016）。

到目前为止，饲料成分对凡纳滨对虾菌群的影响的研究仅仅基于饲料中脂质和碳水化合物的变化方面，更多是对凡纳滨对虾肠道微生物群落的选择性压力方面的研究。在饲料中添加植物成分来取代鱼粉或鱼油，改变了凡纳滨对虾肠内菌群的组成，但是由于饲料成分的改变，导致何种功能变化仍需进一步研究。

四、凡纳滨对虾肠道菌群的营养调控

（一）益生菌调控微生物群

1. 凡纳滨对虾肠道中分离潜在益生菌

益生菌是从拥有最优肠道生存环境的宿主的肠道中分离出来的，且虾能在该种益生菌存在的情况下茁壮成长（Dunne et al.，2001）。从凡纳滨对虾的胃、肝和肠中，通过蛋白水解分离出了 64 个菌株，根据形态学特征，将 4 种大肠杆菌分成 16 组。分离的菌株属于弧菌和假交替单胞菌属（*Pseudoalteromonas*）（Tzuc et al.，2014）。在凡纳滨对虾的肠道里，没有弧菌，大多数是假交替单胞菌属产生蛋白酶、淀粉酶、脂肪酶、酯酶（Yang et al.，2015）。类似地，从海水培养的凡纳滨对虾的肠道中分离出 27 种产生蛋白酶的菌株，而高产的蛋白酶［蜡样芽孢杆菌（*Bacillus cereus*）］则具有更深层的功能。所产生的蛋白酶的最佳温度和 pH 值分别为 50℃和 7.5。其酶活性可以被 Fe^{3+}、Cu^{2+} 和 EDTA 抑制，而 Zn^{2+} 可以稍微增加它的活性。此外，从凡纳滨对虾分离的 576 种菌株中，有 4 种菌株能够产生细胞外蛋白酶、淀粉酶和脂肪酶，并对北美鳗弧菌（*Vibrio Anguillarum*）的侵害产生了保护作用（窦春萌等，2016）。这 4 种细菌是芽孢杆菌、蜡样芽孢杆菌、苏云金芽孢杆菌（*Bacillus thuringiensis*）和荚膜红细菌（*Rhodobacter capsulatus*）。除了上述 4 种细菌，111 种菌株也从凡纳滨对虾的肠道中被分离出来（窦春萌等，2016），然后对它们的抗菌能力进行了研究，能对抗 8 种目标病原体（宛立等，2006b）。表 9.2 总结了凡纳滨对虾中 111 个细菌的抗菌活性。在检验的 111 种菌株中，48.6%的菌株对余下的 5 株指示菌有抗菌活性，其中气单胞菌属和发光杆菌属对荧光假单胞菌与金黄色葡萄球菌的抑制性最强，各菌属中以气单胞菌属和发光杆菌属的抗菌谱最广，弧菌属、肠杆菌科、黄单胞菌属、芽孢杆菌属、小球菌属次之，土壤杆菌属、棒状杆菌属、黄杆菌属、产碱杆菌属、假单胞菌属和色杆菌属则没有抗菌活性。

表 9.2　111 株实验菌对 6 株指示菌的拮抗实验结果

细菌类型	菌株数	不同属中对下面指示菌有拮抗作用的菌株分布							
		哈维氏弧菌 *Vibrio harveyi*	费氏弧菌 *Vibrio fischeri*	大肠杆菌 *Escherichia coli*	金黄色葡萄球菌 *Staphylococcus aureus*	荧光假单胞菌 *Pseudomonas fluorescens*	霍乱弧菌 *Vibrio cholerae*	嗜水气单胞菌 *Aeromonas hydrophila*	人白色念珠菌 *Candida albicans*
发光杆菌属	19	1	1	12	13	15	0	0	0
气单胞菌属	32	1	1	11	17	12	0	0	0
弧菌属	16	0	0	1	1	9	0	0	0
黄单胞菌属	9	0	2	0	0	0	0	0	0
肠杆菌属	16	0	0	0	0	1	0	0	0
芽孢杆菌属	3	0	0	0	0	2	0	0	0
小球菌属	1	0	0	0	0	1	0	0	0
土壤杆菌属	6	0	0	0	0	0	0	0	0
棒杆菌属	1	0	0	0	0	0	0	0	0
产碱杆菌属	3	0	0	0	0	0	0	0	0
黄杆菌属	3	0	0	0	0	0	0	0	0
假单胞菌属	1	0	0	0	0	0	0	0	0
色杆菌属	1	0	0	0	0	0	0	0	0

资料来源：宛立等，2006b

近年来，对凡纳滨对虾肠内细菌色素沉着和脱氮作用也进行了探讨。根据产生热稳定孢子、类胡萝卜素和清除自由基的活性特征，从凡纳滨对虾中选取了8种色素杆菌（Ngo et al.，2016）。在这8种菌株中，海水芽孢杆菌SH6（*Bacillus aquimaris* SH6）是一种红橙色菌种，在凡纳滨对虾的内脏中含量最高。此外，用含有海水芽孢杆菌SH6的孢子饲料喂养凡纳滨对虾，在4周的时间内，对凡纳滨对虾的着色、生长和免疫方面都有很大的益处。与添加虾青素的饲料相比，含有海水芽孢杆菌SH6孢子的饲料在虾的体重增加和免疫力提高方面更有优势，但虾的比色率较低。此外，海水芽孢杆菌SH6孢子的浓度比传统的益生菌浓度高300倍，不会对对虾造成毒性。因此，海水芽孢杆菌SH6孢子可以作为一种凡纳滨对虾的类胡萝卜素的潜在补充。一种反硝化细菌——*Kiloniella litopenaei*（P1-1）在凡纳滨对虾肠道中被分离出来，来自中国台湾，是革兰氏阴性菌，氧化酶和过氧化氢酶活性呈阳性，并可在盐度0~7（最佳为3）、pH值6~10（最佳为7~9）和15~37℃（最佳为28~32℃）中生长（Wang et al.，2015a）。*Kiloniella litopenaei*（P1-1）型可通过硝酸盐或亚硝酸盐进行脱氮，它能有效地在16 h和156 h内去除100 mg/L和500 mg/L的亚硝酸盐，而N_2是主要的气体产物。目前报道了P1-1菌株的基因组序列，并根据基因组序列分析了导致脱氮的基因，至少有20个基因与脱氮途径有关（Wang et al.，2015b）。该基因组还揭示了硫代辛还原酶和亚硫酸盐还原酶的基因存在，这些酶还与同化硫代谢有关。

2. 益生菌对凡纳滨对虾肠道微生物的调节

（1）芽孢杆菌。在可获得的益生菌中，芽孢杆菌被广泛使用，因为它们能产生孢子，能抵抗外部极端化学和物理胁迫，生产多肽（如杆菌肽），抵抗多种革兰氏阳性和阴性细菌，包括致病弧菌的短杆菌肽（Banerjee and Ray，2017；Buruiana et al.，2014；Hai，2015）。

地衣芽孢杆菌（*Bacillus licheniformis*）能够分泌细胞外大分子酶，消化分离虾池塘表面沉积物。将103 CFU/mL、104 CFU/mL或105 CFU/mL的地衣芽孢杆菌悬浮液添加到虾缸中，没有添加地衣芽孢杆菌作对照，进行为期40 d的养殖实验（Li et al.，2007b）。尽管在地衣芽孢杆菌处理组，虾的肠道菌群的总细菌数不变，但弧菌的数量明显减少。与此同时，通过在水中补充地衣芽孢杆菌，提高了凡纳滨对虾的免疫能力，如增加虾的血细胞数、酚氧化酶和超氧化物歧化酶活性（张盛静等，2016）。饲料中添加的地衣芽孢杆菌也可以通过抑制肠道弧菌的生长，并增加抗病基因的表达，从而提高对虾的抗病性。从虾池的生物絮团中分离出了一种菌株，添加到凡纳滨对虾的饲料中，在21 d的实验中，饲料添加组与饲料对照组同时投喂，之后进行14 d的哈维氏细菌攻毒。对照组和处理组的累计死亡率分别为100%和77.78%。在整个实验过程中，投喂地衣芽孢杆菌饲料的处理组中有较低的肠弧菌。溶菌酶和toll受体的表达，是凡纳滨对虾的非特异性免疫学中的两个关键参数，在对地衣芽孢杆菌的研究中，分别进行72 h和7 d的哈维氏细菌攻毒（张盛静等，2016）。除此之外，同样地，胡毅等的报告也指出，虾在饲喂地衣芽孢杆菌时，通过全血细胞计数，血清蛋白浓度、总氧化能力以及肝胰腺和肠道在溶菌酶的活动，SOD、化酵素、蛋白酶和淀粉酶的实验结果，说明地衣芽孢杆菌能降低肠道弧菌并提高对虾免疫力的功能，同时对枯草芽孢杆菌（*Bacillus subtilis*）的潜在益生菌效应进行了评价，发现了类似的结果。然而，相比饲料中只添加地衣芽孢杆菌，使用地衣芽孢杆菌和枯草芽孢杆菌的饲料可以更好地提高凡纳滨对虾的生长性能和免疫能力（胡毅等，2008）。同样，饲料中添加从 *Anadara tuberculosa* 中分离出的芽孢杆菌混合［1∶1∶1 的地衣芽孢杆菌（*Bacillus licheniformis* Mat32），枯草芽孢杆菌（*Bacillus subtilis* Mat43），枯草芽孢杆菌（*Bacillus subtilis* GatB1）］，以 4 种浓度水平杆菌和益生菌混合饲料（浓度为 1×10^6 CFU/g，2×10^6 CFU/g，4×10^6 CFU/g 或 6×10^6 CFU/g），饲喂感染 WSVV 和 IHHNV 的凡纳滨对虾，研究凡纳滨对虾的生长、存活、致病率以及免疫相关基因表达，养殖周期 32 d（Sánchez-Ortiz et al.，2016）。比较对照组和感染组的凡纳滨对虾的组织，饲喂混合饲料 1×10^6 CFU/g 组有更好的增长和较低 WSVV 的感染率，4×10^6 CFU/g 饲料组有更低的 IHHNV 患病率。饲喂 4×10^6 CFU/g 和 6×10^6 CFU/g 混合饲料组与对照组相比，凡纳滨对虾具有更高 *Toll* 基因的表达和更低的 HSP70 表达。4×10^6 CFU/g 混合饲料比对照组，酚氧化还原酶基因表达量更高。虽然本研究表明，混合芽孢杆菌（*Bacillus* spp.）能诱发免疫反应，降低 WSSV 或 IHHNV 的发病率，但最佳的饲喂剂量和时间仍然需要进一步的研究，在这项研究中还没有研究过虾肠菌群（Sánchez-Ortiz et al.，2016）。添加内生芽孢杆菌 YC3-b（*Bacillus endophytic* YC3-b），内生芽孢杆菌 C2-2（*Bacillus endophytic* C2-2）和内生芽孢杆菌 YC5-2（*Bacillus endophytic* YC5-2）混合物，研究对虾肠道细菌群落和弧菌感染的抗性影响（Luis-Villaseñor et al.，2013；Luis-Villaseñor et al.，2015）。在这两项研究中，凡纳滨对虾添加 0.1×10^5g/mL 的混合物在水中培养 20 d。在用益生菌注射（2.5×10^5 CFU/g）处理一周后，对虾进行了攻毒实验。未经处理的虾呈阳性（注射副溶血弧菌）和阴性（未注射）对照。由杆菌混合处理的肠道菌群落比对照组具有更高的多样性和均匀性。处理组肠道主要由 α-变形菌（*α-Proteobacteria*）和 γ-变形菌（*γ-Proteobacteria*）、梭杆菌（*Fusobacteria*）、鞘脂杆菌（*Sphingobacteria*）和黄杆菌组成，而对照组主要由 α-变形菌和黄杆菌（Luis-Villaseñor et al.，2013）。在 12 h 和 48 h 的接种后，细菌群落分析表明，在阳性对照的虾中出现副溶血弧菌，但在阴性对照和益生菌处理组没有出现（Luis-Villaseñor et al.，2015）。用益生菌处理的虾的最终存活率要比对照组虾高。这些发现表明，在水中，可以通过使用内生芽孢杆菌 YC3-b、内生芽孢杆菌 C2-2 和内生芽孢杆菌 YC5-2 混合物作为益生菌的混合物，调节凡纳滨对虾的肠道菌群。但是到目前为止，还没有对这些杆菌在凡纳滨对虾的饲料中使用的情况进行评估。探究饲料中添加坚强芽孢杆菌（*Bacillus firmus*）（$\times10^8$ CFU/g）或灭活的发光细菌（*Photobacterium damsel*）或结合灭活发光细菌（1%）或溶藻胶弧菌（1%）对肠道消化酶活力的影响，评估菌群结构，饲喂凡纳滨对虾 4 d，时间间隔 3 d，养殖时间共计 15 d（Li et al.，2013），结果发现，所有的益生菌群都有较高的胃蛋白酶、脂肪酶和淀粉酶活性，总细菌数比对照组多。虾饲料中有坚强芽孢杆菌，虾仔时期有最高的淀粉酶活性，而虾类以添加坚强芽孢杆菌和发光细菌为饲料，虾类则有最高的胃蛋白酶和脂肪酶活性。虾仅饲喂坚强芽孢杆菌饲料，细菌数量是最高的。这些结果表明，这些益生菌可以通过改善凡纳滨对虾的消化酶活性和肠道菌群的组成来提高营养的利用率。

（2）乳酸菌（*Lactobacillus*）。乳酸菌是水产养殖中最常用的益生菌之一，因为它们的繁殖快速、产生抗菌化合物，如有机酸、乳酸、细菌素和过氧化氢，能激活对宿主体内非特异性免疫反应。有学者研究乳杆菌在凡纳滨对虾饮食中的应用（Perez-Sanchez et al.，2014）。从凝乳中分离出来的乳酸杆菌（*Lactobacillus* sp.）（AMET1506），对致病菌具有最强的拮抗活性，在饲料中添加$\times10^6$ CFU/g，饲喂凡纳滨对虾 30 d，然后进行攻毒实验，虾暴露在哈维氏弧菌（$\times10^5$CFU/mL）中。饲喂乳酸菌 AMET1506 的凡纳滨对虾，有更高的体重增加和存活率（Karthik et al.，2014）。饲料中添加乳杆菌可增加凡纳滨对虾肠道内乳酸菌的数目，显著降低病原菌（如弧菌）。因此改善肠道微生物菌群，乳酸菌（AMET1506）菌株可以说是一种潜在的益生菌，用于控制养殖虾过程中的弧菌（Karthik et al.，2014）。

其他关于乳酸细菌对凡纳滨对虾菌群的影响的研究均以乳酸细菌为益生菌，其可以增强幼虾存活，抵抗弧菌（Vieira et al.，2007）。植物乳杆菌（*Lactobacillus plantarum*）对各种鱼类的许多积极作用，如抑制病原体细菌生长和改善鱼类生存（Abumourad et al.，2013）。在凡纳滨对虾中使用植物乳杆菌作为益生菌已经在室内（Vieira et al.，2010）和室外（Vieira et al.，2016a）的生长实验中进行了评估（Vieira et al.，2008）。60 d 的室内养殖实验中，凡纳滨对虾的生长和存活不受饲料的影响，20 d 后，总乳酸细菌升高，细菌总数和弧菌种致病菌数量不减少（Vieira et al.，2010）。与室内实验相似，在池塘中，饲喂植物乳杆菌的凡纳滨对虾的体重并没有显著增加，但是，饲喂植物乳杆菌饲料的虾有更高的存活率和饲料效率（Vieira et al.，2016a）。与对照组相比，对虾的肠道菌群的数量较低（Vieira et al.，2016a），在凡纳滨对虾饲喂淡菜含有植物乳杆菌的饲料中发现了类似的结果，凡纳滨对虾和罗非鱼混养系统，饲料添加植物乳杆菌（1×10^8 CFU/g），养殖周期 12 周，结果表明，喂植物乳杆菌的饲料虾肠道异养细菌数量减少和乳酸菌的数量增加（Jatobá et al.，2011）。所有这些发现都表明，饲料中的植物乳杆菌可以通过增加益生菌的数量和减少病原菌数量，改变对虾肠道菌群的结构。因此，在饲料中添加益生菌可以提高对虾的存活率和饲养效率。

（3）海洋酵母（*Rhodosporidium paludigenum*）。富含类胡萝卜素的红酵母在水产养殖中已成功应用，因其在水生动物中能促进色素沉着效应和降低氧化应激（Scholz et al.，1999）。在湛江市沿海水域获得的一种海洋酵母菌株，被应用在凡纳滨对虾的饲料中，其类胡萝卜素含量高，不伤害肠黏膜（Yang et al.，2010）。饲料添加（$\times10^8$ CFU/g 饲料）活的或干海洋酵母（1 g/100 g 饲料），养殖周期 42 d。生长、血清和肌肉 T-AOC、肝胰腺 SOD 和 GPX 活性显著增加了，并降低了凡纳滨对虾肌肉 MDA 含量（Yang et al.，2010）。饲料中干海洋酵母可显著增加凡纳滨对虾的肝胰腺的蛋白酶和脂肪酶活性，活的海洋酵母只能增加蛋白酶活性。在凡纳滨对虾的饲料中，活的和干燥的海洋酵母补充可以减少虾肠内的弧菌总数（Yang et al.，2010）。因此，海洋酵母是潜在的益生菌，可提高凡纳滨对虾的生长性能、抗氧化能力、消化活性和改善肠道菌群结构。

（4）链霉菌（*Streptomyces*）。链霉菌被认为是一种很好的产生抗生素菌，在水产养殖中被用作一种益生菌剂（Das et al.，2006；Ellaiah and Reddy，1987）。当饲料中仅添加链霉菌单一菌株或链霉菌不同菌种组合或芽孢杆菌-链球菌（Bac-Strep）结合（Bernal et al.，2017）饲喂凡纳滨对虾，生长皆提升，此结果与斑节对虾相同（Das et al.，2010），生长速率得到了改善。凡纳滨对虾饲喂链霉菌和芽孢杆菌，其血球计数高于对照组。除此之外，研究也显示了饲料中添加混合的链霉菌和芽孢杆菌，有较低的弧菌感染和高水平的异养微生物，类似的报道还有，在斑节对虾中的淡紫灰链霉菌（*Streptomyces rubrolavendulae* M56）（Augustine et al.，2016）和弗氏链霉菌（*Streptomyces fradiae*）（Aftabuddin et al.，2013）。由于这些益生菌的免疫调节作用（Liu et al.，2014；Kongnum and Hongpattarakere，2012），芽孢杆菌-链球菌（Bac-Strep）组表现出了最好的免疫调节活动，显著增加了 THC 和 SOD 活性，而链球菌（Strep）、乳酸链球菌（Lac-Strep）和混合组则激活了这些参数（Bernal et al.，2017）。但研究中并未对肠道微生物群的调节作用进行研究。

（5）类芽孢杆菌（*Paenibacillus* sp.）和双歧杆菌（*Bifidobacterium* sp.）。从酸奶中得到了较高浓度的类芽孢杆菌（Meng et al.，2017）。作为益生菌添加到虾的饲料中，其含有过氧化物酶、超氧化物歧化酶、一氧化氮合酶、酸性磷酸酶、碱性磷酸酶等活性物质。两种类芽孢杆菌在抑制斑节对虾幼虾体外、体内的病原菌，像弧菌和哈维氏菌也有效，因此可以降低幼虾的死亡率（Ravi et al.，2007）。从嗜热双歧杆菌（*Bifidobacterium thermophilum*）提取肽聚糖制成的口服药，在预防疾病方面有效果（Ravi et al.，2007；Itami et al.，1998）。因此，在凡纳滨对虾中，饲料中添加类芽孢杆菌和双歧杆菌可能对肠道菌群的变化产生积极作用。在对凡纳滨对虾的研究中（Meng et al.，2017），对照组中变形菌是优势菌，而添加益生菌饲料组，变形菌、厚壁菌、放线菌、拟杆菌是主要的门类。此外，在凡纳滨对虾肠道的对照组中玫瑰杆菌（*Roseobacter*）和弧菌是优势菌属，而类芽孢杆菌、双歧杆菌和弧菌属也是优势菌属，饲料中添加类芽孢杆菌和双歧杆菌，表现了益生菌对肠道菌群有积极作用。

（6）乳酸肠球菌（*Enterococcus faecium*）。在凡纳滨对虾的饲料中添加乳酸肠球菌 NRW-2（*Enterococcus faecium* NRW-2）（$\times10^7$ CFU/g），养殖 28 d，没有增加其生长性能，但增强体液免疫反应，在中肠中免疫相关基因的表达升高，抵抗副溶血弧菌感染的能力增强（Sha et al.，2016b）。在肠组织学上没有明显的改善，但与对照组相比，在处理组发现了更多的十八杆菌（*Octadecabacter*）和海洋细菌 *Phaeobacter*，以及较低的副球菌（*Paracoccus*），这可能有助于提高对虾的抗病能力（Sha et al.，2016a；Sha et al.，2016b）。

到目前为止，在凡纳滨对虾中使用益生菌的信息非常有限。虽然在凡纳滨对虾中发现了许多菌类在生长和免疫增强方面有优势，但大多数有益的作用都与抑制病原体细菌和改善肠道有益菌的作用有关，以改善凡纳滨对虾的肠道健康。因此，应该进行更多的研究以发现益生菌的潜在应用，并且有必要进一步揭示益生菌在凡纳滨对虾中潜在的积极作用和潜在机制。此外，在对这些益生菌进行安全实验的基础上，应加快这些益生菌的应用，以减少在虾养殖行业使用抗生素。

（二）益生元对凡纳滨对虾肠道微生物的调节

1. 低聚果糖

添加短链果糖低聚糖（scFOS），能加强对多种动物的营养利用，增强生长和抗病能力，改善胃肠道微生物群（Li et al.，2007c；Zhou et al.，2007b）。凡纳滨对虾的饲料添加 scFOS（0.025%~0.8%）并没有显著地改善其生长、饲料转化率和存活率（Li et al.，2007c；Zhou et al.，2007b），但随着饲料 scFOS 的含量水平增高，有增长趋势（Zhou et al.，2007b）。从对照组到 0.1%和 0.8% scFOS 添加组，凡纳滨对虾的血细胞数和血细胞呼吸突然增强。饲喂基础饲料和添加 0.1%和 0.8%scFOS（Li et al.，2007c）的饲料的肠道菌群不同，但是饲喂 scFOS 的菌群结构相似。另外，在 scFOS 中添加革兰氏阳性的好氧微生物碱杆菌（*Alkalibacillus* spp.）和微球菌（*Micrococcus* spp.）可以耐受盐度的变化（Joshi et al.，2008；Jeon et al.，2005）。其他属水杆菌属（*Aquabacterium*），包括使用氧气和硝酸盐作为电子受体的革兰氏阴性微需气菌（*Microaerophiles*）（Kalmbach et al.，1999）和在海洋环境的属于光合细菌的玫瑰杆菌以及 α-变形菌（Wagnerdöbler and Biebl，2006）。这些微生物群落的变化，可能增加非特异性免疫反应，增加胃肠道中挥发性脂肪酸的浓度和产量，对虾有一些有益的影响，但这需要进一步的研究（Li et al.，2007c）。在周等（Zhou et al.，2007b）的研究中，添加 0.08%的 scFOS 饲料，没有发现统计学上的差异，但是凡纳滨对虾肠道的两种益生菌乳酸杆菌和乳酸粪链球菌（*Streptococcus facialis*）的丰度较高。这两种细菌的饲料剂量变化很大，结果似乎不一致（Zhou et al.，2007b）。因此，今后应进一步研究 scFOS 的使用。

2. 半纤维素

饲料中的添加剂是商业产品 Previda®（83%半纤维素），添加量为 0.2~1.6 g/kg 饲料（Anuta et al.，2016）。凡纳滨对虾的生长没有显著的提高，但是饲喂 1.6 g/kg 时，能提高免疫力，产生更多的透明细胞，提高血淋巴葡萄糖和血细胞吞噬能力。因为在 Previda® 中，甘露聚糖是最普遍的阿法葡萄糖醛果寡糖，甘露聚糖可以作为革兰氏阴性病原体的替代位点，防止革兰氏阴性病原体附着在肠细胞上（Ringø et al.，2014）。Previda®能够使凡纳滨对虾肠道的微生物群落有选择性地改变。DGGE 分析表明，尽管个别细菌物种不确定，饲料 Previda® 在不同的水平时，胃肠道微生物群落的变化也明显（Anuta et al.，2016）。因此，有必要进行更多的研究，以充分描述细菌的特征，并说明微生物菌群变化与凡纳滨对虾的饲料含有半纤维素的关系。

3. β-glucan（β-葡聚糖）

β-glucan 是广泛存在的自然资源，是葡萄糖的同聚体，包括细菌的细胞壁、真菌、酵母和谷物，常用作水产养殖饲料添加剂（Ringø and Song，2016）。饲料中添加 0.35 g/kg 的 β-glucan，在 90 d 内，凡纳滨对虾最后体重、体长、体蛋白近似含量和血淋巴渗透压都增加，但饲料效率和存活不增加（Boonanuntanasarn et al.，2016）。饲料中补充 β-glucan 可以抑制弧菌丰度和增加肠道绒毛高度的远端部分，建议 β-glucan 作为添加剂以提高虾健康状况（Boonanuntanasarn et al.，2016）。

4. 菊粉

菊粉及其衍生物（寡果糖，果糖-寡糖）通常被称为果糖，主要由果糖的线性链组成（Madrigal and Sangronis，2007）。在自然界中存在着几种菊粉类型，它们在聚合态和分子量方面存在差异，这取决于来源、收获时间和加工条件。饲料添加了菊粉没有改善增长、存活率和乳酸细菌的丰度（Miremadi and Shah，2012）。但是，在虾的饲料中添加 2.5 mg/kg和 5 mg/kg 的低浓度菊粉，养殖 73 d 后酚类酶活性增加，而且在低病毒负荷下，菊粉可以是一种很好的饲料添加剂，以抵抗 WSSV（Lunagonzález et al.，2012）。在凡纳滨对虾中也有类似的结果发现，在 6 周内，凡纳滨对虾喂养 0.5%的菊粉，肠道内弧菌的浓度低于对照饲料组（Ramírez et al.，2013）。

（三）合生元

合生元是一种含有益生元和益生素，通过补充活菌提高宿主存活的物质（Gibson and Roberfroid，2004）。饲料中枯草芽孢杆菌（*Bacillus subtilis*）（5×10^7 CFU/kg 饲料）加 β-glucan（0.5 g/kg 饲料）不能提高凡纳滨对虾的生长，但通过提高乳酸菌的含量、降低弧菌的丰度，可以改善健康状况（Boonanuntanasarn et al.，2016）。饲料中枯草芽孢杆菌加植物多糖也能增加酚氧化酶和碱性磷酸酶活性，降低肠道菌群的丰度，提高免疫力（Wen et al.，2008）。其饲料中含有菊粉（0.5%）和植物乳酸杆菌（$\times10^7$ CFU/g）与对照组相比，肠内弧菌的浓度较低（Ramírez et al.，2013），在饲料中添加枯草芽孢杆菌和多聚寡糖可增加酚氧化酶和碱性磷酸酶的活性，弧菌的丰度降低，免疫力提高。同样，饲喂菊粉（0.5%）和植物乳酸杆菌（$\times 10^7$CFU/g），肠道弧菌的浓度降低，饲喂合生元饲料组，与对照组相比抵抗溶藻弧菌的聚凝血清增加。相比之下，β-glucan（0.5 g/kg 的饲料）和乳酸片球菌（*Pediococcus acidilactici*）（5×10^7 CFU/kg 饲料）有更好的生长现象（Boonanuntanasarn et al.，2016）。虽然合生元是一种潜在水生动物饲料添加剂，但是合生元对凡纳滨对虾的影响的研究是有限的，而且还没有很好地探索合生元的积极作用和潜在机制。

（四）其他改善凡纳滨对虾肠道微生物的物质

1. 有机酸盐

在水产养殖中，有机酸及其盐可作为生长促进剂，因为他们可以抑制肠道病原细菌的生长，为水生动物提供能量，提高膳食营养物质的消化率（Ringø et al.，2016）。对醋酸钠、丁酸钠、柠檬酸钠、甲酸钠、乳酸钠、丙酸钠等饲料添加剂的潜在影响进行了评价（Da Silva et al.，2013）。这些有机酸盐对凡纳滨对虾中致病弧菌的活性有抑制作用，丙酸酯、丁酸盐和醋酸盐具有较高的抑菌能力。此外，对丙酸钠和丁酸钠的膳食补充可提高凡纳滨对虾的饲料适口性和消耗量，丙酸钠可降低凡纳滨对虾肠道内的弧菌丰度，增加凡纳滨对虾对膳食能量和磷的表观消化率（Da Silva et al.，2013）。

研究在凡纳滨对虾的饲料中添加特定剂量的丁酸钠和丙酸钠，按照每种盐浓度分别为0.5%、1%和2%处理和空白对照组，饲喂 47 d（Da Silva et al.，2016b）。所有投喂丙酸酯和丁酸盐饲料的最终体重和血清凝集反应均增加，而以 2%丁酸盐饲养的凡纳滨对虾，具有较高的饲料效率、氮贮存、蛋白质效率和存活率。类似于先前的研究（Da Silva et al.，2013），添加丁酸的虾，肠道内的弧菌数较低（Da Silva et al.，2016b）。此外，以 1%和 2%的丁酸酯以及丙酸酯为添加剂的饲料，细菌群落与对照组和 0.5%丙酸组相似（Da Silva et al.，2016b）。在超密集的生物系统（250 只虾/m^3）中，饲料中 2%的丁酸盐组，增加了生存、产量和血液学和免疫学参数（全血细胞、粒状和透明细胞，凝集滴定），并减少了凡纳滨对虾肠内的总异养菌和弧菌数目（Da Silva et al.，2016a）。

2. 酸化剂

酸化剂能够提高饲料的利用率、生长和对细菌病原菌的抵抗力，食用酸化剂对包括鱼在内的动物是有益的。然而，除了对商业酸化剂 Vitoxal（酸性硫酸钙）的研究，在凡纳滨对虾的饲料中使用酸化剂的资料是有限的（Anuta et al.，2011）。在 35 d 的喂养实验中，虽然生长性能没有得到改善，但肠道微生物群落的组成发生了积极的变化。1.2%和 2.0%的酸化剂能显著降低胁迫，提高免疫反应，包括血细胞吞噬能力、血淋巴蛋白浓度、透明细胞计数和血淋巴葡萄糖。然而，在本研究中没有发现独特的细菌种类。

五、总结和展望

凡纳滨对虾的肠道微生物成为热门研究课题已经10年了，其研究依赖传统技术和分子技术。凡纳滨对虾肠道微生物菌群的研究课题包括肠道细菌组成、转移或形成肠道细菌多样性、益生菌测定以及益生元、益生素和其他饲料添加剂的应用方面。

最主要的细菌已被鉴定。变形菌（*Proteobacteria*）是凡纳滨对虾的核心细菌，不随周围环境和饲料类型而改变。其他主要细菌种类的丰度，包括变形菌、厚壁菌（*Firmicutes*）、拟杆菌（*Bacteroidetes*）、放线菌，有可能随发育阶段、健康状况、饮食和环境因素而改变。细菌和有益菌都存在于凡纳滨对虾中，可通过饲料成分和环境因子调节。在营养不良、压力或接触有毒物质的情况下，凡纳滨对虾倾向于携带更多的潜在病原体和较不良的肠道细菌。相反，在最佳条件下，营养均衡饲料的凡纳滨对虾可以携带更有益的细菌和更少的潜在病原体。从凡纳滨对虾中分离出来的益生菌有芽孢杆菌（*Bacillus*）、乳酸杆菌（*Lactobacillus* spp.）、海洋酵母（*Rhodosporidium paludigenum*）、链霉菌属（*Streptomyces* spp.）、类芽孢杆菌（*Paenibacillus* sp.）、双歧杆菌（*Bifidobacterium* sp.）。益生元（如低聚果糖、半纤维素、β-glucan、菊粉）和合生元（益生菌和益生元的组合）及有机酸盐（如丁酸钠）通过增加肠道有益微生物群和抑制病原细菌的生长，可以显著提高凡纳滨对虾的性能。

从凡纳滨对虾中分离出了各种细菌，大多数细菌物种已经被鉴定。因此，在凡纳滨对虾中，肠道细菌的轮廓和组成应以更详细的分类层次进一步研究。虽然在凡纳滨对虾的饲料中已经对各种益生菌进行了评估，但很少有人从凡纳滨对虾中分离出来。在改良培养基中，有必要将更多的益生菌菌株与凡纳滨对虾分离。此外，还应在益生菌的基因组序列上进行更多的研究，以识别功能基因，并通过体外实验开发新的酶产物，通过饲料操作来调节凡纳滨对虾的生理状态。目前，即使是在鱼类中，肠道菌群对养分利用的调节作用也没有得到很好的证实，在水生动物肠道菌群中也需要大量的研究。此外，还应进一步探讨影响肠道菌群的因素，以改善虾的健康和生产。未来的努力方向应该集中在对大多数虾养殖的池塘里的益生元和益生素的评估。应实施生物安全，以避免水生动物之间的病原体交叉传播。

第四节　虾蟹类围食膜结构与功能概述

围食膜（Peritrophic matrix，PM）是由无脊椎动物肠道上皮细胞分泌的，位于肠道和肠道内容物之间的一种无色透明、具有一定弹性和韧性的半通透性非细胞膜。围食膜作为一道天然的物理屏障衬于肠道内表面，与脊椎动物肠道黏液层功能非常相似，能够有效地防止肠道内颗粒状固形物对肠道上皮细胞造成机械损伤，阻止病原微生物的入侵和部分病毒直接进入肠道，与此同时又能使上皮细胞分泌的消化酶和抗氧化酶自由进入肠腔，并具有将肠道区室化，固定和缓释消化酶、抗氧化等作用（Terra，2001）。围食膜结构最早在昆虫的生物学研究中被发现，目前已研究深入到将围食膜作为靶标位点来预防虫害的水平（Rao 等，2007）。甲壳动物的相关研究起步较晚，但因与昆虫亲缘关系较近，都属于节肢动物门，围食膜结构和功能也非常相近，只在具体结构和分布位点上稍有差异。本节将具体介绍围食膜的组成和功能，并以凡纳滨对虾等为例介绍甲壳动物的围食膜生物学特性。

（一）组成成分及理化特性

围食膜主要由几丁质、蛋白质和少部分多糖组成，其中几丁质占 4%~20%，构成围食膜的骨架（Becker，1980），通过对凡纳滨对虾（Wang et al.，2012）和中华绒螯蟹（李婷等，2016）粪便进行几丁质酶和 PBS 溶解对比实验发现，几丁质酶浸泡后粪便很快溶散，相同的时间 PBS 浸泡后的粪便形态依然完整，表明甲壳动物肠道内围食膜包裹在粪便周围排出体外，且围食膜中富含几丁质（图 9.8）。

蛋白作为围食膜的主体物质，占 20%~50%（Becker，1980；Mets，1962）。根据围食膜蛋白被提取的难易程度将蛋白分为四类：第一类为可溶于生理盐水的蛋白；第二类为较弱的表面活性剂洗脱下来的蛋白；第三类可溶于强的变性剂的蛋白；第四类是丰度较低，不能被强变性剂洗脱的蛋白（Tellam 等，1999）。迄今为止，研究较多的，且已鉴定的围食膜蛋白均属于第三类，该类蛋白统称为围食膜因子（Peritrophin）。围食膜蛋白都含有几丁质绑定结构域（Chitin Binding Domain，CBD），不同围食膜蛋白含有的 CBD 数量不等，这些 CBD 是围食膜蛋白功能的核心。具有 CBD 结构域，但未明确与围食膜关系的蛋白被称为类围食膜蛋白（peritrophin-like protein）。Wang 等（2012）应用液相色谱电离串联质谱（LC-ESI-MS/MS）法分析出凡纳滨对虾围食膜蛋白质的种类共有 4 种类型。目前研究发现了中华绒螯蟹两条围食膜因子 peritrophin 1（KU041138.1）和 peritrophin 2（KU041139.1），一条类围食膜因子 peritrophin-44-like protein（KM433863.1）。多糖与蛋白结合成糖蛋白，多糖的种类与含量决定了围食膜的致密性和半渗透性（Mets，1962）。

（二）围食膜的分类

根据围食膜的形成方式不同，分别为Ⅰ型和Ⅱ型。Ⅰ型是由中肠上皮细胞向肠腔分泌的多层重叠管状结构，Ⅱ型是由中肠前端贲门处一群特殊细胞分泌形成的单层均匀连续的管状薄膜，随着食糜排出体外（Wang and Granados，1998）。Ⅱ型围食膜相对Ⅰ型更加规则有序，形成一个或多个套筒状结构包裹在食糜表面。研究表明，Ⅰ型围食膜的形成受进食刺激分泌，且合成速率不影响食物的消化。Ⅱ型围食膜是肠道上皮细胞表面固有存在

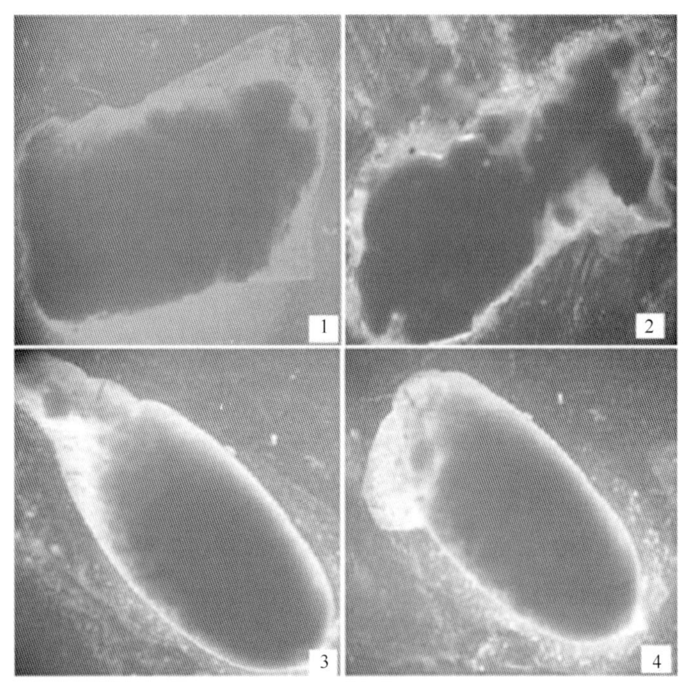

图 9.8　围食膜几丁质验证实验

1. 粪便刚放入几丁质酶液时的形态；2. 粪便放入几丁质酶液 10 h 后的形态，可见围食膜溶解，粪便溃散；
3. 粪便放入 PBS 溶液 0 h 时的形态；4. 粪便放入 PBS 溶液 10 h 后的形态，示围食膜完整，粪便形态无明显变化

资料来源：李婷等，2016

的，不受进食影响（Richards，1977）。

（三）围食膜的功能

1. 天然的物理屏障

肠道是外源物质进入动物机体的第一道屏障，很容易受到大颗粒食物的机械磨损，也是病原体主要作用靶点。脊椎动物肠道上皮细胞中具有杯状细胞，不断分泌黏液包裹内容物，有效保护肠道上皮细胞免受机械损伤。而对中华绒螯蟹的研究表明，中肠上皮细胞分泌的围食膜含有胶状物质具有润滑作用，使食物顺利通过肠道，这对中华绒螯蟹肠道结构中没有杯状细胞做出了解释（Cai et al.，2014）。此外，肠道上皮细胞上多一层围食膜的保护，也使整个肠道的伸缩弹性变强，其中成分富含 Na^+-K^+/ATP 酶，对维持肠道渗透压平衡具有重要作用（李婷等，2016）。

2. 化学保护作用

围食膜可以使肠道得到化学性保护作用，免受一些植物中的毒素或微生物产生的次级

代谢产物的毒害。主要是因为围食膜能够与部分有毒物质结合，阻止其与肠道上皮细胞接触，从而避免毒物造成的肠道损伤。有研究表明，沙漠蝗（*Schistocerca gregaria*）和烟草夜蛾（*Manduca sexta*）排出的围食膜中都含有高浓度的单宁毒素。深入研究发现，单宁毒素与 Ca^{2+}、Mg^{2+}结合形成不能透过围食膜的高分子物质，从而被滞留在围食膜内腔。这也就很好地解释了中华绒螯蟹对植物蛋白源中的单宁不敏感的原因。此外，中华绒螯蟹和凡纳滨对虾围食膜蛋白中都检测到了加氧酶，当机体受到外界刺激面临氧化压力时，加氧酶能够起到有效缓解的调节作用，同时在肠道炎症中也有重要的保护作用（李婷等，2016；Wang et al.，2012）。

3. 消化酶的固定和物质转运功能

围食膜具有的几丁质-蛋白多层网状结构，为消化酶原的活化提供场所，也为消化作用提供稳定的内环境，加上围食膜形成的有效的阻隔作用，可以较好地固定酶液，减少消化酶流失到后肠，使食物在中肠得到充分消化（Hardingham and Fosang，1992）。Wang 等对凡纳滨对虾肠道围食膜蛋白进行 LC-ESI-MS/MS 分析表明，围食膜蛋白中富含类胰蛋白酶、羧肽酶和肽酶。由于中肠是对虾消化系统重要的消化和吸收区域之一，因此在这里检测消化酶可能反映了它们被围食膜固定的可能性，并且可能以可溶形式和消化酶—围食膜-结合两种形式同时存在肠腔中（Wang et al.，2012）。然而，中华绒螯蟹肠道围食膜蛋白中并没有检测到类似的消化酶，提示中华绒螯蟹围食膜的存在可能与消化功能无关，也有可能河蟹肠道内的消化酶并没有与围食膜结构有效结合。虽然河蟹肠道围食膜蛋白没有参与消化，但是从围食膜中鉴定出 β-肌动蛋白，表明中华绒螯蟹围食膜可能参与营养物质的转运，有助于营养物质的吸收（李婷等，2016；王巧伶，1994）。凡纳滨对虾围食膜蛋白中并没有检测出有关营养物质转运的蛋白成分，表明对虾与河蟹虽同为甲壳动物，但围食膜蛋白具体结构也有不小差异，造成功能各异。

4. 肠道区室化

围食膜包裹着食物附衬在肠道上皮细胞表面，把肠道区分成两个腔，即围食膜内腔和围食膜外腔。围食膜内腔用来包裹食糜，围食膜外腔即肠道上皮细胞和围食膜组成的腔。从中华绒螯蟹消化道组织切片（图 9.9）和凡纳滨对虾围食膜扫描电镜图（图 9.10）观察到，消化道部分组织分泌双层甚至多层围食膜，将肠道区室化，使得肠道上皮细胞分泌的消化、抗氧化等酶更好的附着，作用更加高效。

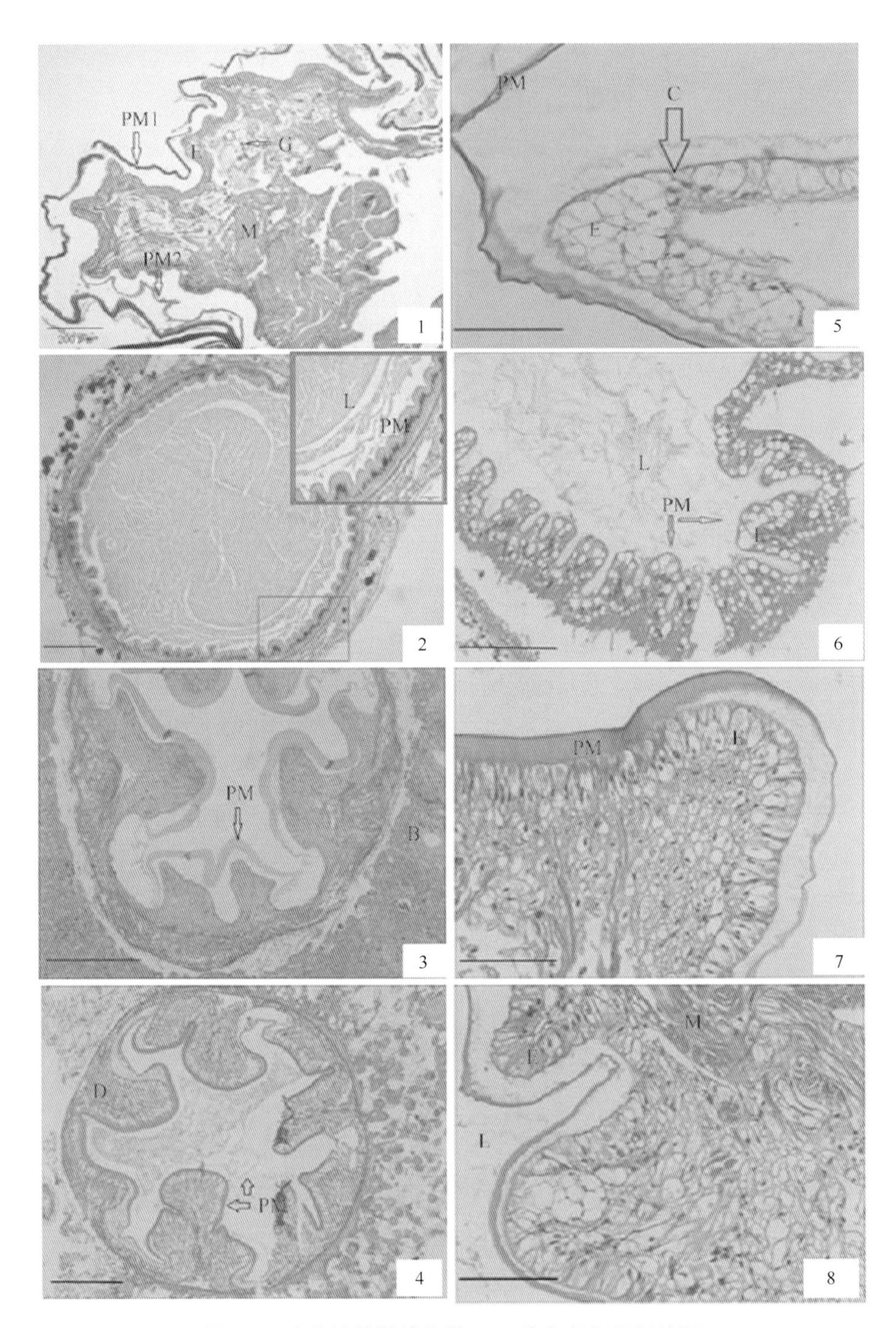

图 9.9 中华绒螯蟹消化道 H-E 染色的组织切片照

1. 胃上皮细胞表面两层围食膜，黏膜下层具有胃腺，胃肌肉层发达；2. 中肠上皮细胞呈柱状，围食膜较薄；3. 肠球浆膜层较厚，围食膜的区室化作用明显；4. 后肠黏膜下层发达，围食膜较厚，区室化作用明显；5~8. 分别展示了胃、中肠、肠球、后肠围食膜分离时上皮细胞变成不规则的圆形。L. 消化腔；PM：围食膜；E. 上皮细胞；B. 浆膜层；C. 丝状机构；D. 黏膜下层；M. 肌肉；G. 胃腺．a-d. Bar = 200 μm；e-h. Bar = 100 μm

资料来源：李婷等，2016

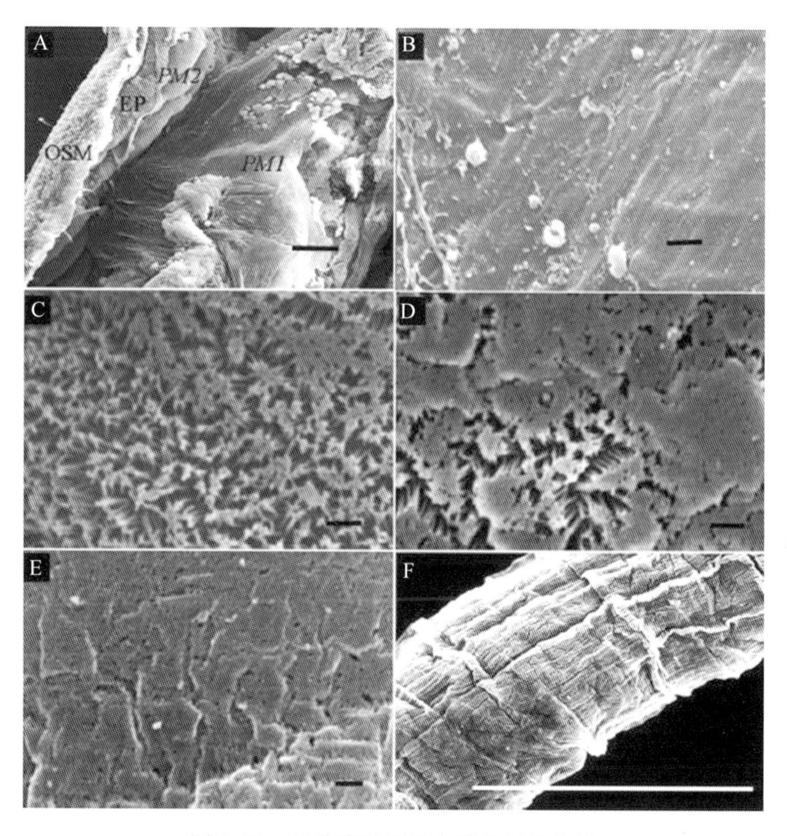

图 9.10　凡纳滨对虾围食膜的扫描电镜

A. 中肠中暴露两层 PM。食物团块被完整的 PM（*PM1*）包围。中肠上皮组织（EP）覆盖着另一层 PM（*PM2*）。OSM，中肠的外表面。Bar = 100 μm；B. 图 1A 中 PM1 的细节。Bar = 1 μm；C~E. 早期在中肠上皮细胞的微绒毛上形成无定形基质材料。Bar = 1μm；F. 由 PM 包围的凡纳滨对虾体内排泄的粪便。Bar = 1 mm

资料来源：Wang et al.，2012

（四）围食膜因子的研究

前文主要介绍了围食膜在消化道的各种功能，围食膜因子是构成围食膜的主要成分，围食膜主要分布于消化道内表面，而围食膜因子以及类围食膜因子的分布相对更为广泛。近来发现的一类被称为虾卵巢围食膜蛋白（shrimp ovarian peritrophins，SOPs），主要表达在对虾的卵巢中，凡纳滨对虾（马欢等，2017）、中国明对虾（*Fenneropenaeus chinensis*）（Du et al.，2006）、短钩对虾（*Penaeus semisulcatus*）（Khayat et al.，2001）和日本囊对虾（*Marsupenaeus japonicus*）（Kim et al.，2004）研究发现，SOP 是存在于皮质棒中的一类蛋白，可在卵细胞受精后从皮质棒中释放出来包围受精卵形成保护层。而脊尾白虾（*Exopalaemon carinicauda*）体内也发现一条类围食膜蛋白，主要在胃和鳃两个组织中高表达，研究表明此种类围食膜蛋白可能参与 WSSV 的侵染过程（Wang et al.，2013），这为对虾 WSSV 病毒防治提供了新思路。Huang 等对中华绒螯蟹的相关研究发现一条新的类围食膜因子基因（EsPT），高表达于河蟹肝胰腺和肠道，利用副溶血性弧菌（*Vibrio parahaemolyticus*）和嗜水气单胞菌（*Aeromonas hydrophila*）攻毒实验表明，EsPT 参与了抵御细菌感染的非特异性免疫反应。

（五）展望

随着对虾和河蟹养殖业的快速发展，养殖过程植物蛋白源替代鱼粉的比例加大，养殖密度不断提高，养殖过程中产生的病害也越来越多。针对甲壳动物消化道中的围食膜这一特殊物理屏障，接下来的研究工作可以针对以下几点开展：①深入探究虾蟹类围食膜以及围食膜蛋白结构和功能；②探究围食膜蛋白对植物蛋白源中的抗营养因子耐受机制；③探究病原微生物和病毒通过围食膜屏障的机制。为虾蟹类养殖和病害防治提供新思路和新策略。

参考文献

鲍行豪，沈为民. 1999. 微生态制剂的研制与应用［J］. 中国人兽共患病学报，15：61-64.
曹家旺. 2016. 中国对虾免疫致敏（类免疫）反应的诱导及其分子机制初探［D］. 上海：上海海洋大学.
陈忠龙，吴小南. 2007. 肠黏膜屏障与胃肠疾病［J］. 海峡预防医学杂志，13：31-33.
窦春萌，左志晗，刘逸尘，等. 2016. 凡纳滨对虾肠道内产消化酶益生菌的分离与筛选［J］. 水产学报，40：537-546.
胡红莲，高民. 2012. 肠道屏障功能及其评价指标的研究进展［J］. 中国畜牧杂志，48：78-82.
胡毅，谭北平，麦康森，等. 2008. 饲料中益生菌对凡纳滨对虾生长、肠道菌群及部分免疫指标的影响［J］. 中国水产科学，15：244-251.
黄灿华，张建红. 1997. 应用光镜和电镜对病虾组织细胞病理变化的观察与分析［J］. 中国病毒学，(4)：364-370.
黄文树，王克坚，李少菁. 2005. 甲壳动物抗菌肽研究进展［J］. 海洋科学，29：64-68.
姬红臣. 2005. 饲料对凡纳滨对虾生长、生化成分及养殖水质的影响［D］. 厦门：厦门大学.
姜永华，颜素芬，陈政强. 2003. 南美白对虾消化系统的组织学和组织化学研究［J］. 海洋科学，27：58-62.
李继秋，谭北平，麦康森. 2006. 白斑综合征病毒与凡纳滨对虾肠道菌群区系之间关系的初步研究［J］. 上海海洋大学学报，15：109-113.
李婷，蔡春芳，朱健明，等，2016. 中华绒螯蟹围食膜结构观察及其主要蛋白质种类的鉴定［J］. 水产学报，40（1）：55-64.
马欢，褚吉兴，王丽燕，等，2017. 凡纳滨对虾卵巢类围食膜蛋白基因克隆及其在早期胚胎发育中的表达［J］. 水产学报，41（05）：649-657.
马甡，于明超，李卓佳. 2007. 虾类消化道菌群研究进展［J］. 中国海洋大学学报（自然科学版），37：

889-893.
麦贤杰，黄伟健，叶富良. 2009. 对虾健康养殖学［M］. 北京：海洋出版社.
米海峰，孙瑞健，张璐，等. 2015. 鱼类肠道健康研究进展［J］. 中国饲料，15：19-22.
潘宝海，王文娟，孙笑非，等. 2012. 微生物菌群在维护肠道屏障完整性中的作用［J］. 饲料研究，6：36-37.
乔维洲. 2013. 免疫性病变与肠道菌群相关性研究进展［J］. 国际检验医学志，34：3 199-3 201.
任素莲，王德秀. 1998. 贝甲类消化道的组织学研究［J］. 中国水产科学，(1)：89-92.
宋霖. 2013. 黄颡鱼和中华绒螯蟹胃肠道形态和功能对投饲的响应［D］. 苏州：苏州大学.
孙振丽，宣引明，张皓，等. 2016，南美白对虾养殖环境及其肠道细菌多样性分析［J］. 中国水产科学，23 (3)：594-605.
涂永锋，宋代军. 2004，鱼类肠道组织结构及其功能适应性［J］. 江西饲料，4：16-19.
涂宗财，庞娟娟，王辉，等. 2017. 水环境中重金属铜对异育银鲫肠道微生物的影响［J］. 微生物学报，57：1 060-1 068.
宛立，王吉桥，高峰，等. 2006a. 南美白对虾肠道细菌菌群分析［J］. 水产科学，25 (1)：13-15.
宛立，王吉桥，杨世勇，等. 2006b. 健康养殖南美白对虾肠道细菌的抗菌活性［J］. 水产科学，25 (2)：62-64.
王伯瑶，黄宁，吴琦. 2000. 炎症反应 Toll 信号传导通路［J］. 中国病理生理杂志，16：567-571.
王巧伶. 1994. 中华绒螯蟹消化系统的组织学研究［J］. 重庆师范学院学报（自然科学版），11 (4)：66-72.
王文娟，孙冬岩，孙笑非，等. 2012. 动物肠黏膜屏障与机体健康的关系探讨［J］. 饲料研究，5：42-43.
王秀英，邵庆均，黄磊. 2003. 对虾抗菌肽 Penaeidins 的研究进展［J］. 华中农业大学学报，22：624-629.
王彦波，许梓荣. 2003. 饲料营养水平对家畜肠道微生物和疾病的影响［J］. 兽药与饲料添加剂，8：31-34.
吴芳丽，王月，尚跃勇，等. 2016，水生无脊椎动物血淋巴细胞分类及免疫研究进展［J］. 大连海洋大学学报，31 (6)：696-704.
吴国豪. 2004. 肠道屏障功能［J］. 肠外与肠内营养，11：44-47.
吴金凤，熊金波，王欣，等. 2016. 肠道菌群对凡纳滨对虾健康的指示作用［J］. 应用生态学报，27：611-621.
吴群凤. 2013. 叶元土：养好肠道，养好鱼（上）［J］. 当代水产 (4)：64-65.
夏青，王宝杰，刘梅，等. 2015. 哈维氏弧菌浸浴后凡纳滨对虾肠道组织病理变化及转录水平的免疫应答［J］. 水产学报，39：1 521-1 529.
肖克宇. 2007. 水产动物免疫与应用［M］. 北京：科学出版社.
谢天宇，胡红莲，高民. 2014. 肠黏膜免疫屏障及其保护措施［J］. 动物营养学报，(5)：1 157-1 163.
徐革锋，陈侠君，杜佳，等. 2009. 鱼类消化系统的结构、功能及消化酶的分布与特性［J］. 水产学杂志，22 (4)：49-55.

徐海圣，徐步进. 2001. 甲壳动物细胞及体液免疫机理的研究进展［J］. 大连海洋大学学报，16（1）：49-56.

杨海杰. 2005. 日本囊对虾凝集素的分离及其功能研究［D］. 厦门：厦门大学.

杨坤杰，王欣，熊金波，等. 2016. 健康和患病凡纳滨对虾幼虾消化道菌群结构的比较［J］. 水产学报，40：1 765-1 773.

翟双双. 2014. 肠道黏膜屏障机能及其调控研究进展［J］. 现代畜牧兽医，7：54-58.

张家松，段亚飞，张真真，等. 2015. 对虾肠道微生物菌群的研究进展［J］. 南方水产科学，11：114-119.

张盛静，赵小金，宋晓玲，等. 2016. 饲料添加益生菌对凡纳滨对虾肠道菌群、Toll受体及溶菌酶基因表达及抗感染的影响［J］. 中国水产科学，23：846-854.

赵维信，张甬波，叶奎圣，等. 1996. 罗氏沼虾消化系统组织学的光镜与扫描电镜观察［J］. 上海海洋大学学报，2：69-74.

郑晓婷，段亚飞，董宏标，等. 2016b. 甲壳动物肠道免疫系统的研究进展［J］. 海洋湖沼通报，3：83-90.

郑晓婷，段亚飞，董宏标. 2016a. 植物乳酸杆菌对凡纳滨对虾生长、消化酶活性和肠道组织形态的影响［J］. 水产科学，35：1-6.

郑晓婷. 2016c. 植物乳酸杆菌对凡纳滨对虾益生作用机理的初步研究［D］. 上海：上海海洋大学.

周小秋. 2012. 营养物质与鱼肠道健康的关系［C］. 动物营养研究进展.

Abumourad I M K，Abbas W T，Awaad E S，et al. 2013. Evaluation of *Lactobacillus plantarum* as a probiotic in aquaculture：Emphasis on growth performance and innate immunity［J］. Journal of Applied Sciences Research，9：572-582.

Aftabuddin S，Kashem M A，Kader M A，et al. 2013. Use of *Streptomyces fradiae* and *Bacillus megaterium* as probiotics in the experimental culture of tiger shrimp *Penaeus monodon*（Crustacea，Penaeidae）［J］. Aquaculture Aquarium Conservation & Legislation，6：253-267.

Akter M N，Parvez I，Patwary Z P. 2016. Beneficial effects of probiotics in aquaculture［J］. International Journal of Fisheries and Aquatic Studies，4：494-499.

Anuta J D，Buentello A，Patnaik S，et al. 2016. Effects of dietary supplementation of a commercial prebiotic Previda? on survival，growth，immune responses and gut microbiota of Pacific white shrimp，*Litopenaeus vannamei*［J］. Aquaculture Nutrition，22：410-418.

Anuta J D，Buentello A，Patnaik S，et al. 2011. Effect of dietary supplementation of acidic calcium sulfate（Vitoxal）on growth，survival，immune response and gut microbiota of the Pacific white shrimp，*Litopenaeus vannamei*［J］. Journal of the World Aquaculture Society，42：834-844.

Augustine D，Jacob J C，Philip R. 2016. Exclusion of *Vibrio* spp. by an antagonistic marine actinomycete *Streptomyces rubrolavendulae* M56［J］. Aquaculture Research，47：2 951-2 960.

Bailey J R，Vince V，Williams N，et al. 2017. *Streptococcus thermophilus* NCIMB 41856 ameliorates signs of colitis in an animal model of inflammatory bowel disease［J］. Beneficial Microbes，8：605-614.

Banerjee G，Ray A K. 2017. The advancement of probiotics research and its application in fish farming industries

[J]. Research in Veterinary Science, 115: 66-77.

Barbehenn R V, Martin M M. 1998. Formation of insoluble and colloidally dispersed tannic acid complexes in the midgut fluid of *Manduca sexta* (Lepidoptera: Sphingidae): An explanation for the failure of tannic acid to cross the peritrophic envelopes of lepidopteran larvae [J]. Archives of Insect Biochemistry & Physiology, 39 (3): 109-117.

Bernal M G, Marrero R M, Campa-Córdova Á I, et al. 2017. Probiotic effect of Streptomyces strains alone or in combination with Bacillus and Lactobacillus in juveniles of the white shrimp *Litopenaeus vannamei* [J]. Aquaculture International, 25: 927-939.

Bischoff S C. 2011. 'Gut health': a new objective in medicine? [J]. BMC Medicine, 9: 1-14.

Boonanuntanasarn S, Wongsasak U, Pitaksong T, et al. 2016. Effects of dietary supplementation with β-glucan and synbiotics on growth, haemolymph chemistry, and intestinal microbiota and morphology in the Pacific white shrimp [J]. Aquaculture Nutrition, 22: 837-845.

Buchon N, Poidevin M, Kwon H M, et al. 2009. A Single Modular Serine Protease Integrates Signals from Pattern-Recognition Receptors Upstream of the Drosophila Toll Pathway [J]. Proceedings of the National Academy of Sciences of the United States of America, 106 (30): 12 442-12 447.

Buruiana C T, Profir A G, Vizireanu C. 2014. Effects of probiotic Bacillus species in aquaculture—an overview [J]. Annals of the University Dunarea De Jos of Galati, 38: 9-17.

Cai C, Wu P, Ye Y, et al. 2014. Assessment of the feasibility of including high levels of oilseed meals in the diets of juvenile Chinese mitten crabs (*Eriocheir sinensis*): Effects on growth, non-specific immunity, hepatopancreatic function, and intestinal morphology [J]. Animal Feed Science and Technology, 196: 117-127.

Cheng K, Hu C, Liu Y, et al. 2006. Effects of dietary calcium, phosphorus and calcium/phosphorus ratio on the growth and tissue mineralization of *Litopenaeus vannamei* reared in low-salinity water [J]. Aquaculture, 251: 472-483.

Chuchird N, Rorkwiree P, Rairat T. 2015. Effect of dietary formic acid and astaxanthin on the survival and growth of Pacific white shrimp (*Litopenaeus vannamei*) and their resistance to *Vibrio parahaemolyticus* [J]. Springerplus, 4: 1-12.

Da Silva B C, Jatobá A, Schleder D D, et al. 2016a. Dietary supplementation with butyrate and polyhydroxybutyrate on the performance of Pacific white whrimp in biofloc systems [J]. Journal of the World Aquaculture Society, 47: 508-518.

Da Silva B C, Vieira F D N, Mouriño J L P, et al. 2016b. Butyrate and propionate improve the growth performance of *Litopenaeus vannamei* [J]. Aquaculture Research, 47: 612-623.

Da Silva B C, Vieira F N, Mouriño J L P, et al. 2013. Salts of organic acids selection by multiple characteristics for marine shrimp nutrition [J]. Aquaculture, 384-387: 104-110.

Daniel H, Moghaddas G A, Berry D, et al. 2013. High-fat diet alters gut microbiota physiology in mice [J]. Isme Journal, 8: 295-308.

Das S, Lyla P S, Khan S A. 2006. Application of Streptomyces as a probiotic in the laboratory culture of *Penaeus monodon* (Fabricius) [J]. Israeli Journal of Aquaculture-Bamidgeh, 58: 198-204.

Das S, Ward L R, Burke C. 2010. Screening of marine *Streptomyces* spp. for potential use as probiotics in aquaculture [J]. Aquaculture, 305: 32-41.

Deitch E A, Xu D, Maruhn M B. 1995. Elemental diet and IV - TPN - induced bacterial translocation is associated with loss of intestinal mucosal barrier function against bacteria [J]. Annals of Surgery, 221: 299-307.

Derome N, Gauthier J, Boutin S B, et al. 2016. Bacterial Opportunistic Pathogens of Fish [M]. Springer International Publishing.

Diaz F, Farfan C, Sierra E, et al. 2001. Effects of temperature and salinity fluctuation on the ammonium excretion and osmoregulation of juveniles of Boone [J]. Journal of Chromatographic Science, 52: 164-168.

Du X, Wang J, Liu N, et al. 2006. Identification and molecular characterization of a peritrophin-like protein from fleshy prawn (Fenneropenaeus chinensis) [J]. Molecular Immunology, 43 (10): 1 633-1 644.

Dunne C O', Mahony L, Murphy L, et al. 2001. In vitro selection criteria for probiotic bacteria of human origin: correlation with in vivo findings [J]. American Journal of Clinical Nutrition, 73: 386-392.

Ellaiah P, Reddy A P C. 1987. Isolation of actinomycetes from marine sediments off Visakhapatnam, east coast of India [J]. Indian Journal of Marine Sciences, 16: 134-135.

FAO. 2016. http: //www. fao. org/fishery/statistics/en.

Forgan L G, Forster M E. 2010. Oxygen consumption, ventilation frequency and cytochrome c oxidase activity in blue cod (*Parapercis colias*) exposed to hydrogen sulphide or isoeugenol [J]. Comparative Biochemistry & Physiology Part C, 151: 57-65.

Francis G, Makkar H P S, Becker K. 2001. Antinutritional factors present in plant-derived alternate fish feed ingredients and their effects in fish [J]. Aquaculture, 199: 197-227.

Gauthier J, Charette S J, Derome N. 2015. Endogenous Probiotics for Sustainable Biocontrol of Opportunistic Pathogens in Salmonid Aquaculture [C]. In: asm 2015 General Meeting.

Ghosh W, Dam B . 2009. Biochemistry and molecular biology of lithotrophic sulfur oxidation by taxonomically and ecologically diverse bacteria and archaea [J]. Fems Microbiology Reviews, 33: 999.

Gibson G R, Roberfroid M B. 2004. Dietary modulation of the human colonic microbiota: introducing the concept of prebiotics [J]. Nutrition Research Reviews, 125: 1 401-1 412.

Guo J P, Guo B Y, Zhang H L, et al. 2016. Effects of nucleotides on growth performance, immune response, disease resistance and intestinal morphology in shrimp *Litopenaeus vannamei* fed with a low fish meal diet [J]. Aquaculture International, 24: 1 007-1 023.

Hagiwara A, Imai N, Nakashima H, et al. 2010. A 90-day oral toxicity study of nisin A, an anti-microbial peptide derived from *Lactococcus lactis* subsp. lactis, in F344 rats [J]. Food & Chemical Toxicology, 48: 2 421-2 428.

Hai N V. 2015. The use of probiotics in aquaculture [J]. Journal of Applied Microbiology, 119: 917-935.

Haldar S, Chatterjee S, Sugimoto N, et al. 2011. Identification of *Vibrio campbellii* isolated from diseased farm-shrimps from south India and establishment of its pathogenic potential in an Artemia model [J]. Microbiology, 157: 179-188.

Han D, Shan X, Zhang W, et al. 2016. A revisit to fishmeal usage and associated consequences in Chinese aquaculture [J]. Reviews in Aquaculture.

Hardingham T E, Fosang A J. 1992. Proteoglycans: many forms and many functions [J]. Faseb Journal Official Publication of the Federation of American Societies for Experimental Biology, 6 (3): 861-870.

Hooper L V, Macpherson A J. 2010. Immune adaptations that maintain homeostasis with the intestinal microbiota [J]. Nature Reviews Immunology, 10: 159-169.

Hooper L V, Midtvedt T, Gordon J I. 2002. How host-microbial interactions shape the nutrient environment of the mammalian intestine [J]. Annual Review of Nutrition, 22: 283-307.

Huang Y, Ma F, Wang W, et al. 2015. Identification and molecular characterization of a peritrophin-like gene, involved in the antibacterial response in Chinese mitten crab, Eriocheir sinensis [J]. Developmental & Comparative Immunology, 50 (2): 129-138.

Huang Z, Li X, Wang L, et al. 2016. Changes in the intestinal bacterial community during the growth of white shrimp, *Litopenaeus vannamei* [J]. Aquaculture Research, 47: 1737-1746.

Høj L, Bourne D G, Hall M R. 2009. Localization, abundance and community structure of bacteria associated with Artemia: Effects of nauplii enrichment and antimicrobial treatment [J]. Aquaculture, 293: 278-285.

Itami T, Asano M, Tokushige K, et al. 1998. Enhancement of disease resistance of kuruma shrimp, *Penaeus japonicus*, after oral administration of peptidoglycan derived from *Bifidobacterium thermophilum* [J]. Aquaculture, 164: 277-288.

Jatobá A, Vieira F N, Buglione-Neto C C, et al. 2011. Diet supplemented with probiotic for Nile tilapia in polyculture system with marine shrimp [J]. Fish Physiology and Biochemistry, 37: 725-732.

Jeon C O, Lim J M, Lee J M, et al. 2005. Reclassification of Bacillus haloalkaliphilus Fritze 1996 as *Alkalibacillus haloalkaliphilus* gen. nov., comb. nov. and the description of *Alkalibacillus salilacus* sp. nov., a novel halophilic bacterium isolated from a salt lake in China [J]. International Journal of Systematic & Evolutionary Microbiology, 55: 1 891-1 896.

Joshi A A K P, Kelkar A S, Shouche Y S, et al. 2008. Cultivable bacterial diversity of alkaline Lonar lake, India [J]. Microbial Ecology, 55: 163-172.

Kalmbach S, Manz W, Wecke J, et al. 1999. Aquabacterium gen. nov., with description of *Aquabacterium citratiphilum* sp. nov., *Aquabacterium parvum* sp. nov. and *Aquabacterium commune* sp. nov., three in situ dominant bacterial species from the Berlin drinking water system [J]. International Journal of Systematic Bacteriology, 49: 769-777.

Karthik R, Jaffar Hussain A, Muthezhilan R. 2014. Effectiveness of *Lactobacillus* sp. (AMET1506) as probiotic against vibriosis in *Penaeus monodon* and *Litopenaeus vannamei* shrimp aquaculture [J]. Biosciences Biotechnology Research Asia, 11: 297-305.

Khayat M, Babin P J, Funkenstein B, et al. 2001. Molecular characterization and high expression during oocyte development of a shrimp ovarian cortical rod protein homologous to insect intestinal peritrophins [J]. Biology of Reproduction, 64 (4): 1 090-1 099.

Kim Y K, Kawazoe I, Tsutsui N, et al. 2004. Isolation and cDNA cloning of ovarian cortical rod protein in kurumaprawn Marsupenaeus japonicus (Crustacea: Decapoda: Penaeidae) [J]. Zoological Science, 21 (11): 1 109-1 119.

Kongnum K, Hongpattarakere T. 2012. Effect of *Lactobacillus plantarum* isolated from digestive tract of wild shrimp on growth and survival of white shrimp *Litopenaeus vannamei*. challenged with *Vibrio harveyi* [J]. Fish & Shellfish Immunology, 32: 170-177.

Lee W J, Hase K. 2014. Gut microbiota-generated metabolites in animal health and disease [J]. Nature Chemical Biology, 10: 416-424.

Lehane M J, Billingsley P F. 1996. The biology of the insect midgut [M]. Springer.

Li E, Chen L, Zeng C, et al. 2007a. Growth, body composition, respiration and ambient ammonia nitrogen tolerance of the juvenile white shrimp, *Litopenaeus vannamei*, at different salinities [J]. Aquaculture, 265: 385-390.

Li E, Chen L, Zeng C, et al. 2008. Comparison of digestive and antioxidant enzymes activities, haemolymph oxyhemocyanin contents and hepatopancreas histology of white shrimp, *Litopenaeus vannamei*, at various salinities [J]. Aquaculture, 274: 80-86.

Li F, Xiang J. 2013. Recent advances in researches on the innate immunity of shrimp in China. [J]. Developmental & Comparative Immunology, 39 (1-2): 11-26.

Li G, Sun Y, Song X, et al. 2013. Potential probiotics supplement may impact intestinal digestive enzyme and bacteria composition of *Litopenaeus vannamei* [J]. Progress in Fishery Sciences, 34: 84-90.

Li K, Zheng T, Tian Y, et al. 2007b. Beneficial effects of *Bacillus licheniformis* on the intestinal microflora and immunity of the white shrimp, *Litopenaeus vannamei* [J]. Biotechnology Letters, 29: 525-530.

Li P, Burr G S, Gatlin Ⅲ D M, et al. 2007c. Dietary supplementation of short-chain fructooligosaccharides influences gastrointestinal microbiota composition and immunity characteristics of Pacific white shrimp, *Litopenaeus vannamei*, cultured in a recirculating system [J]. Journal of Nutrition, 137: 2 763-2 768.

Li T, Li E, Suo Y, et al. 2017. Energy metabolism and metabolomics response of Pacific white shrimp *Litopenaeus vannamei* to sulfide toxicity [J]. Aquatic Toxicology, 183: 28-37.

Lin Y, Chen J, Li C, et al. 2012. Modulation of the innate immune system in white shrimp *Litopenaeus vannamei* following long-term low salinity exposure [J]. Fish & Shellfish Immunology, 33: 324-331.

Lin Y, Chen J. 2003. Acute toxicity of nitrite on *Litopenaeus vannamei* (Boone) juveniles at different salinity levels [J]. Aquaculture, 224: 193-201.

Liu H, Li Z, Tan B, et al. 2014. Isolation of a putative probiotic strain S12 and its effect on growth performance, non-specific immunity and disease-resistance of white shrimp, *Litopenaeus vannamei* [J]. Fish & Shellfish Immunology, 41: 300-307.

Liu W, Ren P, He S, et al. 2013. Comparison of adhesive GUT bacteria, immunity, and disease resistance in juvenile hybrid tilapia fed different Lactobacillus strains [J]. Fish & Shellfish Immunology, 34: 54-62.

Louis P, Flint H J. 2009. Diversity, metabolism and microbial ecology of butyrate-producing bacteria from the human large intestine [J]. Fems Microbiology Letters, 294: 1-8.

Luis-Villaseñor I E, Castellanos-Cervantes T, Gomez-Gil B, et al. 2013. Probiotics in the intestinal tract of juvenile whiteleg shrimp *Litopenaeus vannamei*: Modulation of the bacterial community [J]. World Journal of Microbiology and Biotechnology, 29: 257-265.

Luis- Villaseñor I E, Voltolina D, Gomez - Gil B, et al. 2015. Probiotic modulation of the gut bacterial community of juvenile *Litopenaeus vannamei* challenged with *Vibrio parahaemolyticus* CAIM 170 [J]. Latin American Journal of Aquatic Research, 43: 766-775.

Lunagonzúlez A, Almarazsalas J C, Fierrocoronado J A, et al. 2012. The prebiotic inulin increases the phenoloxidase activity and reduces the prevalence of WSSV in whiteleg shrimp (*Litopenaeus vannamei*) cultured under laboratory conditions [J]. Aquaculture, 362: 28-32.

Madrigal L, Sangronis E. 2007. Inulin and derivates as key ingredients in functional foods [J]. Archivos Latinoamericanos De Nutrición, 57: 387-396.

Mata M T, Luza M F, Riquelme C E. 2017. Production of diatom-bacteria biofilm isolated from Seriola lalandi cultures for aquaculture application [J]. Aquaculture Research, 48: 4 308-4 320.

Meng X, Meng Y, Wang Y, et al. 2017. Effects of probiotics on immunologic functions and intestinal microflora in Pacific white leg shrimp *Litopenaeus vannamei* [J]. Fisheries Sciences, 36: 60-65.

Mets R D, Jeuniaux C. 1962. Sur les substances organiques constituant la membrane peritrophique des insectes [J]. Arch Physiol Biochem, 70 (1): 93-96.

Michel T, Reichhart J M, Hoffmann J A, et al. 2001. Drosophila Toll is activated by Gram-positive bacteria through a circulating peptidoglycan recognition protein. [J]. Nature, 414 (6865): 756.

Miremadi F, Shah N P. 2012. Applications of inulin and probiotics in health and nutrition [J]. International Food Research Journal, 19: 1 337-1 550.

Navarro-Nava F, Castro-Longoria R, Grijalva-Chon J M, et al. 2011. Infection and mortality of *Penaeus vannamei* at extreme salinities when challenged with Mexican yellow head virus [J]. Journal of Fish Diseases, 34: 327-329.

Ngo H T, Nguyen T T N, Nguyen Q M, et al. 2016. Screening of pigmented *Bacillus aquimaris* SH6 from the intestinal tracts of shrimp to develop a novel feed supplement for shrimp [J]. Journal of Applied Microbiology, 121: 1 357-1 372.

Ni J, Yan Q, Yu Y, et al. 2013. Factors influencing the grass carp gut microbiome and its effect on metabolism [J]. Fems Microbiology Ecology, 87: 704-714.

Perez-Sanchez T, Ruiz-Zarzuela I, de Blas I, et al. 2014. Probiotics in aquaculture: a current assessment [J]. Reviews in Aquaculture, 6: 133-146.

Philips S, Laanbroek H J, Verstraete W. 2002. Origin, Causes and Effects of Increased Nitrite Concentrations in Aquatic Environments [J]. Reviews in Environmental Science and Bio/Technology, 1: 115-141.

Qiao F, Liu Y, Sun Y, et al. 2016. Influence of different dietary carbohydrate sources on the growth and intestinal microbiota of *Litopenaeus vannamei* at low salinity [J]. Aquaculture Nutrition.

Rao V V, Kolli S K, Bargava S, et al. 2017. Modulation of midgut peritrophins´ expression during plasmodium infection in anopheles stephensi (Diptera: Culicidae) [J]. Current Science, 113: 154-160.

Ramos-Carreño S, Valencia-Yáñez R, Correa-Sandoval F, et al. 2014. White spot syndrome virus (WSSV) infection in shrimp (*Litopenaeus vannamei*) exposed to low and high salinity [J]. Archives of Virology, 159: 2 213-2 222.

Ramirez N B, Seiffert W Q, Vieira F N, et al. 2013. Prebiotic, probiotic, and symbiotic-supplemented diet for marine shrimp farming [J]. Pesquisa Agropecuaria Brasileira, 48: 913-919.

Ravi A V, Musthafa K S, Jegathammbal G, et al. 2007. Screening and evaluation of probiotics as a biocontrol agent against pathogenic Vibrios in marine aquaculture [J]. Letters in Applied Microbiology, 45: 219.

Richards A G, Richards P A. 1977. The peritrophic membranesof insects. Annu Rev Entomol, 22: 219-240.

Rigottiergois L. 2013. Dysbiosis in inflammatory bowel diseases: the oxygen hypothesis [J]. Isme Journal, (7): 1 256-1 261.

Ringø E, Olsen R E, Jensen I, et al. 2014. Application of vaccines and dietary supplements in aquaculture: possibilities and challenges [J]. Reviews in Fish Biology and Fisheries, 24: 1 005-1 032.

Ringø E, Song S K. 2016. Application of dietary supplements (synbiotics and probiotics in combination with plant products and β-glucans) in aquaculture [J]. Aquaculture Nutrition, 22: 4-24.

Ringø E, Zhou Z, Vecino J L G, et al. 2016. Effect of dietary components on the gut microbiota of aquatic animals. A never-ending story? [J]. Aquaculture Nutrition, 22: 219-282.

Roeselers G, Mittge E K, Stephens W Z, et al. 2011. Evidence for a core gut microbiota in the zebrafish [J]. Isme Journal, 5: 1 595-1 608.

Rungrassamee W, Klanchui A, Maibunkaew S, et al. 2014. Characterization of intestinal bacteria in wild and domesticated adult black tiger shrimp (*Penaeus monodon*) [J]. Plos One, 9: e91853.

Saoud I P, Davis D A. 2005. Effects of betaine supplementation to feeds of Pacific white shrimp *Litopenaeus vannamei* reared at extreme salinities [J]. North American Journal of Aquaculture, 67: 351-353.

Scholz U, Diaz G G, Ricque D, et al. 1999. Enhancement of vibriosis resistance in juvenile *Penaeus vannamei* by supplementation of diets with different yeast products [J]. Aquaculture, 176: 271-283.

Sha Y, Liu M, Wang B, et al. 2016a. Bacterial population in intestines of *Litopenaeus vannamei* fed different probiotics or probiotic supernatant [J]. Journal of Microbiology and Biotechnology, 26: 1 736-1 745.

Sha Y, Wang L, Liu M, et al. 2016b. Effects of lactic acid bacteria and the corresponding supernatant on the survival, growth performance, immune response and disease resistance of *Litopenaeus vannamei* [J]. Aquaculture, 452: 28-36.

Sigurdsson H H, Kirch J, Lehr C M. 2013. Mucus as a barrier to lipophilic drugs [J]. International Journal of Pharmaceutics, 453: 56-64.

Silva C M, Evangelistabarreto N S, Vieira R H, et al. 2014. Population dynamics and antimicrobial susceptibility of Aeromonas spp. along a salinity gradient in an urban estuary in Northeastern Brazil [J]. Marine Pollution Bulletin, 89: 96-101.

Simoes N, Jones D, Soto-Rodríguez S, et al. 2002. Las bacterias en el inicio de la alimentación exógena en larvas de camarones peneidos: efectos de la calidad del agua, tasas de ingestión y rutas de colonización del tracto digestive [C]. In: Avances en Nutrición Acuícola VI (ed. by Cruz-Suarez L, Ricque-Marie D, Tapia-Salazar M, M G-CM, Simoes N). Memorias del VI Simposium Internacional de Nutrición Acuícola, Cancún,

Quintana Roo, Mexico.

Stet R J, Arts J A. 2005, Immune functions in crustaceans: lessons from flies [J]. Developments in biologicals, 121 (1): 33.

Suo Y, Li E, Li T, et al. 2017. Response of gut health and microbiota to sulfide exposure in Pacific white shrimp *Litopenaeus vannamei* [J]. Fish & Shellfish Immunology, 63: 87-96.

Sánchez-Ortiz A C, Angulo C, Luna-González A, et al. 2016. Effect of mixed-Bacillus spp. isolated from pustulose ark *Anadara tuberculosa* on growth, survival, viral prevalence and immune-related gene expression in shrimp *Litopenaeus vannamei* [J]. Fish and Shellfish Immunology, 59: 95-102.

Tachon S, Zhou J, Keenan M, et al. 2013. The intestinal microbiota in aged mice is modulated by dietary resistant starch and correlated with improvements in host responses [J]. Fems Microbiology Ecology, 83: 299-309.

Takahashi E, Ozaki H, Fujii Y, et al. 2014. Properties of hemolysin and protease produced by *Aeromonas trota* [J]. Plos One, 9: e91149.

Tellam R L, Wijffel G, Willadsen P. 1999. Peritrophic matrix proteins [J]. Insect Biochemistry and Molecular Biology, 29: 87-101.

Terra W R. 2001. The origin and functions of the insect peritrophic membrane and peritrophic gel [J]. Arch Insect Biochem Physiol, 47 (2): 47-61.

Turchini G M, Torstensen B E, Wing Keong N. 2009. Fish oil replacement in finfish nutrition [J]. Reviews in Aquaculture, 1: 10-57.

Tzuc J T, Escalante D R, Rojas Herrera R, et al. 2014. Microbiota from *Litopenaeus vannamei*: Digestive tract microbial community of Pacific white shrimp (*Litopenaeus vannamei*) [J]. SpringerPlus, 3: 1-10.

Velázquez O C, Lederer H M, Rombeau J L. 1997. Butyrate and the colonocyte: Production, absorption, metabolism, and therapeutic implications [J]. Oxygen Transport to Tissue ⅩⅩⅩⅢ, 427: 123-134.

Vieira F D N, Neto C C B, Mouriño J L P, et al. 2008. Time-related action of *Lactobacillus plantarum* in the bacterial microbiota of shrimp digestive tract and its action as immunostimulant [J]. Pesquisa Agropecuaria Brasileira, 43: 763-769.

Vieira F D N, Pedrotti F S, Neto C C B, et al. 2007. Lactic-acid bacteria increase the survival of marine shrimp, *Litopenaeus vannamei*, after infection with *Vibrio harvey* [J] i. Brazilian Journal of Oceanography, 55: 251-255.

Vieira F N, Buglione C C, Mouriño J P L, et al. 2010. Effect of probiotic supplemented diet on marine shrimp survival after challenge with *Vibrio harveyi* [J]. Arquivo Brasileiro de Medicina Veterinaria e Zootecnia, 62: 631-638.

Vieira F N, Jatobá A, Mouriño J L P, et al. 2016a. Use of probiotic-supplemented diet on a Pacific white shrimp farm [J]. Revista Brasileira de Zootecnia, 45: 203-207.

Vieira G R A S, Soares M, Ramírez N C B, et al. 2016b. Lactic acid bacteria used as preservative in fresh feed for marine shrimp maturation [J]. Pesquisa Agropecuaria Brasileira, 51: 1 799-1 805.

Wagnerdöbler I, Biebl H. 2006. Environmental biology of the marine *Roseobacter lineage* [J]. Annual Review of Microbiology, 60: 255-280.

Wan L, Wang J, Gao F, et al. 2006. Bacterial flora in intestines of white leg shrimp (*Penaeus vannamei* Booen) [J]. Fisheries Science, 25: 13-15.

Wang L, Chen J. 2005. The immune response of white shrimp *Litopenaeus vannamei* and its susceptibility to *Vibrio alginolyticus* at different salinity levels [J]. Fish & Shellfish Immunology, 18: 269-278.

Wang L, Chen Y, Huang H, et al. 2014. Isolation and Identification of *Vibrio campbellii* as a bacterial pathogen for luminous vibriosis of *Litopenaeus vannamei* [C]. In: Annual Conference of the Ocean Society of Fujian, pp. 395-404.

Wang L, Li F H, Wang B, et al. 2013. A new shrimpperitrophin-like gene from *Exopalaemon carinicauda* involved in white spot syndrome virus (WSSV) infection [J]. Fish & Shellfish Immunology, 35 (3): 840-846.

Wang L, Li F, Wang B, et al. 2012. Structure and partial protein profiles of the peritrophic membrane from the gut of the shrimp *Litopenaeus vannamei* [J]. Fish & Shellfish Immunology, 33 (6): 1 285-1 291.

Wang L, Li X, Lai Q, et al. 2015a. *Kiloniella litopenaei* sp. nov., isolated from the gut microflora of Pacific white shrimp, *Litopenaeus vannamei* [J]. Antonie van Leeuwenhoek, 108: 1 293-1 299.

Wang L, Li X, Shao Z. 2015b. Draft genome sequence of the denitrifying strain *Kiloniella* sp. P1-1 isolated from the gut microflora of Pacific white shrimp [J]. *Litopenaeus vannamei*. Marine Genomics, 24: 261-263.

Wang P, Granados R R. 1998. Observations on the presence of the perit rophic membrane in larval Trichoplusia ni and its role in limiting baculovirus infection [J]. J Invertebr Pathol, 72: 57-62.

Wen J, Sun M, Sun D. 2008. Effects of synbiotics on intestine bacteria community and immunology of *L. vannamei* [J]. Feed Research, 10: 53-55.

Wong M K, Ozaki H, Suzuki Y, et al. 2014. Discovery of osmotic sensitive transcription factors in fish intestine via a transcriptomic approach [J]. BMC Genomics, 15: 1 134.

Wu S, Gao T, Zheng Y, et al. 2010. Microbial diversity of intestinal contents and mucus in yellow catfish (*Pelteobagrus fulvidraco*) [J]. Aquaculture, 303: 1-7.

Wu S, Wang G, Angert E R, et al. 2012. Composition, diversity, and origin of the bacterial community in grass carp intestine [J]. Plos One, 7: e30440.

Xiao L, Steele J C, Meng X Z. 2017. Usage, residue, and human health risk of antibiotics in Chinese aquaculture: A review [J]. Environmental Pollution, 223: 161-169.

Yan H, Potu R, Lu H, et al. 2013. Dietary fat content and fiber type modulate hind gut microbial community and metabolic markers in the pig [J]. Plos One, 8: e59581.

Yang L, Bian G, Zhu W. 2014. Interactions between the monogastric animal gut microbiota and the intestinal immune function—a review [J]. Acta Microbiologica Sinica, 54: 480-486.

Yang S, Wu Z, Jian J, et al. 2010. Effect of marine red yeast *Rhodosporidium paludigenum* on growth and antioxidant competence of *Litopenaeus vannamei* [J]. Aquaculture, 309: 62-65.

Yang Y, Yang X, Xie W, et al. 2015. Screening and identification of protease-producing bacteria from the intestines of maricultured *Litopenaeus vannamei* [J]. Modern Food Science and Technology, 31: 131-136.

Yin J, Shen W, Li P. 2004. study on the influence of water temperature on the intestinal microflora of *Penaeus vannamei* [J]. Marine Sciences, 28: 33-36.

Zhang M, Chekan J R, Dodd D, et al. 2014a. Xylan utilization in human gut commensal bacteria is orchestrated by unique modular organization of polysaccharide-degrading enzymes [J]. Proceedings of the National Academy of Sciences of the United States of America, 111: 3 708-3 717.

Zhang M, Sun Y, Chen K, et al. 2014b. Characterization of the intestinal microbiota in Pacific white shrimp, *Litopenaeus vannamei*, fed diets with different lipid sources [J]. Aquaculture, 434: 449-455.

Zhang M, Sun Y, Liu Y, et al. 2016. Response of gut microbiota to salinity change in two euryhaline aquatic animals with reverse salinity preference [J]. Aquaculture, 454: 72-80.

Zhou X, Pan Y, Wang Y, et al. 2007a. In vitro assessment of gastrointestinal viability of two photosynthetic bacteria, *Rhodopseudomonas palustris* and *Rhodobacter sphaeroides* [J]. Journal of Zhejiang University-Science B, 8: 686-692.

Zhou Z, Ding Z, Huiyuan L V. 2007b. Effects of dietary short chain fructooligosaccharides on intestinal microflora, survival, and growth performance of juvenile white shrimp, *Litopenaeus vannamei* [J]. Journal of the World Aquaculture Society, 38: 296-301.

第十章　提高低盐度下凡纳滨对虾性能的营养学手段

第一节　饲料营养对水产动物生理状态的重要调控作用

已有研究表明，外源添加某些营养素（尤其是必需成分）能有效缓解或降低因盐度变化对机体的生长发育和抗逆性的负面影响。DHA 能显著提高比目鱼（*Paralichthys ovaceus*）对高盐的耐受能力（Furuita et al.，1999），而高度不饱和脂肪酸（HUFA）能提高甲壳动物对低盐的渗透调节能力，如调节 Na^{+}/K^{+}-ATPase 泵（Palacios et al.，2004）。饲饵中添加适宜的脂肪、磷和钙都能显著提高机体适应环境盐度的急性或慢性变化（Cheng et al.，2006）。钠、钾以及激素胆固醇（cholesterol）也同样能提高甲壳动物耐受盐度变化的能力（David，2006；Luke，2006）。有报道表明，甘露糖（Mannan oligosaccharide）能增强军曹鱼对盐度的耐受力，并促进肠道的发育，这可能与甘露糖促进了肠道的成熟，或保护肠道上皮细胞免受渗透压变化的损伤有关（Salze et al.，2008）。在有关维生素的研究中，维生素 E 能显著增强 SOD（superoxide dismutase）、CAT（catalase）、GPx（glutathione peroxidase）和 Na^{+}/K^{+}-ATPase 活性（Liu et al.，2007）。此外，一些免疫增强剂如酵母多糖（Zymosan）、肽聚糖（peptidoglyca）以及脂多糖（Lipopolysaccharides，LPS）等均能增强机体的抗病能力（Merchie et al.，1997）。研究还表明，为了适应外界环境盐度的变化，机体能调节组织中自由氨基酸库（Free Amino Acid Pool，FAAP）的水平，和（或）通过改变膜上磷脂和脂肪酸的组成，调整鳃的通透性来避免对机体的负面影响。这些氨基酸包括氨基乙酸、脯氨酸、丙氨酸和精氨基酸等（Marangos et al.，1989），这就意味着 FAAP 作为存储在血淋巴中的一种蛋白质形式，能被作为生长所需氨基酸（EAA）和调节渗透压所需能量的来源（Rosas et al.，2002）。

迄今为止，对甲壳动物的盐度适应生理、应激生理研究的不足，极大限制了盐度（尤其是低盐度）胁迫对机体生理反应和免疫功能的影响，以及外源营养对不良应激调节的深入探讨。有研究表明，不同营养物质、免疫增强剂对鱼类和甲壳动物调节盐度应激的作用各异。在凡纳滨对虾后期幼体的饵料中直接添加高度不饱和脂肪酸，可改变鳃的通透性、增加鳃上皮表面积，从而提高渗透压的调节能力（Palacios et al.，2004），饲饵中添加维生素 E 以及钙、磷等能增强盐度胁迫下对虾抗氧化酶的活性（Liu et al.，2007），从而提高成活率，促进幼体的生长发育（Cheng et al.，2006）。在斑节对虾（*Penaeus monodon*）和凡纳滨对虾饵料中添加适量维生素 C、多糖和灭活弧菌等，可有效提高这些养殖对象的免疫能力，增强抗病能力（Merchie et al.，1997）。近年来，有学者发现机体内的自由氨基酸库能通过生成新的能量和机能物质，改变废物代谢途径以强化盐度胁迫下细胞的机能（Rosas et al.，2002），并推断血淋巴中的自由氨基酸（FAA）可提供机体渗透压调节和正常生长所需的“额外”能量和物质（Chen et al.，1995）。机体在盐度应激下产生过多的血氨（Hemolymph Ammonia，HA）不仅耗费生长所需蛋白和能量，且对机体有一定的毒害作用，从而影响动物的生长和发育（Rosas et al.，2001），如何采用营养学方法来调节或者降低盐度应激下血氨的产生还有待进一步研究。适量的碳水化合物（CBH）能降低机体血氨含量（Rosas et al.，2001），而配饵中低水平的碳水化合物则会耗费更多的能量用于机体氨的排泄（Rosas et al.，2002），但其内在相互联系尚不清楚。饲料中充足的脂肪可以减少作为能源消耗的蛋白量，促进鱼类生长（NRC，1983）。但有研究表明，低盐度条件下，对虾通常是利用蛋白作为能量来源，而不是脂肪（Chen，1998）。以上的研究结果提示，在盐度胁迫下对虾的营养需求及其代谢等均发生了显著的改变，已有的研究成果尚不能满足低盐度淡化养殖生产的需要。应用营养调节手段来增强动物的抗应激和免疫功能，降低环境胁迫效应，从而摆脱对使用药物的过分依赖，这对促进健康养殖业和绿色水产品的生产，有着十分重要的现实意义。

第二节　缓解低盐度对凡纳滨对虾应激效应的营养调控研究

一、矿物元素的额外添加

导致凡纳滨对虾淡水养殖存在问题的根本原因是其养殖水体环境的转变，即从海水到淡水的转变。这一变化的根本其实是水体中离子浓度的降低，尤其是与凡纳滨对虾渗透压调节密切相关的钾和镁离子。因此，低盐度条件下凡纳滨对虾饲料中必须额外补充钾和镁离子，来满足对虾维持其正常生理活动的需要，而海水条件下凡纳滨对虾对饲料中钾和镁元素没有特定的需要（Li et al.，2017）。根据已报道的结果，低盐度条件下，饲料中的镁含量在 2.60～3.46 g/kg 时，对虾可以获得较好的生长速度和成活率，更高含量的镁虽然可以进一步提高对虾的生长速度，但效果不是十分明显（Roy et al.，2009；Cheng et al.，2005）。饲料中钾离子含量达到 1.48%时，凡纳滨对虾可以获得较高的生长速度，并可保持正常的生理状态（Liu et al.，2014；Roy et al.，2007）。研究还发现，只有饲料中钾和镁元素得到充足补充后，饲料中额外补充胆固醇和卵磷脂方才对低盐度下凡纳滨对虾的生长和生理状态有正向的调节作用（Roy et al.，2006；Gong et al.，2004）。饲料中钙、磷水平也是影响低盐度条件下凡纳滨对虾生长和生理状态的重要矿物元素，且这两种矿物元素对机体性能存在显著的交互作用，凡纳滨对虾对饲料中磷的需求量与饲料中钙含量密切相关。当饲料中钙元素为1%时，饲料中磷含量应该达到1.22%，凡纳滨对虾方可以获得较好的生长速度（Cheng et al.，2006）。此外，张春晓等（2014）还公开了一种低盐度水体下凡纳滨对虾饲料矿物质预混合饲料的专利，该专利建议低盐度下凡纳滨对虾每百克饲料含一水硫酸镁6.40~7.47 g、蛋氨酸铜0.35~0.50 g、甘氨酸锌0.30~0.40 g、一水硫酸锰0.45~0.60 g、一水磷酸二氢钠14.84~23.00 g、磷酸二氢钾14.83~23.00 g、甘氨酸钙9.40~15.67 g、氯化钠7.62~8.89 g、氯化钾6.88~8.03 g、1%碘酸钙0.25~0.30 g、1%氯化钴0.40~0.50 g、0.1%亚硒酸钠0.65~0.80 g、1%烟酸铬1.00~2.80 g、硅藻土8.04~36.63 g，这一配方可以很好地满足低盐度水体下对虾对矿物质的需求。不同盐度条件下，对虾对饲料中矿物元素的需求量的研究进展见第六章。

二、能量的额外供给

盐度是影响水生动物正常生长发育和生理活动的最重要理化因子之一。当水体盐度偏离最适范围时，机体会通过一系列的生理过程来保证机体和细胞的内稳态，其中最重要的方式就是渗透压调节。无论是海水物种被转移到低盐度条件下，或是淡水物种被转至高盐度条件下，机体均需要耗费大量的能量来保持体液与环境或细胞内外的渗透压平衡（Tseng and Hwang，2008）。可见，能量是动物正常生存的第一法则，也是应对应激反应的第一法则。同理，凡纳滨对虾应对低盐胁迫的过程也是一个高耗能的过程，营养物质的利用在该过程中必然起着关键作用。因此提高饲料中三大营养物质水平或机体对三大营养物质的利用效率，对于改善低盐度下凡纳滨对虾生长性能和生理状态具有十分重要的现实作用。低盐度下，饲料中蛋白质含量在30%~36%时可以满足凡纳滨对虾生长的需求，但研究发现，提高饲料中蛋白质含量可以提高低盐度胁迫后对虾的生长速度，以及凡纳滨对虾鳃和肝胰腺中与渗透压密切相关的 Na^+/K^+-ATPase 和谷氨酸脱氢酶的基因表达水平（Li et al.，2011）。正常盐度下，凡纳滨对虾对饲料中的脂肪需求量为6%，但研究发现，低盐度下饲喂9%脂肪含量饲料的对虾可获得较高的增重率和特定的生长率，同时显著降低了机体GOT和GPT的活性以及TNF-α在肠道和鳃中的mRNA的表达量（Xu et al.，2017）。此外，低盐度下，饲喂9%脂肪水平饲料组凡纳滨对虾肝胰腺中TGL和CPT-1的mRNA表达量最高。肝胰腺组织切片中显示，随着饲料中脂肪含量的增加，肝小管腔隙变大且不规则，R细胞的数量也随之增多。上述结果揭示，在盐度3下，9%脂肪含量饲料能够满足低盐度下凡纳滨对虾对于能量的需要且具有较为活跃的脂质分解代谢，获得最好的生长表现（Xu et al.，2017）。正常条件下，对虾与其他水产动物相似，对饲料中糖的利用率低。但研究发现，低盐度胁迫条件下，饲料中简单的糖原有利于凡纳滨对虾的生长，并可提高凡纳滨对虾的抗逆性（Wang et al.，2016），因为简单的糖原，如葡萄糖，可为机体直接、快速地提供能量，在机体受到胁迫时，可以满足机体对能量的额外需求（见第五章）。

三、氨基酸及其衍生物的补充

以往研究表明，很多游离氨基酸均可以被甲壳动物大量用于调节渗透压，包括甘氨酸、谷氨酸、脯氨酸、丙氨酸及牛磺酸，但不同甲壳动物在渗透调节过程中起主要作用的氨基酸种类却不尽相同（Deaton，2001）。这些氨基酸大部分来自于饵料中的蛋白质，而迄今有关饲料中额外补充这些游离氨基酸用于缓解低盐度下凡纳滨对虾负面效应的研究，仅见关于甘氨酸的研究（Xie et al.，2014）。实验配制了6种不同甘氨酸水平（2.26%、2.33%、2.44%、2.58%、2.67%和2.74%干重）的低鱼粉饲料，在盐度27下饲养凡纳滨对虾幼虾8周，之后将对虾直接转移至盐度9的水体中，观察其成活率、抗氧化性能及渗透压相关指标的变化。结果发现，对虾增重率随着饲料中甘氨酸含量的升高先升高后下降，二次方程分析得出，当饲料中甘氨酸含量为2.54%时，对虾可以达到最佳生长速度。此外，研究还发现，饲料中额外添加甘氨酸还可以提高凡纳滨对虾的抗氧化性能。同时，通过测定低盐度应激下凡纳滨对虾肝胰腺和血淋巴中可直接反应机体渗透压调节能力的Na^+/K^+-ATPase及抗氧化性能的关键酶SOD的活力，发现饲料中适当甘氨酸水平可提高机体的抗氧化状态和渗透压调节能力。低盐度应激后，凡纳滨对虾的成活率也反映了这一结论（Xie et al.，2014）。

甜菜碱又名三甲基甘氨酸，是一种氨基酸衍生物，常被作为一种诱食剂添加到虾类饲料中，提高对虾对饲料的摄食率。研究发现，饲料中添加甜菜碱可以提高对虾在低盐度条件的渗透压调节能力（Deaton，2001）。因此，有实验研究了在低盐度0.5条件下，在饲料中添加0.4%的甜菜碱对凡纳滨对虾生长速度和成活率的影响，但通过8周的养殖实验发现，0.4%的甜菜碱添加水平不能提高对虾的生长速度和成活率（Saoud et al.，2005）。该研究并没有探讨饲料中甜菜碱其他添加量对凡纳滨对虾生长、成活及渗透压调节能力方面的影响，及0.4%甜菜碱添加量条件下饲料对凡纳滨对虾其他方面的影响，如免疫和抗氧化性能。因此，关于甜菜碱对低盐度凡纳滨对虾的营养作用尚需要进一步研究和探讨。

四、益生菌和益生元的调节作用

与高等动物一样，水生动物肠道微生物是水产动物体内重要的组成部分，其消化道内的微生物种群与水生动物之间构成了相互作用与依赖的紧密关系，共同参与宿主动物的营养物质的消化、吸收及能量代谢的过程，且研究发现在水产动物饲料中使用益生菌可以通过改善其胃肠系统中的菌群结构，来显著提高这些动物的生长速度和抗病力（张美玲等，2016；Burr et al.，2010）。因此，近几年，通过在凡纳滨对虾饲料中添加益生元或益生菌来改善其性能的研究也受到了很大的关注，但相关报道还甚少。

商业化益生元产品 GroBiotic®-A 和啤酒酵母作为免疫刺激剂在提高水产动物生长和改善机体免疫力方面已经得到广泛的报道。但以凡纳滨对虾为对象的研究发现，饲料中添加2%或 5%的 GroBiotic®-A 或 5%的啤酒酵母对驯养在盐度 32.9 和低盐度 2 下的凡纳滨对虾10 周后的生长并无显著的提高作用，但是在饲料中添加 2%的 GroBiotic®-A 和 5%的啤酒酵母可显著提高在低盐度 2 下驯养 20 d 后凡纳滨对虾的成活率（Li et al.，2009）。

胚牙乳杆菌（*Lactobacillus plantarum*）作为乳酸菌之一，已经在水产饲料中被广泛使用。研究证实，饲料中额外添加胚牙乳杆菌可以提高对虾的成活率、免疫力和抗病能力。研究还发现，在商用饲料中额外喷涂胚牙乳杆菌，投喂凡纳滨对虾后，可以提高其生长速度，同时也可显著提高低盐度应激后（从盐度 30~32 突变至盐度 5）凡纳滨对虾的成活率及其肠道酚氧化酶、过氧化物歧化酶和溶菌酶等基因的表达水平，提示胚牙乳杆菌可以作为添加剂用于低盐度条件下凡纳滨对虾专业化饲料的配制当中，来改善或缓解盐度对凡纳滨对虾造成的负面影响（Zheng et al.，2017）。

五、提高机体抗氧化性能

研究显示，低盐度应激使凡纳滨对虾产生大量的自由基，即便自身的抗氧化系统被激活，积极地消除机体产生的自由基，但最终还有大量的自由基积累在机体当中，导致机体生长受到抑制，免疫力下降，最终死亡（Li et al.，2017）。因此，及时有效地清除积累在机体中的自由基必将在一定程度上改善机体的生理状态。

虾青素（Astaxanthin）是一种酮式类胡萝卜素，具有很强的抗氧化作用，其清除自由基的能力是维生素 C 的 6 000 倍、维生素 E 的 1 000 倍。研究发现，饲料中额外补充虾青素可以通过高效清除体内自由基，显著提高水产动物的抗逆能力（Chien et al.，2003），而且相对其他类胡萝卜素，虾青素更易被水产动物机体利用，而且利用过程中耗能更低（Petit et al.，1998）。Flores 等（2007）研究了在盐度 3 的条件下，饲料中分别补充0 mg/kg、40 mg/kg、80 mg/kg 和 160 mg/kg 饲料的虾青素，对凡纳滨对虾驯养 6 周，发现当饲料中虾青素含量达到 80 mg/kg 时，凡纳滨对虾的渗透压调节能力、生长速度和成活率得到显著的提高，同时凡纳滨对虾退壳周期变短，血淋巴中血糖、乳酸盐、血蓝蛋白含量及血细胞总数升高。因此，建议在低盐条件下凡纳滨对虾饲料中添加 80 mg/kg 的虾青素，以保障凡纳滨对虾的快速生长、高成活率及正常的生理状态。

类似地，氯原酸（Chlorogenic acid）也是一种强抗氧化剂，其对低盐度条件下凡纳滨对虾性能的影响也有所研究。氯原酸在植物性食物中广泛分布，是一种双子叶植物，如金银花、忍冬藤、石韦、金钱草等中药的叶和果实分离得到的酚酸。对于人类，其是许多中草药及中药复方制剂清热解毒的主要活性成分。Wang 等（2013）研究了绿原酸对凡纳滨对虾的生长性能、全虾营养成分、抗氧化性能及抗低盐度胁迫的影响。实验配制的 4 组饲料中，绿原酸的添加量分别为 0 mg/kg、100 mg/kg、200 mg/kg 和 400 mg/kg 饲料，连续投喂凡纳滨对虾（盐度 32）4 周后，将凡纳滨对虾瞬间转于盐度为 10 的水体中，进行时长为 72 h 的急性低盐胁迫实验。结果发现，低盐度胁迫 24 h 时，添加氯原酸组凡纳滨对虾的成活率显著高出对照组对虾 10%，其血淋巴中抗氧化能力关键酶 GPx 和 CAT 的活性也显著高于对照组，提示凡纳滨对虾通过体内积累的绿原酸可以帮助机体清除活性氧和自由基来应对低盐度的胁迫作用（Wang et al.，2013）。

六、中草药的使用

由于中草药的多重营养作用，尤其是在提高水产动物免疫性能方面，其在水产饲料中的使用越来越受到业界和学术界的关注。如前面所述，长期低盐度条件下，凡纳滨对虾的免疫力和抵抗外界病源的能力下降，极易感染疾病，出现大量死亡。因此，是否可以通过在凡纳滨对虾饲料中添加中草药来改善对虾生理性能的研究，近年也受到了一定的关注，但相关的报道还比较少。

Nutrafito plus（NTF）是一种被广泛应用于水产动物饲料中的商业化添加剂，其是凤尾兰（*Yucca schidigera*）和皂树（*Quillaja saponaria*）树皮提取物的混合物，含有较高含量的植物多糖、多酚和甾体皂苷等生物活性成分（Hernándezacosta et al.，2016）。有研究配制了不同 NTF 含量（0 g/kg、0.25 g/kg、0.5 g/kg、1 g/kg 饲料）的 4 种实验饲料，投喂凡纳滨对虾 40 d，养殖盐度为 5，结果发现，添加 1~2 g/kg NTF 的饲料可以显著提高低盐度下凡纳滨对虾的生长速度和饲料效率（Hernándezacosta et al.，2016）。

藻类具有高含量的维生素、矿物元素和生物活性物质，在促进水产动物脂肪分解代谢、提高营养物质消化吸收能力方面效果显著（Nakagawa et al.，1987）。Yu 等（2016）研究了饲料中不同龙须菜干粉添加量（0%、1%、2%、3%、4%和 5%）对凡纳滨对虾的影响，发现饲料中添加龙须菜干粉可提高凡纳滨对虾的生长速度和非特异性免疫，同时也可提高凡纳滨对虾抗低盐的应激能力，当将凡纳滨对虾从盐度 29 水体转到盐度 2.5 水体胁迫 5 h 后，龙须菜干粉添加组对虾成活率显著高于对照组对虾（Yu et al.，2016）。迄今，关于其他中草药对低盐度凡纳滨对虾生长和生理状态影响的研究还未见报道。

七、总结和展望

在凡纳滨对虾淡水养殖过程中，会出现诸如生长速度慢、成活率低和抗逆性差等问题，严重影响了凡纳滨对虾的品质及产量。造成这些负面影响的根本原因是，纳滨对虾在低盐度养殖条件下，缺乏需要的钾、镁等重要矿物元素，且机体为了保持体液与环境或细胞内外的渗透压平衡，需要耗费大量的能量。同时，低盐度胁迫使机体产生并积累大量的自由基。长期的营养素缺乏、能量供应不足和氧化应激，导致对虾机体免疫力、抗逆性及抗病力下降，同时生长受阻、成活率下降。针对低盐度下凡纳滨对虾出现的这些负面效应及造成这些效应的根本原因，可采取的用于改善对虾性能的营养学手段包括：①确保饲料中矿物元素满足低盐条件凡纳滨对虾最佳生长和保持正常生理活动的需要，尤其是钾、镁、钙和磷等元素；②适当提高饲料中的能量或提高凡纳滨对虾机体对饲料中三大能量营养素的利用效率，同时保障用于机体生长和渗透压调节的能量支出；③额外补充提高机体渗透压调节能力的功能性物质，如甘氨酸、谷氨酸、脯氨酸、丙氨酸及牛磺酸等游离氨基酸等；④添加益生元、益生菌、抗氧化剂、中草药等植物或植物提取物，通过提高机体抗氧化能力、优化凡纳滨对虾肠道菌群，来提高对虾的免疫性能，进而提高其抵抗病原的感染能力。

综上所述，可以通过一系列的营养手段尝试缓解低盐度对凡纳滨对虾造成的负面影响，提高低盐度对虾养殖的产量和效益。但是迄今为止，相关的营养学调控方法的研究尚不够全面，尤其是研究饲料中添加功能性物质缓解低盐对凡纳滨对虾造成负面影响的研究，尚需要大力加强。

第三节　饲料中常用功能性物质

一、免疫刺激剂

动物的免疫系统是指机体识别并消除外来异物的防卫系统，其主要功能是防御，保持机体自身生理状态稳定，并起免疫监督作用。根据动物的免疫特性，可将动物免疫系统所起的作用分为特异性免疫和非特异性免疫两大类。动物的非特异性免疫的出现远早于特异性免疫。相对于包括人类在内的其他脊椎动物来讲，鱼类是最低等的脊椎动物，所以相比之下，其虽存在一定的特异性免疫反应，但其更依赖于机体的非特异性免疫进行免疫防御（钱云霞等，2000）。属于无脊椎动物的虾、蟹类缺乏特异性免疫的体液免疫因子（免疫球蛋白），其主要是通过物理屏障、吞噬作用、溶菌作用和凝集作用等来进行免疫防御，清除病菌的入侵以及外来的异物（钱云霞等，2011）。因此，通过外源物质的刺激来加强虾、蟹类的免疫防御能力，对于经济虾、蟹的健康养殖显得更为重要。

免疫刺激剂（Immunostimulants）是指能够调节动物免疫系统，增强动物机体对外源病原体抵抗能力的一大类物质（陈昌福等，2004）。迄今为止，经研究证实能够调控水产动物免疫能力的免疫刺激剂有很多，根据其来源，大致可以分为来自细胞的肽聚糖和脂多糖（LPS）、放线菌的短肽、酵母菌和海藻的β-1、3-葡聚糖和β-1，6-葡聚糖，以及来自甲壳动物外壳的甲壳质、壳多糖等物质（孟思妤等，2010）。由于免疫刺激剂种类较多，其作用机制也不尽相同，但免疫刺激剂作用于水产动物非特异性免疫与特异性免疫系统机制，已经得到了广泛的研究。常见免疫刺激剂的功能有：①活化水产动物血淋巴中的吞噬细胞，提高其吞噬病原的能力；②刺激其血淋巴中的溶菌酶的产生，并提高其活性；③激活对虾酚氧化酶原系统，产生识别信号并介导吞噬作用，消除病原体；④激活水产动物嗜中性粒细胞和白细胞的吞噬作用，分泌淋巴因子，刺激淋巴细胞的产生，有助于机体进行细胞免疫和体液免疫；⑤诱发鱼类抗体的产生及补体的生产，增加机体的抗病能力（孟思妤等，2010）。此外，很多微生态制剂、中草药、蜂胶、皂苷、脂质体、多聚核苷、左旋咪唑和FK-565等化学合成物质也可以起到免疫刺激的作用。

二、益生元和益生菌

益生菌和益生元已经被广泛应用于动物的食物和饲料生产当中，然而两者的概念经常被人们混淆。益生菌（Probiotics）是一类微生物的总称，种类很多，不是动物自身体内的，而是通过机体外源摄入，可以改善其肠道微生态，对宿主有正面效应的活性微生物。而益生元（Prebiotics）则一般指能直接到达肠道，可刺激消化系统中益生菌生长或活化的功能性营养物质，并同时抑制有害菌在体内的繁殖和生长，从而达到调节肠道菌群平衡，有利于机体保持健康状态。关于益生元和益生菌在水产动物营养和饲料中应用的研究发现，其正面的调控作用主要表现为提高水产动物肠道消化酶活力、增加动物的肠道皱壁面积和肌层厚度，促进动物肠道内益生菌的生长，如双歧杆菌、乳酸菌等（张美玲等，2016）。但就目前的研究结果来看，不同种类的益生菌或益生元对于宿主的“益生”作用机理不尽相同，尚需要进一步完善。

被证实对水产动物有益且常被用在水产动物饲料中，添加的益生菌包括芽孢杆菌、乳酸菌和酵母菌等（李海兵等，2008）。乳酸菌可以大量定植在水产动物肠道中，可以通过协助机体抵抗外源革兰氏阴性致病菌，增强机体对外源病原体的抵抗力，同时，乳酸菌也可以增加水产动物肠道黏膜的免疫调节活性，促进动物生长（Gildberg et al.，1997）。芽孢杆菌常是一种耐酸、耐盐、耐高温和耐挤压的比较稳定的益生菌，所以其常被作为添加剂添加到水产动物饲料当中，它是一种需氧、有益的非致病菌，在动物肠道微生物群落中以内孢子形式存在，可降低肠道内 pH 值和 NH_3浓度，促进机体肠道对淀粉和纤维物质的分解、消化和利用（付锦锋等，2013）。酵母菌也可在肠道内大量繁殖，是喜生长于偏酸性环境中的需氧菌，含有动物所必需的多种维生素、微量元素和丰富的蛋白质，可以增加消化酶活力，提高水产动物的非特异性免疫能力。水产养殖中常使用的主要是假丝酵母属、红酵母属、隐球酵母属、酿造酵母和面包酵母等（罗小华等，2008）。此外，双歧杆菌、荧光假单胞菌也常被用作益生菌添加到水产动物饲料中，可以起到保护水产动物肝脏、提高其抗病力和成活率的功能，帮助预防或治疗水产动物常见的肝相关疾病（李海兵等，2008）。

在现阶段的水产动物营养研究中，已经证实对水产动物有益的大部分益生元属寡聚糖（吕耀平等，2005）。寡聚糖又称寡糖，是指由 2~10 个单糖通过糖苷键连接形成直链或支链的一类糖，一般构成单元为五碳糖或六碳糖，包括葡萄糖、果糖、半乳糖、木糖、阿拉伯糖和甘露糖。由于单糖分子种类、分子结合位置和结合类型不同，形成了种类繁多的寡糖。根据功能，寡糖可分为普通寡糖和功能性寡糖。普通寡糖包括蔗糖、麦芽糖和乳糖等，可以被水产动物体消化、吸收和利用，而功能性寡糖包括果寡糖、寡乳糖、异麦芽糖和半乳寡糖等，虽然不能被水产动物体消化、吸收和利用，但却是肠道内双歧杆菌等有益菌增殖所需物质，可以促进动物肠道内有益菌的增殖，改善肠道微生态，有助于保障机体肠道健康（吕耀平等，2005）。在动物饲料中常用的寡糖主要包括甘露寡糖、大豆寡糖、果寡糖、寡木糖、α-寡葡萄糖、β-寡聚葡萄糖、低聚焦糖、寡乳糖、反式半乳寡糖等。机体摄入寡聚糖可起到降低动物粪中有害物质、加强肠道功能、减轻肝脏负担、刺激动物免疫系统等作用，其作用机制总结见图 10.1（余东游等，1999）。

除寡聚糖外，菊粉也是一种水产动物饲料中常用的益生元，主要来自于植物，是植物中储备性多糖，菊芋的块茎、天竺牡丹的块根、蓟的根中都含有丰富的菊粉。菊粉在植物中是除淀粉外的另一种能量储存的形式，也是生产低聚果糖、多聚果糖、高果糖浆、结晶果糖等产品的优质原料（杜昱光等，2010）。与其他益生元类似，菊粉也可以作为营养物质被肠道中双歧杆菌、乳酸杆菌、嗜酸乳杆菌、德尔布吕克乳杆菌等有益菌代谢，而且对动物肠道中梭状芽孢杆菌、大肠杆菌、沙门氏菌、产气芽孢杆菌等病原菌起到较好的抑制作用，同时可调节机体免疫系统，提高宿主免疫力，从而降低病原菌对机体的致病力（Kleessen et al.，2005；Roberfroid et al.，1998）。此外，菊粉还可以提高动物对钙、镁等离子矿物元素的吸收和利用，通过降低血清胆固醇和甘油三酯含量，改善机体脂肪代谢，在一定程度上保障动物机体的健康和生长（图 10.2）。

此外，某些多糖对于水产动物也是益生元，如酵母产生的甘露聚糖、黄芪多糖等，同样起到改善胃肠道微生物区系并进行免疫调节的功能。

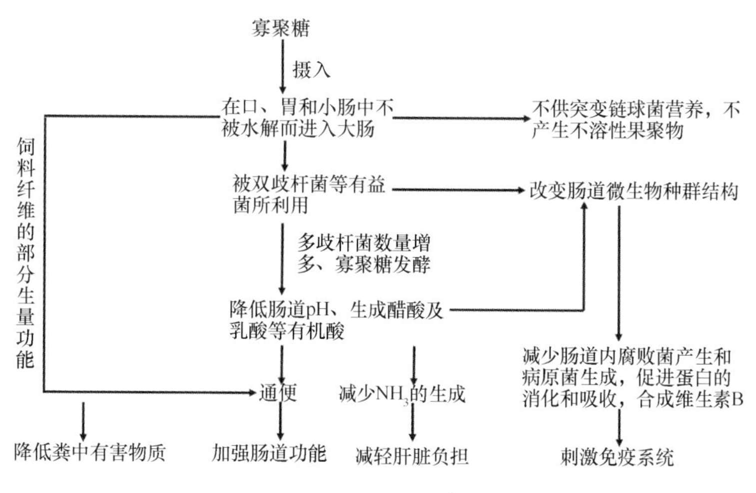

图 10.1　寡聚糖对动物的功能

资料来源：余东游等，1999

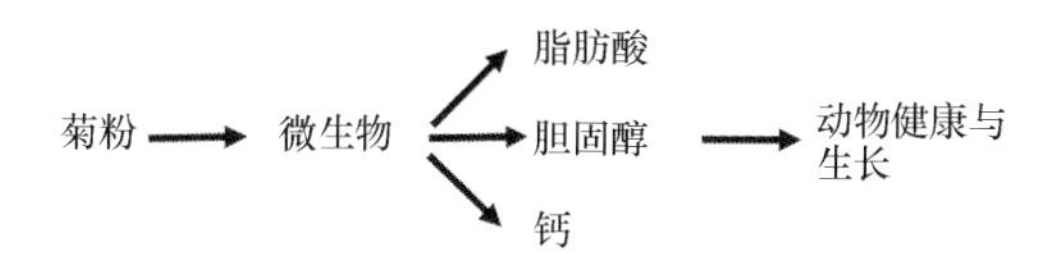

图 10.2　菊粉对动物的功能

资料来源：林晨等，2004

三、抗氧化物质

在正常情况下，水产动物体内自由基的产生和清除基本上处于动态平衡状态。水产动物体内有一套完整的防御体系来保护自身不受自由基的氧化损伤。但在病态、应激和衰老情况下，水产动物体内抗氧化酶活力下降，自由基不能被及时清除，从而引起自由基浓度过高，使肌体出现氧化损伤和疾病。在长期的进化过程中，生物体必然会产生一些物质来清除自由基，包括非酶类和酶类清除剂两大类。其中主要有超氧化物歧化酶（SOD），过氧化氢酶（CAT）和谷胱甘肽过氧化物酶（GPx）等，这些酶持续高效地发挥作用，及时清除过度积累的自由基，保护机体。自由基首先激活 SOD，它将自由基转化为氧气和过氧化氢，后者可以在 CAT 的作用下进一步转化为水和氧气。同时，以还原型谷胱甘肽（GSH）作为底物，GPx 也可将过氧化氢等过氧化物还原，而 GSH 本身被氧化成氧化型谷胱甘肽（GSSG），具体反应见图 10.3 所示。因此，正常情况下，影响这 3 种关键酶活力的物质可直接影响机体的抗氧化能力。

抗氧化剂（Antioxidant）是指能够清除氧自由基，抑制或清除一类减缓氧化反应的物

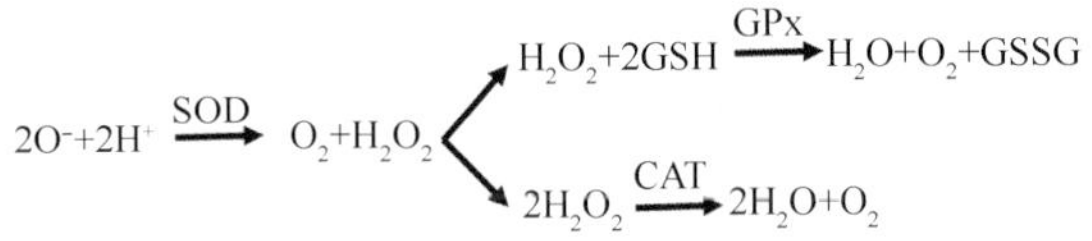

$$2O^{-}+2H^{+} \xrightarrow{SOD} O_2+H_2O_2$$

$$H_2O_2+2GSH \xrightarrow{GPx} H_2O+O_2+GSSG$$

$$2H_2O_2 \xrightarrow{CAT} 2H_2O+O_2$$

图 10.3　酶类清除自由基作用机理

质，有的抗氧化剂也可以通过提高内源性抗氧化物质的水平来实现。抗氧化剂的种类有很多，除用来防止饲料中脂肪酸被氧化的人工合成抗氧化剂如 BHA、BHT、PG 等外，其他用来提高水产动物自身抗氧化性能的常用水产饲料抗氧化剂主要有以下几种。

1. 维生素 C

维生素 C 又称抗坏血酸，是机体血浆中最有效的水溶性抗氧化剂。根据维生素 C 的结构来看，其实质上是糖类化合物，系酸性己糖衍生物烯醇式己糖酸内酯。维生素 C 上的醇性羟基很容易被氧化而成为羰基，所以其存在氧化态（图 10.4）。维生素 C 正是通过其氧化态与还原态的相互转变，在动物体内起着传递电子的作用。维生素 C 在动物饲料中常被用作抗氧化剂，也是利用了维生素 C 极易被氧化的特点，代替其他物质先被氧化，从而保护其他物质不被氧化（汪曙晖等，2016）。

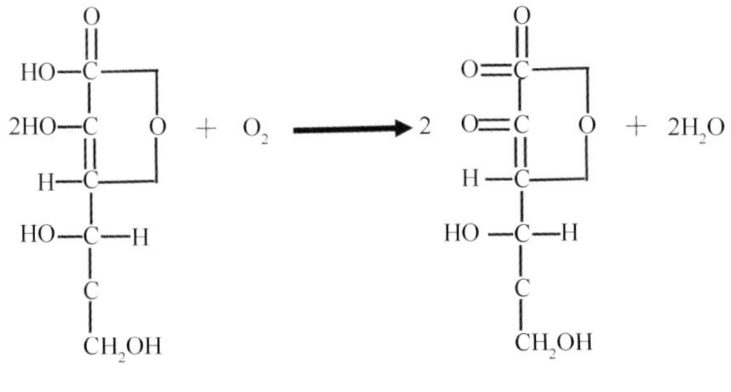

图 10.4　维生素 C 氧化态与还原态的互相转化机制

大量的研究证明，在动物体内 L-古洛糖酸内酯氧化酶是机体能否合成维生素 C 的关键性酶，除鲤鱼、金鱼、湖鲟等少数鱼类具有该酶，可以自身合成少量维生素 C 外，其他水产动物都可能因 L-古洛糖酸内酯氧化酶基因缺损，导致没有自身合成维生素 C 的能力，而需要从外源区获得（艾庆辉等，2005）。因此，在水产饲料中添加维生素 C，来改善机体的生理状态，是十分必要的。

2. 维生素 E

维生素 E 属脂溶性抗氧化剂，饲料中维生素 E 添加量不足时，会导致水产动物组织中的氧化自由基增加，最终使得脂质过氧化程度加重（Tocher et al.，2002）。维生素 E 通过与脂氧自由基或脂质过氧自由基反应，中断脂质过氧化链式反应，从而清除动物体内积累的自由基（Brigelius-flohé，2009）。因此，组织中适量的维生素 E 可以有效防止动物组织中发生脂质过氧化。图 10.5 为维生素 E 抗氧化机理图。在脂质过氧化反应中，动物机体自身的自由基（X·）是在光照、热能、微量过渡金属离子或者由其他自由基或自由基产物如偶氮化合物等条件下引发产生。自由基（X·）从不饱和脂肪酸分子上获得一个氢离子，生成脂质自由基（L·，图 10.5①）。在氧存在的条件下，脂质自由基紧接着生成过氧化自由基（图 10.5②）。当脂质过氧化自由基未能及时清除时，它将进一步扩增自由基链，对动物机体造成严重损伤。然而，维生素 E 可以迅速与脂质过氧化自由基反应（图 10.5③），且速度远远大于脂质过氧化自由基与不饱和脂肪酸之间的反应（图 10.5 ⓵ⓐ）。因此，维生素 E 能够在特定反应位置阻断自由基反应链在机体中的延续，终止脂质过氧化反应的进一步发生。维生素 E 也可以与脂质自由基（L·）发生反应（图 10.5④），清除机体中脂质自由基（许友卿等，2010；Brigelius-flohé，2009）。

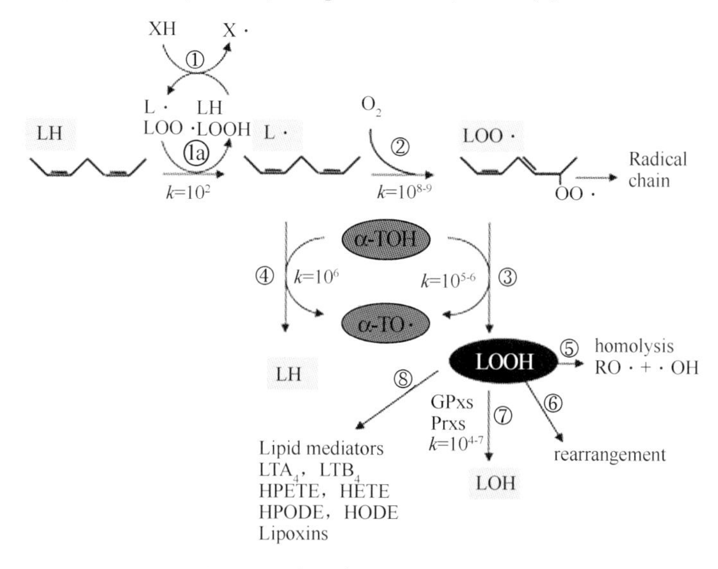

图 10.5　维生素 E 的抗氧化机理

3. 还原型谷胱甘肽

还原型谷胱甘肽是由谷氨酸、半胱氨酸和甘氨酸组成，是含有巯基（-SH）的天然三肽。作为真核细胞内普遍存在的小分子抗氧化剂，它可通过巯基与动物体内的自由基结合，转化成容易代谢的酸类物质，从而加速自由基的排泄，在机体内的氧自由基消除上起关键作用。研究显示，在鱼虾饲料中添加还原型谷胱甘肽，能提高机体组织的抗氧化能力，同时降低脂质过氧化物丙二醛的含量（刘晓华等，2007；张国良等，2007）。

4. 类胡萝卜素

类胡萝卜素（Carotenoids）是一类存在于动物、高等植物、真菌、藻类中的黄色、橙红色或红色的色素中的天然色素的总称（周凡等，2007）。虾青素、α-胡萝卜素、β-胡萝卜素、红木素等都属于类胡萝卜素。类胡萝卜素分子结构中含有多个共轭双键，可通过捕获动物体内过量的活性氧和自由基，减少自由基对细胞遗传物质和细胞膜的损伤，阻止光氧化和脂质氧化的发生，被认为是一类有效的抗氧化剂（周凡等，2007）。虾青素在所有类胡萝卜素中抗氧化作用最强，其活性是β-胡萝卜素的1.7～3.8倍，饲料中补充虾青素对低盐度条件下凡纳滨对虾的正面调节作用已经有所报道，当饲料中虾青素含量达到80 mg/kg时，凡纳滨对虾的渗透压调节能力、生长速度和成活率得到显著提高，同时凡纳滨对虾退壳周期变短，血淋巴中血糖、乳酸盐、血蓝蛋白含量及血细胞总数升高（Flores et al.，2007）。

5. 牛磺酸

牛磺酸是一种含硫的β-氨基酸，主要以游离状态存在于动物体的组织间液和细胞内液中，是一种条件性必需氨基酸，虽然不参与蛋白质的组成，却对动物机体正常生理机能有重要的调节作用（Hayes et al.，1975）。牛磺酸能够清除体内过多的自由基，增强SOD、GPx等抗氧化酶的活性，减少MDA等脂质过氧化物的生成，维护生物膜的完整性，具有明显的抗氧化作用（王和伟等，2013）。因此，牛磺酸逐渐成为一种重要的水产动物抗氧化剂。牛磺酸之所以能够提高动物的抗氧化能力，原因是由于动物淋巴系统中含有的牛磺酸与次氯酸（HOCl）结合生成稳定的氯胺牛磺酸。氯胺牛磺酸结构稳定，它通过特定氨基酸转运系统进入肝脏细胞或红细胞中，之后被谷胱甘肽还原生成不具生物学毒性的伯胺盐阳离子，从而减少自由基的生成，降低机体的氧化损伤（郭冬生等，2007）。

6. 具有抗氧化功能的矿物元素

矿物元素是动物必需的五大类营养物质之一，常常作为酶的辅基或激活剂而发挥其作用，在饲料中适量添加可以保证酶的正常功能和活性的发挥，也可有效防止机体因过量堆积自由基引起的过氧化反应，保护机体。具有抗氧化作用的矿物元素主要有铜、铁、锌、硒、镁、锰等。虽然这些元素对机体抗氧化存在正面的调节作用，但大部分属于重金属，对机体的作用存在两面性。少量时，可以作为营养素，保障机体的正常生理状态，但过量时，则会对机体产生毒性。因此，其在饲料中的添加量一定要控制在适当范围内。

铜是甲壳动物血蓝蛋白的关键组成部分，作为血液的氧载体参与氧的运输。铜是细胞色素氧化酶、酪氨酸酶和抗坏血酸氧化酶的成分（NRC，2011）。铜在机体内还与铁的代谢与吸收相关。铜是SOD的活性位点，铜的适量添加有助于维持SOD的活性。SOD可以将氧自由基歧化为氧气和过氧化氢，过氧化氢再在 CAT 和 GPx 作用下转化为水和氧气，可以使得机体免受过氧化损伤。

铁在细胞氧化中是细胞色素氧化酶和黄素蛋白等的组成成分，在氧化还原反应中起到传递氢的作用。甲壳动物体内肝胰腺中的铁含量是最丰富的，具有含铁的贮藏细胞及转铁蛋白（Ghidalia et al.，1972；Depledge et al.，1986）。铁是 CAT 的辅助因子，添加适量的铁是保持其活性所必需的，可及时清除过氧化物，以免机体受到过氧化损伤。然而，铁过量会引起机体脂质的氧化，对生物体造成不利影响（Kanazawa et al.，1984）。

锌的生理功能很多，动物体内有 200 多种含锌金属酶，有 300 多种酶的活性与锌有关，其中包括 SOD（NRC，2011）。多种甲壳动物的锌的营养需求已被研究报道，Davis 等（2010）研究发现，虽然饲料锌的添加量未对凡纳滨对虾生长产生显著性影响，但在添加锌 33 mg/kg 时可以保持组织的正常矿化作用。

硒的功能主要是通过各种硒酶来发挥作用，硒是 GPx 发挥作用的必需元素。每个 GPx 结构中有 4 个硒原子。GPx 以 GSH 作为底物，将 GSH 转化为 GSSG，防止细胞膜上的脂质被氧化，从而保护细胞膜的完整性。当硒缺乏时，GPx 的活性降低，引起脂质自由基和过氧化物的增加、细胞的破坏，造成组织的损伤（Zhan et al.，2007）。胡俊茹等（2010）发现饲料中添加 400 mg/kg 维生素 E 和 0.4 mg/kg 硒时，凡纳滨对虾机体抗氧化能力整体达到平衡，能有效抵制氧自由基的损伤。

镁是动物必需的营养矿物元素，是动物体内第四丰富的阳离子，仅次于钠、钾、钙离子。镁参与体内绝大多数的能量代谢过程，可催化或激活 300 多种酶促体系，特别是一系列的 ATP 酶发挥作用所必需的辅助因子。镁是细胞中谷胱甘肽合成及其生物合成所需的 ATP 的必需辅助因子，同时因谷胱甘肽的合成需要谷氨酰半胱氨酸合成酶和谷胱甘肽合成酶两种酶，而两种酶都需要镁离子作为其辅酶，所以镁的缺乏会抑制谷胱甘肽的合成速度或数量，饲料中适量镁的添加可以增加机体的抗氧化机能。研究发现，饲料中镁添加量为 2.6~3.46 g/kg 时最有利于淡化后的凡纳滨对虾生长（Cheng et al.，2005）。

锰是多种酶系统的辅助因子。在甲壳动物体内有多种 SOD 形式，Mn-SOD 的半衰期最长，是最稳定的一种形式，主要存在于甲壳动物的细胞质中（Brouwer et al.，1997）。锰位于 Mn-SOD 的活性中心，锰缺乏会影响 Mn-SOD 的稳定性。董晓慧等（2005）综合凡纳滨对虾生长性能和锰含量指标发现，凡纳滨对虾饲料中添加甘氨酸锰 10 mg/kg 或硫酸锰 30 mg/kg 适于对虾生长。

四、中草药

近年来，中草药作为一种纯天然的、健康的、生态的环保型饲料添加剂在水产养殖中的应用越来越普遍。中草药含有丰富的维生素及其他生物活性物质，其不但具有较高的营养作用，同时可以提高动物的免疫力、抗应激力和抗氧化能力，有些中草药还可以使机体产生激素样作用，调节机体的新陈代谢（史会来等，2007）。在水产动物中已经被证实对机体有免疫促进等正面效应的中草药包括黄芪、党参、五加皮、何首乌、甘草、当归、五味子、茯苓、女贞子、枸杞、白术、刺五加、绞股蓝等（麦康森，2011）。中草药的有效成分与其营养作用密切相关，其有效成分及其特有的药理功能，是发挥其营养作用的基础。已知中草药含有的生物活性物质包括有机酸、苷类、多糖、生物碱、萜类、黄酮、挥发性油等物质。然而由于中草药成分复杂，且每一类物质对机体代谢、免疫、抗氧化等方面调节方式各不相同，而这些成分又以有机复合物形式存在，所以，尽管某些中草药对水产动物机体健康的调节作用很明显，如大蒜素、杜仲、五味子、茶多酚等作为抗氧化剂的抗氧化效果十分明显，但相关内在调控机制却不十分清楚。因此，尚需要对重要中草药关键有效单个成分的作用效果和机制进行深入研究，同时了解各种关键成分间的交互作用，在确定其营养效果，了解相关机制的基础上，确认其不会带来额外的食品安全问题。

五、总结

综上所述，可改善水产动物机体状态的功能性物质存在很多，且同一种物质对水产动物机体可能产生多重的生理调控作用。也正因为这些功能性物质的多样性，同时由于我国养殖水产动物种类繁多，相关研究十分散乱，研究结果也有所差异，因此，若想通过针对现实存在的问题，在饲料中添加或补充某一种和几种功能性物质，来改善机体性能，尚需要以该养殖动物为研究对象，对该功能性物质进行定性和定量的研究，或至少参考以往相关研究的结果，方可在实际生产中应用。

参考文献

艾庆辉，麦康森，等，2005. 维生素 C 对鱼类营养生理和免疫作用的研究进展［J］. 水产学报，29：857-861.

陈昌福，姚娟，陈萱，等. 2004. 水产用免疫刺激剂的种类与使用方法［J］. 淡水渔业，34：50-52.

董晓慧，周歧存，郑石轩，等. 2005. 锰源和锰水平对南美白对虾生长性能和组织锰含量的影响［J］. 中国饲料，9：29-31.

杜昱光，朱豫，李曙光，等. 2010. 一种以菊芋为原料的大宗饲料及应用［P］. 中国大连：CN200910010865. 5，2010-09-29.

付锦锋，周永奎. 2013. 芽孢杆菌在水产饲料中的应用［C］. 中部地区水产饲料实用技术论坛.

郭冬生，彭小兰. 2007. 牛磺酸的作用机理及临床应用［J］. 中国畜牧兽医，34：85-87.

胡俊茹，王安利，曹俊明. 2010. 维生素 E 和硒互作对凡纳滨对虾（*Litopenaeus vannamei*）抗氧化系统的调节作用［J］. 海洋与湖沼，41：68-74.

李海兵，宋晓玲，李赟，等. 2008. 水产动物益生菌研究进展［J］. 动物医学进展，29：94-99.

林晨，顾宪红，张名涛. 2004. 绿色食品和饲料添加剂菊粉的应用与研究［J］. 中国动物保健，11：16-19.

刘晓华，曹俊明，吴建开，等，2007. 饲料中添加谷胱甘肽对凡纳滨对虾肝胰腺抗氧化指标和脂质过氧化物含量的影响［J］. 水产学报，31：235-240.

吕耀平，李铁民. 2005. 益生元在水产品养殖中应用的研究进展［J］. 饲料工业，26：8-13.

罗小华，刘臻，肖克宇，等，2008. 饲料酵母及其在水产动物营养中的应用［J］. 北京水产，（2）：49-53.

麦康森. 2011. 水产动物营养与饲料学［M］. 北京：中国农业出版社.

孟思妤，孟长明，陈昌福. 2010. 免疫刺激剂的种类和特点［J］. 渔业致富指南，19：57-58.

钱云霞，顾晓英. 2011. 甲壳动物血液凝固的分子机制［J］. 生物技术通报，（6）：25-30.

钱云霞，王国良，邵健忠. 2000. 鱼类的非特异性免疫调节［J］. 宁波大学学报（理工版），13：95-99.

史会来，楼宝，毛国民. 2007. 中草药水产饲料添加剂的研究进展［J］. 渔业信息与战略，22：19-22.

汪曙晖，朱俊向，张莉，等. 2016. 天然抗氧化剂的抗氧化与促氧化作用［J］. 中国食物与营养，22：68-71.

王和伟，叶继丹，陈建春. 2013. 牛磺酸在鱼类营养中的作用及其在鱼类饲料中的应用［J］. 动物营养学报，25：1 418-1 428.

许友卿，李文龙，丁兆坤. 2010. 添加剂维生素 E 对鱼类的抗氧化作用及其机理［J］. 饲料工业，31：6-10.

余东游，李卫芬，许梓荣. 1999. 寡聚糖在饲料工业中的研究和应用进展［J］. 天然产物研究与开发，4：81-85.

张春晓，王玲，黄飞. 2014. 一种低盐度水体下凡纳滨对虾饲料矿物质预混合饲料［P］. 中国福建：CN104256103A，2015-01-07.

张国良，赵会宏，周志伟，等. 2007. 还原型谷胱甘肽对罗非鱼生长和抗氧化性能的影响［J］. 华南农业大学学报，28：90-93.

张美玲，杜震宇. 2016. 水生动物肠道微生物研究进展［J］. 华东师范大学学报（自然科学版），1：1-8.

周凡，邵庆均. 2007. 类胡萝卜素在水产饲料中的应用［J］. 饲料工业，28：55-56.

Brigelius-Flohé，R. 2009. Vitamin E：the shrew waiting to be tamed［J］. Free Radical Biology & Medicine，46（5）：543-554.

Brouwer M，Brouwer T W，Enghild J J，et al. 1997. The paradigm that all oxygen-respiring eukaryotes have cytosolic CuZn-superoxide dismutase and that Mn-superoxide dismutase is localized to the mitochondria does not apply to a large group of marine arthropods［J］. Biochemistry，36（43）：13 381-13 388.

Burr G，Diii G，Ricke S. 2010. Microbial ecology of the gastrointestinal tract of fish and the potential application of prebiotics and probiotics in finish aquaculture［J］. Journal of the World Aquaculture Society，36（4）：425-436.

Chen J C，Cheng S Y. 1995. Hemolymph oxygen content，oxyhemocyanin，protein levels and ammonia excretion in the shrimp *Penaeus monodon* exposed to ambient nitrite［J］. Journal of Comparative Physiology B，164

(7): 530-535.

Cheng K, Hu C, Liu Y, et al. 2005. Dietary magnesium requirement and physiological responses of marine shrimp *Litopenaeus vannamei* reared in low salinity water [J]. Aquaculture Nutrition, 11 (5): 385-393.

Cheng K, Hu C, Liu Y, et al. 2006. Effects of dietary calcium, phosphorus and calcium/phosphorus ratio on the growth and tissue mineralization of *Litopenaeus vannamei* reared in low-salinity water [J]. Aquaculture, 251 (2-4): 472-483.

Cheng K, Hu C, Liu Y, et al. 2006. Effects of dietary calcium, phosphorus and calcium/phosphorus ratio on the growth and tissue mineralization of *Litopenaeus vannamei* reared in low-salinity water [J]. Aquaculture, 251 (2-4): 472-483.

Chien Y H, Pan C H, Hunter B. 2003. The resistance to physical stresses by *Penaeus monodon* juveniles fed diets supplemented with astaxanthin [J]. Aquaculture, 216 (1-4): 177-191.

David I P, Fotedar R. 2006. Effect of sudden salinity change on *Penaeus latisulcatus* Kishinouye osmoregulation, ionoregulation and condition in inland saline water and potassium-fortified inland saline water [J]. Comparative Biochemistry & Physiology Part A Molecular & Integrative Physiology, 145 (4): 449-457.

Davis D A, Lawrence A L, Iii D M G. 2010. Evaluation of the Dietary Zinc Requirement of *Penaeus vannamei* and Effects of Phytic Acid on Zinc and Phosphorus Bioavailability [J]. Journal of the World Aquaculture Society, 24 (1): 40-47.

Deaton L E. 2001. Hyperosmotic volume regulation in the gills of the ribbed mussel, *Geukensia demissa*: rapid accumulation of betaine and alanine [J]. Journal of Experimental Marine Biology & Ecology, 260 (2): 185.

Depledge M H, Chan R, Loh T T. 1986. Iron distribution and transport in *Scylla serrata* (Forskal) [J]. Asian Marin biology, 3: 101-110.

Flores M, Díaz F, Medina R, et al. 2007. Physiological, metabolic and haematological responses in white shrimp *Litopenaeus vannamei* (Boone) juveniles fed diets supplemented with astaxanthin acclimated to low-salinity water [M]. Aquaculture Research, 38 (7): 740-747.

Furuita H, Konishi K, Takeuchi T. 1999. Effect of different levels of eicosapentaenoic acid and docosahexaenoic acid in Artemia nauplii on growth, survival and salinity tolerance of larvae of the Japanese flounder, *Paralichthys olivaceus* [J]. Aquaculture, 170 (1): 59-69.

Ghidalia W, Fine J M, Marneux M. 1972. On the presence of an iron-binding protein in the serum of a decapod crustacean [Macropipus puber (Linné)] [J]. Comparative Biochemistry & Physiology Part B Comparative Biochemistry, 41 (2): 349-354.

Gildberg A, Mikkelsen H, Sandaker E, et al. 1997. Probiotic effect of lactic acid bacteria in the feed on growth and survival of fry of Atlantic cod (*Gadus morhua*) [J]. Hydrobiologia, 352 (1-3): 279-285.

Gong H, Jiang D H, Lightner D V, et al. 2004. A dietary modification approach to improve the osmoregulatory capacity of *Litopenaeus vannamei* cultured in the Arizona desert [J]. Aquaculture Nutrition, 10 (4): 227-236.

Hayes K C, Carey R E, Schmidt S Y. 1975. Retinal Degeneration Associated with Taurine Deficiency in the Cat [J]. Science, 188 (4191): 949-951.

Hernándezacosta M, Gutiérrezsalazar G J, Guzmánsáenz F M, et al. 2016. The effects of Yucca schidigera and Quillaja saponaria on growth performance and enzymes activities of juvenile shrimp *Litopenaeus vannamei* cultured in low-salinity water [J]. Latin American Journal of Aquatic Research, 44 (1): 121-128.

Kanazawa A, Teshima S I, Sasaki M. 1984. Requirements of the Juvenile Prawn for Calcium, Phosphorus, Magnesium, Potassium, Copper, Manganese, and Iron [J]. Memoirs of Faculty of Fisheries Kagoshima University, 33 (1): 63-71.

Kleessen B, Blaut M. 2005. Modulation of gut mucosal biofilms [J]. British Journal of Nutrition, 93 Suppl 1 (1): S35-S40.

Li E, Arena L, Lizama G, et al. 2011. Glutamate dehy drogenase and Na^+-K^+ ATP aseexpression and growth response of *Litopenaeus vannamei*to different salinities and dietary proteinlevels [J]. Chinese Journal of Oceanology and Limnology, 29: 343-349.

Li E, Wang X, Chen K, et al. 2017. Physiological change and nutritional requirement of Pacific white shrimp *Litopenaeus vannamei* at low salinity [J]. Reviews in Aquaculture, 9 (1): 57-75.

Li P, Wang X, Shivananda M, et al. 2009. Effect of dietary supplementation of brewer′s yeast and GroBiotic-A on growth, immune responses, and low-salinity tolerance of Pacific white shrimp *Litopenaeus vannamei* cultured in recirculating systems [J]. Journal of Applied Aquaculture, 21 (2): 110-119.

Liu H, Zhang X, Tan B, et al. 2014. Effect of Dietary Potassium on Growth, Nitrogen Metabolism, Osmoregulation and Immunity of Pacific White Shrimp (*Litopenaeus vannamei*) Reared in Low Salinity Seawater [J]. Journal of Ocean University of China, 13 (2): 311-320.

Liu Y, Wang W, Wang A, et al. 2007. Effects of dietary vitamin E supplementation on antioxidant enzyme activities in *Litopenaeus vannamei* (Boone, 1931) exposed to acute salinity changes [J]. Aquaculture, 265 (1-4): 351-358.

Luke R A, Allen Davis D, Patrick Saoud I. 2006. Effects of lecithin and cholesterol supplementation to practical diets for *Litopenaeus vannamei* reared in low salinity waters [J]. Aquaculture, 257 (1-4): 446-452.

Marangos C, Brogren C H, Alliot E, et al. 1989. The influence of water salinity on the free amino acid concentration in muscle and hepatopancreas of adult shrimps, *Penaeus japonicus* [J]. Biochemical Systematics & Ecology, 17 (7): 589-594.

Merchie G, Lavens P. 1997. Optimotization of dietary Vitamin C in fish and crustacean larvae: a review [J]. Aquaculture, 155: 165-181.

Nakagawa H, Kasahara S, Sugiyama T. 1987. Effect of Ulva meal supplementation on lipid metabolism of black sea bream, *Acanthopagrus schlegeli* (Bleeker) [J]. Aquaculture, 62 (2): 109-121.

NRC (National Research Council). 1993. Nutrient requirements of fish [C]. National Academy Press, Washington, DC.

NRC. 2011. Committee on Nutrient Requirements of Fish and Shrimp. Nutrient requirements of fish and shrimp [M]. Nutrient Requirements of Fish & Shrimp, 392.

Palacios E, Bonilla A, Perez A, et al. 2004. Influence of highly unsaturated fatty acids on the responses of white shrimp (*Litopenaeus vannamei*) postlarvae to low salinity [J]. Journal of Experimental Marine Biology & Ecology, 299 (2): 201-215.

Petit H, Negre-Sadargues G, Castillo R, et al. 1998. The Effects of Dietary Astaxanthin on the Carotenoid Pattern of the Prawn *Penaeus japonicus* during Postlarval Development [J]. Comparative Biochemistry & Physiology Part A Molecular & Integrative Physiology, 119 (2): 523.

Roberfroid M B, Van Loo J A, Gibson G R. 1998. The bifidogenic nature of chicory inulin and its hydrolysis products [J]. Journal of Nutrition, 128 (128): 11-19.

Rosas C, Cuzon G, Gaxiola G, et al. 2001. Metabolism and growth of juveniles of *Litopenaeus vannamei*: Effect of salinity and dietary carbohydrate levels [J]. Journal of Experimental Marine Biology & Ecology, 259 (1): 1-22.

Rosas C, Cuzon G, Gaxiola G, et al. 2002. An energetic and conceptual model of the physiological role of dietary carbohydrates and salinity on *Litopenaeus vannamei* juveniles [J]. Journal of Experimental Marine Biology & Ecology, 268 (1): 47-67.

Roy L A, Davis D A, Saoud I P, et al. 2007. Supplementation of potassium, magnesium and sodium chloride in practical diets for the Pacific white shrimp, *Litopenaeus vannamei*, reared in low salinity waters [J]. Aquaculture Nutrition, 13 (2): 104-113.

Roy L A, Davis D A, Saoud I P. 2006. Effects of lecithin and cholesterol supplementation to practical diets for *Litopenaeus vannamei* reared in low salinity waters [J]. Aquaculture, 257 (1-4): 446-452.

Roy L, Davis D, Nguyen T, et al. 2009. Supplementation of Chelated Magnesium to Diets of the Pacific White Shrimp, *Litopenaeus vannamei*, Reared in Low-salinity Waters of West Alabama [J]. Journal of the World Aquaculture Society, 40 (2): 248-254.

Salze G, McLean E, Schwarz M H, et al. 2008. Dietary mannan oligosaccharide enhances salinity tolerance and gut development of larval cobia [J]. Aquaculture, 274 (1): 148-152.

Saoud I P, Davis D A, Rouse D B. 2005. Effects of Betaine Supplementation to Feeds of Pacific White Shrimp Reared at Extreme Salinities [J]. North American Journal of Aquaculture, 67 (4): 351-353.

Tocher D R, Mourente G, Van D E A, et al. 2002. Effects of dietary vitamin E on antioxidant defence mechanisms of juvenile turbot (*Scophthalmus maximus L.*), halibut (*Hippoglossus hippoglossus L.*) and sea bream (*Sparus aurata L.*) [J]. Aquaculture Nutrition, 8 (3): 195-207.

Tseng Y C, Hwang P P. 2008. Some insights into energy metabolism for osmoregulation in fish [J]. Comparative Biochemistry & Physiology Part C Toxicology & Pharmacology, 148 (4): 419-429.

Wang X, Li E, Xu C, et al. 2016. Growth, body composition, ammonia tolerance and hepatopancreas histology of white shrimp Litopenaeus vannamei fed diets containing different carbohydrate sources at low salinity [J]. Aquaculture Research, 47 (6): 1 932-1 943.

Wang Y, Li Z, Li J, et al. 2013. Effects of dietary chlorogenic acid supplementation on antioxidant system and anti-low salinity of *Litopenaeus vannamei* [J]. Acta Ecologica Sinica, 33 (18): 5 704-5 713.

Xie S, Tian L, Jin Y, et al. 2014. Effect of glycine supplementation on growth performance, body composition and salinity stress of juvenile Pacific white shrimp, *Litopenaeus vannamei* fed low fishmeal diet [J]. Aquaculture, s 418-419, 159-164.

Xu C，Li E，Liu Y，et al. 2017. Effect of dietary lipid level on growth，lipid metabolism and health status of the Pacific white shrimp *Litopenaeus vannamei* at two salinities［J］. Aquaculture Nutrition.

Yu Y，Chen W，Liu Y，et al. 2016. Effect of different dietary levels of Gracilaria lemaneiformis dry power on growth performance，hematological parameters and intestinal structure of juvenile Pacific white shrimp（*Litopenaeus vannamei*）［J］. Aquaculture，450：356-362.

Zhan X A，Wang M，Zhao R Q，et al. 2007. Effects of different selenium source on selenium distribution，loin quality and antioxidant status in finishing pigs［J］. Animal Feedence Science & Technology，132（3）：202-211.

Zheng X，Duan Y，Dong H，et al. 2017. Effects of dietary Lactobacillus plantarum in different treatments on growth performance and immune gene expression of white shrimp *Litopenaeus vannamei* under normal condition and stress of acute low salinity［J］. Fish & Shellfish Immunology，62：195-201.

附　　图

附图1　凡纳滨对虾亲体培育车间

1. 亲虾培育车间（符浩摄）；2. 亲虾培育车间（钟继伟摄）

附图 2　凡纳滨对虾亲虾养殖用内循环水处理系统（钟继伟提供）

1. 微粒机；2. 蛋白质分离器；3. 培养硝化和反硝化细菌的生物桶

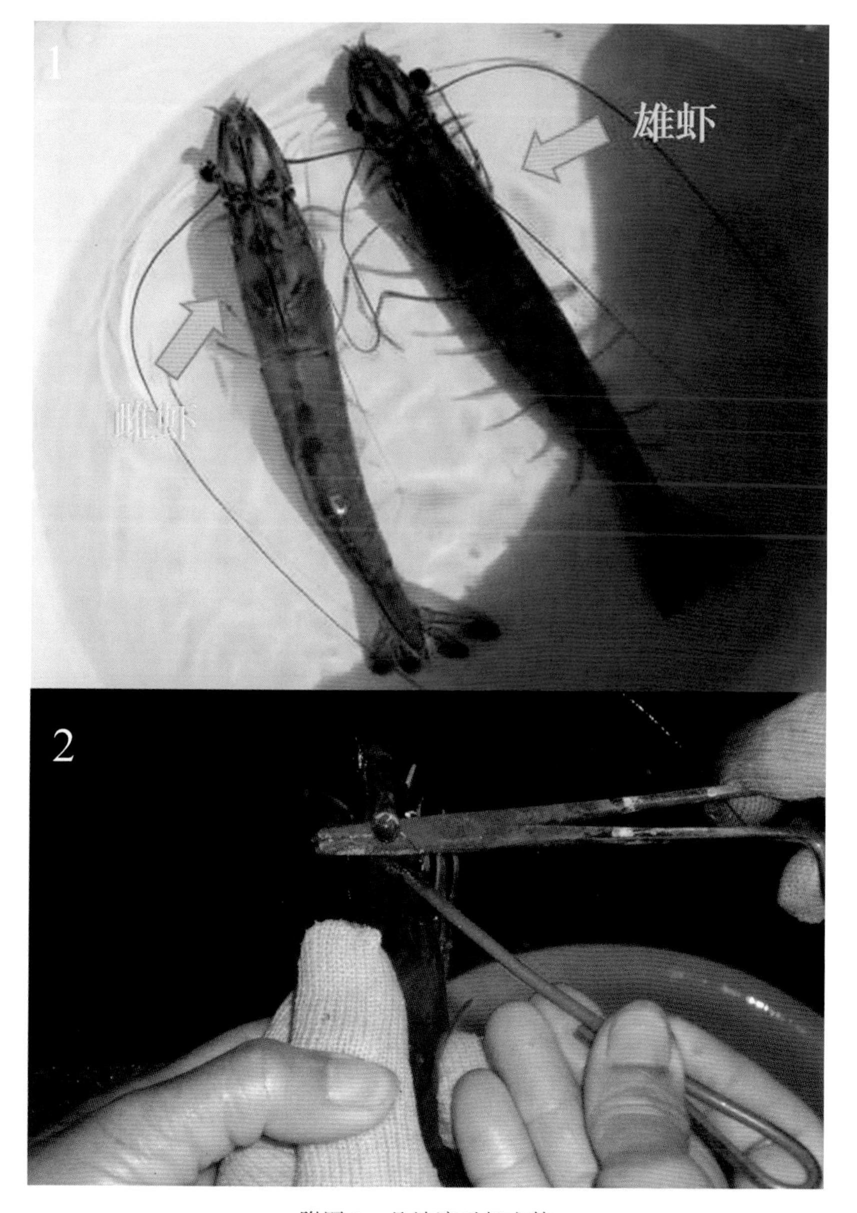

附图 3　凡纳滨对虾亲体

1. 对虾雌、雄亲虾（钟继纬提供）；2. 亲虾眼柄剪除（符浩摄）

附图 4　凡纳滨对虾幼体及灯诱筛选（钟继纬提供）

1. 新孵化出的幼体；2. 幼体筛选车间；3. 灯诱筛选幼体；4. 灯诱筛选幼体

附图 5 海南标准化凡纳滨对虾育苗厂概况（吴有钦摄）

1. 厂区一角；2. 独立供电间；3. 独立供暖系统；4. 水处理系统

附图 6　标准化凡纳滨对虾育苗车间等

1. 卤虫孵化车间（吴有钦摄）；2. 育苗车间（吴有钦摄）；
3. 育苗池（符浩摄）；4. 南方育苗厂常用沙井（符浩摄）

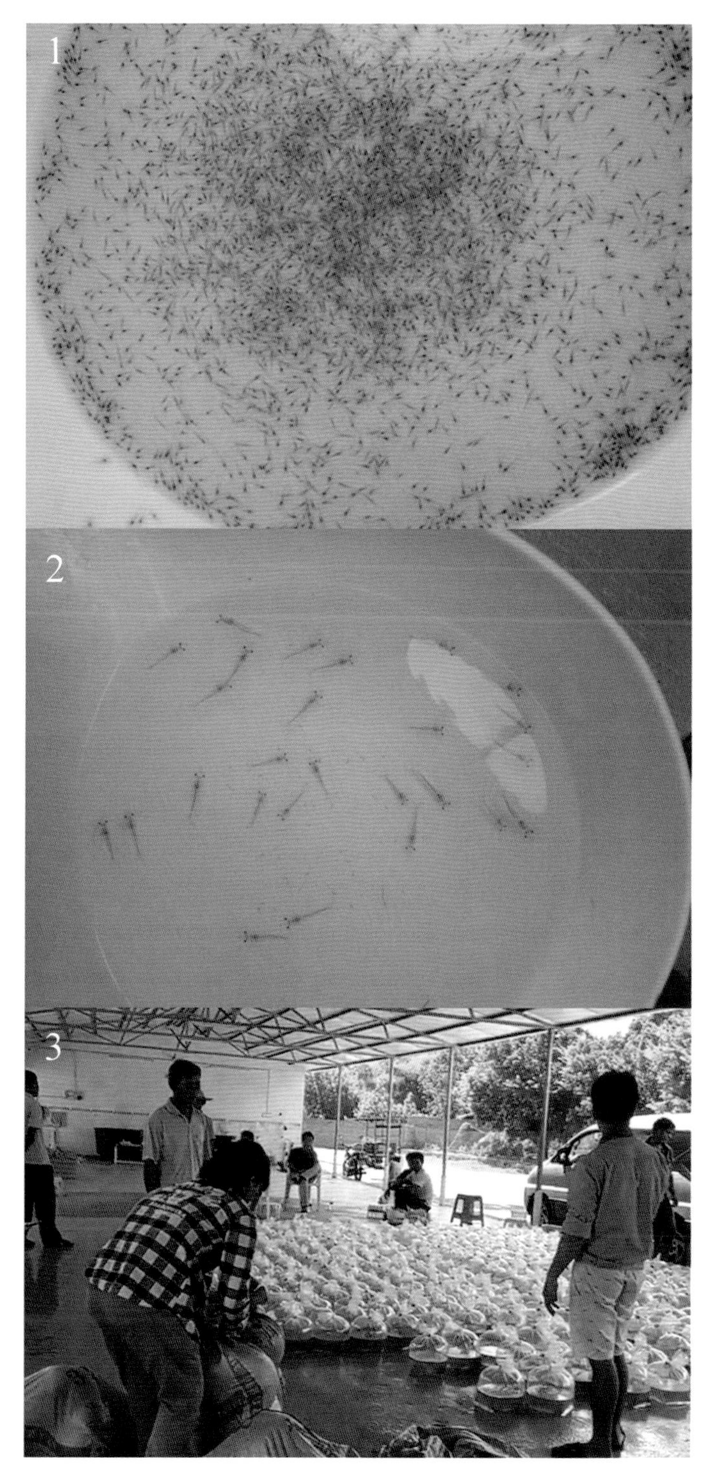

附图 7　凡纳滨对虾虾苗及打包销售

1. P4 虾苗（符浩摄）；2. P10 虾苗（符浩摄）；3. 虾苗打包销售（吴有钦摄）

附图 8　海南翁田凡纳滨对虾养成高位池（岑大华摄）

1. 养成期；2. 清、晒塘；3. 进水系统

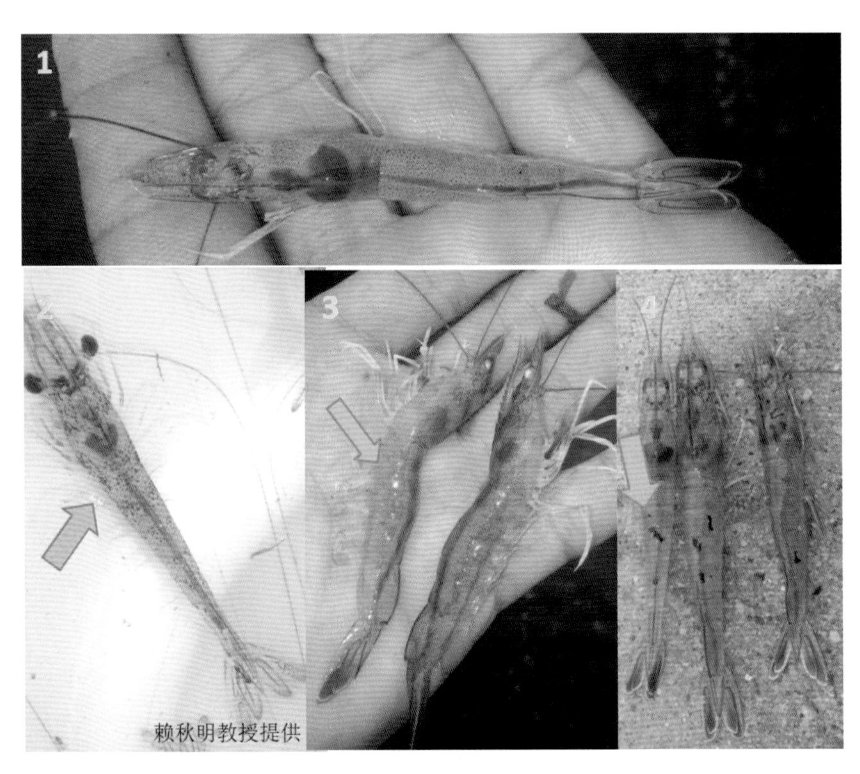

附图 9　凡纳滨对虾养成过程中的“问题”虾（岑大华摄）

1. 健康对虾；2. 患 EMS 对虾；3. 棉花虾；4. 褐斑虾